U0292067

高等学校工程管理类本科指导性专业规范配套教材

高等学校土建类专业"十三五"规划教材

安装工程计量与计价

郝　丽　段红霞　主　编

尚冉冉　副主编

化学工业出版社

·北京·

本书是高等学校土建类专业"十三五"规划教材，依据国家标准 GB 50500—2013《建设工程工程量清单计价规范》及 GB 50856—2013《通用安装工程工程量计算规范》，主要讲述建筑安装工程的工程量清单计价的基本概念及编制方法，其主要内容包括安装工程造价概述，安装工程工程量清单计量计价概述，给排水、采暖安装工程、消防工程、电气设备安装工程、通风空调工程、刷油、防腐蚀、绝热工程计量与计价，安装工程清单编制与报价的相关软件应用。

本书重视内容的实用性，重点突出工程量清单计价的编制实例，对于各安装专业工程均给出了工程图纸及相应的清单计价编制实例，方便学生理论联系实际，熟悉并掌握安装工程各专业的工程量清单计量与计价的方法与技巧。

本书可作为高等院校工程造价专业、工程管理专业、建筑环境与能源应用工程专业、给排水科学与工程专业、建筑电气与智能化专业等的教学用书，同时也可以供建筑安装工程造价专业技术人员学习参考。

图书在版编目（CIP）数据

安装工程计量与计价／郝丽，段红霞主编．—北京：化学工业出版社，2017.8 （2022.7重印）
高等学校工程管理类本科指导性专业规范配套教材
高等学校土建类专业"十三五"规划教材
ISBN 978-7-122-30164-2

Ⅰ.①安… Ⅱ.①郝…②段… Ⅲ.①建筑安装工程-工程造价-高等学校-教材 Ⅳ.①TU723.3

中国版本图书馆 CIP 数据核字（2017）第 165427 号

责任编辑：陶艳玲　　　　　　　　　　　文字编辑：孙凤英
责任校对：王　静　　　　　　　　　　　装帧设计：韩　飞

出版发行：化学工业出版社（北京市东城区青年湖南街 13 号　邮政编码 100011）
印　　装：三河市延风印装有限公司
787mm×1092mm　1/16　印张 24¼　字数 586 千字　2022 年 7 月北京第 1 版第 6 次印刷

购书咨询：010-64518888　　售后服务：010-64518899
网　　址：http://www.cip.com.cn
凡购买本书，如有缺损质量问题，本社销售中心负责调换。

定　　价：55.00 元

丛书序

Preface

　　我国建筑行业经历了自改革开放以来 20 多年的粗放型快速发展阶段,近期正面临较大调整,建筑业目前正处于大周期下滑、小周期筑底的嵌套重叠阶段,在"十三五"期间都将保持在盘整阶段,我国建筑企业处于转型改革的关键时期。

　　另一方面,建筑行业在"十三五"期间也面临更多的发展机遇。 国家基础建设固定资产投资持续增加,"一带一路"战略提出以来,中西部的战略地位显著提升,对于中西部地区的投资上升;同时,"一带一路"国家战略打开国际市场,中国建筑业的海外竞争力再度提升;国家推动建筑产业现代化,"中国制造 2025"的实施及"互联网＋"行动计划促进工业化和信息化深度融合,借助最新的科学技术,工业化、信息化、自动化、智能化成为建筑行业转型发展方式的主要方向,BIM 应用的台风口来临。 面对复杂的新形式和诸多的新机遇,对高校工程管理人才的培养也提出了更高的要求。

　　为配合教育部关于推进国家教育标准体系建设的要求,规范全国高等学校工程管理和工程造价专业本科教学与人才培养工作,形成具有指导性的专业质量标准。 教育部与住建部委托高等学校工程管理和工程造价学科专业指导委员会编制了《高等学校工程管理本科指导性专业规范》和《高等学校工程造价本科指导性专业规范》(简称"规范")。 规范是经委员会与全国数十所高校的共同努力,通过对国内高校的广泛调研、采纳新的国内外教改成果,在征求企业、行业协会、主管部门的意见的基础上,结合国内高校办学实际情况,编制完成。 规范提出工程管理专业本科学生应学习的基本理论、应掌握的基本技能和方法、应具备的基本能力,以进一步对国内院校工程管理专业和工程造价专业的建设与发展提供指引。

　　规范的编制更是为了促使各高校跟踪学科和行业发展的前沿,不断将新的理论、新的技能、新的方法充实到教学内容中,确保教学内容的先进性和可持续性;并促使学生将所学知识运用于工程管理实际,使学生具有职业可持续发展能力和不断创新的能力。

　　由化学工业出版社组织编写和出版的"高等学校工程管理类本科指导性专业规范配套教材",邀请了国内 30 多所知名高校,对教学规范进行了深入学习和研讨,教材编写工作对教学规范进行了较好地贯彻。 该系列教材具有强调厚基础、重应用的特色,使学生掌握本专业必备的基础理论知识,具有本专业相关领域工作第一线的岗位能力和专业技能。 目的是培养综合素质高,具有国际化视野,实践动手能力强,善于把

BIM、"互联网＋"等新知识转化成新技术、新方法、新服务，具有创新及创业能力的高级技术应用型专门人才。

同时，为配合做好"十三五"期间教育信息化工作，加快全国教育信息化进程，系列教材还尝试配套数字资源的开发与服务，探索从服务课堂学习拓展为支撑网络化的泛在学习，为更多的学生提供更全面的教学服务。

相信本套教材的出版，能够为工程管理类高素质专业性人才的培养提供重要的教学支持。

高等学校工程管理和工程造价学科专业指导委员会 主任

任宏

2016 年 1 月

工程造价的确定工作是我国基本建设中的一项重要的基础性工作，是规范建设市场秩序、进行投资科学决策、提高投资效益的关键环节，具有很强的技术性、经济性和政策性。安装工程造价是建设工程造价的一个重要组成部分，它涉及给排水工程、消防工程、暖通空调工程、电气工程等多学科知识，同时还要应用安装工程施工技术、工程材料等相关知识。安装工程计量与计价是工程造价专业学生的一门专业必修课。

本书依据最新国家标准 GB 50500—2013《建设工程工程量清单计价规范》及 GB 50856—2013《通用安装工程工程量计算规范》，阐述建筑安装工程的工程量清单计价的基本概念及编制方法，依据 2008 年《辽宁省安装工程计价定额》阐述分部分项工程的综合单价、单价措施项目的综合单价的计取，依据现行的辽宁省相关计价文件规定及"营改增"政策出台的配套政策，阐述安装工程造价各项费用的计取。

通用安装工程涉及建筑设备工程多学科知识，包括各种设备、装置的安装工程。本书内容主要涉及通用安装工程中偏民用的建筑给排水工程、建筑消防工程、建筑暖通空调工程、建筑电气工程；偏工业的热力设备、静置设备、自动化控制仪表等安装工程。在解决专业知识的基础上，工程量清单的计量与计价原理与方法可触类旁通。

本书结构体系完整，教学性强，内容注重实用性与应用性。每章首先介绍专业安装基础知识，然后是工程量清单计算规则与清单计价方法，最后是实际工程的工程量清单及计价编制实例。实例涉及民用建筑安装工程的各个专业，方便教学及自学者的学习和参考。本书可作为高等院校工程造价专业、工程管理专业、建筑环境与能源应用工程专业、给排水科学与工程专业、建筑电气与智能化专业等的教学用书，也可作为建筑安装工程造价专业技术人员参考书。

本书由郝丽、段红霞担任主编，尚冉冉担任副主编。第 1、2、6、7 章由郝丽编写，第 4、5 章由段红霞编写，第 3、8 章由尚冉冉编写。崔雅珊、杨洁、王力进行了资料收集和文字整理等工作。

本书的编写过程中参考了众多学者同仁的著作和国家发布的最新规范，在此对各参考文献的作者表示衷心的感谢。

由于编者水平有限，书中不妥和疏漏之处在所难免，恳请广大读者批评指正！

编者
2017 年 3 月

目 录

Contents

第1章

安装工程造价概述

学习重点：本章主要讲解安装工程的含义和内容，安装工程造价的费用构成，安装工程计价依据的结构组成，定额基价的计算及使用，未计价材料费用的计算方法。重点是安装工程造价的组成、定额的使用及未计价材料费用的计算。

学习目标：通过本章的学习，可以了解安装工程的内容，熟悉安装工程造价的费用构成，掌握安装工程计价定额的正确使用，掌握定额中未计价材料费用的计算方法。

1.1　安装工程概述

1.1.1　建设项目

建设项目是指将一定量（限额以上）的投资，在一定的约束条件下（时间、资源、质量），按照一个科学的程序，经过决策（设想、建议、研究、评估、决策）和实施（勘察、设计、施工、竣工验收、动用），最终形成固定资产特定目标的一次性建设任务。建设项目是限定资源、限定时间、限定质量的一次性建设任务。它具有单件性的特点，具有一定的约束：确定的投资额、确定的工期、确定的资源需求、确定的空间要求（包括土地、高度、体积、长度等）、确定的质量要求。项目各组成部分有着有机的联系。例如，投入一定的资金，在某一地点、时间内按照总体设计建造一所学校，即可称为一个建设项目。

建设项目应满足下列要求：

①技术上，满足在一个总体设计或初步设计范围内；

②构成上，由一个或几个相互关联的单项工程所组成；

③在建设过程中，实行统一核算、统一管理。

一般以建设一个企业、一个事业单位或一个独立工程作为一个建设项目，如一座工厂、一个农场、一所学校、一条铁路、一座独立的大桥或独立枢纽工程等。

1.1.2　建设项目的组成

建设项目的组成与分解具有很强的层次性，一般将建设项目依次分解为单项工程、单位工程、分部工程、分项工程共4个层次。一个建设项目可以由若干个单项工程组成，其是建设项目的第一层次。

（1）单项工程

单项工程是指在一个建设项目中，具有独立的设计文件，竣工后可以独立发挥生产能力或效益的一组配套齐全的工程项目。单项工程是建设项目的组成部分，一个建设项目有时可以仅包括一个单项工程，也可以包括多个单项工程。生产性建设项目的单项工程，一般是指能独立生产的车间，它包括厂房建筑、设备的购置及安装等；非生产性建设项目的单项工程，是指能独立使用的建筑，如一所学校的教学楼、办公楼、图书馆、食堂、宿舍等。一个单项工程由若干个单位工程组成。

（2）单位工程

单位工程是指具有单独设计，可以独立组织施工，但竣工后不能独立发挥生产能力或效益的工程。一个单项工程可以分为建筑工程、设备安装工程两个大单位工程，也可以分为土建工程、电气照明工程、室内给排水工程、通风空调工程、消防工程、采暖工程等单位工程。例如教学楼内的电气照明工程、生活给水排水工程等都是单位工程。一个单位工程由若干个分部工程组成。

一般情况下，单位工程是进行工程成本核算的对象。建筑安装工程造价都是以单位工程为基本单元进行编制的。

（3）分部工程

分部工程是单位工程的组成部分，指在单位工程中，按照单位工程的专业性质、建筑部位等而划分的工程。例如在教学楼通风空调单位工程中，又分为薄钢板通风管道的制作安装、调节阀的制作安装、风口的制作安装、通风空调设备的安装等分部工程。给排水系统安装单位工程中，又划分为管道安装、阀门安装、卫生器具的制作安装、小型容器的制作安装等分部工程。电气设备安装单位工程又划分为变压器、配电装置、配管配线、照明器具等分部工程。

一个分部工程由若干个分项工程组成。

（4）分项工程

分项工程是分部工程的组成部分，它是指分部工程中，按照不同的施工方法、不同的材料、不同的规格而进一步划分的形成建筑产品基本构件的施工过程。例如通风空调系统薄钢板通风管道的制作安装中又按管道的形状和薄钢板的厚度分为若干个分项工程，室内给水镀锌钢管安装分部工程，又可根据不同的公称直径和连接方式分成若干个分项工程。

下面以某大学为例，来说明建设项目的组成，如图 1-1 所示。

1.1.3　建筑安装工程

建筑安装工程是建设项目组成中的单位工程，分为建筑工程和安装工程两部分。

（1）建筑工程

建筑工程包括的内容有：

①各种房屋（如厂房、仓库、宿舍等）和建筑物（如烟囱、水塔、桥梁等）工程；

②设备的基础、支柱、工作台、梯子等建筑工程，炼铁炉、炼焦炉等各种特殊的砌筑工程和金属结构工程；

③各种管道、输电线和导线工程（列入建筑工程预算部分）；

④为施工而进行的场置，原有建筑物和障碍物的拆除，土地平整，设计规定为施工而进

行的工程地质勘探等工作；

　　⑤矿井开凿工程；

　　⑥水利工程；

　　⑦防空、地下建筑等。

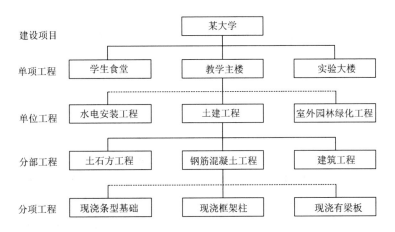

图 1-1　建设项目结构图

（2）安装工程

安装工程是设备安装工程的简称，是指各种设备、装置的安装工程。包括的内容有：

①各种需要安装设备的装配、装置工程；

②与设备相连的工作台、梯子等装设工程；

③附属于被安装设备的管线敷设工作；

④被安装设备的绝缘、防腐、保温、油漆等工作；

⑤为测定安装工作质量，对单体设备进行的各种试运工作。

　　根据《通用安装工程工程量计算规范》（GB 50856—2013），安装工程具体通常包括：工业、民用设备，电气、智能化控制设备，自动化控制仪表，通风空调，工业、消防、给排水、采暖燃气管道以及通信设备安装等。

1.2　安装工程造价的定义与构成

1.2.1　安装工程造价

（1）工程造价的含义

按照建设产品价格属性和价值的构成原理，工程造价有两种含义：第一种是指建设一项工程预期开支或实际开支的全部固定资产投资费用。第二种是指工程价格，即为建成一项工程，预计或实际在土地市场、设备市场、技术劳务市场、承包市场等交易活动中形成的建筑安装工程的价格和建设工程总价格。

　　工程造价的第一种含义是从投资者——业主的角度来定义的。投资者选定一个投资项目，为了获得预期的收益，就要通过项目评估进行决策，然后进行勘察设计、施工，直至竣工验收等一系列投资管理活动。在投资活动中所支付的全部费用形成了固定资产、无形资产和其他资产。所有这些开支就构成了工程造价。从这个意义上说，工程造价就是工程投资费用，建设项目工程造价就是建设项目固定资产投资。

工程造价的第二种含义是从承包商、供应商、设计者的角度来定义的。在市场经济条件下，工程造价以工程这种特定的商品形成作为交换对象，通过招标、投标或其他发承包方式，在各方多次测算的基础上，最终由市场形成的价格。其交易的对象，可以是一个很大的建设项目，也可以是一个单项项目，甚至可以是整个建设工程中的某个阶段，如土地开发工程、建筑装饰工程、安装工程等。通常，工程造价的第二种含义被认定为工程承发包价格。

工程造价的两种含义既共生于一个统一体，又相互区别。最主要的区别在于需求主体和供给主体在市场追求的经济利益不同，因而管理的性质和管理的目标不同。从管理性质上讲，前者属于投资管理范畴，后者属于价格管理范畴。从管理目标上讲，作为项目投资或投资费用，投资者关注的是降低工程造价，以最小的投入获取最大的经济效益。因此，完善项目功能、提高工程质量、降低投资费用、按期交付使用，是投资者始终追求的目标。作为工程价格，承包商所关注的是利润。因此，他们追求的是较低的成本和较高的工程造价。不同的管理目标，反映不同的经济利益，但他们之间的矛盾正是市场的竞争机制和利益风险机制的必然反映。正确理解工程造价的两种含义，不断发展和完善工程造价的管理内容，有助于更好地实现不同的管理目标，提高工程造价的管理水平，从而有利于推动经济全面健康的增长。

（2）建设工程造价

建设项目总投资，是指进行一个工程项目的建造所投入的全部资金，包括固定资产投资和流动资金投入两部分。建设工程造价是建设项目投资中的固定资产投资部分，是建设项目从筹建到竣工交付使用的整个建设过程所花费的全部固定资产投资费用，这是保证工程项目建造正常进行的必要资金，是建设项目总投资中最主要的部分。

建设工程造价具体包括建设投资、建设期利息、固定资产投资方向调节税（自2000年1月起发生的投资额，暂停征收该税种）。建设工程造价的构成内容如图1-2所示。

（3）安装工程造价

安装工程是指各种设备、装置的安装工程，即工业、民用设备，电气、智能化控制设备，自动化控制仪表，通风空调，工业、消防、给水排水、采暖、燃气管道以及通信设备等的安装工程。

建筑安装工程费是建设工程造价中非常重要的组成部分，可划分为建筑工程费和安装工程费，即建筑工程造价和安装工程造价。安装工程造价主要包括以下内容：

①房屋建筑的供水、供暖、供电、通风、煤气、网络、电视、电话等工程的各种管道、电力、电信和电缆导线敷设及设备安装费用。

②生产、动力、起重、运输、传动和医疗、实验等各种需要安装的机械设备的装配费用，与设备相连的工作台、梯子、栏杆等装饰工程以及附设于安装设备的管线敷设工程和被安装设备的绝缘、防腐、保温、油漆等工程的材料费用和安装费用。

③为测定安装工程质量，对单个设备进行单机试运转和对系统设备进行系统联动无负荷试运转工作的调试费。

安装工程涉及较多专业，各专业均对应为一个单位工程，如给排水工程、电气工程、消防工程等。每一个单位安装工程，其工程造价按照费用构成要素组成可划分为人工费、材料

（包含工程设备）费、施工机具使用费、企业管理费、利润、规费和税金。另外，为指导工程造价专业人员计算安装工程造价，可将安装工程造价按工程造价形成顺序划分为分部分项工程费、措施项目费、其他项目费、规费和税金。

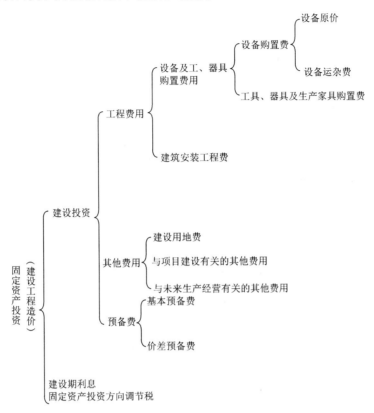

图1-2　建设工程造价的构成

1.2.2　按费用构成要素划分的安装工程造价构成

根据建标［2013］44号文件的规定，建筑安装工程费按照费用构成要素划分，由人工费、材料（包含工程设备，下同）费、施工机具使用费、企业管理费、利润、规费和税金组成。其中人工费、材料费、施工机具使用费、企业管理费和利润包含在分部分项工程费、措施项目费、其他项目费中（见图1-3）。

（1）人工费

人工费是指按工资总额构成规定，支付给从事建筑安装工程施工的生产工人和附属生产单位工人的各项费用。

1）人工费的内容

①计时工资或计件工资　是指按计时工资标准和工作时间或对已做工作按计件单价支付给个人的劳动报酬。

②奖金　是指对超额劳动和增收节支支付给个人的劳动报酬。如节约奖、劳动竞赛奖等。

③津贴、补贴　是指为了补偿职工特殊或额外的劳动消耗和因其他特殊原因支付给个人的津贴，以及为了保证职工工资水平不受物价影响支付给个人的物价补贴。如流动施工津

贴、特殊地区施工津贴、高温（寒）作业临时津贴、高空津贴等。

④加班加点工资　是指按规定支付的在法定节假日工作的加班工资和在法定日工作时间外延时工作的加点工资。

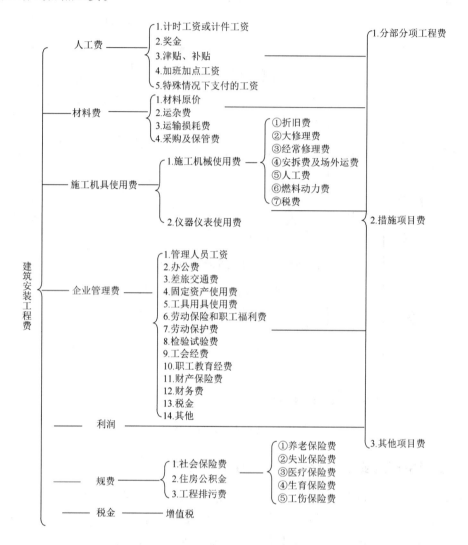

图 1-3　按费用构成要素划分的安装工程造价构成图

⑤特殊情况下支付的工资　是指根据国家法律、法规和政策规定，因病、工伤、产假、计划生育假、婚丧假、事假、探亲假、定期休假、停工学习、执行国家或社会义务等原因按计时工资标准或计时工资标准的一定比例支付的工资。

2）人工费的计算

$$人工费 = \sum(工程工日消耗量 \times 日工资单价) \tag{1-1}$$

日工资单价是指施工企业平均技术熟练程度的生产工人在每工作日（国家法定工作时间内）按规定从事施工作业应得的日工资总额。

$$日工资单价 = \frac{生产工人平均月工资(计时、计件) + 平均月(奖金 + 津贴补贴 + 特殊情况下支付的工资)}{年平均每月法定工作日}$$

$$\tag{1-2}$$

（2）材料费

材料费是指施工过程中耗费的原材料、辅助材料、构配件、零件、半成品或成品、工程设备的费用，包括材料费和工程设备费。

1）材料费内容

①材料原价　指材料、工程设备的出厂价格或商家供应价格。

②运杂费　指材料、工程设备自来源地运至工地仓库或指定堆放地点所发生的全部费用。

③运输损耗费　指材料在运输装卸过程中不可避免的损耗。

④采购及保管费　指为组织采购、供应和保管材料、工程设备的过程中所需要的各项费用。包括采购费、仓储费、工地保管费、仓储损耗。

2）工程设备费

工程设备是指构成或计划构成永久工程一部分的机电设备、金属结构设备、仪器装置及其他类似的设备和装置，如电梯、风机等。工程设备费包括设备原价、设备运杂费、采购保管费。

3）材料费的计算

①材料费

$$材料费＝\sum(材料消耗量×材料单价) \tag{1-3}$$

$$材料单价＝\{(材料原价＋运杂费)×[1＋运输损耗率(\%)]\}×[1＋采购保管费率(\%)] \tag{1-4}$$

②工程设备费

$$工程设备费＝\sum(工程设备量×工程设备单价) \tag{1-5}$$

$$工程设备单价＝(设备原价＋运杂费)×[1＋采购保管费率(\%)] \tag{1-6}$$

（3）施工机具使用费

施工机具使用费是指施工作业所发生的施工机械、仪器仪表使用费或其租赁费。包括施工机械使用费和仪器仪表使用费。

1）施工机械使用费

以施工机械台班耗用量乘以施工机械台班单价表示。

①施工机械台班单价应由下列七项费用组成：

a. 折旧费。指施工机械在规定的使用年限内，陆续收回其原值的费用。

b. 大修理费。指施工机械按规定的大修理间隔台班进行必要的大修理，以恢复其正常功能所需的费用。

c. 经常修理费。指施工机械除大修理以外的各级保养和临时故障排除所需的费用。包括为保障机械正常运转所需替换设备与随机配备工具、附具的摊销和维护费用，机械运转中日常保养所需润滑与擦拭的材料费用及机械停滞期间的维护和保养费用等。

d. 安拆费及场外运费。安拆费指施工机械（大型机械除外）在现场进行安装与拆卸所需的人工、材料、机械和试运转费用以及机械辅助设施的折旧、搭设、拆除等费用；场外运费指施工机械整体或分体自停放地点运至施工现场或由一施工地点运至另一施工地点的运输、装卸、辅助材料及架线等费用。

e. 人工费。指机上司机（司炉）和其他操作人员的人工费。

f. 燃料动力费。指施工机械在运转作业中所消耗的各种燃料及水、电费等。

g. 税费。指施工机械按照国家规定应缴纳的车船使用税、保险费及年检费等。

②施工机械使用费的计算

$$施工机械使用费 = \sum(施工机械台班消耗量 \times 机械台班单价) \tag{1-7}$$

$$机械台班单价 = 台班折旧费 + 台班大修费 + 台班经常修理费 + 台班安拆费及场外运费 +$$
$$台班人工费 + 台班燃料动力费 + 台班车船税费 \tag{1-8}$$

若机械为租赁机械，则机械台班单价即为机械台班租赁单价。

2）仪器仪表使用费

是指工程施工所需使用的仪器仪表的摊销及维修费用。

$$仪器仪表使用费 = 工程使用的仪器仪表摊销费 + 维修费 \tag{1-9}$$

（4）企业管理费

企业管理费是指建筑安装企业组织施工生产和经营管理所需的费用。内容包括：

①管理人员工资　是指按规定支付给管理人员的计时工资、奖金、津贴、补贴、加班加点工资及特殊情况下支付的工资等。

②办公费　是指企业管理办公用的文具、纸张、账表、印刷、邮电、书报、办公软件、现场监控、会议、水电、烧水和集体取暖降温（包括现场临时宿舍取暖降温）等费用。

③差旅交通费　是指职工因公出差、调动工作的差旅费、住勤补助费，市内交通费和误餐补助费，职工探亲路费，劳动力招募费，职工退休、退职一次性路费，工伤人员就医路费，工地转移费以及管理部门使用的交通工具的油料、燃料等费用。

④固定资产使用费　是指管理和试验部门及附属生产单位使用的属于固定资产的房屋、设备、仪器等的折旧、大修、维修或租赁费。

⑤工具用具使用费　是指企业施工生产和管理使用的不属于固定资产的工具、器具、家具、交通工具和检验、试验、测绘、消防用具等的购置、维修和摊销费。

⑥劳动保险和职工福利费　是指由企业支付的职工退职金、按规定支付给离休干部的经费，集体福利费、夏季防暑降温、冬季取暖补贴、上下班交通补贴等。

⑦劳动保护费　是企业按规定发放的劳动保护用品的支出。如工作服、手套、防暑降温饮料以及在有碍身体健康的环境中施工的保健费用等。

⑧检验试验费　是指施工企业按照有关标准规定，对建筑以及材料、构件和建筑安装物进行一般鉴定、检查所发生的费用，包括自设试验室进行试验所耗用的材料等费用。不包括新结构、新材料的试验费，对构件做破坏性试验及其他特殊要求检验试验的费用和建设单位委托检测机构进行检测的费用，对此类检测发生的费用，由建设单位在工程建设其他费用中列支。但对施工企业提供的具有合格证明的材料进行检测不合格的，该检测费用由施工企业支付。

⑨工会经费　是指企业按《工会法》规定的全部职工工资总额比例计提的工会经费。

⑩职工教育经费　是指按职工工资总额的规定比例计提，企业为职工进行专业技术和职业技能培训，专业技术人员继续教育、职工职业技能鉴定、职业资格认定以及根据需要对职工进行各类文化教育所发生的费用。

⑪财产保险费　是指施工管理用财产、车辆等的保险费用。

⑫财务费　是指企业为施工生产筹集资金或提供预付款担保、履约担保、职工工资支付担保等所发生的各种费用。

⑬税金　是指企业按规定缴纳的房产税、车船使用税、土地使用税、印花税、城市维护建设税、教育费附加以及地方教育附加等。

⑭其他　包括技术转让费、技术开发费、投标费、业务招待费、绿化费、广告费、公证

费、法律顾问费、审计费、咨询费、保险费等。

（5）利润

利润是指施工企业完成所承包工程获得的盈利。

（6）规费

规费是指按国家法律、法规规定，由省级政府和省级有关权力部门规定必须缴纳或计取的费用。包括：

①社会保险费

a. 养老保险费。指企业按照规定标准为职工缴纳的基本养老保险费。

b. 失业保险费。指企业按照规定标准为职工缴纳的失业保险费。

c. 医疗保险费。指企业按照规定标准为职工缴纳的基本医疗保险费。

d. 生育保险费。指企业按照规定标准为职工缴纳的生育保险费。

e. 工伤保险费。指企业按照规定标准为职工缴纳的工伤保险费。

②住房公积金。指企业按规定标准为职工缴纳的住房公积金。

③工程排污费。指按规定缴纳的施工现场工程排污费。工程排污费应按工程所在地环境保护等部门规定的标准缴纳，按实计取列入。

其他应列而未列入的规费，按实际发生计取。

（7）税金

税金是指国家税法规定的应计入建筑安装工程造价内的增值税销项税额。

安装工程造价按费用构成要素划分的构成见图 1-3。

1.2.3　按工程造价形成顺序划分的安装工程造价构成

根据建标［2013］44 号文件的规定，建筑安装工程费按照工程造价形成由分部分项工程费、措施项目费、其他项目费、规费、税金组成，分部分项工程费、措施项目费、其他项目费包含人工费、材料费、施工机具使用费、企业管理费和利润。

（1）分部分项工程费

分部分项工程费是指各专业工程的分部分项工程应予列支的各项费用。

①专业工程　是指按现行国家计量规范划分的房屋建筑与装饰工程、仿古建筑工程、通用安装工程、市政工程、园林绿化工程、矿山工程、构筑物工程、城市轨道交通工程、爆破工程等各类工程。

②分部分项工程　指按现行国家计量规范对各专业工程划分的项目。如房屋建筑与装饰工程划分的土石方工程、地基处理与桩基工程、砌筑工程、钢筋及钢筋混凝土工程等。

各类专业工程的分部分项工程划分见现行国家或行业计量规范。

$$分部分项工程费＝\sum（分部分项工程量×综合单价） \tag{1-10}$$

式中，综合单价包括人工费、材料费、施工机具使用费、企业管理费和利润以及一定范围的风险费用。

（2）措施项目费

是指为完成建设工程施工，发生于该工程施工前和施工过程中的技术、生活、安全、环境保护等方面的费用。内容包括：

①安全文明施工费　安全文明施工费，是指工程施工期间按照国家现行的环境保护、建

筑施工安全、施工现场环境与卫生标准和有关规定，购置和更新施工安全防护用具及设施、改善安全生产条件和作业环境所需要的费用。其具体内容见表1-1。主要包括：

    a. 环境保护费。指施工现场为达到环保部门要求所需要的各项费用。

    b. 文明施工费。指施工现场文明施工所需要的各项费用。

    c. 安全施工费。指施工现场安全施工所需要的各项费用。

    d. 临时设施费。指施工企业为进行建设工程施工所必须搭设的生活和生产用的临时建筑物、构筑物和其他临时设施费用。包括临时设施的搭设、维修、拆除、清理费或摊销费等。

表 1-1　安全文明施工费的主要内容

项目名称	工作内容及包含范围
环境保护	现场施工机械设备降低噪声、防扰民措施费用
	水泥和其他易飞扬细颗粒建筑材料密闭存放或采取覆盖措施等费用
	工程防扬尘洒水费用
	土石方、建渣外运车辆冲洗、防洒漏等费用
	现场污染源的控制、生活垃圾清理外运、场地排水排污措施的费用
	其他环境保护措施费用
文明施工	五板一图(工程概况、管理人员名单及监督电话、安全生产、文明施工、消防保卫五板;施工现场总平面图)的费用
	现场围挡的墙面美化、压顶装饰费用
	现场厕所便槽刷白、贴面砖,水泥砂浆地面或地砖费用
	其他施工现场临时设施的装饰装修、美化措施费用
	现场生活卫生设施费用
	符合卫生要求的饮水设备、淋浴、消毒等设施费用
	生活用洁净燃料费用
	防煤气中毒、防蚊虫叮咬等措施费用
	施工现场操作场地的硬化费用
	现场绿化费用、治安综合治理费用
	现场配备医药保健器材、物品费用和急救人员培训费用
	用于现场工人的防暑降温费、电风扇、空调等设备及用电费用
	其他文明施工措施费用
安全施工	安全资料、特殊作业专项方案的编制,安全施工标志的购置及安全宣传的费用
	安全防护工具(安全帽、安全带、安全网)、四口(楼梯口、电梯井口、通道口、预留洞口)、五临边(阳台围边、楼板围边、屋面围边、槽坑围边、卸料平台两侧)、水平防护架、垂直防护架、外架封闭等防护的费用
	施工安全用电的费用,包括配电箱三级配电、两级保护装置要求、外电保护措施
	起重机、塔吊等起重设备(含井架、门架)及外用电梯的安全防护措施(含警示标志)费用及卸料平台的临边防护、层间安全门、防护棚等设施费用
	建筑工地中机械的检验检测费用
	施工机具防护棚及其围栏的安全保护设施费用
	施工安全防护通道的费用
	工人的安全防护用品、用具的购置费用
	消防设施与消防器材的配置费用

续表

项目名称	工作内容及包含范围
安全施工	电气保护、安全照明设施费
	其他安全防护措施费用
临时设施	施工现场采用彩色、定型钢板，砖、混凝土砌块等围挡的安砌、维修、拆除费或摊销费
	施工现场临时建筑物、构筑物的搭设、维修、拆除或摊销的费用，如临时宿舍、办公室、食堂、厨房、厕所、诊疗所、临时文化福利用房、临时仓库、加工场、搅拌台、临时简易水塔、水池等
	施工现场临时设施的搭设、维修、拆除或摊销的费用，如临时供水管道、临时供电管线、小型临时设施等
	施工现场规定范围内临时简易道路铺设，临时排水沟、排水设施安砌、维修、拆除
	其他临时设施搭设、维修、拆除或摊销的费用

②夜间施工增加费　指因夜间施工所发生的夜班补助费、夜间施工降效、夜间施工照明设备摊销及照明用电等费用。

③二次搬运费　指因施工场地条件限制而发生的材料、构配件、半成品等一次运输不能到达堆放地点，必须进行二次或多次搬运所发生的费用。

④冬雨季施工增加费　指在冬季或雨季施工需增加的临时设施、防滑、排除雨雪、人工及施工机械效率降低等费用。

⑤已完工程及设备保护费　指竣工验收前，对已完工程及设备采取的必要保护措施所发生的费用。

⑥工程定位复测费　指工程施工过程中进行全部施工测量放线和复测工作的费用。

⑦特殊地区施工增加费　指工程在沙漠或其边缘地区、高海拔、高寒、原始森林等特殊地区施工增加的费用。

⑧大型机械设备进出场及安拆费　指机械整体或分体自停放场地运至施工现场或由一个施工地点运至另一个施工地点，所发生的机械进出场运输及转移费用及机械在施工现场进行安装、拆卸所需的人工费、材料费、机械费、试运转费和安装所需的辅助设施的费用。

⑨脚手架工程费　指施工需要的各种脚手架搭、拆、运输费用以及脚手架购置费的摊销（或租赁）费用。

措施项目及其包含的内容详见各类专业工程的现行国家或行业计量规范。

（3）其他项目费

①暂列金额　指建设单位在工程量清单中暂定并包括在工程合同价款中的一笔款项。用于施工合同签订时尚未确定或者不可预见的所需材料、工程设备、服务的采购，施工中可能发生的工程变更、合同约定调整因素出现时的工程价款调整以及发生的索赔、现场签证确认等的费用。

②计日工　指在施工过程中，施工企业完成建设单位提出的施工图纸以外的零星项目或工作所需的费用。

③总承包服务费　指总承包人为配合、协调建设单位进行的专业工程发包，对建设单位自行采购的材料、工程设备等进行保管以及施工现场管理、竣工资料汇总整理等服务所需的费用。

④其他未列项目　如暂估价等。

（4）规费

规费指按国家法律、法规规定，由省级政府和省级有关权力部门规定必须缴纳或计取的费用。包括：

①社会保险费

a. 养老保险费。指企业按照规定标准为职工缴纳的基本养老保险费。

b. 失业保险费。指企业按照规定标准为职工缴纳的失业保险费。

c. 医疗保险费。指企业按照规定标准为职工缴纳的基本医疗保险费。

d. 生育保险费。指企业按照规定标准为职工缴纳的生育保险费。

e. 工伤保险费。指企业按照规定标准为职工缴纳的工伤保险费。

②住房公积金 指企业按规定标准为职工缴纳的住房公积金。

③工程排污费 指按规定缴纳的施工现场工程排污费。

其他应列而未列入的规费，按实际发生计取。

（5）税金

税金是指国家税法规定的应计入建筑安装工程造价内的增值税销项税额。

安装工程造价按工程造价形成顺序划分的构成见图1-4。

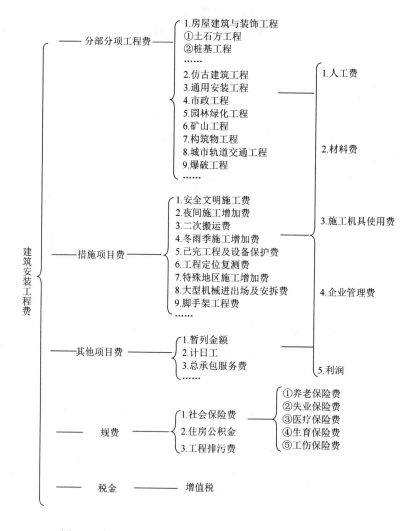

图1-4 按工程造价形成顺序划分的安装工程造价构成图

1.3 安装工程计价

1.3.1 安装工程计价基本原理

建设项目是兼具单件性与多样性的集合体。每一个建设项目的建设都需要按业主的特定需要进行单独设计、单独施工，不能批量生产和按整个项目确定价格，只能采用特殊的计价程序和计价方法，即将整个项目进行分解，划分为可以按有关技术经济参数测算价格的基本构造单元（如定额项目、清单项目），这样就可以计算出基本构造单元的费用。一般来说，分解结构层次越多，基本子项也越细，计算也更精确。

任何一个建设项目都可以分解为一个或几个单项工程，任何一个单项工程都是由一个或几个单位工程所组成的。作为单位工程各类建筑工程和安装工程仍然是一个比较复杂的综合实体，还需要进一步分解。就安装工程来说，又可以按专业细分为机械设备安装工程、热力设备安装工程、静置设备与工艺金属结构制作安装工程、电气设备安装工程、建筑智能化工程、自动化控制仪表安装工程、通风空调工程、工业管道工程、消防工程、给排水采暖燃气工程、通信设备及线路工程、刷油防腐绝热工程等分部工程。分解成分部工程后，从工程计价的角度，还需要把分部工程按照不同的施工方法、不同的构造及不同的规格，加以更加细致的分解，划分为更为简单细小的部分，即分项工程。如通风空调工程可分解为通风及空调设备及部件制作安装、通风管道制作安装、通风管道部件制作安装、通风工程检测调试等分项工程。分解到分项工程后还可以根据需要进一步划分为定额项目或清单项目，这样就可以得到基本构造单元了。

工程造价计价的主要思路就是将建设项目细分至最基本的构造单元，找到了适当的计量单位及当时当地的单价，就可以采取一定的计价方法，进行分部组合汇总，计算出相应工程造价。工程计价的基本原理就在于项目的分解与组合。

工程计价的基本原理可以用公式的形式表达如下：

分部分项工程费＝Σ［基本构造单元工程量(定额项目或清单项目)×相应单价］　　(1-11)

工程造价的计价可分为工程计量和工程计价两个环节。

(1) 工程计量

工程计量工作包括工程项目的划分和工程量的计算。

①单位工程基本构造单元的确定，即划分工程项目。编制工程概算预算时，主要是按工程定额进行项目的划分；编制工程量清单时主要是按照工程量清单计量规范规定的清单项目进行划分。

②工程量的计算就是按照工程项目的划分和工程量计算规则，就施工图设计文件和施工组织设计对分项工程实物量进行计算。工程实物量是计价的基础，不同的计价依据有不同的计算规则规定。目前，工程量计算规则包括两大类。

a. 各类工程定额规定的计算规则；

b. 各专业工程工程量清单计量规范附录中规定的计算规则。

(2) 工程计价

工程计价包括工程单价的确定和总价的计算。

①工程单价是指完成单位工程基本构造单元的工程量所需要的基本费用。工程单价有工料单价和综合单价两种。

a. 工料单价也称直接工程费单价，包括人工费、材料费、机械使用费，是各种人工消耗量、各种材料消耗量、各类机械台班消耗量与相应单价的乘积。用下式表示：

$$工料单价＝\Sigma（人材机消耗量×相应人材机单价） \tag{1-12}$$

b. 综合单价包括人工费、材料费、机械使用费、企业管理费、利润和风险因素。

②工程总价是指经过规定的计价程序逐级汇总形成的相应工程造价。根据采用单价的不同，计价模式分为两种——定额计价和清单计价，总价的计算程序也分为两种。

a. 定额计价模式，采用工料单价法，在工料单价确定后，乘以相应定额项目的分部分项工程量并汇总，得出相应工程的人工费、材料费、机械使用费，再根据相关程序计算管理费、利润、规费、税金等，最后汇总形成相应工程造价。

b. 清单计价模式，采用综合单价法，在综合单价确定后，乘以相应清单项目的分部分项工程量并汇总，得出分部分项工程费，再按相关的办法计算措施项目费、其他项目费、规费、税金，最后汇总形成相应工程造价。

1.3.2　安装工程计价定额

工程定额是完成规定计量单位的合格建筑安装产品所消耗资源的数量标准。工程计价定额是地区性定额，是根据某地区某一时间的人材机单价水平和工程定额的人材机消耗量编制的，完成规定计量单位的合格建筑安装产品所消耗资源的费用标准。工程计价定额具有一定的时效性和区域性。

在安装工程中，计价定额中的单位产品就是工程基本构造单元，即组成安装工程的最小工程要素，也称"定额子目"。

工程计价定额是编制工程量清单计价、招标控制价的依据；是投标报价和衡量投标报价合理性的基础；是编制建设工程投资估算、设计概算、施工图预算、竣工结算的依据；是调解处理工程造价纠纷、鉴定工程造价的依据；是编制投资估算指标、概算（定额）指标的基础。

1.3.3　辽宁省安装工程计价定额

(1)《辽宁省安装工程计价定额》的基本情况

根据安装工程的专业特征和全国统一安装工程预算定额的结构设置，《辽宁省安装工程计价定额》(2008)分为12册，具体内容如下。

第一册　机械设备安装工程

第二册　电气设备安装工程

第三册　机热力设备安装工程

第四册　炉窑砌筑工程

第五册　静置设备与工艺金属结构制作安装工程

第六册　工业管道工程

第七册　消防工程

第八册　给排水、采暖、燃气工程

第九册　通风空调工程

第十册　自动化控制仪表安装工程

第十二册　建筑智能化系统设备安装工程

第十四册　刷油、防腐蚀、绝热工程

（2）《辽宁省安装工程计价定额》的结构组成

《辽宁省安装工程计价定额》的每册定额均包括总说明、册说明、目录、章说明、定额项目表、附录。

①定额总说明　总说明主要说明定额的内容、适用范围、编制依据、作用，定额中人工、材料、机械台班消耗量的确定、工料机单价的确定及其有关规定。例如2008年辽宁省定额人工工日单价为：普工40元，技工55元。

②册说明　主要介绍该册定额的适用范围、编制依据、定额包括的工作内容和不包括的工作内容、有关费用（如脚手架搭拆费、高层建筑增加费）的规定以及定额的使用方法和使用中应注意的事项和有关问题。

③目录　开列定额组成项目名称和页次，以方便查找相关内容。

④章说明　章说明主要说明定额章中以下几方面的问题：定额的适用范围、界线的划分、定额包括的内容和不包括的内容、工程量计算规则和规定。

⑤定额项目表　分项工程的工作内容、单位分项工程的工料机消耗量、单位分项工程的工料机单价、单位分项工程的工料机费用及基价。例如表1-2。

表1-2　《辽宁省安装工程计价定额》项目表示例——镀锌钢管（螺纹连接）

工作内容：切管、套螺纹、上零件、调直、管道安装、水压试验。

项目编码		001	002	003	004	005	006
		8-1	8-2	8-3	8-4	8-5	8-6
项　目		公称直径/mm				≤	
		15	20	25	32	40	50
基价/元		28.13	28.84	30.64	32.54	37.30	45.35
其中	人工费/元	25.24	25.24	25.24	25.24	27.54	31.85
	材料费/元	2.89	3.60	4.88	6.60	9.06	12.30
	机械费/元	—	—	0.52	0.70	0.70	1.20
名　称	单位	消　耗　量					
人工	普工	工日	0.206	0.206	0.206	0.206	0.225	0.260
	技工	工日	0.309	0.309	0.309	0.309	0.337	0.390
材料	镀锌钢管（按实际规格）	m	(10.15)	(10.15)	(10.15)	(10.15)	(10.15)	(10.15)
	室外镀锌钢管接头零件 DN15	个	1.90	—	—	—	—	—
	室外镀锌钢管接头零件 DN20	个	—	1.92	—	—	—	—
	室外镀锌钢管接头零件 DN25	个	—	—	1.92	—	—	—
	室外镀锌钢管接头零件 DN32	个	—	—	—	1.92	—	—
	室外镀锌钢管接头零件 DN40	个	—	—	—	—	1.86	—
	室外镀锌钢管接头零件 DN50	个	—	—	—	—	—	1.85

续表

名　　称		单位	消　耗　量					
材料	尼龙砂轮片 φ400	片	—	—	0.01	0.01	0.01	0.04
	镀锌铁丝 8～12#	kg	0.05	0.05	0.06	0.07	0.08	0.09
	钢锯条	根	0.37	0.42	0.38	0.47	0.64	0.32
	机油	kg	0.02	0.03	0.03	0.03	0.04	0.03
	铅油	kg	0.02	0.02	0.02	0.03	0.04	0.04
	线麻	kg	0.002	0.002	0.002	0.003	0.004	0.004
	破布	kg	0.10	0.12	0.12	0.13	0.22	0.25
	水	t	0.05	0.06	0.08	0.10	0.13	0.16
机械	管子切断机 直径 60mm	台班	—	—	0.009	0.009	0.009	0.027
	管子切断套丝机直径 159mm	台班	—	—	0.018	0.027	0.027	0.036

⑥附录（以辽宁省第八册为例）

a. 材料损耗率。

b. 材料预算价格取定表——材料单价（定额），调价差用。

（3）安装工程计价定额基价的确定

1）定额消耗量指标的确定

①人工工日消耗量的确定　安装工程计价定额人工消耗量指标是以现行的全国统一劳动定额为基础确定的完成单位分项工程所必须消耗的劳动量标准，在定额中以时间定额的形式表示。辽宁省定额人工等级分普通工（简称普工）和技术工（简称技工），消耗量包括基本用工、辅助用工、超运距用工、人工幅度差。

$$人工消耗量＝（基本用工＋辅助用工＋超运距用工）\times（1＋人工幅度差系数）\quad (1\text{-}13)$$

②材料消耗量的确定　安装工程在施工过程中不但安装设备，而且还要消耗材料，有的安装工程是由施工加工材料组装而成的。安装工程计价定额的材料消耗量由净用量和损耗量两部分组成。

$$材料消耗量＝材料净用量＋材料损耗量＝材料净用量\times（1＋材料损耗率）\quad (1\text{-}14)$$

式中，材料净用量指构成工程实体必须占有的材料量；材料损耗量包括从工地仓库、现场机制堆放地点或现场加工地点到操作或安装地点的运输损耗、施工加工损耗、施工操作损耗、施工现场堆放损耗。主要材料损耗率见定额各册的附录。

③机械台班消耗量的确定　安装工程计价定额中的机械台班消耗量是按全国统一机械台班定额编制的，它表示在正常施工条件下，完成单位分项工程或构件所额定消耗的机械工作时间。机械台班消耗量包括施工定额机械台班消耗量、机械幅度差两部分。

$$机械台班消耗量＝施工定额机械台班消耗量\times（1＋机械幅度差系数）\quad (1\text{-}15)$$

2）定额单价的确定

①人工工日单价的确定　人工工日单价是指施工企业平均技术熟练程度的生产工人在每工作日（国家法定工作时间内）按规定从事施工作业应得的日工资总额。内容包括计时工资或计件工资、奖金、津贴补贴、加班加点工资、特殊情况下支付的工资。

②材料预算价格的确定　定额材料预算单价是指材料、工程设备从其来源地（或交货地点）到达施工工地仓库的出库价格。材料预算单价包括材料原价、运杂费、运输损耗费、采

购保管费。工程设备单价包括设备原价、设备运杂费、采购保管费。

③机械台班单价的确定 定额施工机械台班单价是指一台施工机械在正常运转条件下，一个工作班中所发生的全部费用。内容包括台班折旧费、台班大修费、台班经常修理费、台班安拆费及场外运输费、台班人工费、台班燃料动力费、台班车船使用税。前 4 个费用为不变费用，即不因施工地点和施工条件不同而发生变化的费用。后 3 个费用为可变费用，是受机械运行、施工地点和条件变化影响的费用。

3）定额基价的确定

定额基价是指完成单位分项工程所必须投入的货币量的标准数值，由人工费、材料费、机械费三部分构成。

$$定额基价＝人工费＋材料费＋机械费 \tag{1-16}$$
$$人工费＝\Sigma(定额工日消耗量×日工资单价) \tag{1-17}$$
$$材料费＝\Sigma(定额材料消耗量×材料预算单价) \tag{1-18}$$
$$机械费＝\Sigma(定额机械台班消耗量×机械台班单价) \tag{1-19}$$

安装工程计价定额材料费中定额材料消耗量只包括辅助材料消耗量，不包括主要材料。主要材料消耗量在定额材料消耗栏中用"（ ）"标识出，主要材料（未计价材料）费应另行计算。

（4）安装工程计价定额未计价材料的计算

安装工程是按照一定的方法和设计图纸的规定，把设备放置并固定在一定地方的工作，或是将材料、元件经过加工并安置、装配而形成有价值功能的产品的一种工作。在计算安装所需费用时，设备安装只能计算安装费，其购置费另行计算。而材料经过现场加工并安装成产品时，不但要计算安装费，还要计算其消耗的材料价值。在定额制定时，将消耗的辅助材料或次要材料价值计入定额基价，称为计价材料。而将构成工程实体的主要材料只在定额中规定了材料名称、规格、品种和消耗数量，其价值并未计入定额基价，需要另行计算，称为未计价材料。未计价材料的消耗量在定额材料消耗栏中用"（ ）"标识。

$$某项未计价材料费＝分项工程量×未计价材料定额消耗量×$$
$$材料市场预算单价 \tag{1-20}$$

【例 1-1】 某住宅小区室外给水管道安装工程，经计算共用 $DN40$ 的螺纹连接镀锌钢管 180m，已知 $DN40$ 的镀锌钢管市场单价为 16.8 元/m，请查阅定额表 1-2，计算 $DN40$ 的镀锌钢管主材费用。

解：查阅定额表 1-2，定额子目 8-5，未计价材料为 $DN40$ 镀锌钢管，定额消耗量为 10.15m/10m。

故 $DN40$ 的镀锌钢管主材费＝180×10.15÷10×16.8＝3069.36 元。

本 章 小 结

安装工程是设备安装工程的简称，是指各种设备、装置的安装工程，具体通常包括：工业、民用设备，电气、智能化控制设备，自动化控制仪表，通风空调，工业、消防、给排水、采暖燃气管道以及通信设备安装等。每一个单位安装工程，其工程造价按照费用构成要素组成可划分为人工费、材料（包含工程设备）费、施工机具使用费、企业管理费、利润、规费和税金。另外，为指导工程造价专业人员计算安装工程造价，可将安装工程造价按工程造价形成顺序划分为分部分项工程费、措施项目费、其他项目费、规费和税金。安装工程计价定额的基价由人工费、材料费及施工机械使用费组成，未计价材料需要另行计算。

思考与练习

1. 什么是建设项目？什么是安装工程？

2. 安装工程造价的两种构成是如何构成的？具体都包括哪些费用？

3. 安装工程计价定额的基本内容有哪些？

4. 安装工程的未计价材料是什么材料？如何计算费用？

5. 某住宅小区室外给水管道安装工程，经计算共用 DN50 的螺纹连接镀锌钢管 240m，已知 DN50 的镀锌钢管市场单价为 20.98 元/m，请查阅定额表 1-2，计算 DN50 的镀锌钢管人材机费用。

第2章

安装工程工程量清单计量计价

学习重点：本章主要讲解建设工程工程量清单计价规范的主要内容，安装工程清单计价的特殊内容，工程量清单编制以及安装工程造价的计价流程。重点是安装工程清单计价的特殊性，计价费率的正确选择，安装工程造价的计价程序。

学习目标：通过本章的学习，可以了解安装工程工程量清单计价的流程，熟悉建设工程工程量清单计价规范的各项规定，掌握安装工程工程量清单编制的要求、计价中的费率选择标准、计价程序的正确使用问题等。

2.1　安装工程工程量清单计量计价规范

2.1.1　工程量清单计价

（1）工程量清单计价方法（以招投标过程为例）

建设工程招标投标中，招标人按照国家统一的工程量计算规则提供工程数量，由投标人依据工程量清单自主报价，并按照经评审最低价中标的工程造价计价方式。基本程序如图 2-1 所示。

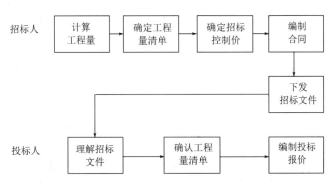

图 2-1　工程量清单计价流程

工程量清单计价按造价的形成过程分为两个阶段，第一阶段是招标人编制工程量清单，作为招标文件的组成部分；第二阶段由招标控制价编制人或投标人根据工程量清单进行计价或报价。

《建设工程工程量清单计价规范》（GB 50500—2013）规定：使用国有资金投资的建设工程发承包，必须采用工程量清单计价；非国有资金投资的工程建设项目，宜采用工程量清单计价。

国有资金投资的项目包括全部使用国有资金（含国家融资资金）投资或国有资金投资为主的工程建设项目。

①国有资金投资的工程建设项目包括：

a. 使用各级财政预算资金的项目。

b. 使用纳入财政管理的各种政府性专项建设资金的项目。

c. 使用国有企业事业单位自有资金，并且国有资产投资者实际拥有控制权的项目。

②国家融资资金投资的工程建设项目包括：

a. 使用国家发行债券所筹资金的项目。

b. 使用国家对外借款或者担保所筹资金的项目。

c. 使用国家政策性贷款的项目。

d. 国家授权投资主体融资的项目。

e. 国家特许的融资项目。

③国有资金（含国家融资资金）为主的工程建设项目是指国有资金占投资总额50％以上，或虽不足50％但国有投资者实质上拥有控股权的工程建设项目。

（2）工程量清单计价的作用

工程量清单计价是改革和完善工程价格管理体制的一个重要的组成部分。工程量清单计价方法相对于传统的定额计价方法是一种新的计价模式，或者说是一种市场定价模式，是由建设产品的买方和卖方在建设市场上根据供求状况、信息状况进行自由竞价，从而最终能够签订工程合同价格的方法。在工程量清单的计价过程中，工程量清单为建设市场的交易双方提供了一个平等的平台，其内容和编制原则的确定是整个计价方式改革中的重要工作。

工程量清单计价真实反映了工程实际，为把定价自主权交给市场参与方提供了可能。在工程招标投标过程中，投标企业在投标报价时必须考虑工程本身的内容、范围、技术特点要求以及招标文件的有关规定、工程现场情况等因素；同时还必须充分考虑到许多其他方面的因素，如投标单位自己制定的工程总进度计划、施工方案、分包计划、资源安排计划等。这些因素对投标报价有着直接而重大的影响，而且对每一项招标工程来讲都具有其特殊性的一面，所以应该允许投标单位针对这些方面灵活机动地调整报价，以使报价能够比较准确地与工程实际相吻合。而只有这样才能把投标定价自主权真正交给招标和投标单位，投标单位才会对自己的报价承担相应的风险与责任，从而建立起真正的风险制约和竞争机制，避免合同实施过程中推诿和扯皮现象的发生，为工程管理提供方便。

与在招投标过程中采用定额计价方法相比，实行工程量清单计价方法具有以下作用：

①提供一个平等的竞争条件　采用施工图预算来投标报价，由于设计图纸的缺陷，不同施工企业的人员理解不一，计算出的工程量也不同，报价就更相去甚远，也容易产生纠纷。而工程量清单报价就为投标者提供了一个平等竞争的条件，相同的工程量，由企业根据自身的实力来填不同的单价。投标人的这种自主报价，使得企业的优势体现到投标报价中，可在一定程度上规范建筑市场秩序，确保工程质量。

②满足市场经济条件下竞争的需要　招标投标过程就是竞争的过程，招标人提供工程量清单，投标人根据自身情况确定综合单价，利用单价与工程量逐项计算每个项目的合价，再分别填入工程量清单表内，计算出投标总价。单价成了决定性的因素，定高了不能中标，定低了又要承担过大的风险。单价的高低直接取决于企业管理水平和技术水平的高低，这种局面促成了企业整体实力的竞争，有利于我国建设市场的快速发展。

③有利于提高工程计价效率，能真正实现快速报价　采用工程量清单计价方式，避免了传统计价方式下招标人与投标人在工程量计算上的重复工作，各投标人以招标人提供的工程量清单为统一平台，结合自身的管理水平和施工方案进行报价，促进了各投标人企业定额的完善和工程造价信息的积累和整理，体现了现代工程建设中快速报价的要求。

④有利于工程款的拨付和工程造价的最终结算　中标后，业主要与中标单位签订施工合同，中标价就是确定合同价的基础，投标清单上的单价就成了拨付工程款的依据。业主根据施工企业完成的工程量，可以很容易地确定进度款的拨付额。工程竣工后，根据设计变更、工程量增减等，业主也很容易确定工程的最终造价，可在某种程度上减少业主与施工单位之间的纠纷。

⑤有利于业主对投资的控制　采用现在的施工图预算形式，业主对因设计变更、工程量的增减所引起的工程造价变化不敏感，往往等到竣工结算时才知道这些变更对项目投资的影响有多大，但此时常常是为时已晚。而采用工程量清单报价的方式则可对投资变化一目了然，在欲进行设计变更时，能马上知道它对工程造价的影响，业主就能根据投资情况来决定是否变更或进行方案比较，以决定最恰当的处理方法。

（3）工程量清单

工程量清单是表示建设工程的分部分项工程项目、措施项目、其他项目、规费项目和税金项目的名称和相应数量等的明细清单。工程量清单是一个工程计价中反映工程量的特定内容的概念，与建设阶段无关，在不同阶段，又可分为招标工程量清单、已标价工程量清单等。

①招标工程量清单　招标人依据国家标准、招标文件、设计文件以及施工现场实际情况编制的，随招标文件发布供投标人投标报价的工程量清单，包括其说明和表格。

②已标价工程量清单　构成合同文件组成部分的投标文件中已标明价格、经算术性错误修正（如有）且承包人已确认的工程量清单，包括其说明和表格。

招标工程量清单应由具有编制能力的招标人或受其委托、具有相应资质的工程造价咨询人编制。招标工程量清单必须作为招标文件的组成部分，其准确性和完整性应由招标人负责。招标工程量清单是工程量清单计价的基础，应作为编制招标控制价、投标报价、计算或调整工程量、索赔等的依据之一。

招标工程量清单应以单位（项）工程为单位编制，由分部分项工程量清单、措施项目清单、其他项目清单、规费项目清单和税金项目清单组成。

（4）工程量清单计价

工程量清单计价是指完成工程量清单所需的全部费用，包括分部分项工程费、措施项目费、其他项目费、规费和税金。

在建设工程招投标过程中，除投标人根据招标人提供的工程量清单编制的"投标价"进行投标外，招标人应根据工程量清单编制"招标控制价"。招标控制价是公开的最高限价，体现了公开公正的原则。投标人的投标报价若高于招标控制价的，其投标应予拒绝。

2.1.2　工程量清单计价与计量规范

2013 版建设工程计价与计量规范是由住房和城乡建设部标准定额司组织业内专家，在《建设工程工程量清单计价规范》（GB 50500—2008）的基础上，认真总结 03 规范、08 规范的实践经验，广泛深入征求意见，反复讨论修编而成的。该套规范包括 1 本 13 计价规范和 9 本 13 计量规范，见表 2-1。

表 2-1　2013 版建设工程计价、计量规范一览表

类型	规范代码	规 范 名 称	规 范 代 号
13 计价规范		建设工程工程量清单计价规范	GB 50500—2013
13 计量规范	01	房屋建筑与装饰工程工程量计算规范	GB 50854—2013
	02	仿古建筑工程工程量计算规范	GB 50855—2013
	03	通用安装工程工程量计算规范	GB 50856—2013
	04	市政工程工程量计算规范	GB 50857—2013
	05	园林绿化工程工程量计算规范	GB 50858—2013
	06	矿山工程工程量计算规范	GB 50859—2013
	07	构筑物工程工程量计算规范	GB 50860—2013
	08	城市轨道交通工程工程量计算规范	GB 50861—2013
	09	爆破工程工程量计算规范	GB 50862—2013

《建设工程工程量清单计价规范》（GB 50500—2013）包括正文和附录两大部分，两者具有同等效力。正文共十六章，包括总则、术语、一般规定、工程量清单编制、招标控制价、投标报价、合同价款约定、工程计量、合同价款调整、合同价款期中支付、竣工结算与支付、合同解除的价款结算与支付、合同价款争议的解决、工程造价鉴定、工程计价资料与档案和工程计价表格。附录共十一项，包括物价变化合同价款调整方法，工程计价文件封面，工程计价文件扉页，工程计价总说明，工程计价汇总表，分部分项工程和措施项目计价表，其他项目计价表，规费税金项目计价表，工程计量申请（核准）表，合同价款支付申请（核准）表，主要材料、工程设备一览表。

《通用安装工程工程量计算规范》（GB 50856—2013）包括正文和附录两大部分，两者具有同等效力。正文共四章，包括总则、术语、工程计量、工程量清单编制。附录共十三项，内容如下：

附录 A　机械设备安装工程（编码：0301）

附录 B　热力设备安装工程（编码：0302）

附录 C　静置设备与工艺金属结构制作安装工程（编码：0303）

附录 D　电气设备安装工程（编码：0304）

附录 E　建筑智能化工程（编码：0305）

附录 F　自动化控制仪表安装工程（编码：0306）

附录 G　通风空调工程（编码：0307）

附录 H　工业管道工程（编码：0308）

附录 J　消防工程（编码：0309）

附录 K　给排水、采暖、燃气工程（编码：0310）

附录 L　通信设备及线路工程（编码：0311）

附录 M　刷油、防腐蚀、绝热工程（编码：0312）

附录 N　措施项目（编码：0313）

《通用安装工程工程量计算规范》（GB 50856—2013）附录中包括项目编码、项目名称、项目特征、计量单位、工程量计算规则和工程内容，其中项目编码、项目名称、项目特征、计量单位、工程量计算规则作为五个要件的内容，要求招标人在编制工程量清单时必须执行。

每个附录又统一划分为若干个分部工程。如附录 D　电气设备安装工程，又划分为：

D. 1　变压器安装（030401）

D. 2　配电装置安装（030402）

D. 3　母线安装（030403）

D. 4　控制设备及低压电器安装（030404）

D. 5　蓄电池安装（030405）

D. 6　电机检查接线及调试（030406）

D. 7　滑触线装置安装（030407）

D. 8　电缆安装（030408）

D. 9　防雷及接地装置（030409）

D. 10　10kV 以下架空配电线路（030410）

D. 11　配管配线（030411）

D. 12　照明器具安装（030412）

D. 13　附属工程（030413）

D. 14　电气调整试验（030414）

D. 15　相关问题及说明

每个分部工程又统一划分为若干分项工程，列于分部工程表格之内。如 G. 3 通风管道部件制作安装，见表 2-2。

表 2-2　G. 3 通风管道部件制作安装（编码：030703）

项目编码	项目名称	项目特征	计量单位	工程量计算规则	工程内容
030703001	碳钢阀门	1. 名称 2. 型号 3. 规格 4. 质量 5. 类型 6. 支架形式、材质	个	按设计图示数量计算	1. 阀体制作 2. 阀体安装 3. 支架制作、安装
030703002	柔性软风管阀门	1. 名称 2. 规格 3. 材质 4. 类型	个	按设计图示数量计算	阀体安装
……	……	……	……	……	……

《通用安装工程工程量计算规范》中的清单项目工程量计算规则适用于工业、民用、公

共设施、建设安装工程的计量和工程量清单编制。在进行安装工程工程量计量时，除应遵守该规范外，尚应符合国家现行标准的规定。

2.2　安装工程工程量清单编制

2.2.1　工程量清单编制依据

①《建设工程工程量清单计价规范》（2013）和《通用安装工程工程量计算规范》（2013）。

②国家或省级、行业建设主管部门颁发的计价定额和办法。

③建设工程设计文件及相关资料。

④与建设工程有关的标准、规范、技术资料。

⑤拟定的招标文件。

⑥施工现场情况、工程水文资料、工程特点及常规施工方案。

⑦其他相关资料。

2.2.2　工程量清单文件的组成

（1）封面

工程量清单封面举例见表2-3（a）、表2-3（b）。

表2-3　工程量清单封面

表2-3（a）　招标人自行编制的工程量清单封面

某大厦通风安装工程
招标工程量清单

招标人:<u>大厦建设单位盖章</u> 　　（单位盖章）	造价咨询人:<u>　　　　　　</u> 　　（单位资质专用章）
法定代表人 　或其授权人:<u>大厦建设单位法定代表人</u> 　　（签字或盖章）	法定代表人 　或其授权人:<u>　　　　　　</u> 　　（签字或盖章）
编制人:×××签字 　<u>盖造价员专用章</u> 　（造价人员签字盖专用章）	复核人:×××签字 　<u>盖造价工程师专用章</u> 　（造价工程师签字盖专用章）
编制时间:××××年××月××日	复核时间:××××年××月××日

表2-3（a）供招标人自行编制工程量清单时所用。招标人盖单位公章，法定代表人或其授权人签字或盖章；编制人是造价工程师的，由其签字盖执业专用章；编制人是造价员的，在编制人栏签字盖专用章，应由造价工程师审核，并在复核人栏签字盖执业专用章。

表 2-3（b）　招标人委托工程造价咨询人编制的工程量清单封面

某大厦通风安装工程
招标工程量清单

招标人：大厦建设单位盖章　　　　　　　　　××工程造价咨询企业
（单位盖章）　　　　　　　　　　　　　造价咨询人：资质专用章
　　　　　　　　　　　　　　　　　　　　　　（单位资质专用章）

法定代表人　　　　　　　　　　　　　法定代表人
或其授权人：大厦建设单位法定代表人　　或其授权人：_____
（签字或盖章）　　　　　　　　　　　　（签字或盖章）

编制人：×××签字　　　　　　　　　复核人：×××签字
盖造价员专用章　　　　　　　　　　　盖造价工程师专用章
（造价人员签字盖专用章）　　　　　　（造价工程师签字盖专用章）

编制时间：××××年××月××日　　　复核时间：××××年××月××日

　　表 2-3（b）供招标人委托工程造价咨询人编制工程量清单时所用。工程造价咨询人盖单位资质专用章，法定代表人或其授权人签字或盖章；编制人是造价工程师的，由其签字盖执业专用章；编制人是造价员的，在编制人栏签字盖专用章，应由造价工程师审核，并在复核人栏签字盖执业专用章。

　　（2）总说明

　　总说明的作用主要是阐明本工程的有关基本情况，其具体内容应视拟建项目实际情况而定，但就一般情况来说，应说明的内容应包括以下几方面。

　　①工程概况：建设规模、工程特征、计划工期、施工现场实际情况、交通运输情况、自然地理条件、环境保护要求等。

　　②工程招标和分包范围。

　　③工程量清单编制依据：如采用的标准、施工图纸、标准图集等。

　　④工程质量、材料、施工等的特殊要求。

　　⑤招标人自行采购材料的名称、规格型号、数量等。

　　⑥其他需要说明的问题。

　　工程量清单总说明举例见表 2-4。

表 2-4　某大厦工程工程量清单总说明

工程名称：某大厦通风工程　　　　　　　　　　　　第 1 页　　共 1 页

　　1. 工程概况

　　本工程建设地点位于××市××路××号。工程由 30 层高主楼及其南侧 5 层高的裙房组成。主楼与裙房间首层设过街通道作为消防疏散通道。建筑地下部分功能主要为地下车库兼设备用房。建筑面积为 73000m²，主楼地上 30 层，地下 3 层，裙楼地上 5 层，地下 3 层；地下三层层高 3.6m，地下二层层高 4.5m，地下一层层高 4.6m，一、二、四层层高 5.1m、其余楼层层高 3.9m。主楼建筑檐高 122.10m，裙楼檐高 23.10m。主楼结构类型为剪力墙结构，裙楼为框架结构；基础为钢筋混凝土桩基础。

　　2. 工程招标范围

　　本次招标范围为××施工图范围内的通风系统工程。

3. 工程量清单编制依据

(1)××工程施工图纸及相关资料。

(2)招标文件。

(3)《通用安装工程工程量计算规范》(2013)。

(4)与建设项目相关的标准、规范、技术资料等。

4. 其他有关说明

本工程暂列金额按 30000 元列入。

（3）分部分项工程量清单

安装工程分部分项工程量清单是计算拟建工程项目工程数量的一种表格，举例见表 2-5。该表将分部分项工程量清单表和分部分项工程量清单计价表两表合一，这种将工程量清单和投标人报价统一在同一个表格中的表现形式，大大地减少了投标中因两表分设而带来的出错的概率，说明这种表现形式反映了良好的交易习惯。特别需要指出的是，此表也是编制招标控制价、投标报价、竣工结算的最基本的用表。

表 2-5 将单价措施项目和分部分项工程合并到一张表中。措施项目是指为完成工程项目施工，发生于该工程施工准备和施工过程中的技术、生活、安全、环境保护等方面的项目。其中能计算工程量的措施项目，称为单价措施项目，采用单价项目的方式，列出项目编码、项目名称、项目特征、计量单位和工程量计算规则，填入分部分项工程和单价措施项目清单与计价表。例如安装工程的脚手架搭拆费即为单价措施项目。

表 2-5　分部分项工程和单价措施项目清单与计价表

工程名称：某大厦通风工程　　　　　　　　　　标段：　　　　　　　　第　页　共　页

序号	项 目 编 码	项目名称	项目特征描述	计量单位	工程量	金额/元		
						综合单价	合价	其中:暂估价
1	030702001001	碳钢通风管道	1. 材质:镀锌钢板 2. 形状:矩形风管 3. 规格:200mm×120mm 4. 板材厚度:0.5mm 5. 接口形式:咬口连接	m²	14.66			
	……	……	……	……	……	……	……	……
本页小计								
合　计								

构成一个分部分项工程量清单的五个要件：项目编码、项目名称、项目特征、计量单位和工程量，即表 2-5 的第 2 列～第 6 列，招标人必须按各专业工程计量规范规定的项目编码、项目名称、项目特征、计量单位和工程量计算规则进行填写，不得因具体情况不同而随意变动。在分部分项工程量清单的编制过程中，由招标人负责前六项内容填列，金额部分在编制招标控制价或投标报价时填列。

①项目编码　项目编码是分部分项工程和措施项目清单名称的阿拉伯数字标识。分部分项工程量清单项目编码以五级编码设置，用十二位阿拉伯数字表示。按照《通用安装工程工程量计算规范》（GB 50586—2013）的规定，以"安装工程→安装专业工程→安装分部工程→安装分项工程→具体安装分项工程"的顺序进行五级项目编码设置。一、二、三、四级

编码（前九位）为全国统一，第五级编码（后三位）由清单编制人根据工程的清单项目特征
分别编制。

如 030101001001 编码含义如图 2-2 所示。

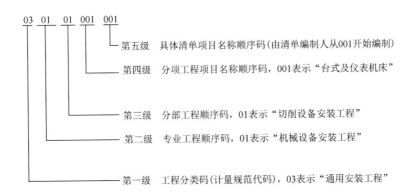

图 2-2　安装工程项目编码示例

第一级编码表示工程类别。采用两位数字（即第一、二位数字）表示。01 表示房屋建
筑与装饰工程，02 表示仿古建筑工程，03 表示通用安装工程，04 表示市政工程，05 表示园
林绿化工程，06 表示矿山工程，07 表示构筑物工程，08 表示城市轨道交通工程，09 表示爆
破工程。以后进入国标的专业工程代码以此类推。

第二级编码表示各专业工程顺序码。采用两位数字（即第三、四位数字）表示。如安装
工程的 0301 为 "机械设备安装工程"，0308 为 "工业管道工程" 等。

第三级编码表示各专业工程下的各分部工程顺序码。采用两位数字（即第五、六位数
字）表示。如 030101 为 "切削设备安装工程"，030803 为 "高压管道"。

第四级编码表示各分部工程的各分项工程顺序码。采用三位数字（即第七、八、九位数
字）表示。如 030101001 为 "台式及仪表机床"，030803001 为 "高压碳钢管"。

第五级编码表示清单项目名称顺序码。采用三位数字（即第十、十一、十二位数字）表
示。由清单编制人员所编列可有 1～999 个子项，用于区分前九位编码相同的分项工程但特
征不同的清单项目。同一招标工程的项目不得重码。

编制工程量清单时若出现附录中未包括的项目，编制人应作补充，并报省级或行业工程
造价管理机构备案，省级或行业工程造价管理机构应汇总报住房和城乡建设部标准定额研
究所。

安装工程补充项目的编码由附录的顺序码与 B 和三位阿拉伯数字组成，并应从 03B001
起顺序编制，同一招标工程的项目不得重码。工程量清单中需附有补充项目的名称、项目特
征、计量单位、工程量计算规则、工程内容。

②项目名称　分部分项工程量清单的项目名称应按各专业工程计量规范附录的项目名称
结合拟建工程的实际确定。附录表中的 "项目名称" 为分项工程项目名称，是形成分部分项
工程量清单项目名称的基础。即在编制分部分项工程量清单时，以附录中的分项工程项目名
称为基础，考虑该项目的规格、型号、材质等特征要求，结合拟建工程的实际情况，使其工
程量清单项目名称具体化、细化，以反映影响工程造价的主要因素。例如 "镀锌钢管" 这一
分项工程在形成工程量清单项目名称时可以细化为 "镀锌钢管 DN15" "镀锌钢管
DN20" 等。

③项目特征　项目特征是指构成分部分项工程量清单项目、措施项目自身价值的本质特征。项目特征是对项目的准确描述，是确定一个清单项目综合单价不可缺少的重要依据，是区分清单项目的依据，是履行合同义务的基础。分部分项工程量清单的项目特征应按各专业工程计量规范附录中规定的项目特征，结合技术规范、标准图集、施工图纸，按照工程结构、使用材质及规格或安装位置等，予以详细而准确的表述和说明。凡项目特征中未描述到的其他独有特征，由清单编制人视项目具体情况确定，以准确描述清单项目为准。

项目安装高度若超过基本高度时，应在项目特征中描述。《安装计量规范》安装工程各附录基本安装高度为：附录 A 机械设备安装工程 10m，附录 D 电气设备安装工程 5m，附录 E 建筑智能化工程 5m，附录 G 通风空调工程 6m，附录 J 消防工程 5m，附录 K 给排水、采暖、燃气工程 3.6m，附录 M 刷油、防腐蚀、绝热工程 6m。

④计量单位　计量单位应按《安装计量规范》附录的规定确定，采用基本单位，不得使用扩大单位。当《安装计量规范》附录中某清单项的计量单位有两个或两个以上时，应根据所编工程量清单项目的特征要求，选择一个最适宜表现该项目特征并方便计量的单位。

计量单位的有效位数应遵守下列规定：

a. 以 t 为单位，应保留小数点后三位数字，第四位小数四舍五入。

b. 以 m、m²、m³、kg 为单位，应保留小数点后两位数字，第三位小数四舍五入。

c. 以个、件、根、组、系统等为单位，应取整数。

⑤工程量　分部分项工程量清单的工程量主要通过《安装计量规范》附录中规定的工程量计算规则计算得到。工程量计算规则是指对清单项目工程量的计算规定。除另有说明外，所有清单项目的工程量应以实体工程量为准，并以完成后的净值计算；投标人投标报价时，应在单价中考虑施工中的各种损耗和需要增加的工程量。

清单项目的工程量计算规则与计价定额的工程量计算规则有一定的区别，清单工程量计算规则是编制清单的依据，计价定额工程量计算规则是计算清单项目的综合单价时套用定额计算定额子目工程量的依据。因此，清单项目的工程量计算应严格执行《安装计量规范》附录规定的工程量计算规则，不能同计价定额的工程量计算相混淆。

⑥工程内容　在各专业工程计量规范中统一规定了完成一个清单项目产品可能需要的若干项工程内容。工程内容是指完成该清单项目可能发生的具体工作和操作程序。即在工程量清单中是一项清单，但要完成这个清单项目可能需要进行一项或几项工作，对应的计价定额子目也是一项或几项。但应注意的是，在编制分部分项工程量清单时，工程内容通常无需描述。工程内容的作用是可供招标人确定清单项目和投标人投标报价参考。

凡工程内容中未列全的其他具体工程，由投标人按招标文件或图纸要求编制，以完成清单项目为准，综合考虑到报价中。

（4）措施项目清单

安装工程措施项目的确定必须根据现行的《安装计量规范》的规定编制，所有的措施项目均以清单形式列项。措施项目分单价措施项目和总价措施项目两部分。安装工程各专业单价措施项目编码与名称见表 2-6，该表中大部分项目可以计算工程量，单价措施项目的清单与分部分项工程在一个表中填列。

为了便于选择专业措施项目，项目内容及包含范围为：

①吊装加固　行车梁加固；桥式起重机加固及负荷试验；整体吊装临时加固件，加固设施拆除、清理。

表 2-6 专业措施项目编码、名称一览表

项目编码	项目名称	项目编码	项目名称	项目编码	项目名称
031301001	吊装加固	031301007	胎（模）具制作、安装、拆除	031301013	设备、管道施工的安全、防冻、焊接保护
031301002	金属抱杆安装、拆除、移位	031301008	防护棚制作安装拆除	031301014	焦炉烘炉、热态工程
031301003	平台铺设、拆除	031301009	特殊地区施工增加	031301015	管道安拆后的充气保护
031301004	顶升、提升装置	031301010	安装与生产同时施工增加	031301016	隧道内施工的通风、供水、供气、供电、照明及通信设施
031301005	大型设备专用机具	031301011	在有害身体健康环境中施工增加	031301017	脚手架搭拆
031301006	焊接工艺评定	031301012	工程系统检测、检验	031301018	其他措施

②金属抱杆安装、拆除、移位 安装、拆除、移位；吊耳制作安装；拖拉坑挖埋。当拟建工程有大于 40t 的设备安装时，可列此项。

③平台铺设、拆除 场地平整；基础及支墩砌筑；支架型钢搭设；铺设；拆粗、清理。当拟建工程中有工艺钢结构预制安装和工业管道预制安装时，可列此项。

④顶升、提升装置 安装、拆除。

⑤大型设备专用机具 安装、拆除。

⑥焊接工艺评定 焊接、试验及结果评价。

⑦胎（模）具制作、安装、拆除 制作、安装、拆除。

⑧防护棚制作安装拆除 防护棚制作安装拆除。

⑨特殊地区施工增加 高原、高寒施工防护；地震防护。当拟建工程在高原、高寒或地震多发地区进行施工时，可列此项。

⑩安装与生产同时施工增加 火灾防护、噪声防护。

安装与生产同时施工增加是指改扩建工程在生产车间或装置内施工，因生产操作或生产条件限制干扰了安装工程正常进行而增加的降效费用。

⑪在有害身体健康环境中施工增加 有害化合物防护；粉尘防护；有害气体防护；高浓度氧气防护。

在有害身体健康环境中施工增加是指在民法规则有关规定允许的前提下，改扩建工程中由于车间有害气体或高分贝的噪声超过国家标准以致影响身体健康而增加的降效费用。

⑫工程系统检测、检验 起重机、锅炉、高压容器等特种设备安装质量监督检验检测；由国家或地方检测部门进行的各类检测。

当拟建工程中有三类容器制作、安装，有超过 10MPa 的高压管道敷设时，可列此项。

⑬设备、管道施工的安全、防冻、焊接保护 保证工程施工正常进行的防冻和焊接保护。

当拟建工程中有设备、管道冬雨季施工，有易燃易爆、有害环境施工，或设备、管道焊接质量要求较高时，可列此项。

⑭焦炉烘炉、热态工程 烘炉安装、拆除、外运；热态作业劳保消耗。

当拟建工程中有冶金炉窑时，可列此项。

⑮管道安拆后的充气保护 充气管道安装、拆除。

当拟建工程中有洁净度、防腐要求较高的管道安装时，可列此项。

⑯隧道内施工的通风、供水、供气、供电、照明及通信设施　通风、供水、供气、供电、照明及通信设施安装、拆除。当拟建工程中有隧道内设备、管道安装时，可列此项。

⑰脚手架搭拆　场内场外材料搬运；搭拆脚手架；拆除脚手架后材料的堆放。除 10kV 以下架空线路、单独承包的埋地管道安装工程不计取脚手架搭拆，其余安装工程不受操作物高度限制，不论是否搭设均可计取。

⑱其他措施　为保证工程施工正常进行所发生的其他措施费用。

不能计算工程量的措施项目，称为总价措施项目，采用总价项目的方式，按照现行的《安装计量规范》附录 N 规定的项目编码、项目名称确定清单项目，不必描述项目特征和确定计量单位。安全文明施工及其他措施项目编码与名称见表 2-7（该表中的措施项目一般不能计算工程量，以项为计量单位计量），总价措施项目清单与计价表见表 2-8。

表 2-7　安全文明施工及其他措施项目编码、名称一览表

项目编码	项目名称	项目编码	项目名称	项目编码	项目名称
031302001	安全文明施工	031302004	二次搬运	031302007	高层建筑增加
031302002	夜间施工增加	031302005	冬雨季施工增加		
031302003	非夜间施工增加	031302006	已完工程及设备保护		

高层建筑增加：高层施工引起的人工工效降低以及由于人工工效降低引起的机械降效。

①单层建筑物檐口高度超过 20m，多层建筑物超过 6 层时，应计算高层建筑增加。

②突出主体建筑物屋顶的电梯机房、楼梯出口间、水箱间、瞭望塔、排烟机房等不计入檐口高度。计算层数时，地下室不计入层数。

表 2-8　总价措施项目清单与计价表

工程名称：　　　　　　　　　　　　　标段：　　　　　　　　　第　页　共　页

序号	项目编码	项 目 名 称	计算基础	费率/%	金额/元	调整费率/%	调整后金额/元	备注
1		安全文明施工费						
2		夜间施工增加费						
3		非夜间施工照明						
4		二次搬运费						
5		冬雨季施工						
6		地上、地下设施、建筑物的临时保护设施						
7		施工排水、降水						
8		已完工程及设备保护						
9		有关专业工程的措施项目						
		合　　计						

编制人（造价人员）：　　　　　　　　　　　　　　复核人（造价工程师）：

注：1. "计算基础"中安全文明施工费可分为"定额基价""定额人工费"或"定额人工费＋定额机械费"，其他项目可为"定额人工费"或"定额人工费＋定额机械费"。

2. 按施工方案计算的措施费，若无"计算基础"和"费率"的数值，也可只填"金额"数值，但应在备注栏说明施工方案出处或计算方法。

（5）其他项目清单

其他项目清单是指分部分项工程量清单和措施项目清单所包含的内容以外，因招标人的特殊要求而发生的与拟建安装工程有关的其他费用项目和相应数量的清单。其他项目清单应按暂列金额、暂估价（包括材料暂估单价、工程设备暂估单价、专业暂估价）、计日工和总承包服务费四项内容列项。其余不足部分，编制人可以根据工程的具体情况进行补充。其他项目清单与计价汇总表见表 2-9。

表 2-9　其他项目清单与计价汇总表

工程名称：　　　　　　　　　　标段：　　　　　　　　　　第　页　共　页

序号	项 目 名 称	金额/元	结算金额/元	备　注
1	暂列金额			明细详见表 2-9-1
2	暂估价			
2.1	材料(工程设备)暂估价/结算价		—	明细详见表 2-9-2
2.2	专业工程暂估价/结算价			明细详见表 2-9-3
3	计日工			明细详见表 2-9-4
4	总承包服务费			明细详见表 2-9-5
5	索赔与现场签证		—	
	合　　计			

注：材料(工程设备)暂估单价进入清单项目综合单价，此处不汇总。

①暂列金额　暂列金额是招标人在工程量清单中暂定并包括在合同价款中的一笔款项。用于工程合同签订时尚未确定或者不可预见的所需材料、工程设备、服务的采购，施工中可能发生的工程变更、合同约定调整因素出现时的合同价款调整以及发生的索赔、现场签证确认等的费用。

在实际履约过程中，暂列金额可能发生，也可能不发生。编制本表时，要求招标人能将暂列金额与拟用项目列出明细填入暂列金额明细表中，见表 2-9-1。但如确实不能详列也可只列暂列金额总数，投标人应将上述暂列金额计入投标总价中（但并不属于承包人所有和支配，视合同约定和工程施工具体情况而进行开支）。

表 2-9-1　暂列金额明细表

工程名称：　　　　　　　　　　标段：　　　　　　　　　　第　页　共　页

序号	项 目 名 称	计量单位	暂定金额/元	备注
1				
2				
3				
	合　　计			—

注：此表由招标人填写，如不能详列，也可只列暂定金额总额，投标人应将上述暂列金额计入投标总价中。

在确定暂列金额时应根据施工图纸的深度、暂估价设定的水平、合同价款约定调整的因素以及工程实际情况合理确定。一般可按分部分项工程费的 10%～15% 确定，不同专业预留的暂列金额应分别列项。

②暂估价　暂估价是指招标人在工程量清单中提供的用于支付必然发生但暂时不能确定

价格的材料、工程设备的单价以及专业工程的金额。暂估价类似于 FIDIC 合同条款中的 Prime Cost Items，在招标阶段预见肯定要发生，只是因为标准不明确或者需要由专业承包人完成，暂时无法确定价格。

一般而言，为方便合同管理和计价，需要纳入分部分项工程量清单项目的综合单价中的暂估价是材料、工程设备暂估单价。招标人针对相应的拟用项目，即按照材料设备的名称分别给出，填入到材料（工程设备）暂估单价及调整表中，见表 2-9-2。

表 2-9-2　材料（工程设备）暂估单价及调整表

工程名称：　　　　　　　　　　　　　标段：　　　　　　　　　　第　页　共　页

序号	材料（工程设备）名称、规格、型号	计量单位	数量		暂估/元		确认/元		差额±/元		备注
			暂估	确认	单价	合价	单价	合价	单价	合价	
合　计											

注：此表由招标人填写"暂估单价"，并在备注栏说明暂估价的材料、工程设备拟用在哪些清单项目上，投标人应将上述材料、工程设备暂估单价计入工程量清单综合单价报价中。

专业工程暂估价一般应是综合暂估价，应当包括除规费、税金以外的全部费用。总承包招标时，专业工程设计深度往往是不够的，一般需要交由专业设计人员设计和施工，以发挥其专业技能和专业施工经验的优势。公开透明地合理确定这类暂估价的实际开支金额的最佳途径就是通过施工总承包人与工程建设项目招标人共同组织的招标。专业工程暂估价应由招标人分不同专业，按有关计价规定估算，填入专业工程暂估价表，见表 2-9-3。

表 2-9-3　专业工程暂估价及结算价表

工程名称：　　　　　　　　　　　　　标段：　　　　　　　　　　第　页　共　页

序号	工程名称	工程内容	暂估金额/元	结算金额/元	差额±/元	备　注
合　计						—

注：此表"暂估金额"由招标人填写，投标人应将"暂估金额"计入投标总价中。结算时按合同约定结算金额填写。

③计日工　计日工是指在施工过程中，承包人完成发包人提出的工程合同范围以外的零星项目或工作，按合同中约定的单价计价的一种方式。计日工是为了解决现场发生的零星工作的计价而设立的。计日工对完成零星工作所消耗的人工工时、材料数量、施工机械台班进行计量，并按照计日工表中填报的适用项目的单价进行计价支付。计日工适用的所谓零星项目或工作一般是指合同约定之外的或者因变更而产生的、工程量清单中没有相应项目的额外工作，尤其是那些难以事先商定价格的额外工作。

招标人应在计日工表中列出项目名称、计量单位和暂估数量，见表 2-9-4。

表 2-9-4　计日工表

工程名称：　　　　　　　　　　　　　标段：　　　　　　　　　　第　页　共　页

编号	项目名称	单位	暂定数量	实际数量	综合单价/元	合价/元	
						暂定	实际
一	人工						
1							
2							
人工小计							
二	材料						
1							
2							
3							
材料小计							
三	施工机械						
1							
2							
施工机械小计							
四、企业管理费和利润							
合　计							

注：此表项目名称、暂定数量由招标人填写，编制招标控制价时，单价由招标人按有关计价规定确定；投标时，单价由投标人自主报价，按暂列数量计算合价计入投标总价中。结算时，按发承包双方确认的实际数量计算合价。

④总承包服务费　总承包人为配合协调发包人进行的专业工程分包，对发包人自行采购的材料、工程设备等进行保管以及施工现场管理、竣工资料汇总整理等服务所需的费用。招标人应在总承包服务费计价表中列出需要总承包人提供的服务项目及其内容，见表 2-9-5。

表 2-9-5　总承包服务费计价表

工程名称：　　　　　　　　　　　　　标段：　　　　　　　　　　第　页　共　页

序号	工程名称	项目价值/元	服务内容	计算基础	费率/%	金额/元
1	发包人发包专业工程					
2	发包人供应材料					
合计		—		—	—	

注：此表项目名称、服务内容由招标人填写，编制招标控制价时，费率及金额由招标人按有关计价规定确定；投标时，费率及金额由投标人自主报价，计入投标总价中。

（6）规费、税金项目清单

规费项目清单应按照下列内容列项：社会保险费，包括养老保险费、失业保险费、医疗保险费、工伤保险费、生育保险费；住房公积金；工程排污费等。

规费、税金项目计价表见表 2-10。

表 2-10　　规费、税金项目计价表

工程名称：　　　　　　　　　　　　标段：　　　　　　　　　第　页　共　页

序号	项 目 名 称	计 算 基 础	费率/%	金额/元
1	规费			
1.1	社会保险费			
(1)	养老保险费			
(2)	失业保险费			
(3)	医疗保险费			
(4)	工伤保险费			
(5)	生育保险费			
1.2	住房公积金			
1.3	工程排污费			
2	税金	分部分项工程费＋措施项目费＋其他项目费＋规费－按规定不计税的工程设备金额		
合　　计				

2.3　安装工程工程量清单计价编制

2.3.1　安装工程招标控制价的编制

招标控制价是指招标人根据国家或省级、行业建设主管部门颁发的有关计价依据和办法，以及拟定的招标文件和招标工程量清单，结合工程具体情况编制的招标工程的最高投标限价。

采用招标控制价招标，可以有效控制投资，防止恶性哄抬报价带来的投资风险；提高了透明度，避免了暗箱操作、寻租等违法活动的产生；可使各投标人自主报价、公平竞争，符合市场规律。投标人自主报价，不受标底的左右；既设置了控制上限又尽量减少了业主依赖评标基准价的影响。

采用招标控制价招标，也可能出现如下问题：若最高限价大大高于市场平均价时，就预示着中标后利润丰厚，只要投标不超过公布的限额都是有效投标，从而可能诱导投标人串标围标；若公布的最高限价远远低于市场平均价，就会影响招标效率。即可能出现只有 1～2 人投标或出现无人投标的情况，因为按此限额投标将无利可图，此限额投标又成为无效投标。结果招标人不得不修改招标控制价进行二次招标。

（1）招标控制价的相关规定

①国有资金投资的建设工程招标，招标人必须编制招标控制价。

②招标控制价应由有编制能力的招标人或受其委托具有相应资质的工程造价咨询人编制和复核。工程造价咨询人接受招标人委托编制招标控制价，不得就同一工程接受投标人委托编制投标报价。

③招标控制价应在招标文件中公布，不应上调或下浮。应公布招标控制价各组成部分的详细内容，不得只公布招标控制价总价。

④当招标控制价超过批准的概算时，招标人应将其报原概算审批部门审核。

⑤投标人经复核认为招标人公布的招标控制价未按照本规范的规定进行编制的，应当在招标控制价公布后5天内向招投标监督机构和工程造价管理机构投诉。招标投标监督机构应会同工程造价管理机构对投诉进行处理，当招标控制价误差＞±3％时，应当责成招标人改正。

⑥招标人应将招标控制价及有关资料报送工程所在地或有该工程管辖权的行业管理部门工程造价管理机构备查。

（2）招标控制价的编制依据

①现行国家标准《建设工程工程量清单计价规范》与专业工程计量规范；

②国家或省级、行业建设主管部门颁发的计价定额和计价办法；

③建设工程设计文件及相关资料；

④招标文件中的工程量清单及有关要求；

⑤与建设项目相关的标准、规范、技术资料；

⑥工程造价管理机构发布的工程造价信息；工程造价信息没有发布的参照市场价；

⑦施工现场情况、工程特点及常规施工方案；

⑧其他的相关资料。

（3）招标控制价的编制内容

①封面　招标控制价封面举例见表2-11。

表 2-11　招标控制价封面

某大厦通风工程
招 标 控 制 价

招标控制价（小写）：2262558.43 元
　　　（大写）：贰佰贰拾陆万贰仟伍佰伍拾捌元肆角叁分

招标人：大厦建设单位盖章　　　　　　　　　　　　造价咨询人：_____
　　　（单位盖章）　　　　　　　　　　　　　　　　　（单位资质专用章）

法定代表人　　　　　　　　　　　　　　　　　　　法定代表人
或其授权人：大厦建设单位法定代表人　　　　　　　或其授权人：_____
　　（签字或盖章）　　　　　　　　　　　　　　　　（签字或盖章）

编制人：×××签字　　　　　　　　　　　　　　　×××签字
　　盖造价员专用章　　　　　　　　　　　　复核人：盖造价工程师专用章
　　（造价人员签字盖专用章）　　　　　　　　　　（造价工程师签字盖专用章）

编制时间：××××年××月××日　　　　　　　　复核时间：××××年××月××日

---

②总说明　招标控制价总说明的内容应包括以下几个方面。

a. 工程概况。

b. 工程招标范围。

c. 招标控制价编制依据。

d. 其他需要说明的问题。

招标控制价总说明举例，见表 2-12。

表 2-12　招标控制价总说明

工程名称：某大厦通风工程　　　　　　　　　　　　　　　　　　　　第 1 页　共 1 页

1. 工程概况

本工程建设地点位于××市××路××号。工程由 30 层高主楼及其南侧 5 层高的裙房组成。主楼与裙房间首层设过街通道作为消防疏散通道。建筑地下部分功能主要为地下车库兼设备用房。建筑面积为 73000m²，主楼地上 30 层，地下 3 层，裙楼地上 5 层，地下 3 层，地下三层层高 3.6m，地下二层层高 4.5m，地下一层层高 4.6m，一、二、四层层高 5.1m，其余楼层层高 3.9m。主楼建筑檐高 122.10m，裙楼檐高 23.10m。主楼结构类型为剪力墙结构，裙楼为框架结构；基础为钢筋混凝土桩基础。

2. 工程招标范围

本次招标范围为××施工图范围内的通风系统工程。

3. 招标控制价编制依据

(1) 招标文件提供的工程量清单及相关计价要求。

(2) ××工程施工图纸及相关资料。

(3) 《建设工程工程量清单计价规范》(2013)。

(4) 《辽宁省安装工程计价定额》(2008) 及相应计算规则、现行取费文件。

(5) 与建设项目相关的标准、规范、技术资料等。

(6) 工程类别：依据《辽宁省费用标准》(2008) 的工程类别划分标准，确定本工程为四类工程。

(7) 本工程中材料价格采用 2016 年××市工程造价信息第 4 季度信息价，信息价没有的材料，其价格参照市场价确定。人工费按 2016 年××市第 4 季度人工费指数进行调整。

4. 其他有关说明

本工程暂列金额按 30000 元列入。

③汇总表　由于编制招标控制价和投标报价包含的内容相同，只是对价格的处理不同，因此，对招标控制价和投标报价汇总表的设计使用同一表格。汇总表包括工程项目招标控制价/投标报价汇总表（表 2-13）、单项工程招标控制价/投标报价汇总表（表 2-14）、单位工程招标控制价/投标报价汇总表（表 2-15）。

表 2-13　建设项目招标控制价/投标报价汇总表

工程名称：　　　　　　　　　　　　　　　　　　　　　　　　　　第　页　共　页

序号	单 项 工 程 名 称	金额/元	其中：/元		
			暂估价	安全文明施工费	规费
	合　计				

注：本表适用于建设项目招标控制价或投标报价的汇总。

表 2-14　单项工程招标控制价/投标报价汇总表

工程名称：　　　　　　　　　　　　　　　　　　　　　　　　　　第　页　共　页

序号	单 项 工 程 名 称	金额/元	其中：/元		
			暂估价	安全文明施工费	规费
	合　计				

注：本表适用于单项工程招标控制价或投标报价的汇总。暂估价包括分部分项工程中的暂估价和专业工程暂估价。

表 2-15　单位工程招标控制价/投标报价汇总表

工程名称：　　　　　　　　　　　标段：　　　　　　　　第　页　共　页

序号	汇　总　内　容	金额/元	其中:暂估价/元
1	分部分项工程		
1.1			
1.2			
1.3			
1.4			
1.5			
2	措施项目		
2.1	其中:安全文明施工费		
3	其他项目		
3.1	其中:暂列金额		
3.2	其中:专业工程暂估价		
3.3	其中:计日工		
3.4	其中:总承包服务费		
4	规费		
5	税金		
	招标控制价合计＝1＋2＋3＋4＋5		

④分部分项工程量清单与计价表　分部分项工程费应根据招标文件中的分部分项工程量清单项目的特征描述及有关规定，按照招标控制价的编制依据，确定综合单价进行计算。招标控制价中的综合单价应包括招标文件中划分的应由投标人承担的风险范围及费用。

措施项目中的单价项目，也根据招标文件中的分部分项工程量清单项目的特征描述及有关规定，确定综合单价进行计算。

招标文件中提供了暂估单价的材料和设备，按暂估的单价计入综合单价。分部分项工程量清单与计价表见表 2-5。

⑤工程量清单综合单价分析表　招标控制价的分部分项工程费应由各单位工程的招标工程量清单乘以其相应综合单价汇总而成。综合单价是指完成一个规定清单项目所需的人工费、材料费和工程设备费、施工机具使用费、企业管理费、利润以及一定范围内的风险费用。

综合单价的计算，首先，依据提供的工程量清单和施工图纸，按照工程所在地区颁发的计价定额的规定，确定所组价的定额项目名称，并计算出相应的工程量；其次，依据计价定额和人工、材料、机械台班单价确定每项子目的人工费、材料费、机械费；然后根据工程类别确定管理费率和利润率，按规定程序计算出所组价定额项目的管理费、利润及综合合价；最后，将若干项所组价的定额项目合价相加除以工程量清单项目工程量，便得到工程量清单项目综合单价，未计价材料费应计入综合单价。

【例 2-1】　某中学教师住宅给排水安装工程有 1 项清单，如表 2-16 所示。

表 2-16　分部分项工程量清单与计价表

序号	项目编码	项目名称	项目特征描述	计量单位	工程量	金额/元		
						综合单价	合价	其中:暂估价
1	031001006001	塑料给水管安装	室内 $DN20$/PP-R 给水管,热熔连接	m	16			

该工程为四类工程，管理费率为 17.14％，利润率为 21.85％，取费基数为人工费与机械费之和。DN20 PP-R 管 5.38 元/m，DN20 塑料管件 2.75 元/个。利用 2008 辽宁省安装工程计价定额，计算该项清单的综合单价。

解： 根据清单的项目特征描述，确定需要组合的定额子目有 2 项：室内塑料给水管安装、管道消毒冲洗。故编制工程量清单综合单价分析表如表 2-17。

表 2-17　工程量清单综合单价分析表

工程名称：某中学教师住宅给排水安装工程　　　　　　标段：　　　　　　　　第　页　共　页

项目编码	031001006001			项目名称			塑料给水管安装		计量单位		m	
清单综合单价组成明细												
定额编号	定额名称	定额单位	数量	单价				合价				
				人工费	材料费	机械费	管理费和利润	人工费	材料费	机械费	管理费和利润	
8-290	塑料给水管安装热熔连接	10m	0.1	47.74	6.12	0.59	18.84	4.77	0.61	0.06	1.88	
8-602	管道消毒冲洗	100m	0.01	18.95	13.15	0	7.39	0.19	0.13	0	0.07	
人工单价		小　计						4.96	0.74	0.06	1.95	
45/60 元/工日		未计价材料费						8.78				
清单项目综合单价								16.49				
材料费明细	主要材料名称、规格、型号			单位		数量	单价/元	合价/元		暂估单价/元	暂估合价/元	
	塑料给水管 DN20			m		1.02	5.38	5.49				
	管件 DN20			个		1.197	2.75	3.29				
	其他材料费						—	0.74		—		
	材料费小计						—	9.52		—		

也可以利用表 2-18 计算清单的综合单价。

表 2-18　工程量清单综合单价计算表

工程名称：＿＿＿＿＿＿＿　　　　　　20　年　月　日　共　页　第　页

编号	工程名称	单位	数量	定额基价/元			合价组成/元						合价	综合单价
				人工费	材料费	机械费	人工费	材料费	机械费	管理费	利润			
031001006001	塑料给水管安装	m	16				79.41	152.36	0.94	13.77	17.56		264.04	16.49
8-290	塑料给水管安装热熔连接	10m	1.6	47.74	6.12	0.59	76.38	9.79	0.94					
主材	塑料给水管 DN20	m	16.32		5.38		0	87.80	0					
	管件 DN20	个	19.152		2.75		0	52.67	0					
8-602	管道消毒冲洗	100m	0.16	18.95	13.15	0	3.03	2.10	0					

⑥总价措施项目清单与计价表　对于不可精确计量的措施项目，则以"项"为单位，采用费率法按有关规定综合取定，采用费率法时需确定某项费用的计费基数及其费率，计算公

式为：

$$以 “项” 计算的措施项目清单费＝措施项目计费基数×费率 \qquad (2-1)$$

采用总价项目方式计价的措施项目，应根据拟定的招标文件和常规施工方案，按照招标控制价的编制依据计价，包括除规费、税金以外的全部费用。措施项目清单中的安全文明施工措施费必须按照国家或省级、行业建设主管部门的规定计算，不得作为竞争性费用。总价措施项目清单与计价表见表 2-8。

根据辽宁省建设工程造价管理总站颁发的辽建价发 [2016] 49 号文件规定，安全文明施工措施费的费率标准如表 2-19 所示。

表 2-19　安全文明施工措施费费率表

取费基数：人工费＋机械费　　　　　　　　　　　　　　　　　　　单位：%

工程项目 工程类别	总承包工程		专业承包工程	
	建筑工程 市政工程	机电设备 安装工程	建筑工程类 市政园林工程	装饰装修、机电 设备安装工程
一	12.65	12.04	10.62	10.01
二	13.66	13.05	11.63	10.82
三	14.87	14.26	12.65	12.04
四	16.08	15.28	13.45	12.65

⑦其他项目清单与计价表

a. 暂列金额。按招标工程量清单中所列金额填写。

b. 暂估价。材料、工程设备暂估单价已计入相应清单项目的综合单价，专业工程暂估价按按招标工程量清单中所列金额填写。

c. 计日工。在编制招标控制价时，对计日工中的人工单价和施工机械台班单价应按省级、行业建设主管部门或其授权的工程造价管理机构公布的单价计算；材料应按工程造价管理机构发布的工程造价信息中的材料单价计算，工程造价信息未发布的材料单价，其单价按市场调查确定的单价计算。

d. 总承包服务费。编制招标控制价时，总承包服务费应按照省级、行业建设主管部门的规定计算，"13 计价规范" 在条文说明中列出的标准仅供参考：

招标人仅要求总承包人对其分包的专业工程进行总包管理和协调时，总承包服务费按分包的专业工程估算造价的 1.5% 计算。

招标人要求总承包人对其分包的专业工程进行总包管理和协调，并同时要求提供配合服务（使用脚手架、塔吊等）时，根据招标文件中列出的配合服务内容，总承包服务费按分包的专业工程估算造价的 3%～5% 计算。

招标人自行供应材料、设备的，总承包服务费按招标人供应材料、设备价值的 1% 计算。

其他项目清单与计价表见表 2-9。

⑧规费、税金项目清单与计价表　"13 计价规范" 中规定：规费和税金必须按照国家或省级、行业建设主管部门的规定计算，不得作为竞争性费用。

根据辽宁省建设工程造价管理总站颁发的辽建价发 [2009] 5 号文的规定，规费标准见表 2-20。

表 2-20 规费标准

序号	规费名称		规费费率上限/%
			人工费＋机械费为基数
1	排污费		按工程所在地市造价管理部门规定标准执行
3	社会保障费	养老保险	16.36
4		失业保险	1.64
5		医疗保险	6.55
6		生育保险	0.82
7		工伤保险	0.82
8	住房公积金		8.18
9	危险作业意外伤害保险		由各市造价管理部门按有关部门标准确定

现依据辽建价发［2015］9号文的规定，取消危险作业意外伤害保险，将工伤保险单独列项计入工程总造价，其费率依照各市、县社保经办机构或地税部门的规定执行，没有规定的按税费前总造价的1‰计取。

税金计算公式如下：

税金＝(分部分项工程费＋措施项目费＋其他项目费＋规费－按规定不计税的工程设
　　　备金额）×增值税率

(2-2)

税率为11%。规费、税金项目清单与计价表见表2-10。

2.3.2 安装工程投标报价的编制

投标是一种要约，需要严格遵守关于招投标法的法律规定及程序，还需对招标文件作出实质性响应，并符合招标文件的各项要求，科学规范地编制投标文件与合理策略地提成报价，直接关系到承揽工程项目的中标率。

投标报价是指在工程招标发包过程中，由投标人按照招标文件的要求，根据工程特点，并结合自身的施工技术、装备和管理水平，依据有关计价规定自主确定的工程造价，是投标人希望达成工程承包交易的期望价格，它不能高于招标人设定的招标控制价，不得低于工程成本。作为投标计算的必要条件，应预先确定施工方案和施工进度。

(1) 投标报价的编制原则

①投标报价由投标人自主确定，但必须执行"13计价规范"的强制性规定。

②投标人的投标报价不得低于工程成本。

③投标人应按招标工程量清单填报价格。项目编码、项目名称、项目特征、计量单位、工程量必须与招标工程量清单一致。

④投标总价应当与分部分项工程费、措施项目费、其他项目费和规费、税金的合计金额一致。即投标人投标报价时，不能对投标总价进行优惠和让利，投标人对投标报价的任何优惠和让利均应反映在相应清单项目的综合单价中。

⑤投标报价要以招标文件中设定的发承包双方责任划分，作为考虑投标报价费用项目和费用计算的基础。发承包双方的责任划分不同，会导致合同风险不同的分摊，从而导致投标人选择不同的报价。

⑥以施工方案、技术措施等作为投标报价计算的基本条件；以反映企业技术和管理水平

的企业定额作为计算人工、材料和机械台班消耗量的基本依据；充分利用现场考察、调研成果、市场价格信息和行情资料，编制基础标价。

⑦报价计算方法要科学严谨，简明适用。

（2）投标报价的编制依据

①现行国家标准《建设工程工程量清单计价规范》与专业工程计量规范；

②国家或省级、行业建设主管部门颁发的计价办法；

③企业定额，国家或省级、行业建设主管部门颁发的计价定额和计价办法；

④招标文件、招标工程量清单及其补充通知、答疑纪要；

⑤建设工程设计文件及相关资料；

⑥施工现场情况、工程特点及拟定的投标施工组织设计或施工方案；

⑦与建设项目相关的标准、规范等技术资料；

⑧市场价格信息或工程造价管理机构发布的工程造价信息；

⑨其他的相关资料。

（3）投标报价的编制内容

①封面　投标总价封面举例见表 2-21。投标人编制投标报价时，由投标人单位注册的造价人员编制。投标人盖单位公章，法定代表人或其授权人签字或盖章；编制的造价人员签字盖执业专用章。

表 2-21　投标总价封面

<h1 style="text-align:center">某大厦通风 工程</h1>
<h2 style="text-align:center">投 标 总 价</h2>

招　标　人：　　　　　大厦建设单位

工 程 名 称：　　　　　某大厦通风工程

投标总价（小写）：2260197.15 元

　　　　　（大写）:贰佰贰拾陆万零壹佰玖拾柒元壹角伍分

投　标　人：　　　　××建筑安装公司

　　　　　　　　（单位盖章）

法定代表人　　　　　　××建筑安装公司

或其授权人：　　　　　　法定代表人

　　　　　　　　（签字或盖章）

　　　　　　　　　×××签字

编　制　人：　　　　盖造价师或造价员专用章

　　　　　　　　（造价人员签字盖专用章）

编 制 时 间：　　　××××年××月××日

②总说明　投标报价的总说明内容与招标控制价的总说明内容基本相同，只是编制依据有所不同。投标报价总说明举例，见表 2-22。

表 2-22　投标报价总说明

工程名称:某大厦通风工程 　　　　　　　　　　　　　　　第 1 页　　共 1 页

1. 工程概况

本工程建设地点位于××市××路××号。工程由 30 层高主楼及其南侧 5 层高的裙房组成。主楼与裙房间首层设过街通道作为消防疏散通道。建筑地下部分功能主要为地下车库兼设备用房。建筑面积为 73000m², 主楼地上 30 层, 地下 3 层, 裙楼地上 5 层, 地下 3 层; 地下三层层高 3.6m, 地下二层层高 4.5m, 地下一层层高 4.6m, 一、二、四层层高 5.1m, 其余楼层层高 3.9m。主楼建筑檐高 122.10m, 裙楼檐高 23.10m。主楼结构类型为剪力墙结构, 裙楼为框架结构; 基础为钢筋混凝土桩基础。

2. 工程招标范围

本次招标范围为××施工图范围内的通风系统工程。

3. 投标价编制依据

(1)招标文件提供的工程量清单及相关计价要求, 招标文件的补充通知和答疑纪要。

(2)××工程施工图纸及相关资料、投标施工组织设计。

(3)《建设工程工程量清单计价规范》(2013)。

(4)《辽宁省安装工程计价定额》(2008)及相应计算规则、现行取费文件。

(5)与建设项目相关的标准、规范、技术资料等。

(6)工程类别:依据《辽宁省费用标准》(2008)的工程类别划分标准, 确定本工程为四类工程。

(7)本工程中材料价格根据本公司掌握的价格情况并参照 2016 年××市工程造价信息第 4 季度信息价。人工费按 2016 年××市第 4 季度人工费指数进行调整。

4. 其他有关说明

本工程暂列金额按 30000 元列入。

---

③汇总表　投标人的投标总价应当与组成工程量清单的分部分项工程费、措施项目费、其他项目费和规费、税金的合计金额相一致。汇总表包括工程项目投标报价汇总表 (表 2-13)、单项工程投标报价汇总表 (表 2-14)、单位工程投标报价汇总表 (表 2-15)。

④分部分项工程量清单与计价表　编制投标报价时, 分部分项工程量清单应采用综合单价计价。确定综合单价的最重要的依据之一是该清单项目的特征描述, 投标人投标报价时应依据招标文件中分部分项工程量清单项目的特征描述确定清单的综合单价。在投标过程中, 当出现招标文件中分部分项工程量清单特征描述与设计图纸不符时, 投标人应以分部分项工程量清单的项目特征描述为准, 确定投标报价的综合单价。当施工图纸或设计变更与工程量清单项目特征描述不一致时, 发、承包双方应按实际施工的项目特征, 依据合同约定重新确定综合单价。

综合单价中应包括招标文件中划分的应由投标人承担的风险范围及其费用, 招标文件中没有明确的, 应提请招标人明确。

分部分项工程量清单与计价表, 见表 2-5。投标人对表中的"项目编码""项目名称""项目特征描述""计量单位""工程量"均不应做任何改动。"综合单价""合价"自主决定填写, 对其中的"暂估价"栏, 投标人应将招标文件中提供了暂估材料和工程设备单价的暂估价计入综合单价, 并应计算出暂估单价的材料在"综合单价"及其"合价"中的具体数额, 填入其中"暂估价"一栏。

⑤工程量清单综合单价分析表　为表明分部分项工程量综合单价的合理性, 投标人应对其进行单价分析, 以作为评标时的判断依据。工程量清单综合单价分析表, 见表 2-17。确定综合单价是编制分部分项工程量清单与计价表最主要的内容。分部分项工程综合单价确定的步骤是:

a. 确定计算基础。计算基础主要包括消耗量指标和生产要素单价。应根据本企业定额和拟定的施工方案确定完成清单项目需要消耗的各种人工、材料、机械台班的数量。各种人工、材料、机械台班的单价，则应根据询价的结果和市场行情，并考虑承包人应该承担的风险后综合确定。

b. 分析每一清单项目的工程内容。投标人根据招标工程量清单的项目特征描述，结合施工现场情况和拟定施工方案确定完成各清单项目实际应发生的工程内容。

c. 计算工程内容的工程数量与清单单位含量。每一项工程内容都应根据所选定额的工程量计算规则计算其工程数量，当定额的工程量计算规则与清单的工程量计算规则相一致时，可直接以工程量清单中的工程量作为工程内容的工程数量。

当定额的工程量计算规则与清单的工程量计算规则不一致时，还需要计算每一计量单位的清单项目所分摊的工程内容的工程数量，即清单单位含量。

$$清单单位含量＝某工程内容的定额工程量/清单工程量 \qquad (2\text{-}3)$$

d. 分部分项工程人工、材料、机械费用的计算。以完成每一计量单位的清单项目所需的人工、材料、机械用量为基础计算，即：

$$每一计量单位清单项目某种资源消耗量＝该资源的定额单位用量×清单单位含量 \qquad (2\text{-}4)$$

再根据预先确定的各种生产要素的单价，计算出每一计量单位清单项目的人工费、材料费与施工机具使用费。

$$人工费（材料费、机械费）＝\sum\ [每一计量单位清单项目人（材、机）$$
$$消耗量×各种人（材、机）单价] \qquad (2\text{-}5)$$

当招标人提供的其他项目清单中列示了材料暂估价时，应根据招标人提供的价格计算材料费，并在分部分项工程量清单与计价表中将暂估价单列出来。

e. 计算综合单价。管理费、利润按照当地现行的取费规定和费率标准计算，将人工费、材料费、机械费、管理费、利润汇总，即可得到分部分项工程量清单综合单价。

⑥措施项目清单与计价表　由于各投标人拥有的施工装备、技术水平和采用的施工方法有所差异，招标人提出的措施项目清单是根据一般情况确定的，没有考虑不同投标人的"个性"，投标人投标时根据自身编制的投标施工组织设计或施工方案确定措施项目，并对招标人提供的措施项目进行调整。

单价措施项目采用综合单价在分部分项工程量清单计价表中进行报价，总价措施项目清单与计价表见表 2-8。措施项目费由投标人自主确定，但其中的安全文明施工费应按照国家或省级、行业建设主管部门的规定计价，不得作为竞争性费用。

⑦其他项目清单与计价表

a. 暂列金额应按招标人在其他项目清单中列出的金额填写；

b. 材料暂估价应按招标人在其他项目清单中列出的单价计入综合单价；专业工程暂估价应按招标人在其他项目清单中列出的金额填写；

c. 计日工按招标人在其他项目清单中列出的项目和数量，自主确定综合单价并计算计日工费用；

d. 总承包服务费根据招标文件中列出的内容和提出的要求自主确定。

⑧规费、税金项目清单与计价表　规费和税金应按国家或省级、行业建设主管部门的规定计算，不得作为竞争性费用。

2.3.3　安装工程计价定额的系数

安装工程造价计算的特点之一，就是用系数计算一些费用。系数有子目系数和综合系数两种，按子目系数计算的费用是综合系数的计算基础。

（1）超高系数

当操作物高度大于定额高度时，为补偿人工降效而收取的费用称为操作超高增加费，全部为人工费。这项费用只有在安装的对象高度相对于楼地面超过了定额规定的高度时，超过部分的安装工程量可以计取。操作超高增加费属于分部分项工程费，这项费用一般用系数计取，系数称为操作超高增加费系数，该系数为子目系数。按子目系数计算的费用是综合系数的计算基础。专业不同，定额所规定计取增加费的高度也不一样，因此系数也不相同，安装工程的操作超高增加费系数见表2-23，详见定额各册说明。操作超高增加费的计算公式为：

$$操作超高增加费＝操作超高部分工程的人工费×超高系数 \qquad (2-6)$$

表 2-23　安装工程操作超高增加费系数

安装工程专业	定额高度/m	取费基数	系数/%
给排水、采暖、燃气工程	3.6	操作超高部分人工费	10(3.6～8m)、15(3.6～12m)、20(3.6～16m)
通风空调工程	6		15
电气设备安装工程	5		33(20m 以下)

（2）高层建筑增加费

安装工程中的高层建筑是指6层以上的多层建筑、檐高在20m以上的单层建筑。地下室不计在层数内。高层建筑增加费是由于建筑物高度增加为安装工程施工所带来的人工降效补偿，全部计入人工费。高层建筑增加费属于措施项目费。

各专业高层建筑增加费系数见表2-24，该系数为子目系数，详见定额各册说明。计算公式为：

$$高层建筑增加费＝本册工程全部人工费×高层建筑增加费系数 \qquad (2-7)$$

表 2-24　安装工程高层建筑增加费系数　　　　单位:%

安装工程专业	计算基数	建筑物层数或高度(层以下或米以下)							
		9(30)	12(40)	15(50)	18(60)	21(70)	24(80)	27(90)	30(100)
给排水、采暖、燃气工程		2	3	4	6	8	10	13	16
通风空调工程	本册工程全部人工费	1	2	3	4	5	6	8	10
电气设备安装工程		1	2	4	6	8	10	13	16

（3）系统调整费

系统调整费，又称系统调试费，是指在系统施工完毕后，对整个系统进行综合调试而收取的费用。给排水工程不需计取系统调整费。系统调整费是分部分项工程费，一般用系数计算，该系数为综合系数，计费基数包含子目系数计算的费用。各专业系统调试费系数见表2-25。系统调试费计算公式为：

$$系统调整费＝本册工程全部人工费×系数 \qquad (2-8)$$

$$系统调整费的人工费＝系统调整费×人工费所占比例 \qquad (2-9)$$

系统调整费的计费基数包含子目系数所计算的人工费。

表 2-25　安装工程定额综合系数

安装工程专业	取费基数	综合系数/%					
		系统调试费		脚手架搭拆费		安装与生产同时进行	有害健康环境施工
		系数	人工费占	系数	人工费占		
给排水、采暖、燃气工程	本册全部人工费	15(采暖)	20	5	25		
通风空调工程		13	25	3	25	10	10
电气设备安装工程		按各章规定		4	25	10	10

注：在电气设备安装工程中，脚手架搭拆费只限于 10kV 以下的电气设备安装工程（架空线路除外），对 10kV 以上的工程，该费用已包括在定额内，不另计取。

【例 2-2】　某建筑共 8 层，采暖工程各分项工程人、材、机合计 42000 元，其中人工费 8500 元，机械费 3200 元。该工程为四类工程，管理费率为 16.8%，利润率为 21.6%，取费基数为人工费与机械费之和。请计算高层建筑增加费和采暖系统调整费的综合单价。

解：根据题意，查系数表，利用计算公式计算如表 2-26 所示。

表 2-26　高层建筑增加费和采暖系统调整费的计算　　　　单位：元

费用名称	人、材、机合价	其中：人工费	管理费+利润	综合单价
采暖工程各分项工程合计	42000	8500		
高层建筑增加费	8500×2%=170	170	170×(16.8%+21.6%)=65.28	170+65.28=235.28
小计	42000+170=42170	8500+170=8670		
采暖系统调整费	8670×15%=1300.5	1300.5×20%=260.1	260.1×(16.8%+21.6%)=99.88	1300.5+99.88=1400.38
合计	42170+1300.5=43470.5	8670+260.1=8930.1		

（4）脚手架搭拆费

按定额的规定，脚手架搭拆费不受操作物高度限制均可收取（但 10kV 以下架空线路、单独承包的埋地管道安装工程不计取，具体看定额说明）。脚手架搭拆费是措施项目费。脚手架搭拆费按系数计算，系数见表 2-26，系数为综合系数。脚手架搭拆费计算公式为：

$$脚手架搭拆费＝本册工程全部人工费×脚手架搭拆系数 \qquad (2\text{-}10)$$
$$脚手架搭拆费的人工费＝脚手架搭拆费×人工费比例 \qquad (2\text{-}11)$$

（5）安装与生产同时进行增加的费用

在改扩建工程的生产车间或装置内施工，因生产操作或生产条件限制干扰了安装工程正常进行而增加的降效费用，称为安装与生产同时进行增加的费用，全部为人工费。安装与生产同时进行增加的费用是措施项目费，用系数计算，系数见表 2-26。安装与生产同时进行增加的费用的计算公式为：

$$安装与生产同时进行增加费＝本册工程全部人工费×系数 \qquad (2\text{-}12)$$

（6）在有害身体健康的环境中施工降效增加的费用

在民法规则有关规定允许的前提下，改扩建工程中由于车间有害气体或高分贝的噪声超过国家标准以致影响身体健康而增加的降效费用，称为在有害身体健康的环境中施工降效增加的费用，全部为人工费。在有害身体健康的环境中施工增加费用是措施项目费，用系数计算，系数见表 2-26。在有害身体健康的环境中施工增加费用的计算公式为：

$$有害身体健康的环境中施工增加费＝本册工程全部人工费×系数 \qquad (2-13)$$

2.4　安装工程类别划分及计价程序

计算安装工程造价时，有一些费用是按照费率计算的，费率的标准与拟建工程的规模、拟建工程的单位工程类别有关，且各省的规定不尽相同。以下是辽宁省 2008 年费用定额的工程类别划分标准和计价程序。

2.4.1　工程类别划分标准

辽宁省工程类别划分标准见表 2-27。工程造价的工程类别的划分是针对造价计算时各种费率的选取而定的，与建筑设计、结构设计等专业的工程类别划分不同，不要相互混淆。

表 2-27　辽宁省工程类别划分标准

工程类别	划　分　标　准	说　　明
一	(1)单层厂房 15000m² 以上； (2)多层厂房 20000 m² 以上； (3)单体民用建筑 25000 m² 以上； (4)机电设备安装工程、建筑构筑物工程、装饰装修工程、房屋修缮工程等不能按建筑面积确定工程类别的工程，工程费(不含设备)在 1500 万元以上； (5)市政公用工程工程费(不含设备)3000 万元以上	单层厂房跨度超过 30m 或高度超过 18m，多层厂房跨度超过 24m，民用建筑檐高超过 100m，机电设备安装单体设备重量超过 80t，市政工程的隧道及长度超过 80m 的桥梁工程，可按二类工程费率
二	(1)单层厂房 10000m² 以上，15000m² 以下； (2)多层厂房 15000m² 以上，20000m² 以下； (3)单体民用建筑 18000m² 以上，25000m² 以下； (4)机电设备安装工程、建筑构筑物工程、装饰装修工程、房屋修缮工程等不能按建筑面积确定工程类别的工程，工程费(不含设备)1000 万元以上，在 1500 万元以下； (5)市政公用工程工程费(不含设备)2000 万元以上，3000 万元以下； (6)园林绿化工程工程费 500 万元以上	单层厂房跨度超过 24m 或高度超过 15m，多层厂房跨度超过 18m，民用建筑檐高超过 80m，机电设备安装单体设备重量超过 50t，市政工程的隧道及长度超过 50m 的桥梁工程，可按三类工程费率
三	(1)单层厂房 5000m² 以上，10000m² 以下； (2)多层厂房 8000m² 以上，15000m² 以下； (3)单体民用建筑 10000m² 以上，18000m² 以下； (4)机电设备安装工程、建筑构筑物工程、装饰装修工程、房屋修缮工程等不能按建筑面积确定工程类别的工程，工程费(不含设备)在 500 万元以上，在 1000 万元以下； (5)市政公用工程工程费(不含设备)1000 万元以上，2000 万元以下； (6)园林绿化工程工程费 200 万元以上，500 万元以下	单层厂房跨度超过 18m 或高度超过 10m，多层厂房跨度超过 15m 民用建筑工程檐高超过 50m，机电设备安装单体设备重量超过 30t，市政工程的隧道及长度超过 30m 的桥梁工程，可按四类工程费率
四	(1)单层厂房 5000m² 以下； (2)多层厂房 8000m² 以下； (3)单体民用建筑 10000m² 以下； (4)机电设备安装工程、建筑构筑物工程、装饰装修工程、房屋修缮工程等不能按建筑面积确定工程类别的工程，工程费(不含设备)在 500 万元以下； (5)市政公用工程工程费(不含设备)1000 万元以下； (6)园林绿化工程工程费 200 万元以下	

注：1. 建筑物按经审图部门审定后的施工图并按单项工程进行划分。
2. 以工程造价为标准划分类别的工程，其工程造价为经批准的工程概算(或估算)投资扣除设备费。

安装工程属于不能按建筑面积确定工程类别的工程，需要按工程造价（不含设备）来划分工程类别。例如某住宅楼电气照明工程造价（不含设备）为 7 万元，则该住宅楼电气照明工程为四类工程。

2.4.2 各类工程费率

根据辽住建 [2016] 49 号文件规定，安装文明施工措施费费率见表 2-19，管理费率见表 2-28、利润率见表 2-29。

表 2-28 企业管理费率　　　　　　　　　　　　　　　单位：%

工程类别 \ 工程项目	总承包工程		专业承包工程	
	建筑工程、市政工程	机电设备安装工程	建筑工程类、市政园林工程	装饰装修工程、机电设备安装工程
一	12.50	11.42	8.93	7.85
二	14.28	13.21	10.71	9.28
三	16.42	15.35	12.50	11.42
四	18.56	17.14	13.92	12.50

表 2-29 利润率　　　　　　　　　　　　　　　单位：%

工程类别 \ 工程项目	总承包工程		专业承包工程	
	建筑工程、市政工程	机电设备安装工程	建筑工程类、市政园林工程	装饰装修工程、机电设备安装工程
一	15.93	14.57	11.38	10.01
二	18.21	16.84	13.66	11.84
三	20.94	19.57	16.94	14.57
四	23.67	21.85	17.75	15.93

施工总承包工程是指：

①房屋建筑工程　适用于工业、民用与公共建筑工程。

②机电设备安装工程　适用于一般工业、公用工程及公共建筑的机电设备安装工程。

③市政公用工程　适用于：城市道路、桥涵、隧道工程；城市给水、排水、燃气、热力管网安装工程；公用广场工程；给水厂及污水处理、给水、污水暗渠工程、雨水泵站、液化气储灌场（站）、各类城市生活垃圾处理工程中的基础等工程；其他各类构筑物工程。

专业承包工程是指单独承包单位工程其中一部分的工程，例如单独承包某栋楼电气设备安装工程中的电梯安装工程，即为专业承包工程。

例如某住宅楼电气照明工程为四类总承包工程，则该工程企业管理费率为 17.14%、利润率为 21.85%。总承包与专业承包工程的以上各种费用以计价定额分部分项工程费中的人工费＋机械费之和为计费基数。

2.4.3 工程造价计价程序

工程造价计价程序是计取各项费用的程序表格，也可以作为单位工程造价汇总表。计价程序在各省的费用定额中都有所描述，地区不同，计价程序不尽相同。辽宁省工程量清单计价程序见表 2-30。

表 2-30 辽宁省工程量清单计价程序

序号	费 用 项 目	计 算 方 法
1	计价定额分部分项工程费合计	工程量×定额基价＋主材费＋材料价差
1.1	其中人工费＋机械费	
2	措施项目费	
2.1	安全文明施工措施费	1.1×费率
2.2	夜间施工增加费	按规定计算
2.3	二次搬运费	按批准的施工组织设计或签证计算
2.4	已完工程及设备保护费	按批准的施工组织设计或签证计算
2.5	冬雨季施工费	1.1×费率
2.6	市政工程干扰费	1.1×费率
2.7	其他措施项目费	
3	其他项目费	
3.1	暂列金额	
3.2	暂估价	
3.3	计日工	
3.4	总承包服务费	
3.5	工程担保费	
3.6	上述未列项目	
4	税费前工程造价合计	1＋2＋3
5	规费	
5.1	工程排污费	按工程所在地规定计算
5.2	社会保障费	1.1×核定费率
5.3	住房公积金	1.1×核定费率
6	税金	(4＋5)×规定税率
7	工程造价	4＋5＋6

辽宁省定额计价程序见表 2-31。

表 2-31 辽宁省定额计价程序

序号	费 用 项 目	计 算 方 法
1	计价定额分部分项工程费合计	工程量×定额基价＋主材费＋材料价差
1.1	其中人工费＋机械费	
2	企业管理费	1.1×费率
3	利润	1.1×费率
4	措施项目费	
4.1	安全文明施工措施费	1.1×费率
4.2	夜间施工增加费	按规定计算

续表

序号	费 用 项 目	计 算 方 法
4.3	二次搬运费	按批准的施工组织设计或签证计算
4.4	已完工程及设备保护费	按批准的施工组织设计或签证计算
4.5	冬雨季施工费	1.1×费率
4.6	市政工程干扰费	1.1×费率
4.7	其他措施项目费	
5	其他项目费	
5.1	暂列金额	
5.2	暂估价	
5.3	计日工	
5.4	总承包服务费	
5.5	工程担保费	
5.6	上述未列项目	
6	税费前工程造价合计	1+2+3+4+5
7	规费	
7.1	工程排污费	按工程所在地规定计算
7.2	社会保障费	1.1×核定费率
7.3	住房公积金	1.1×核定费率
8	税金	(6+7)×规定税率
9	工程造价	6+7+8

本 章 小 结

安装工程工程量清单计价以 2013 版清单计价规范为依据，清单编制与计价时要求与格式要统一规范。安装工程的脚手架搭拆费、高层建筑增加费等的记取是安装工程计价的特色，安装工程的工程类别划分标准与各种费率的选择要注意与建筑工程进行区分。安装工程造价的计价程序要灵活正确使用。

思考与练习

1. 工程量清单计价的作用有哪些？

2. 招标人编制的工程量清单应包括哪些内容？

3. 工程量清单的项目编码如何规定？

4. 项目特征应如何描述？有何作用？

5. 招标控制价的作用有哪些？

6. 工程量清单投标报价的文件包括哪些？

7. 工程量清单综合单价如何计算？

8. 招标控制价的措施项目费如何计算？

9. 投标报价中的其他项目费如何报价？

10. 安装工程的两种系数如何使用？

11. 安装工程的工程类别如何划分？

12. 安装工程的各项费率如何选择？

13. 某住宅小区室外给水管道安装工程，经计算共用 $DN50$ 的螺纹连接镀锌钢管 240m，已知 $DN50$ 的镀锌钢管市场单价为 20.98 元/m，请查阅定额表 1-2，及本章费率，编制 $DN50$ 的镀锌钢管工程量清单，并计算该项清单的综合单价。

14. 某住宅楼电气照明工程计价定额分部分项工程费合计为 47721.97 元，其中人工费 14558.37 元，机械费 5109.82 元。请自行划分工程类别，根据本章费率，按照定额计价程序计算该住宅楼电气照明工程造价。

第 3 章

给排水、采暖安装工程计量与计价

学习重点：本章主要讲解给排水、采暖工程的系统分类、系统组成、常用材料、施工图识读方法；给排水、采暖工程的工程量计算规则；给排水、采暖工程的清单编制及计价规则。重点是给排水、采暖工程的工程量计算规则以及预算文件的编制。

学习目标：通过本章的学习，能够熟练识读给排水、采暖专业工程施工图；能够依据图纸手工计算给排水、采暖专业工程量；能够依据规范编制给排水、采暖工程工程量清单；能够依据计价规范进行给排水、采暖工程费用计算。

3.1 给排水、采暖安装工程基础知识

给水排水工程即水的人工循环工程，建筑给水排水工程上接市政给水工程，下连市政排水工程，处于水循环的中间阶段。它将市政管网的水送至各类建筑，在满足用水要求的前提下分配到各配水点和用水设备，并将使用过后的污水汇集、处置，或排入市政管网进行回收，或排入建筑中水的原水系统以备再生回用。建筑给排水工程由建筑给水工程和建筑排水工程两大部分组成。

建筑采暖工程是为建筑物内输送提供热量、维持室内正常温度的工程。它将热能通过供热管道从热源输送到热用户，并通过散热设备将热量传到室内房间，又将冷却的热媒输送回热源再次加热。

3.1.1 建筑给排水工程基础知识

3.1.1.1 建筑给排水系统分类

（1）给水系统的分类

①生活给水系统　供应各类建筑内的饮用、烹调、盥洗、洗涤、淋浴等生活上的用水，要求水质严格符合国家规定的饮用水质标准。

②生产给水系统　供生产设备用水，对于水质、水量、水压要求由于工艺不同，差别很大。

③消防给水系统　供给消防设施的给水系统，对水质没有特殊要求，但必须保证足够的水量和水压。

本章节主要讨论生活给水系统的计量与计价。生产给水系统在计量计价中主要对应工业管道工程，不属于本书主要内容。消防给水系统计价部分将在本书第四章重点讨论。

（2）排水系统的分类

①生活排水系统　包括生活污水排水系统和生活废水排水系统。其中排除便溺用卫生器具或其他污染严重的污水为生活污水排水，排除洗涤、淋浴、盥洗类卫生设备的废水为生活废水排水系统。

②工业废水排水系统　排除工艺生产过程中所产生的污水和废水。

③雨水排水系统　用于排除建筑屋面的雨水和融化的冰雪水。

值得一提的是，根据污染程度的不同，不同性质的污废水可以合流排放，即采用合流制排水体制，排水体制包括分流制和合流制。

3.1.1.2　建筑给排水系统组成

（1）建筑给水系统组成（见图3-1）

①引入管（进户管）　对于一个建筑群体来说，由市政给水管道引到庭院或居住小区的管段，多称之为引入管，对一幢单独建筑物来说，室外给水管穿过建筑物外墙或基础引入室内给水管网的管段，也称进户管，引入管（进户管）多埋设于室内外地面以下。

②水表节点　指引入管上装设的水表及在其前后设置的检修阀门、泄水口、电子传感器、旁通管、止回阀的总称。分户水表设在分户支管上，可只在表前设阀，以便局部关断水流。

③室内给水管网　指建筑内部给水水平干管、立管、支管等组成的管道系统。

④给水附件　设置在给水管道上的各种配水龙头、阀门等装置，主要起到调节水流流量、流向、压力的作用。

⑤升压和贮水设备　在室外给水管网压力不足或建筑内部对安全供水、水压有稳定要求时，需要设置各种附属设备，如水箱、水泵、气压装置、水池等升压贮水设备。

（2）建筑排水系统组成（见图3-2）

①卫生设备和生产设备受水器　收集排除污废水的装置。

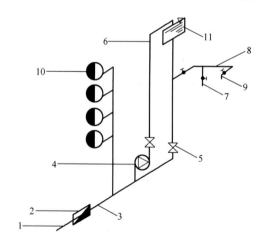

图3-1 给水系统组成

1—引入管；2—水表节点；3—给水干管；4—水泵；5—阀门；6—给水立管；7—大便器冲洗管；8—给水横管；9—水龙头；10—室内消火栓；11—水箱

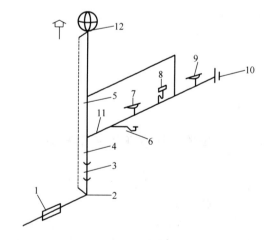

图3-2　排水系统组成

1—室外排水检查井；2—排出管；3—检查口；4—排水立管；5—伸顶通气立管；6～9—卫生器具排水支管；10—清扫口；11—排水横管；12—通气帽

②排水管系　由卫生器具排水管（含存水弯）、横支管（有一定坡度）、排水干管（一般埋设在地下）和排出到室外的排水管组成。

③通气装置　有伸顶通气立管、专用通气立管、环形通气管等几种类型，其主要作用是让排水管与大气相通，稳定管系中的气压波动，使水流畅通。最简单的做法是建筑物做排水管道伸顶通气。由通气管、通气帽组成。

④清通设备　主要有检查口、清扫口、检查井以及带有清通门的弯头或三通接头，用来疏通排水管道。

⑤污水抽升设备　地下建筑物的污废水无法自流排出时，必须设置污水抽升设备，如水泵、气压扬液器、喷射器等。

⑥污水局部处理构筑物　室内污水不符合排放标准时设置局部处理构筑物，例如沉淀池、隔油池、化粪池。

3.1.1.3　建筑给排水常用管材、管件

给排水安装工程中常用到的管材按材质不同分为金属管和非金属管两类。金属管包括钢管、铸铁管、铜管、不锈钢管等。非金属管包括混凝土管、陶土管、塑料管、复合管、玻璃钢管等。

(1) 钢管

钢管是建筑和设备工程中应用最广泛的金属管材。钢管有焊接钢管、无缝钢管两种。焊接钢管又分普通钢管和加厚钢管。钢管还可以分镀锌钢管和不镀锌钢管。

无缝钢管是用钢锭或实心管坯经穿孔制成毛管，然后经热轧、冷轧或冷拔制成的具有中空截面、周边没有接缝的圆形、方形、矩形管材。无缝钢管比焊接钢管具有较高的强度，主要用作输水、煤气、蒸汽的管道和各种机械零件的胚料。由于用途不同，管子承受的压力也不同，要求管壁的厚度差别很大，因此无缝钢管的规格用"外径×壁厚"表示。常用的连接方式有螺纹连接、焊接。

焊接钢管按焊缝形状分为直缝焊管和螺旋缝焊管。直缝焊管主要用于输送水、暖气、煤气和制作结构零件等；螺旋缝焊管可用于输送水、石油、天然气等。焊接钢管按是否镀锌又分为焊接管（黑铁管）和镀锌钢管（白铁管）。镀锌焊接钢管是应用于给水系统最多的一种钢管，钢管镀锌的目的是防锈、防腐、防止水质恶化和被污染，延长管道使用寿命。

按壁厚分为厚壁钢管和薄壁钢管。常用连接方式有螺纹连接、焊接、法兰连接、卡箍式连接。

①螺纹连接　利用配件连接，配件用可锻铸铁制成，配件为内丝，施工时在管端加工外丝。为了增加管子螺纹接口的严密性和维修时不致因螺纹锈蚀不易拆卸，螺纹处一般要加填充材料，填料既要能充填空隙又要能防腐蚀。常用的填料：对热水供暖系统或冷水管道，可以采用聚四氟乙烯胶带或麻丝沾白铅油（铅丹粉拌干性油）；对于介质温度超过 115℃ 的管路接口可采用黑铅油（石墨粉拌干性油）和石棉绳。

②焊接　焊接一般采用手工电弧焊和氧－乙炔气焊，接口牢固严密，焊接强度一般可达管子强度的 85% 以上，缺点是不能拆卸。焊接只能用于非镀锌钢管，因为镀锌钢管焊接时锌层被破坏，反而加速腐蚀。焊接完成后要对焊缝进行外观检查、严密性检查和强度检查。

③法兰连接　在较大管径的管道上（DN50 以上），常将法兰盘焊接或用螺纹连接在管端，再以螺栓连接之。法兰连接一般用在连接阀门、水泵、水表等处以及需要经常拆卸、检

修的管端上。法兰连接的接口为了严密、不渗不漏，必须加垫圈，法兰垫圈厚度一般为3～5mm，常用的垫圈材质有橡胶板、石棉橡胶板、塑料板、铜铝等金属板等。使用法兰垫圈应注意一个接口中只能加一个垫圈，不能用加双层垫圈、多层垫圈或偏垫解决接口间隙过大问题，因为垫圈层数越多，可能渗漏的缝隙越多，加之日久以后，垫圈材料疲劳老化，接口易渗漏。

（2）铜管

铜是一种贵金属材料，铜管具有很强的抗锈蚀能力，强度高，可塑性强，坚固耐用，抗高温环境，防火性能好，使用寿命长，可回收利用，但是其造价较高。铜管一般采用螺纹连接，连接配件为铜配件。

铜管广泛应用于高档建筑物室内热水供应系统和室内饮用水供应系统。由于其承压能力较强，还常用于高压消防供水系统。

（3）铸铁管

铸铁管分为给水铸铁管和排水铸铁管。给水铸铁管具备耐腐蚀、寿命长的特点，但是管壁厚、强度较钢管较差，多用于公称直径大于75mm的给水管道中，尤其适用于埋地敷设，给水球墨铸铁管防腐能力优异，延展性能好，主要用于市政、工矿企业给水、输气、输油等。给水铸铁管分为高压管道（工作压力为1.0MPa）、普压管（工作压力为0.75MPa）、低压管（工作压力为0.45MPa）。排水铸铁管用于排水工程管道中的污水管道，不承受压力。

铸铁管常用连接方式有承插连接、法兰连接。接口可分为柔性接口和刚性接口两种。柔性接口用橡胶圈密封，允许有一定限度的转角和位移，因而具有良好的抗震性和密封性，较刚性接口安装简便快速。给水铸铁管采用承插连接，在交通要道等振动较大的地段采用青铅接口。

混凝土管分为素混凝土管、普通钢筋混凝土管、自应力钢筋混凝土管和预应力混凝土管四类，用于输送水、油、气等流体。混凝土管按管内径的不同，可分为小直径管（内径小于400mm）、中直径管（内径400～1400mm）和大直径管（内径大于1400mm）。按管子承受水压能力的不同，可分为低压管和压力管，压力管的工作压力一般有0.4MPa、0.6MPa、0.8MPa、1.0MPa、1.2MPa等。钢筋混凝土管可以代替铸铁管和钢管输送低压给水和气体，也可作为建筑室外排水的主要管道。混凝土管按管子接头形式的不同，又可分为平口式管、承插式管和企口式管。其接口形式有水泥砂浆抹带接口、钢丝网水泥砂浆抹带接口、水泥砂浆承插和橡胶圈承插等。

（4）塑料管

常用的塑料管有硬聚氯乙烯管（UPVC）、聚乙烯管（PE）、聚丙烯管（PP）、聚丁烯管（PB）、交联聚乙烯（PE-X）。塑料管具有耐化学腐蚀性强、水流阻力小、质量轻、安装运输方便等优点。

UPVC（硬聚氯乙烯塑料管）具有较高的抗冲击性能和耐化学性能。UPVC管根据结构形式不同，又分为常用的单层石壁管、螺旋消声管、芯层发泡管、径向加筋管、螺旋缠绕管、双壁波纹管和单壁波纹管。UPVC管主要用于城市供水、城市排水、建筑给水和建筑排水系统。UPVC室内给水管道一般采用黏结，与金属管配件则采用螺纹连接。UPVC室外给水管道可以采用橡胶圈连接、黏结连接、法兰连接等形式，目前最常用的是橡胶圈连接，规格为$\phi50～800$mm，因此连接施工方便。黏结连接只适用于管径小于$\phi225$mm管道的连接，法兰连接一般用于UPVC管与其他管材及阀门等管件的连接。

PE（聚乙烯）管材聚乙烯按其密度不同分为高密度聚乙烯（HDPE）管、中密度聚乙烯（MDPE）管、低密度聚乙烯（LDPE）管。HDPE 管具有较高的强度和刚度，MDPE 管除了有 HDPE 管的耐压强度外，还具有良好的柔性和抗蠕变性能；LDPE 管的柔性、伸长率、耐冲击性能较好，尤其是耐化学稳定性好。目前，国内的 HDPE 管和 MDPE 管主要用作城市燃气管道，少量用作城市供水管道，LDPE 管大量用作农用排灌管道。

PP-R（三聚丙烯）是第三代改性聚丙烯，具有较好的抗冲击性能、耐腐蚀性能和抗蠕变性能，因此常用在地面辐射采暖和建筑室内冷热水供应中。

（5）管道附件

给水管道附件是安装在管道及设备上的启闭和调节装置的总称，一般分为配水附件和控制附件两类。配水附件装在卫生器具及用水点的各式水龙头，用以调节和分配水流。控制附件用来调节水量、水压、关断水流、改变水流方向。

管件是将管子连接成管路的零件。包括管箍、弯头、三通、四通、异径管、活接头、封头、凸台、盲板等。管件按用途分为以下几种：

①用于管道互相连接的管件　管箍、活接头等。

②改变管道走向的管件　弯头、弯管。

③使管路变径的管件　异径管、异径弯头等。

④管路分支的管件　三通、四通。

⑤用于管路密封的管件　管堵，盲板，封头等。

法兰是使管道与管道以及管道和阀门互相连接的零件，密封性好，安装拆卸方便。法兰盘上有多个孔眼，由螺栓、螺母使两法兰紧连，法兰间用垫片密封。管道安装工程中按连接方式将法兰分为螺纹连接法兰、焊接法兰及卡套法兰。螺纹连接法兰是将法兰内径加工成管螺纹，常用于 $DN \leqslant 50mm$ 的低压燃气管道中。焊接法兰又分为平焊法兰和对焊法兰，平焊法兰为管道插入法兰内径，法兰与管端采用焊接固定，刚度较差，一般用于 $PN \leqslant 1.6MPa$，$t \leqslant 250℃$ 的条件下。对焊法兰为法兰与管端采用对焊接口，刚度较大适用于较高压力和较高温度条件，卡套法兰常用于介质温度和压力都不高、单腐蚀性较强的情况。

（6）排水工程常用管材

排水管道常用的管材主要有排水铸铁管、排水塑料管、带釉陶土管等。排水铸铁管管壁较薄，不能承受高压，主要作为生活污水、雨水以及一般工业废水管用。目前建筑内广泛使用的是硬聚氯乙烯塑料管，具有光滑、质量轻、耐腐蚀、加工方便、便于安装等特点。为了使排水管道排水畅通，需在横支管上设清扫口或带 90°弯头和三通，在立管设检查口，在室内埋地横干管设检查井。

（7）阀门

阀门一般用于控制管内介质的流量，管道工程中常见阀门包括闸阀、截止阀、止回阀、旋塞阀、安全阀、调节阀、球阀、减压阀、疏水阀、蝶阀等。阀门与管道之间的连接方式有螺纹连接、法兰连接以及焊接连接等。

（8）水表

水表即流量仪表，分为容积式水表和速度式水表。典型的速度式水表包括旋翼式水表和螺翼式水表。建筑物给水引入管上水表通常安装在室外水表井、地下室或专用房间。家庭用小水表明装于每户进水总管上，水表前设置阀门。水表连接方式：$DN \leqslant 50mm$ 时，采用螺纹连接，$DN \geqslant 80mm$ 时，采用法兰连接。

3.1.1.4 给排水常用设备

给水设备包括贮水池、水箱、水泵、气压给水装置。

①贮水池 当室外管网供水能力不能满足室内给水系统用量时，应设置贮水池，贮水池可以设置在独立泵房的屋顶上，也可以在地面或地下露天设置，一般多布置在室内地下室。贮水池一般由钢筋混凝土制成，也有采用各类钢板或玻璃钢制成。

②水箱 水箱用于贮存和稳定水压，水箱的形状有方形、矩形、球形等不同形式，材质通常有钢筋混凝土、热镀锌钢板、玻璃钢、塑料、不锈钢等。

③水泵 在建筑给水系统中一般采用离心泵。

3.1.1.5 给排水管道安装

(1) 敷设方式

室内给水管道的敷设有明装和暗装两种形式。明装时，管道沿墙、梁柱、天花板、地板等处敷设。暗装时，给水管道敷设于吊顶、技术层、管沟和竖井内。暗装时应考虑管道及附件的安装、检修可能性。

(2) 安装顺序

给水管道应按引入管、水平干管、立管、水平支管的安装顺序安装，即按照水流方向安装。室内排水管道一般按照排出管、立管、通气管、支管和卫生器具的顺序安装，也可以随土建施工的顺序进行排水管道的分层安装。

(3) 管道防护及水压试验

①管道防腐 为防金属管道锈蚀，在敷设前应进行防腐处理。管道防腐包括表面清理和喷刷涂料，表面清理一般分为除油、除锈和酸洗三种。喷刷的涂料分为底漆和面漆两类，涂料一般采用喷、刷、浸、洗等方法附着在金属表面上。

埋地的钢管、铸铁管一般采用涂刷沥青绝缘防腐，在安装过程中某些未经防腐的接头处也应在安装后进行以上防腐处理。

②管道防冻、防结露 其方法是对管道进行绝热，由绝热层和保护层组成。常用的绝热材料有聚氨酯、岩棉、毛毡等。保护层可以用玻璃丝布包扎，薄金属板铆接等方法进行保护。管道的防冻、防结露应在水压试验合格后进行。

③水压试验 给水管道安装完成确认无误后，必须进行系统的水压试验。室内水压试验压力为工作压力的 1.5 倍，但是不得小于 0.6MPa。

④管道冲洗、消毒 生活给水系统管道试压合格后，应将管道系统内存水放空。在交付使用之前必须进行消毒和冲洗，管道冲洗宜用清洁水进行，并且在使用前用每升水含 20～30mg 游离氯的水灌满管道进行消毒，水在管道中停留 24h 以上。

3.1.1.6 给排水施工图识读

建筑室内给排水施工图通常包括施工及设计说明、室内给水排水平面图、给水系统图、排水系统图和详图等。识图时一般先阅读设计说明，了解系统概况之后识读室内给排水平面图，再对照平面图识读给水系统图和排水系统图，然后识读详图。

(1) 施工及设计说明

主要包括工程概况、所用设备、材料品种及要求，工程做法，卫生器具种类和型号，采用的标准图集名称、代号、编号和图例等内容。

（2）平面图

室内给水排水管道布置平面图是施工中最基本和最重要的图样，常用比例有 1∶100 和 1∶500 两种。其主要表明建筑物内给水排水管道在各楼层的平面位置和编号，管道附件和设备器具的规格型号，以及给水引入管和排水出户管与室外给排水管网的关系。这种图线都是示意性的，管配件（如管箍、活接头）不直接画在图纸上，因此在识读图样的同时还必须熟悉给排水管道的施工工艺。

①查明卫生器具、用水设备及升压设备的类型、数量、安装位置、定位尺寸。卫生设备和其他设备通常用图例表示，只能说明器具和设备的类型，不能表示各部分的具体结构和外部尺寸。所以必须参考技术资料和有关详图，将其构造、配管方式、安装尺寸等弄清，便于准确计算工程量和施工。

②查明给水引入管和污水排出管的平面位置、走向、定位尺寸、管径、坡度以及与室外管网的连接方式等。给水引入管上一般都装设阀门，若阀门设在室外阀门井中，在平面图上就能表示出来，要查明阀门的规格型号及离建筑物的距离。污水排出管与室外排水管的连接，是通过检查井来实现的，要了解排出管的管径、埋深及离建筑物的距离。

③查明给水排水干管、立管、支管的平面位置、走向、管径及立管编号。平面图上的管线虽然是示意性的，但是它还是按照一定比例绘制的。因此，在计算平面图的工程量时，可以结合详图、图注尺寸或用比例尺进行计算，在计算时，每一个立管都要进行编号，且要与引入（出）管的编号统一。

④在给水管道设置水表时，必须查明水表的型号、安装位置以及水表前后阀门的设置情况。

⑤室内排水管道要查明检查井进出管的连接方向以及清扫口、清扫口的布置情况；对于雨水管道，要查明雨水斗的型号、数量及布置情况，结合详图弄清雨水斗与天沟的连接方式。

（3）给水排水管道系统图

通常按系统图画出正面斜等轴测图，主要表明管道系统的空间走向和标高位置，系统中各管道和设备器具的上下、左右、前后之间的空间位置及相互连接关系，在系统图中标注各管道的直径尺寸、立管的标号、管道的标高和排水管坡度。在给水系统图上不画出卫生器具，只需画出龙头、淋浴器蓬蓬头、冲洗水箱等符号；在排水系统图上也只画出相应的卫生器具存水弯或器具排出管。

①明确各部分给水管道的空间走向、标高、管道直径及其变化情况，阀门的位置和规格数量，引入管和各支管的标高，识读时，可沿着水流方向从下到上依次进行阅读和计算。

②明确各部分排水管道的空间走向、管路分支情况、管道直径及其变化情况，弄清横管的坡度，管道各部分的标高、存水弯的形式、清通设施的设置情况。识图时仍可按照水流方向从上到下阅读计算。

③在给排水施工图上一般不表示管道支架吊架，但在识图时要按照有关规定确定其数量和位置。给水管道支架一般采用管卡、钩钉、吊环和角钢托架；铸铁排水立管通常用铸铁立管卡子固定在承口下面，排水横管则采用吊卡，一般为每根管一个，最多不超过 2m。

（4）详图

室内给排水的详图主要是管道节点、水表、水加热器、开水炉、卫生器具、过墙套管、排水设备与管道支架等的安装图。详图是用正投影法绘制的，图中标注的尺寸可以供计算工程量时使用。

3.1.2　建筑采暖工程基础知识

3.1.2.1　采暖系统的分类

室内采暖系统根据热媒种类的不同，可分为热水采暖系统、蒸汽采暖系统和热风采暖系统。

（1）热水采暖系统

以热水为热媒的供暖系统，广泛应用在民用建筑与工业建筑中。

①按系统循环动力可分为靠水的密度差进行循环的重力循环系统和靠机械（水泵）进行循环的机械循环系统；

②按供水和回水是否在不同立管运行可分为单管和双管系统；

③按供水温度可分为低温水和高温水供暖系统。

（2）蒸汽采暖系统

以蒸汽为热媒的供暖系统。

①根据立管数量分为单管蒸汽采暖系统和双管蒸汽采暖系统；

②根据蒸汽干管的位置分为上供式、中供式和下供式系统；

③根据凝结水回收动力分为重力回水和机械回水。

（3）热风采暖系统

用热水或蒸汽将热能从热源送至热交换器，经热交换器把热能传给空气，由空气把热能送至各采暖房间。热风采暖系统主要有集中送风系统、热风机采暖系统、热风幕系统和热泵采暖系统。

3.1.2.2　建筑采暖系统组成（见图3-3）

①入口装置　室内采暖系统与室外供热管网相连接处的阀门、仪表和减压装置统称为采暖系统热力入口装置。

②室内采暖管道　室内采暖管道由供水（汽）干管、立管和支管组成。

③管道附件　采暖管道的附件有排气装置（放气阀、集气罐）、补偿装置（膨胀水箱、伸缩器）、分集水器、疏水阀等。

④末端装置　在室内用于散发热量的装置。常见末端装置有散热器、辐射板、暖风机等。

3.1.2.3　建筑采暖工程常用管材、管件

（1）管材

采暖管道通常都采用钢管，室外采暖管道都采用无缝钢管和钢板卷焊管，室内采暖管道通常采用普通焊接钢管或无缝钢管，常用的地板采暖管主要有交联聚乙烯（PE-X）、交联铝塑复合管（XPAP）管、聚丁烯（PB）管、无规共聚丙烯（PP-R）管。对于室内采暖管道，

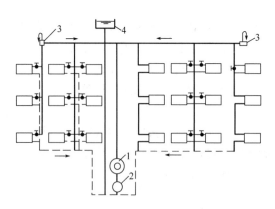

图3-3　集中式热水供暖系统

1—热水锅炉；2—循环水泵；3—集气装置；4—膨胀水箱

通常借助三通、四通、管接头等管件进行丝扣连接，也可采用焊接或法兰连接。塑料管材也可以采用热熔连接。

（2）排气装置

系统空气如果不及时排出，易在系统中形成气塞，阻碍水的通行。

集气罐通常安装在上部供水干管末端，一般是比其连接管路断面大的封闭短管，一般可用厚 4～5mm 的钢卷板卷成或用 $DN100～250$ 的钢管焊成，分为立式和卧式两种，当热水进入集气罐内，流速迅速降低，水中的气泡便自动浮出水面，聚集在集气罐的上部。在系统运行时，定时通过罐顶装置的放气管和放气阀把空气排出。

自动排气阀是采暖管网中的排气设备，一般设置在采暖系统的最高处，自动排气阀依靠自身机构使系统中的空气自动排出。

冷风阀又称跑风门，手动放气阀。大多用在水平式和下供下回式系统中，旋紧在散热器上部专设的螺纹孔上，以手动方式排出空气。

（3）膨胀水箱

用于容纳系统中因温度变化而引起的膨胀水量，稳定系统压力和补水。

开式高位膨胀水箱设置在系统最高点，通过膨胀管与系统连通。一般用钢板制作，通常是矩形或圆形。配管除了膨胀管还有循环管、信号管、溢流管、排水管、补水管。

闭式膨胀水箱为气压罐，当建筑屋顶部设置高位水箱有困难时设置。

（4）管道伸缩器（补偿器）

管道伸缩器主要有管道的自然补偿及人工补偿。

人工补偿是利用管道补偿器来吸收热能产生变形的补偿方式，常用的有方形补偿器、波纹管补偿器、套筒补偿器等。

自然补偿是利用管路几何形状所具有的弹性吸收热变形。最常见的管道自然补偿法是将管道两端以任意角度相接，多为两管道垂直相交。自然补偿的缺点是管道变形时会产生横向位移，而且补偿的管段不能很大。自然补偿器分为 L 型和 Z 型两种，暗装时应正确确定弯管两端固定支架的位置。

（5）除污器（过滤器）

安装在用户入口供水总管上，以及冷热源、用热设备、水泵、调节阀等入口处，用于阻留杂质和污垢，防止堵塞管道和设备。

（6）分集水器、分气缸

当需从总管接出两个以上分支环路时，考虑各环路之间的压力平衡和流量分配及调节，宜用分气缸、分水器和集水器。分气缸用于供气管路上，分水器用于供水管路上，集水器用于回水管路上。

（7）分户热计量分室控制系统装置

锁闭阀分两通式锁闭阀及三通式锁闭阀。具有调节、锁闭两种功能，锁闭阀既可在供热计量系统中作为强制收费的管理手段，又可在常规采暖系统中利用其调节功能。当系统调试完毕即锁闭阀门，避免用户随意调节，维护系统正常运行。

散热器温控阀是一种自动控制散热器热量的设备。它由阀体和感温元件控制部分组成，当室内温度高于给定的温度值时，感温元件受热，其顶杆就压缩阀杆，将阀口关小，进入散热器的水流量减小，散热器散热量减小，室温下降，动作相反，从而保证室温处在设定的温度值上。温控阀控温范围在 13～28℃ 之间，控温误差为 ±1℃。由于散热器温控阀具有恒定室温的功能，因此主要用在需要分室温度控制的系统中。

（8）热计量装置

热量表主要由流量计、温度传感器和积算仪构成。流量计用于测量流经用户的热水流量。温度传感器用于测量供回水温度，积算仪根据流量计与温度传感器测得的流量和温度信号计算温度流量热量及其他参数，可显示记录和输出所需数据。热量表宜安装在供水管上，此时流经热表的水温较高，流量计算准确。如果热表本身不带过滤器，表前要安装过滤装置。

热量分配表不是直接测量用户的实际用热量，而是测定每个用户的用热比例。有蒸发式和电子式两种。

（9）支座

根据对管道位移的限制情况，可分为活动支座和固定支座。

固定支座不允许管道和支架有相对位移的管道支座，主要用于将管道划分成若干补偿管段，分别进行热补偿，从而保证补偿器的正常工作。

活动支座允许管道和支撑结构有相对位移的管道支座，常用的活动支座有滑动支座和滚动支座。

（10）采暖入口装置

室内采暖系统与室外供热管网连接处的阀门、仪表和调压装置等系统成为采暖系统入口装置，通常入口装置设置在地下室或地沟内。如图 3-4 所示。

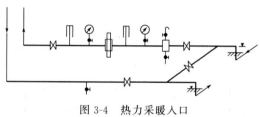

图 3-4　热力采暖入口

3.1.2.4　采暖设备和部件

（1）锅炉

锅炉是锅炉房中的主体设备，锅炉是加热设备，将冷水加热成热水或蒸汽，供采暖系统使用。分为热水锅炉和蒸汽锅炉。

（2）水泵

常用的水泵有循环水泵、补水泵、混水泵、凝结水泵、中继泵等。

①循环水泵　提供水克服从热源经管路送到末端设备再回到热源一个闭合环路的阻力损失所需的扬程。一般设在回水干管上。

②补水泵　为保持系统内合理工作压力，从系统外向系统内补水的水泵。补水泵通常设置在热源处。

③混水泵　使供暖热用户系统的部分回水与热网供水混合的水泵。一般设在建筑物用户入口或换热站处。

④凝结水泵　用于输送凝结水的水泵。

⑤中继泵　当供热区域地形复杂或供热管路距离过长而设置的水泵。

（3）换热器

换热器是两种以上温度不同的流体相互换热的设备，从构造上主要可分为壳管式、肋片管式、板式、板翘式、螺旋板式等，前两种用的最为广泛。

壳管式换热器，如图 3-5 所示，流体在管外流动，管外各管间常设置一些挡板，作用是提高管外流体的流速，使流体充分流经全部管面，改善流体对管子的冲刷角度，从而提高管壳侧的换热系数。

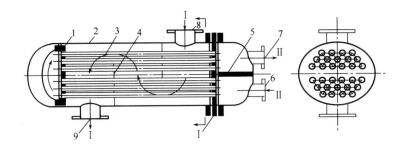

图 3-5　壳管式换热器

1—管板；2—外壳；3—管子；4—挡板；5—隔板；6，7—管程进口及出口；8，9—壳程进口及出口

肋片管式换热器，如图 3-6 所示，在管子外壁加肋，增加空气侧的换热面积，强化传热，这类换热器结构较紧凑，适用于两侧流体换热系数相差较大的场合。

（4）散热器

散热器是采暖系统最常见的末端散热装置，常见的散热器有铸铁散热器（柱形、翼形）、钢串片式散热器、钢制板式散热器、光排管散热器等。

①柱形散热器　柱形散热器有带脚（足）和不带脚的两种片型，便于落地或挂墙支装，常用的柱形散热器有二柱、四柱、五柱三种。如标记 TZ4-6-5：T 表示灰铸铁，Z 表示柱形，4 表示柱

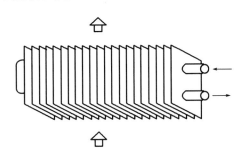

图 3-6　肋片管式换热器

数，6 表示同侧进出口中心距为 600mm，5 表示最高工作压力 0.5MPa。M-132 型表示宽度为 132mm 的二柱形散热器，四柱 813 型表示散热器高度为 813mm。图 3-7 所示为四柱 800 型散热器。

柱形散热器每片的散热面积小，安装前应按照设计的规定，将数片散热器组对成一组散热器，然后进行水压试验。

②翼形散热器　长翼形散热器（图 3-8）多用于民用建筑，由灰口铸铁铸造而成，根据翼片多少分为大 60 和小 60 两种，大 60 是 14 个翼片，每片长 280mm；小 60 是 10 个翼片，每片长 200mm；其高度均为 600mm。如标记 TC0.28/5-4：T 表示灰口铸铁，C 表示长翼型，0.28 表示片长 280mm，5 表示同侧进出口中心距为 500mm，4 表示最高工作压力为 0.4MPa。

闭式钢串片式散热器（图 3-9）由钢管、钢串片、联箱、放气阀及管接头组成。

③钢制板式散热器由背板、对流片和进出水管接头等部件组成。散热器高度有 380mm、480mm、580mm、680mm 等，长度有 600mm、800mm、1200mm、1400mm、1600mm 等。

④钢制光排管散热器由焊接钢管焊制而成，依据不同管径区分不同规格，分 A 型、B 型。这种散热器易于清除积灰，适用于灰尘较大的车间；承压能力高，但较笨重，耗钢材，占地面积大。

散热器通常安装在室内外墙的窗台下（居中）、走廊和楼梯间等处。安装一般先栽托架（钩），然后将散热器组挂在托架上，如果是带脚柱式散热器，直接搁置在地面或者楼面上。

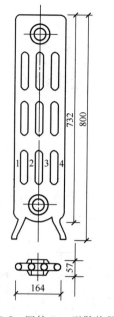

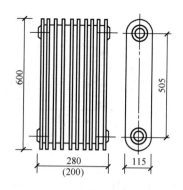

图 3-8　长翼形散热器

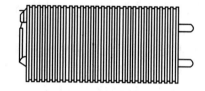

图 3-7　四柱 800 型散热器

图 3-9　钢串片对流散热器

3.1.2.5　采暖管道安装

安装前，必须清除管道和设备内的污垢和杂物，安装中断或安装完后，在各敞口处应该临时封闭，以免管道堵塞。

安装管道时，应有坡度。如设计无要求时，其坡度应符合下列规定：热水采暖和汽水同向流动的蒸汽和凝结水管道，坡度一般为 0.3%，但不得小于 0.2%；汽水逆向流动的蒸汽管道，坡度不得小于 0.5%。

管道从门窗或其他洞口、梁柱、墙垛等部位绕过，转角处如果高于或低于管道水平走向，在其最高点或最低点应分别安装排气或泄水装置。

采暖系统清洗、试压及试运行步骤如下：

①清洗　清洗前应将管路上的流量孔板、滤网、温度计、止回阀等部件拆下，清洗后再装上。热水采暖系统用清水冲洗，如系统较大、管路较长，可分段冲洗。蒸汽采暖系统可用蒸汽吹洗，从总气阀开始分段进行，一般设一个排气口，排气管接到室外安全处。吹洗过程中要打开疏水器前的冲洗管或旁通阀门，不得使含污的凝结水通过疏水器排出。

②试压　室内采暖系统可以分段试压也可以整个系统试压，试压前，在试压系统最高点设排气阀，在系统最低点装设手压泵或电泵，打开系统中全部阀门，但需关闭与室外相通的阀门。对热水采暖系统水压试验，应在隔断锅炉和膨胀水箱的条件下进行。

③试运行　采暖系统试运行包括冲水、启动运行和初调节。

热水采暖系统试运行时首先进行系统冲水，系统冲水的顺序是，首先是给锅炉冲水，然后是室外热网充水，最后是用户系统冲水。热水锅炉的冲水应先从锅炉的下锅筒和下联箱进行，当锅炉顶部及气管上的放气阀有水冒出时关闭放气阀，锅炉冲水即告完毕；室外热网充水一般是从回水管开始，在冲水前关闭通向用户的供、回水阀门，打开旁通阀，开启管网中所有的放气阀，将水压入管网。当放气阀有水冒出时关闭放气阀，直至管网中最高的放气阀也有水冒出时关闭最高点的放气阀门，则管网充水完毕。

等系统充水完毕后，可进行热水采暖系统的启动运行。在循环水泵启动前应先开放位于管网末端的 1~2 个用户，或者开放管网末端连同热水管和回水管的旁通阀，而循环水泵出口阀门应处于关闭状态，启动后再逐渐开启水泵出口阀门，这样可以防止启动电流过大，对电动机不利，系统启动时，开放用户顺序是从远到近，即先开放离热源远的用户，再逐渐开放离热源近的用户。

热水采暖系统启动运行通暖后，各部分温度不均匀时要进行初调节，初调节时，一般都是先调节各用户和大环路间的流量分配，先将远处用户阀门全打开，然后关小近处用户入口阀门克服剩余压头，使流量分配合理。室内系统调整时，对于水力计算平衡率较高的一些单管系统，可以不进行调节，双管系统往往要关小上层散热器支管。支管阀门开启程度，因下层散热器处于不利状态，其支管阀门应越往下开启度越大。异程式系统要关小离主立管较近的立管阀门开启度，同程式系统中间部分立管流量可能偏小，应适当减小离主立管最远以及最近立管上阀门的开启度。

3.1.2.6　采暖工程施工图识读

（1）设计施工说明

主要用来说明施工图中表达不出来的设计意图和施工中需要注意的问题，施工说明中写有总耗热量，热媒的来源及参数，不同房间内的温度，采暖管道的材料、种类、规格，管道保温的材料、方法及厚度，管道及设备的刷油次数、要求等。

（2）平面图

室内采暖平面图主要表示管道、附件及散热器在建筑平面上的位置与它们之间的关系。

①查明建筑物内散热器（热风机、辐射板）的平面位置种类、片数及散热器的安装方式（明装、暗装），散热器一般布置在各个房间的外墙窗台下，有的沿走廊内墙布置。

②了解水平干管的布置方式，干管上的阀门、固定支架、补偿器等的平面位置和型号，以及干管管径。

③通过立管编号查清系统立管的数量和平面布置，查明膨胀水箱、集气罐等设备的位置型号及设备上连接管道的平面布置和管道直径。

④查明热媒入口和入口地沟的情况。

（3）系统图

采暖系统图表示从热媒入口至出口的采暖管道、散热设备、主要附件的空间位置和相互间的关系。系统图是以平面图为主视图，采用 45°正面斜投影法绘制出来的。

系统图识读应与平面图结合进行，查明系统管道、散热器、设备、附件之间的相互关系。

（4）详图

室内采暖工程图的详图包括标准图和节点详图。标准图是室内采暖管道施工图的一个重要组成部分，供热管、回水管与散热器之间的具体连接形式、详细尺寸和安装要求一般都用标准图反映出来，现在施工中主要使用《采暖通风国家标准图集》。而通用标准图中没有的局部节点图由设计人员画出。

3.2 给排水、采暖安装工程计量与计价

GB 50856—2013《通用安装工程工程量计算规范》附录 K 给排水、采暖、燃气工程设置了 K.1（给排水、采暖、燃气管道）、K.2（支架及其他）、K.3（管道及附件）、K.4（卫生器具）、K.5（供暖器具）、K.6（采暖给排水设备）、K.7（燃气器具及其他）、K.8（医疗气体设备及附件）、K.9（采暖空调工程系统调试）共 101 个项目。

因此下面按照清单工程量项目设置顺序，介绍给排水、采暖工程量计算规则及计价要求。

3.2.1 给排水、采暖管道工程

3.2.1.1 清单项目设置

按照 GB 50500—2013《建设工程工程量清单计价规范》规定，其清单工程量项目设置 11 个项目及清单工程量计算要求详见表 3-1。

表 3-1　给排水、采暖、燃气管道清单项目设置

项目编码	项目名称	项目特征	计量单位	工程量计算规则	工作内容
031001001	镀锌钢管	①安装部位；②介质；③规格压力等级；④连接形式；⑤压力试验及吹、洗设计要求	m	按设计图示管道中心线以长度计算	①管道安装；②管件制作、安装；③压力试验；④吹扫、冲洗
031001002	钢管				
031001003	不锈钢管				
031001004	铜管				
031001005	铸铁管	①安装部位；②介质；③材质、规格；④连接形式；⑤接口材料；⑥压力试验及吹、洗设计要求；⑦警示带形式			①管道安装；②管件安装；③压力试验；④吹扫、冲洗；⑤警示带铺设
031001006	塑料管	①安装部位；②介质；③材质、规格；④连接形式；⑤压力试验及吹、洗设计要求；⑥警示带形式			①管道安装；②管件安装；③塑料卡固定；④压力试验；⑤吹扫、冲洗；⑥警示带铺设
031001007	复合管				
031001008	直埋式预制保温管	①埋设深度；②介质；③管道材质、规格；④连接形式；⑤接口保温材料；⑥压力试验及吹、洗设计要求；⑦警示带形式			①管道安装；②管件安装；③接口保温；④压力试验；⑤吹扫、冲洗；⑥警示带铺设
031001009	承插缸瓦罐	①埋设深度；②规格；③接口方式及材料；④压力试验及吹、洗设计要求；⑤警示带形式			①管道安装；②管件安装；③压力试验；④吹扫、冲洗；⑤警示带铺设
031001010	承插水泥管				
031001011	室外管道碰头	①介质；②碰头形式；③材质、规格；④连接形式；⑤防腐、绝热设计要求	处	按设计图示以处计算	①挖填工作坑或暖气沟拆除及修复；②碰头；③接口处防腐；④接口处绝热及保护层

注：1. "安装部位"，指管道安装在室内、室外；"输送介质"包括给水、排水、中水、雨水、热媒体、燃气、空调水等。
　　2. 方形补偿器制作安装，应含在管道安装综合单价中。
　　3. 塑料管安装项目特征应描述是否设置阻火圈或止水环，按设计图纸或规范要求计入综合单价中。
　　4. 直埋保温管包括直埋保温管件安装及接口保温。排水管道安装包括立管检查口、透气帽。

3.2.1.2 土方工程量计算

土方工程量凡涉及管沟及井类的土石方开挖、垫层、基础、砌筑、井盖板预制安装、回填、管道支墩等，应按《房屋建筑与装饰工程计量规范》相关项目列项。室内外管道沟土方及管道基础执行建筑工程消耗量定额工程量计算如下：

（1）管沟挖土方量的计算

如图 3-10 所示，按下式计算：

$$V = h(b + kh)l$$

式中　h——沟深，按设计管底标高计算；

　　　k——坡度系数，一般取 0.3；

　　　b——沟底宽，取值见表 3-2，一般取 $DN50 \sim 75$，$b = 0.6$m；$DN100 \sim 200$，$b = 0.7$m；

　　　l——沟长。

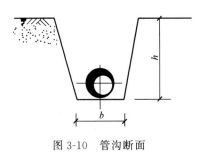

图 3-10　管沟断面

表 3-2　管沟底宽取值

管径 DN/mm	铸铁、钢、石棉水泥管道沟底宽度/m	混凝土、钢筋混凝土管道沟底宽/m
50～75	0.6	0.8
100～200	0.7	0.9
250～350	0.8	1.0
400～450	1.0	1.3
500～600	1.3	1.5
700～800	1.6	1.8
900～1000	1.8	2.0

（2）土方回填

室内土方回填工作已经在计价定额单价中给予考虑，不再重复计算。

管道公称直径在 $DN500$ 以下的管沟回填土方量不扣除管道所占的体积，公称直径在 $DN500$ 以上的管沟回填土方量则需扣除管道所占体积，见表 3-3 所示。

表 3-3　管道占回填土方量

管径 DN/mm	钢管占回填土方量 /(m³/m)	铸铁管占回填土方量 /(m³/m)	混凝土、钢筋混凝土管占回填土方量/(m³/m)
500～600	0.21	0.24	0.33
700～800	0.44	0.49	0.60
900～1000	0.71	0.77	0.92

3.2.1.3 管道安装工程量计算规则

（1）定额界限划分（表 3-4）

（2）管道长度的确定

各种管道均按不同管材、公称直径、连接方法以施工图所示中心长度，以"m"为计量单位，不扣除阀门、管件（包括减压器、疏水器、水表、伸缩器等组成安装）所占的长度。

表 3-4 定额界限划分

专业类别	室内外界限	与市政管道界限
给水管道	以建筑物外墙皮 1.5m 为界,入口处设阀门者以阀门为界	以水表井为界,无水表井者,以与市政给水管道碰头点为界
排水管道	以出户第一个排水检查井为界	
采暖热源管道	以入口阀门或建筑物外墙皮 1.5m 为界	
燃气管道	地下引入室内的管道以室内第一个阀门为界,地上引入室内的管道以墙外三通为界	以两者的碰头点为界

注:采暖热源管道

　　1. 与工业管道界线以锅炉房或泵站外墙皮 1.5m 为界。

　　2. 工厂车间内采暖管道以采暖系统与工业管道碰头点为界。

　　3. 设在高层建筑内的加压泵间管道以泵间外墙皮为界。

　　水平管道以施工图平面图所注尺寸计算,可用比例尺度量垂直管道,按系统图上标高差计算。计算各种规格管道长度时,要注意管道的变径点(一般在三通处)。一般按立管的编号顺序计算,不容易漏项。

　　①采暖立、支管上如有缩墙、躲管的灯叉弯、半圆弯时,其增加的工程量应计入管道工程量中,增加长度按表 3-5 中数值计取。

表 3-5 采暖管道增加长度

管别	灯叉弯/mm	半圆弯/mm
支管	35	50
立管	60	60

　　②在采暖管道中,应扣除暖气片所占的长度,管道安装均包括水压试验和灌水试验,不另行计算,由于非施工方原因需要再次进行管道压力试验时可执行管道压力试验定额。

　　③DN32 以内的钢管包括管卡及托钩制作安装,DN32 以上的钢管的管卡等需另列项计算。

　　④定额内未包括过楼板钢套管的制作安装,发生时按室外钢管项目,按延长米计算。

　　⑤镀锌铁皮套管制作工程量分不同的公称直径以个计算,定额中已综合了配合土建施工的留洞留槽、修补洞所需的材料和人工,不应另行计算。

　　当施工图标注不全时,给水支管按 0.1m 计算,排水支管按 0.4~0.5m 计算。

　　(3) 定额套用

　　①依据《辽宁省安装工程预算定额》2008 规定,管道安装区分管道材质、连接方式、安装部位分类,以管径规格大小分别套用第八册《给排水、采暖、燃气工程》中相应定额子目。

　　②管道中方形伸缩器的两臂,应按其臂长的两倍合并在管道延长米内计算;套筒式伸缩器所占长度不扣除。各种伸缩器制作安装均以"个"为计量单位,另行计算。

　　③管道安装定额是按不同材质、不同接口方式分别列项的,套用定额时,应区分不同的材质、管径的大小以及接口选用形式,管道安装定额均按公称直径分列子目,安装的设计规格与子目不符时可用较大规格的子目;直径超过定额最大规格时编制补充定额。

　　钢管伸缩器两臂计算长度见表 3-6。

表 3-6　钢管伸缩器两臂计算长度表

伸缩器形式	伸缩器公称直径/mm						
	25	50	100	150	200	250	300
	伸缩器两臂计算长度/m						
⌐￢	0.6	1.2	2.2	3.5	5.0	6.5	8.5
⌒	0.6	1.1	2.0	3.0	4.0	5.0	6.0

④螺纹连接钢管已包括，弯管制作与安装，焊接钢管 $DN100$ 以下全部考虑使用煨弯制作，工料包括在定额内，无论现场煨弯，或是用成品弯头均不作换算，但焊接钢管的 $DN100$ 以上的压制弯头应按定额含量计算其主材费。

⑤铸铁排水管、雨水管以及塑料排水管经均已包括管卡及吊托支架、臭气冒（铅丝球）、雨水漏斗的制作安装，但未包括雨水漏斗及雨水管本身价格，应按设计用量另行考虑。

⑥铸铁排水管、塑料排水管安装中透气帽定额是综合考虑的，不得换算；室内外给水、雨水铸铁管，定额中已包括接头零件所需要的人工费，但接头零件的价格另计。

⑦设计施工图纸中，雨水管与生活排水管合用时，执行管道安装工程的排水定额子目。

3.2.1.4　管道安装清单计价

根据清单规范，完成管道安装的综合单价需要考虑管道本身安装、管件安装、压力试验、吹扫、冲洗、警示带铺设等工作。在确定分部分项工程量清单综合单价时，当管道安装计价定额单价中已含有相关的工作内容产生的费用，则不能再计算其工程量，否则就发生重复计费。下面根据清单中工程内容以及计价定额工程量确定方法确定分部分项工程量清单综合单价。管道安装清单项目包括如下计价内容。

①管道安装中未计价材料是管材，应按下式计算其价值：

管道未计价价值=按施工图计算的工程量×管道定额消耗量×相应的管材单价

②管件安装依据定额组成，不同材质的管道其管件的计算和计价是不同的。

a. 镀锌钢管、给水 PVC 管的管道安装定额基价中已包含其管件的数量和价格，故不另计算其管件的费用。

b. PPR 管的嵌铜管件、铝塑复合管、不锈钢管、铜管的全部管件要按施工图计算数量和市场价计算主材费，但不用计算其管件的安装费，因为管道安装定额基价中已包含管件的安装费。

c. 法兰安装可按不同材质（铸铁、碳钢）、连接方式（螺纹、焊接）、管道公称直径，分别以副为单位计量，执行定额八册中法兰安装定额子目。

③管道消毒冲洗、水压试验给水管道安装单价中已经包括水压试验的费用，排水管道安装单价中包括灌水试验产生的费用，燃气管道安装单价中包括气压试验费用，因此对于新建工程管道安装，该项内容不再计量。只有当遇到特殊情况，如停工时间较长后再进行安装，或有特殊要求需进行二次打压试验时，才可执行第八册中相应子目。

给水管道的消毒冲洗工程量及定额应用室内给水管道的消毒冲洗均按管道公称直径分挡，以"m"为计量单位。工程量计算时不扣除阀门、管件所占长度。执行八册相应定额。

④警示带敷设埋地管线上方沿走向敷设起警示作用的警示带，当要求敷设时，按敷设长度以"m"计算。

3.2.1.5 管道除锈、刷油、防腐、绝热工程量

钢管按管道展开面积计算工程量，以"m²"为单位计量。

套用定额时，按设计图纸要求刷漆种类和遍数执行《辽宁安装预算定额》第十四册《刷油、防腐蚀、绝热工程》相应子目。若设计中无明确要求刷漆种类和遍数时，一般明装钢管刷防锈底漆两遍，调和漆或银粉漆面漆两遍；埋地或暗装钢管刷沥青漆两遍。

管道绝热按保温层的体积计算，以"m³"为计量单位。执行十四册相应定额。

3.2.2 管道支架工程

3.2.2.1 清单项目设置

按照 GB 50500—2013《建设工程工程量清单计价规范》规定，其清单工程量项目设置及清单工程量计算要求详见表 3-7。

表 3-7 支架及其他清单项目设置

项目编码	项目名称	项目特征	计量单位	工程量计算规则	工作内容
031002001	管道支架	①材质；②管架形式	①kg ②套	①以"kg"计量，按设计图示质量计算；②以套计量，按设计图示数量计算	①制作 ②安装
031002002	设备支架	①材质；②形式			
031002003	套管	①名称、类型；②材质；③规格；④填料材质；⑤除锈、刷油材质及做法	个	按设计图示数量计算	①制作 ②安装 ③除锈、刷油

注：单件支架质量100kg以上的管道支吊架执行设备支吊架制作安装项目；成品支吊架安装执行相应项目，不再计取制作费，支吊架本身价值含在综合单价中；套管制作安装项目适用于穿基础、墙、楼板等部位的防水套管、填料套管、无填料套管及防火套管等，应分别列项。

3.2.2.2 管道支架工程量计算

①管道支架制作安装定额及工程量计算。室内 DN32 以内钢管包括管卡及托钩制作安装。DN32 以上的应根据支架的结构形式、规格，以"kg"为计量单位，执行《辽宁统一安装工程预算定额》第八册《给排水、采暖、燃气工程》中管道支架制作、安装定额项目。

工程量计算公式为

$$管道支架工程量 = \sum 某种结构形式单个支架的质量 \times 支架个数$$
$$支架个数 = 某规格管道长度 / 该规格管道支架的间距$$

单个支架的质量要区分管道的种类及安装部位、管道支架的间距，均可参考设计要求或相应的规范要求。

②管道支架的除锈、油漆工程量及定额应用与支架制作的工程量相同，以"kg"为计量单位，并按照设计图样中要求的刷漆种类和遍数套用《辽宁安装工程预算定额》第十四册《刷油、防腐蚀、绝热工程》相应子目。

3.2.2.3 套管

①套管工程量计算及定额应用管道在穿越建筑物基础、楼板、屋面板和防水墙体，应设

置一般钢套管或刚性防水套管、柔性防水套管（按设计要求分类）。

②上述三类套管均执行《辽宁安装预算定额》第六册《工业管道工程》相应子目。

③钢套管的管径比其穿越管道的管径大两号，计量单位为"个"。

④镀锌铁皮套管制作以"个"为单位计量，套用《辽宁安装预算定额》第八册相应定额，其安装已包括在管道安装定额内，不得另行计算。

3.2.3　管道附件

（1）清单项目设置

按照 GB 50500—2013《建设工程工程量清单计价规范》规定，其清单工程量项目设置及清单工程量计算要求详见表 3-8。

表 3-8　管道附件清单项目设置

项目编码	项目名称	项目特征	计量单位	工程量计算规则	工作内容
031003001	螺纹阀门	①类型；②材质；③规格压力等级；④连接形式；⑤焊接方法	个	按设计图示数量计算	安装 电气连接 调试 组装
031003002	螺纹法兰阀门				
0310032003	焊接法兰阀门				
031003004	带短管甲乙阀门	①材质；②规格、压力等级③连接形式；④接口方式及材质			
031003005	塑料阀门	①规格；②连接形式			①安装；②调试
031003006	减压器	①材质；②规格压力等级；③连接形式；④附件名称配置	组		①组成 ②安装
031003007	疏水器				
031003008	除污器（过滤器）	①材质；②规格、压力等级；③连接形式			
031003009	补偿器	①类型；②材质；③规格压力等级；④连接形式	个		安装
031003010	软接头（软管）	①类型；②材质；③连接形式	个（组）		
031003011	法兰	①材质；②规格压力等级；③连接形式	副（片）		
031003012	水表	①安装部位（室内外）；②型号、规格；③连接形式；④附件配置	组（个）		组装
031003013	倒流防止器	①材质；②型号、规格；③连接形式	套		安装
031003014	热量表	①类型；②型号、规格；③连接形式	块		
031003015	塑料排水管消声器	①规格；②连接形式	个		
031003016	浮标液面计		组		
031003017	浮标水位标尺	①用途；②规格	套		

（2）阀门

阀门安装工程量计算及定额应用各种阀门安装工程量应按其不同类别、规格型号、公称直径和连接方式，分别以"个"为单位计算，法兰阀门包括法兰安装，不得另计；阀门安装如仅为一侧法兰连接时，应在项目特征中描述。

执行《辽宁安装工程预算定额》第八册相应子目时，以阀门的连接方式和规格大小的不同分别计取安装费，各种阀门为未计价材料。

（3）浮标液面计

浮标液面计的安装以"组"为单位计算，浮标液面计为未计价材料，水塔水池浮漂水位标尺制作安装以套为单位计算，执行《辽宁安装工程预算定额》第八册相应子目。

（4）水表

水表是一种计量建筑物或设备用水量的仪表，定额根据连接方式及管道直径不同分为螺纹水表、法兰水表和 IC 卡螺纹水表。

执行《辽宁安装工程预算定额》第八册相应子目时应注意螺纹水表安装定额子目不仅包括水表本身的安装，还包括水表前一个螺纹闸阀的安装费用，水表及表前阀为未计价材料。

法兰水表根据是否带旁通管和止回阀分列子目，如实际组成与标准图集不同时按实际调整阀门的数量，其他不变。

（5）减压阀组，疏水器组安装

根据连接方式和公称直径不同，以"组"为单位计算；减压阀按高压侧的直径计算，当减压阀组、疏水器组的组成与定额含量不同时，可调整阀门与压力表的数量，其余不变。

（6）管道伸缩器制作安装

管道伸缩器包括螺纹连接法兰式套筒伸缩器、焊接法兰式套筒伸缩器、方形伸缩器、波纹管补偿器的制作安装，各种伸缩器制作安装均以"个"为单位。

方形伸缩器除按伸缩器部分计算外，还应把伸缩器所占长度计入管道安装计算。

3.2.4　卫生器具

（1）清单项目设置

按照 GB 50500—2013《建设工程工程量清单计价规范》规定，其清单工程量项目设置及清单工程量计算规则要求详见表 3-9。

表 3-9　卫生器具清单项目设置

项目编码	项目名称	项目特征	计量单位	工程量计算规则	工作内容
031004001	浴缸	①材质；②规格、类型；③组装形式；④附件名称数量	组	按设计图示数量计算	①器具安装②附件安装
031004002	净身盆				
031004003	洗脸盆				
031004004	洗涤盆				
031004005	化验盆				
031004006	大便器				
031004007	小便器				
031004008	其他成品卫生器具				
031004009	烘手器	①材质；②型号、规格	个		安装
031004010	淋浴器	①材质、规格；②组装形式；③附件名称、数量	套		①器具安装②附件安装
031004011	淋浴间				
031004012	桑拿浴房				
031004013	大小便槽自动冲洗水箱制作安装	①材质、类型；②规格；③水箱配件；④支架形式及做法；⑤器具及支架除锈、刷油设计要求			①制作；②安装；③支架制作安装；④除锈、刷油
031004014	给排水附（配）件	①材质；②规格型号；③安装方式	个（组）		安装

续表

项目编码	项目名称	项目特征	计量单位	工程量计算规则	工作内容
031004015	小便槽冲洗管	①材质；②规格	m	按设计图示长度计算	①制作②安装
031004016	蒸汽-水加热器制作安装	①类型；②型号、规格；③安装方式	套	按设计图示数量计算	①制作②安装
031004017	冷热水混合器制作安装	①类型；②型号、规格；③安装方式			
031004018	饮水器				安装
031004019	隔油器	①类型；②型号、规格；③安装部位			

表中的成品卫生器具项目中的附件安装，主要指给水附件包括水嘴、阀门、喷头等，排水配件包括存水弯、排水栓、下水口等以及配备的连接管。功能性浴缸不含电机接线盒调试。给排水附配件是指独立安装的水嘴、地漏、地面扫除口等。

卫生器具组成安装，以"组"为计量单位。定额内已按标准图集综合了卫生器具与给水管、排水管连接所许的人工与材料用量，无特殊要求不得另行计算。

（2）浴盆安装

浴盆安装的范围与管道系统分界点为：

①给水的分界点为水平管与支管的交界处，水平管的安装高度按750mm考虑。若水平管的设计高度与其不同时，则需增加引上引下管，该增加部分的长度计入室内给水管道的安装中，以下类同。

②排水的分界点为排水管道的存水弯处，具体安装范围见图3-11。

③浴盆本体、其配套的上下水材料、水嘴、喷头等为未计价材料。

④浴盆支架及浴盆周边的砌体、粘贴瓷板，应执行土建项目。

（3）洗脸（手）盆安装

①洗脸（手）盆安装的范围（图3-12）与管道分界点为：给水的分界点为水平管与支管的交界处，水平管的安装高度按530mm考虑。若水平管的设计高度与其不符时，需增加引上引下管，该增加部分的长度计入室内给水管道的安装中。

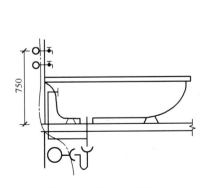

图 3-11　浴盆安装范围

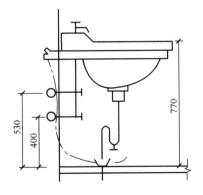

图 3-12　洗脸盆、洗手盆安装范围

②排水的分界点为存水弯与排水支管（或短管交界处）。

（4）洗涤盆安装

分界点的划分同浴盆，洗涤盆定额中水平管的安装高度按 900mm 考虑。安装工作包括上下水管的连接、试水，安装洗涤盆、盆托架。不包括地漏的安装，具体安装范围如图 3-13 所示，未计价材料包括洗涤盆、开关及弯管。

（5）淋浴器的组成与安装

淋浴器组成与安装按钢管组成或钢管制品（成品）分冷水、冷热水。以 10 组为计量单位。执行《辽宁安装工程预算定额》第八册《淋浴器组成安装》定额子目。

给水的分界点为水平管与支管的交接处，定额中水平管的安装高度按 1000mm 考虑，如水平管的设计高度与其不符时，则需增加引上管，引上管长度计入室内给水管道安装工程量中，如图 3-14 所示。未计价材料为莲蓬喷头、单双管成品淋浴器。

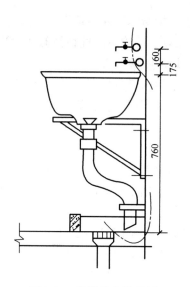

图 3-13　洗涤盆安装范围

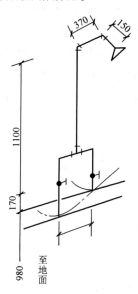

图 3-14　淋浴器安装范围

（6）大便器安装

大便器按其形式（蹲式、坐式）、冲洗方式（瓷高水箱、瓷低水箱、普通冲洗阀、手动冲洗阀、脚踏阀冲洗、自闭冲洗阀）、接管材料等不同，以"套"为单位计算。

①蹲式大便器按冲洗方式不同划分子目，定额单位为"10 套"。给水的分界点为水平管与支管交接处，定额中考虑的水平管的安装高度为：高位水箱 2200mm，普通阀门冲洗交叉点标高为 1500mm，其余为 1000mm。

排水计算到存水弯与排水支管交接处。蹲式大便器安装包括了固定大便器的垫砖，但不含蹲式大便器的砌筑。高位水箱式和冲洗阀式安装示意图如图 3-15、图 3-16 所示。

②坐式低水箱大便器以"套"为计量单位。给水分界点为水平管与连接水箱支管交接处，定额中水平管安装高度按 250mm 考虑。排水计算到坐式大便器存水弯与排水支管交接处，如图 3-17 所示。

③坐式大便器按冲水方式划分子目，定额以"10 套"为计量单位。给水分界点为水平管与连接水箱支管交接处，定额中水平管安装高度按 250mm 考虑。排水计算到坐式大便器存水弯与排水支管交接处。

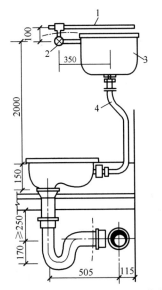

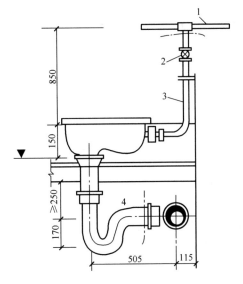

图 3-15 高位水箱蹲式大便器安装范围

1—水平管；2—DN15 进水阀；3—水箱；
4—DN25 冲洗管

图 3-16 蹲式普通冲洗阀大便器安装范围

1—水平管；2—DN25 普通冲洗阀；3—DN25 冲
洗管；4—DN100 存水弯

(7) 小便器安装

小便器安装根据其形式（挂斗式、立式）、冲洗方式（普通冲洗、自动冲洗）、联数（一联、二联、三联）不同，分别以套为单位计算。安装范围分界点为水平管与支管交接处，其水平管高度 1200mm，自动冲洗水箱的水平管为 2000mm，如图 3-18～图 3-20 所示。

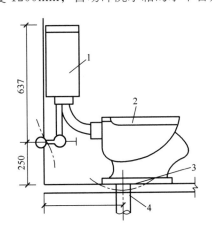

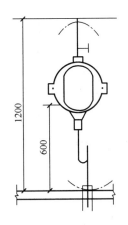

图 3-17 坐式低水箱大便器安装范围

1—水箱；2—坐式大便器；3—油灰；4—
ϕ100 铸铁管

图 3-18 普通挂式小便器安装范围

(8) 其他卫生器具安装项

小便槽冲洗管制作与安装以 "10m" 为计量单位，不包括阀门安装，其工程量可按相应项目另行计算。

地面扫除口、水龙头、地漏安装根据其公称直径的不同，分别以 "个" 为计量单位，地面扫除口、水龙头、地漏本身为未计价材料。

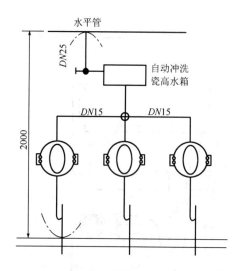

图 3-19　高水箱三联挂斗式小便器安装

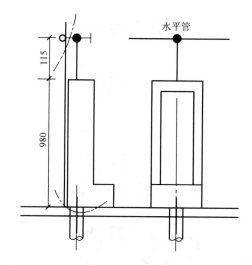

图 3-20　立式（落地式）及自动冲洗小便器安装

排水栓安装定额中排水栓分带存水弯和不带存水弯两项，按规格划分子目，以"组"为计量单位，排水栓带链堵为未计价材料。

冷热水混合器安装以"套"为计量单位，未计价材料为冷热水混合器。

蒸汽-水加热器安装以"台"为计量单位，包括蓬头安装，未计价材料为蒸汽式水加热器。

容积式换热器安装以"台"为计量单位，未计价材料为容积式水加热器。

电热水器、开水炉安装以"台"为计量单位，未计价材料为电热器。

饮水器安装以"台"为计量单位，未计价材料为饮水器。

大便槽、小便槽自动冲洗水箱安装以"10套"为单位计量，未计价材料为钢板制自动冲洗水箱，定额已包括了水箱托架的制作安装，不得另行计算。

钢板水箱制作，定额根据水箱的不同形式（圆形或矩形）及箱重不同划分子目。钢板水箱制作按施工图所示，不扣除人孔、手孔重量，以"kg"为计量单位。

钢板水箱安装按国家标准图集水箱容量划分相应子目，以"个"为计量单位。

3.2.5　供暖器具工程

（1）清单项目设置

按照 GB 50500—2013《建设工程工程量清单计价规范》规定，其清单工程量项目设置及清单工程量计算要求详见表 3-10。

（2）铸铁散热器安装

铸铁散热器有长翼、圆翼、M132、柱形等几种型号，以"片"为计量单位。柱形和M132 型散热器需要拉条时，拉条另行计算。铸铁散热器项目里的栽钩子已包括打堵洞眼的工作内容。

（3）钢制散热器安装

钢制散热器结构形式包括闭式、板式、壁板式及柱式分别列项，按设计图示数量以组或片计算，并按不同型号套用相应定额，定额中散热器标注是"高×长"，对于宽度尺寸未作要求。

表 3-10　供暖器具清单项目设置

项目编码	项目名称	项目特征	计量单位	工程量计算规则	工作内容
031005001	铸铁散热器	①型号、规格；②安装方式；③托架形式；④器具、托架除锈\刷油设计要求	片(组)	按设计图示数量计算	①组对、安装；②水压试验；③托架制作安装；④除锈刷油
031005002	钢制散热器	①结构形式；②型号规格；③安装方式；④托架除锈刷油设计要求	片(组)		①安装；②托架安装；③托架刷油
031005003	其他成品散热器	①材质类型；②型号规格；③托架刷油设计要求			
031005004	光排管散热器	①材质类型；②型号规格；③托架形式及做法；④器具、托架除锈刷油设计要求	m	按设计图示排管长度计算	①制作、安装；②水压试验；③除锈刷油
031005005	暖风机	①质量；②型号规格；③安装方式	台	按设计图示数量计算	安装
031005006	地板辐射采暖	①保温层及钢丝网设计要求；②管道材质；③型号规格；④压力试验及吹扫设计要求	①m²；②m	①按设计图示采暖房间净面积计算；②按设计图示管道长度计算	①保温层及钢丝网铺设；②管道排布绑扎固定；③与分集水器连接；④水压试验、冲洗；⑤配合地面浇筑
031005007	热媒集配装置制作安装	①材质；②规格；③附件名称、规格、数量	台	按设计图示数量计算	①制作；②安装；③附件安装
031005008	集气罐	①材质；②规格	个		①制作；②安装

各类散热器安装定额中已计算了托钩本身的价格，如定额主材不包括托钩，托钩价格另计。

（4）光排管散热器安装

光排管散热器是用普通钢管制作的，按结构形式和输送介质的不同，分为 A 型和 B 型。

光排管散热器安装制作区别不同的公称直径以"m"为计量单位，每组光排管之间的连接管长度不能计入光排管制作安装工程量中。

（5）暖风机安装

暖风机安装根据重量的不同以"台"为单位计算工程量，套用相应的定额。其中钢支架的制作安装以"t"为单位另套定额；与暖风机相连的钢管、阀门、疏水器应另列项计算。

（6）地板辐射采暖

低温地面热水辐射供暖系统采暖管道按照图示尺寸，区分不同管径规格以"m"为单位计算，全统清单中还可以按照采暖房间净面积计算，但是辽宁安装定额中并没有设置相应定额子目。

地面辐射采暖管道暗装时下设聚苯乙烯保温板及填充层混凝土浇筑，可使用土建工程中相应定额子目计算。

3.2.6 采暖工程系统调试

按照 GB 50500—2013《建设工程工程量清单计价规范》规定，其清单工程量项目设置及清单工程量计算要求详见表 3-11。

表 3-11　系统调试清单项目设置

项目编码	项目名称	项目特征	计量单位	工程量计算规则	工作内容
031009001	采暖工程系统调试	①系统形式	系统	按系统计算	系统调试
031009002	空调水工程系统调试	②采暖(空调水)管道工程量			

采暖、空调水系统调试包括采暖工程系统调试与空调系统的调试。采暖工程系统调试工程内容包括在室外温度和热源进口温度按设计规定条件下，将室内温度调整到设计要求温度的全部工作。

系统调试以"系统"为单位计算。

采暖工程系统调整费按采暖工程定额人工费的 15% 计算，其中人工工资占 20%。采暖工程系统调试费计算基础包括采暖工程中的管道、散热器、阀门安装即刷油等全部安装人工费。

3.2.7 给排水、采暖、燃气安装工程措施费

(1) 安全文明施工增加费

安全文明施工增加费内容包括安环境保护、文明施工、安全施工以及临时设施相关工作产生的费用。计算公式为：

$$安全文明施工费 = \sum 分部分项工程定额人工费 \times 费率$$

(2) 高层施工增加费

当单层建筑物檐口高度大于 20m 时，多层建筑超过 6 层时，应计算高层建筑施工增加费。计算公式为：

$$高层建筑增加费 = 分部分项工程定额人工费 \times 增计费费率$$

高层建筑增加费费率按表 3-12 计算。

表 3-12　高层建筑增加费费率

檐口高度	≤30m	≤40m	≤50m	≤60m	≤70m	≤80m	≤90m	≤100m	≤110m
人工费/%	2	3	4	6	8	10	13	16	19
檐口高度	≤120m	≤130m	≤140m	≤150m	≤30m	≤160m	≤170m	≤180m	≤190m
人工费/%	22	25	28	31	34	37	40	43	46

(3) 脚手架搭拆费

给排水、采暖工程脚手架搭拆费费率按定额人工费的 5% 计算，其中人工工资占 25%。计算出的人工费仍然作为计取规费的基础。

$$脚手架搭拆费 = 分部分项工程定额人工费 \times 脚手架搭拆费费率$$
其中　　　　　　　　　　$$人工工资 = 脚手架搭拆费 \times 25\%$$

(4) 超高施工增加费

计价定额中工作物高度均以 3.6m 为界限，超过 3.6m 时，应计算超高施工增加费，按

其超过部分（指由 3.6m 到操作物高度）的定额人工费乘以表 3-13 所示系数计算。

$$超高增加费＝超高部分定额人工费×超高增加费费率$$

表 3-13　超高施工系数

标高/m	3.6～8	3.6～12	3.6～16	3.6～20
超高系数	1.10	1.15	1.20	1.25

在工程量清单费用构成中，尤其以分部分项工程内容最丰富，也最烦琐。因此，在工程量清单计价时，关键是要根据分部分项工程量清单列出的项目特征以及所涵盖的工作内容合理确定清单综合单价。

通常完成一个分部分项工程量清单项目的安装可能由一个或几个工作内容构成，因此在确定该清单项目的综合单价时，则要考虑完成该清单的所有工作产生的费用。

3.2.8　其他相关说明

（1）定额说明

工业管道、生产生活共用的管道、锅炉房和泵类配管以及高层建筑物内加压泵间的管道执行 C.6《工业管道工程》相应项目。刷油、防腐蚀、绝热工程执行 C.14《刷油、防腐蚀、绝热工程》相应项目。各类泵、风机等传动设备安装执行 C.1《机械设备安装工程》相应项目。锅炉安装执行 C.3《热力设备安装工程》相应项目。压力表、温度计安装执行 C.7、C.10、C.12《消防工程、自动化控制仪表安装工程、建筑智能化系统设备安装工程》相应项目。室外埋地管道的土方及砌筑工程应按 A《建筑工程计价定额》相关项目执行，室内埋地管道的土方应执行相关规定。

（2）主要取费规定

定额对于各项费用的规定有：

①设置于管道间、管廊内的管道、阀门、法兰、支架安装，其人工（是指在管道间、管廊内操作的那部分）乘以系数 1.3。

②主体结构为现场浇注采用钢模施工的工程；内外浇注的人工乘以 1.05，内浇外砌的人工乘以 1.03。

③安装与生产同时进行增加的费用，按人工费的 10％计算。

④在有害身体健康的环境中施工增加的费用，按人工费的 10％计取。

3.3　给排水、采暖安装工程计量计价实例

3.3.1　教师单身公寓给水排水工程

3.3.1.1　基本说明与图纸（图 3-21～图 3-26）

（1）基本情况说明

①生活给水管采用 PP-R 管道，热熔连接排水管道采用消音双壁排水塑料管，粘接。

②阀门：生活给水管 $DN≤50mm$ 采用铜截止阀或球阀；$DN＞50mm$ 采用铜质闸阀。

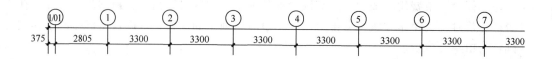

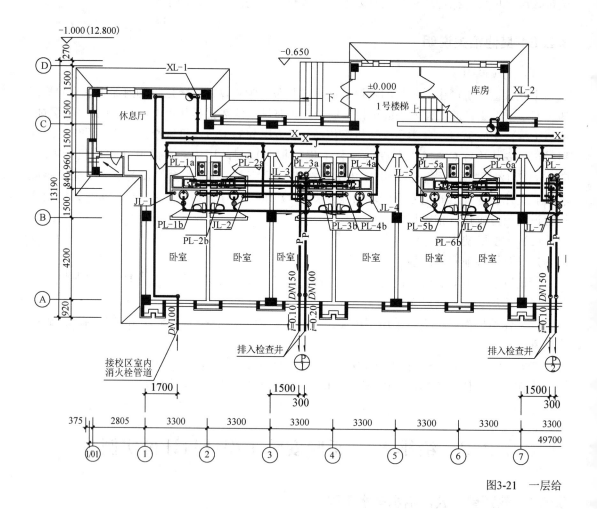

图3-21 一层给

排水管道平面图

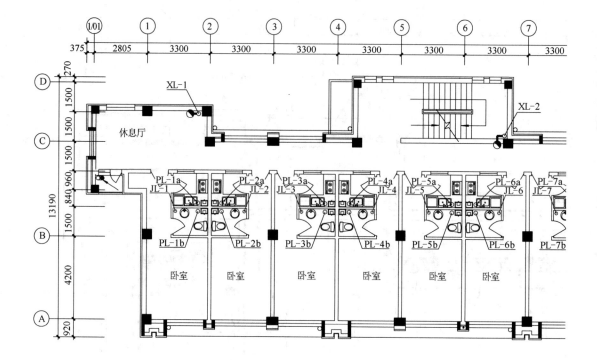

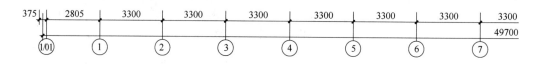

图3-22 二层给

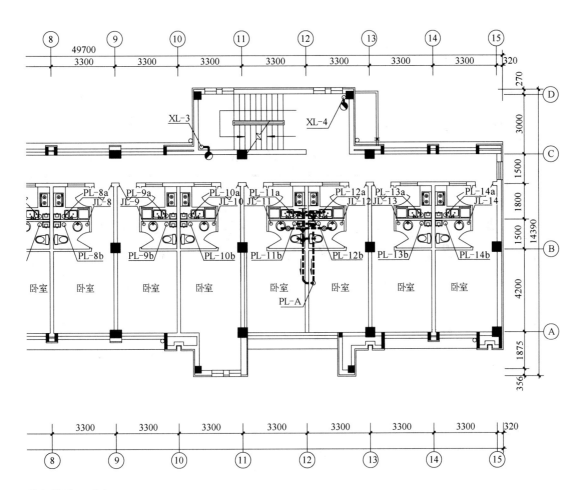

排水管道平面图

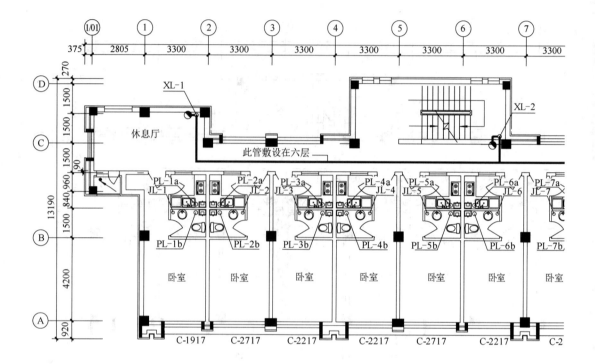

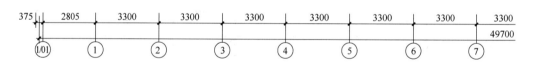

图3-23 三~六层

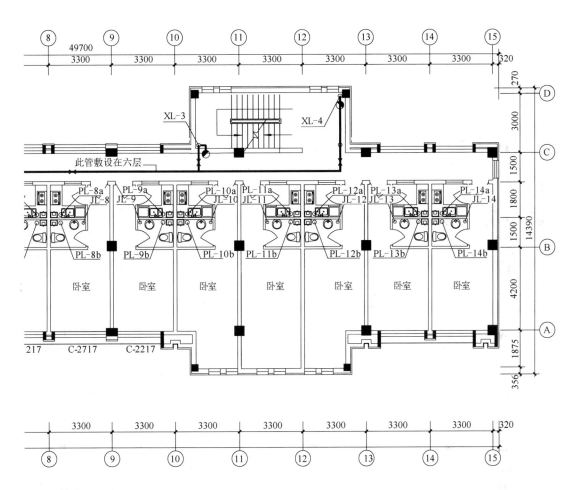

给排水管道平面图

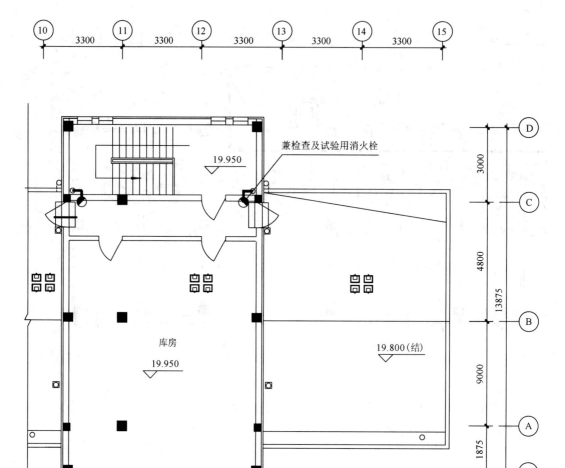

图3-24 19.80标高层给排水管道平面图

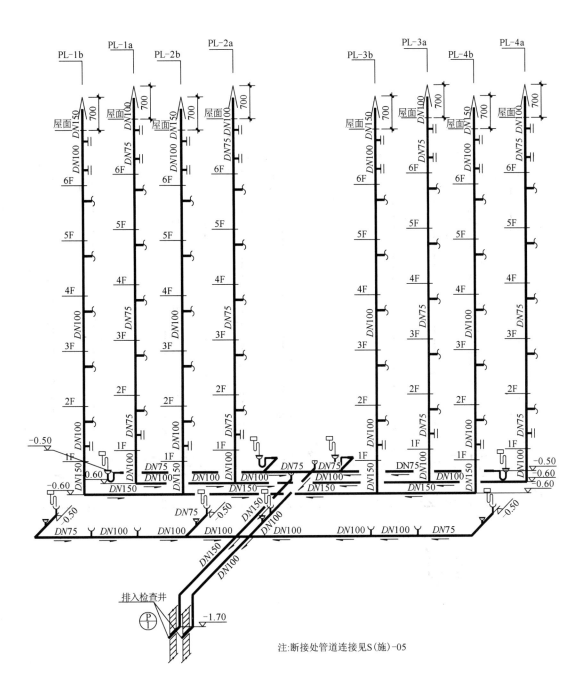

图3-25 排水管道系统图(一)

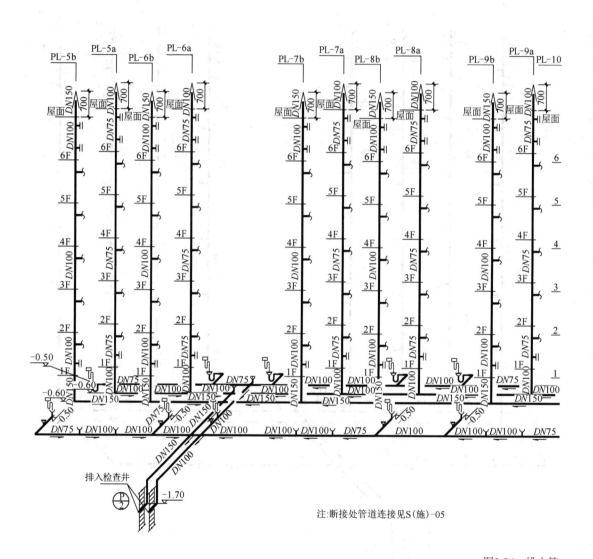

注:断接处管道连接见S(施)-05

图3-26 排水管

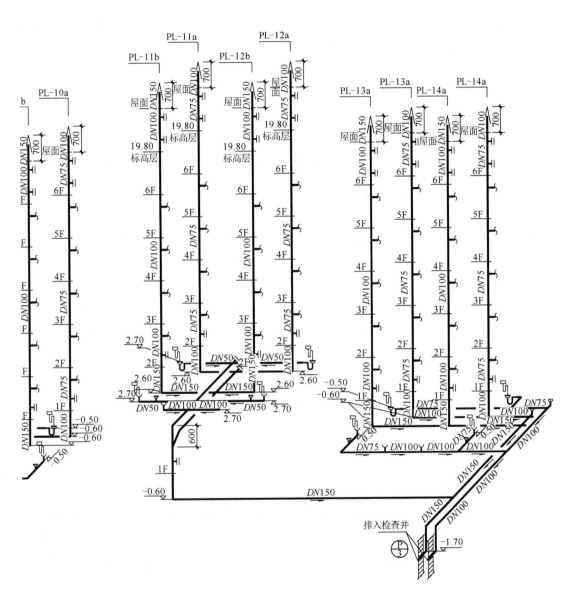

道系统图(二)

③管道、管件和支架等在涂刷底漆前，必须清除表面灰尘、污垢、锈斑、焊渣等杂物。明露的给水管道采用 20mm 厚玻璃棉管壳做防结露保温，钢支、吊架明设刷防锈漆、银粉各两遍，暗设刷防锈漆两道。地下埋设的管道均要求刷冷底子油，沥青涂层各一道，包一层玻璃丝布，再刷沥青一道，外包玻璃丝布保护层，再刷一道沥青。

（2）室内给排水安装工程施工图

对于民用建筑室内给排水工程来说，施工图主要包括图纸目录、设计说明、图例、设备材料表、给水系统图、排水系统图及各层给排水平面图等，对于管路较复杂的厨房卫生间还应有局部放大图。

在给排水系统图上必须注明标高，工程量计算时可以利用这些标高信息进行垂直管段长度的计算。应说明的是系统图上的水平管段尺寸不能作为工程量计算依据，要计算水平管段长度必须在相关平面图上获取信息。

符　号	说　明	符　号	说　明
—— J ——	生活给水管道	⊥	水龙头
—— P ——	排水管道	⬤⌃	延时自闭冲洗阀
—— X ——	室内消火栓管道	⊘	水表
⋈	闸阀或碟阀	⊗	压力表
↰	止回阀	⊳	过滤器
⅄	安全阀	⊘ ⅄	地漏
⊤⬤	截止阀	⬭ ⎍	坐式大便器
⊣⊢	检查口	⬭ ⅄	洗手盆
⊡ ⅄	清扫口	⅄	多功能地漏

3.3.1.2　工程量计算

（1）工程量汇总表

见表 3-14、表 3-15。

表 3-14　给水工程工程量汇总表

管道	PP-R 塑料管	DN100	m	35.18
	PP-R 塑料管	DN80	m	8.68
	PP-R 塑料管	DN70	m	7.46
	PP-R 塑料管	DN50	m	17.24
	PP-R 塑料管	DN40	m	140.8
	PP-R 塑料管	DN32	m	46.2
	PP-R 塑料管	DN25	m	76.2
	PP-R 塑料管	DN20	m	334.56
	PP-R 塑料管	DN15	m	719.14
	管道消毒、冲洗	DN100 以内	m	51.32
	管道消毒、冲洗	DN50 以内	m	1334.14

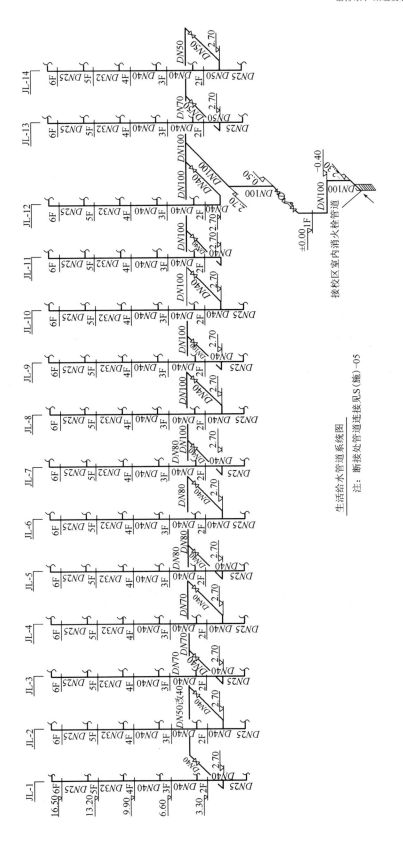

生活给水管道系统图

注：断接处管道连接见S（施）-05

续表

阀门附件	铜质闸阀	DN100	个	2
	铜截止阀	DN50	个	2
	铜截止阀	DN40	个	12
	铜截止阀	DN20	个	82
	铜截止阀	DN15	个	82
	过滤器	DN100	个	1
	止回阀	DN100	个	1
	水表	DN100	个	1
	水表	DN20	个	82
	水龙头	DN15	个	164
洁具	洗脸盆		个	82
	洗菜盆		个	82
	坐便器		个	82
保温	玻璃棉保温管壳		m³	1.59

表 3-15　排水工程工程量汇总表

管材	消音双壁排水塑料管	DN50	m	420.5
	消音双壁排水塑料管	DN75	m	333.56
	消音双壁排水塑料管	DN100	m	691.17
	消音双壁排水塑料管	DN150	m	98.48
附件	地漏	DN50	个	150
	清扫口	DN100	个	3
	清扫口	DN150	个	3

（2）工程量计算表

见表 3-16、表 3-17。

表 3-16　给水工程工程量计算表

项目名称	型号规格	计算方法及说明	单位	数量
一层				
PP-R 塑料管	DN100	入户至水平干管水平段 11.83m＋立管（2.7＋2.3）m＋水平干管 18.35m	m	35.18
PP-R 塑料管	DN80	水平干管 8.68m	m	8.68
PP-R 塑料管	DN70	水平干管（6.0＋1.46）m	m	7.46
PP-R 塑料管	DN50	水平干管（4.51＋5.09）m＋接立管 JL13～14 分支（3.0＋3.04）m	m	15.64
PP-R 塑料管	DN40	接立管 JL-1～12 分支 3.01m＋3.75m＋3.44m＋3m＋3.01m＋3.75m＋3.43m＋3.26m＋3.26m＋3.75m＋2.57m＋2.57m	m	38.8
铜质闸阀	DN100	入户 2 个	个	2
过滤器	DN100	入户 1 个	个	1

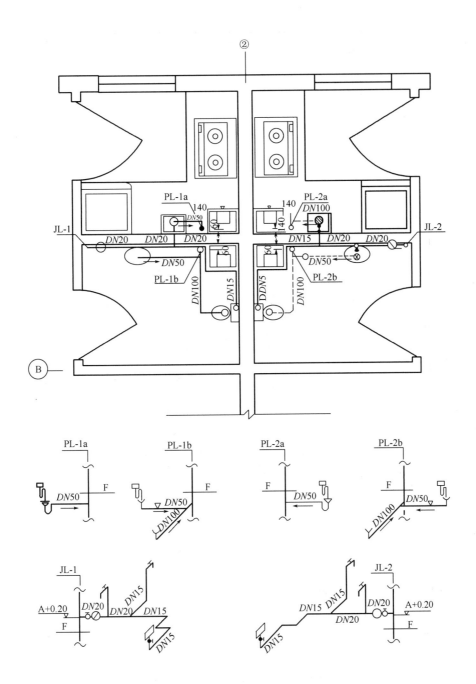

厨房，卫生间给排水管道详图

注：1.图中A+表示相对于本层地面的相对标高；
2.图中所标注尺寸为相对没有抹灰的墙面；
3.卫生间和厨房卫生器具定位尺寸见建筑专业相关图纸。

续表

项目名称	型号规格	计算方法及说明	单位	数量
一层				
止回阀	DN100	入户 1 个	个	1
水表	DN100	入户 1 块	块	1
铜截止阀	DN50	接 JL-13~14 立管 2 个	个	2
铜截止阀	DN40	接 JL-1~12 立管 12 个	个	12
立管				
PP-R 塑料管	DN50	JL-13~14 立管(3.3+0.2-2.7)×2m	m	1.6
PP-R 塑料管	DN40	JL-1~12 立管(9.9+0.2-2.7)×12+JL-13~14 立管((9.9+0.2)-(3.3+0.2))×2m	m	102
PP-R 塑料管	DN32	JL-1~14 立管[(13.2+0.2)-(9.9+0.2)]×14m	m	46.2
PP-R 塑料管	DN25	JL-1~10、13~14 立管[(16.5+0.2)-(13.2+0.2)+(2.7-0.2)]×12m+JL-11~12 立管[(16.5+0.2)-(13.2+0.2)]×2m	m	76.2
厨房卫生间大样图				
PP-R 塑料管	DN20	水平管 4.08m×(一层 12 个+二层 14 个+三~六层 14×4 个)	m	334.56
PP-R 塑料管	DN15	(水平管 6.67m+洗脸盆估 0.8m+洗菜盆估 0.8m+坐便器估 0.5m)×(一层 12 个+二层 14 个+三~六层 14×4 个)	m	719.14
铜截止阀	DN20	1 个×(一层 12 个+二层 14 个+三~六层 14×4 个)	个	82
水表	DN20	1 个×(一层 12 个+二层 14 个+三~六层 14×4 个)	个	82
铜截止阀	DN15	1 个×(一层 12 个+二层 14 个+三~六层 14×4 个)	个	82
水龙头	DN15	2 个×(一层 12 个+二层 14 个+三~六层 14×4 个)	个	164
洗脸盆		1 个×(一层 12 个+二层 14 个+三~六层 14×4 个)	个	82
洗菜盆		1 个×(一层 12 个+二层 14 个+三~六层 14×4 个)	个	82
坐便器		1 个×(一层 12 个+二层 14 个+三~六层 14×4 个)	个	82

明露的给水管道采用 20mm 厚玻璃棉管壳做防结露保温

| 玻璃棉保温管壳定额工程量 | 20mm | 一层 DN100 管保温 3.14×(0.11+2.1×0.02+0.0082)×35.18+
一层 DN80 管保温 3.14×(0.089+2.1×0.02+0.0082)×8.68+
一层 DN70 管保温 3.14×(0.076+2.1×0.02+0.0082)×7.46+
一层 DN50 管保温 3.14×(0.057+2.1×0.02+0.0082)×15.64+
一层 DN40 管保温 3.14×(0.048+2.1×0.02+0.0082)×38.8+
立管 DN50 管保温 3.14×(0.057+2.1×0.02+0.0082)×1.6+
立管 DN40 管保温 3.14×(0.048+2.1×0.02+0.0082)×102+
立管 DN32 管保温 3.14×(0.042+2.1×0.02+0.0082)×46.2+
立管 DN25 管保温 3.14×(0.032+2.1×0.02+0.0082)×81.2 | m³ | 108.00 |

表 3-17 排水工程工程量计算表

项目名称	型号规格	计算方法及说明	单位	数量
厨房卫生间大样图				
消音双壁排水塑料管	DN50	(PL-1a 支管 1.55m＋预留 0.5m＋PL-1b 支管 2.93m＋预留 0.5m×2)×(二层 12 个＋三～六层 14×4 个)	m	406.64
消音双壁排水塑料管	DN100	(PL-1b 支管 3.93m＋预留 0.5m)×(二层 12 个＋三～六层 14×4 个)	m	301.24
地漏	DN50	2 个×(二层 12 个＋三～六层 14×4 个)	个	136
立管				
消音双壁排水塑料管	DN75	PL-1a～10a,PL-13a～14a 立管 20.8m×12＋PL-11a～12a(20.8－3.3m)×2	m	284.6
消音双壁排水塑料管	DN100	PL-1a～10a,Pl-13a～14a(0.7＋0.67×12＋PL-10b,PL-13b～14b(20.8×12)＋PL-11a～12a(0.7＋0.7)×2＋PL-11b～PL12b(20.8×2)		309.4
消音双壁排水塑料管	DN150	(PL-1b～10b 立管,PL-13b～14b 立管(0.7＋0.6)×12m)＋(PL-11b～12b 立管[0.7＋3.3－(－0.6)]×2m)	m	24.8
二层主干管				
消音双壁排水塑料管	DN50	2.11m＋2.75m＋预留 0.5m×6	m	7.86
消音双壁排水塑料管	DN100	1.09m＋预留 0.5m×2	m	2.09
消音双壁排水塑料管	DN150	水平管 4.23m＋1.24m×2＋3.54m＋小立管(2.7＋0.6)m	m	13.55
地漏	DN50	2 个	个	2
一层主管				
消音双壁排水塑料管	DN100	PL-1a～4a 汇流管 8m＋PL-5a～10a 汇流管 14.57m＋PL-13a～14a 汇流管 2.28m	m	24.85
消音双壁排水塑料管	DN150	PL-1b～4b 汇流管 8m＋PL-5b～10b 汇流管 14.57m＋PL-13b～14b 汇流管 2.28m＋P-1～3 检查井排出管[8.04m＋(1.7－0.6)m]×3＋7.86m	m	60.13
清扫口	DN150	P-1～3 检查井排出管 3 个	个	3
一层排水管				
消音双壁排水塑料管	DN50	P-1 检查井对应支管预留 0.5m×4 个＋P-2 检查井对应支管预留 0.5m×6 个＋P-3 检查井对应支管预留 0.5m×2 个	m	6
消音双壁排水塑料管	DN75	P-1 检查井对应支管(8.81＋1.19＋0.77＋1.16＋预留 0.5×8)m＋P-2 检查井对应支管(15.39＋1.17＋0.77×3＋1.19＋预留 0.5×12)m＋P-3 检查井对应支管(3＋1.2＋0.77＋预留 0.5×4)m	m	48.96
消音双壁排水塑料管	DN100	P-1 检查井对应管 8.28m＋8.03m＋(1.7－0.5)m＋P-2 检查井对应支管 14.88m＋8.03m＋(1.7－0.5)m＋P-3 检查井对应支管 2.73m＋8.04m＋(1.7－0.5)m	m	53.59
地漏	DN50	P-1 检查井对应 4 个＋P-2 检查井对应 6 个＋P-3 检查井对应 2 个	个	12
清扫口	DN100	P-1～3 检查井对应 1 个×3	个	3

3.3.1.3 工程量清单

(1) 清单封面 (表 3-18)

表 3-18 工程量清单封面

教师公寓给水排水工程
招标工程量清单

招　标　人：

（单位盖章）

造价咨询人：

（单位盖章）

年　　月　　日

(2) 工程量清单扉页 (表 3-19)

表 3-19 工程量清单扉页

招　标　人：	造价咨询人：
（单位盖章）	（单位资质专用章）
法定代表人 或其授权人：	法定代表人 或其授权人：
（签字或盖章）	（签字或盖章）
编　制　人：	复　核　人：
（造价人员签字盖专用章）	（造价工程师签字盖专用章）
编制时间：　　年　月　日	复核时间：　　年　月　日

(3) 编制说明 (表 3-20)

表 3-20 工程量清单编制说明

总　说　明

工程名称：大连某学院教师单身公寓给排水安装工程

1. 工程概况：本工程为大连某学院金石滩校区教师单身公寓，主体建筑为六层，建筑高度为 19.8m，建筑面积 3257.04m² ，本期工程范围包括给排水安装工程。

2. 编制依据：本工程依据《建设工程工程量清单计价规范》GB 50500—2013 中的工程量清单计价办法，根据单身公寓采暖安装工程施工设计图计算实物工程量。

(4) 分部分项与专业措施工程量清单 (表 3-21)

表 3-21　分部分项与专业措施工程量清单

序号	项目编码	项目名称	计量单位	工程量	金额/元		其中
					综合单价	合价	暂估价
给水系统							
1	031001006001	PPR 塑料管 DN100	m	35.18			
2	031001006002	PPR 塑料管 DN80	m	8.68			
3	031001006003	PPR 塑料管 DN70	m	7.46			
4	031001006004	PPR 塑料管 DN50	m	17.24			
5	031001006005	PPR 塑料管 DN40	m	140.8			
6	031001006006	PPR 塑料管 DN32	m	46.2			
7	031001006007	PPR 塑料管 DN25	m	76.2			
8	031001006008	PPR 塑料管 DN20	m	334.56			
9	031001006009	PPR 塑料管 DN15	m	719.14			
10	031003003001	铜质闸阀 DN100	个	2			
11	031003001001	铜截止阀 DN50	个	2			
12	031003001002	铜截止阀 DN40	个	12			
13	031003001003	铜截止阀 DN20	个	82			
14	031003001004	铜截止阀 DN15	个	82			
15	031003003002	过滤器 DN100	个	1			
16	031003003003	止回阀 DN100	个	1			
17	031003013001	水表	组	1			
18	031003013002	水表	组	82			
19	031004003001	洗脸盆	组	82			
20	031004004001	洗菜盆	组	82			
21	031004006001	大便器	组	82			
22	031208002001	管道绝热	m³	1.59			
排水系统							
1	031001006010	消音双壁排水塑料管 DN50	m	420.5			
2	031001006011	消音双壁排水塑料管 DN80	m	333.56			
3	031001006012	消音双壁排水塑料管 DN100	m	691.17			
4	031001006013	消音双壁排水塑料管 DN150	m	98.48			
5	031004008001	地漏安装 DN50	组	150			
6	031004008002	地面扫除口安装 DN100	组	3			
7	031004008003	地面扫除口安装 DN150	组	3			
消防系统							
1	030901002001	镀锌钢管 DN100	m	239.27			
2	030901002002	镀锌钢管 DN65	m	32.76			
3	030901010001	室内消火栓	套	26			
4	030901012001	消防水泵接合器	套	1			
5	031003003004	安全阀 DN100	个	1			
6	031003003005	止回阀 DN100	个	3			

续表

序号	项目编码	项目名称	计量单位	工程量	金额/元		
					综合单价	合价	其中
							暂估价
7	031003003006	铜闸阀 DN100	个	6			
8	031003003007	铜闸阀 DN65	个	1			
9	031003001005	铜截止阀 DN20	个	2			
10	030601002001	压力仪表	台	1			
11	031002001001	管道支架	kg	153.85			
调试							
12	031009001001	采暖工程系统调试	系统	1			
措施项目							
13	031301017001	脚手架搭拆	项	1			
合计							

（5）通用措施项目清单（表 3-22）

表 3-22　通用措施项目清单

序号	项目编码	项目名称	计算基础	费率/%	金额/元	调整费率/%	调整后金额/元	备注
1	031302001001	安全文明施工（含环境保护、文明施工、安全施工、临时设施）	分部分项人工费＋分部分项机械费	15.28				
2	031302002001	夜间施工增加						
3	031302003001	非夜间施工增加						
4	031302004001	二次搬运						
5	031302005001	冬雨季施工增加	分部分项人工费＋分部分项机械费	7.06				
6	031302006001	已完工程及设备保护						
合计								

（6）其他项目清单（表 3-23～表 3-28）

表 3-23　其他项目清单

序号	项目名称	金额/元	结算金额/元	备注
1	暂列金额			明细详见表 3-24
2	暂估价			
2.1	材料设备暂估价	—		明细详见表 3-25
2.2	专业工程暂估价			明细详见表 3-26
3	计日工			明细详见表 3-27
4	总承包服务费			明细详见表 3-28
5	工程担保费			
合计				—

表 3-24　暂列金额表

序号	项 目 名 称	计 量 单 位	暂 定 金 额	备 注
	合计			—

表 3-25　材料设备暂估价表

序号	材料(工程设备) 名称、规格、型号	计量单位	数量		暂估/元		确认/元		差额±/元		备注
			暂估	确认	单价	合价	单价	合价	单价	合价	

表 3-26　专业工程暂估价表

序号	工程名称	工程内容	暂估金额/元	结算金额/元	差额±/元	备注
	合计					—

表 3-27　计 日 工 表

序号	项目名称	单位	暂定数量	实际数量	综合单价/元	合价	
						暂定	实际
1	人工						
1.1							
人工小计							
2	材料						
2.1							
材料小计							
3	机械						
3.1							
机械小计							
总计							

表 3-28　总承包服务费计价表

序号	工程名称	项目价值/元	服务内容	计算基础	费率/%	金额/元
		合计				

（7）规费、税金项目清单（表 3-29）

表 3-29　规费、税金项目清单

序号	项 目 名 称	计 算 基 础	计算基数	计算费率/%	金额/元
4	规费	工程排污费＋社会保障费＋住房公积金 ＋危险作业意外伤害保险			
4.1	工程排污费				
4.2	社会保障费	养老保险＋失业保险＋医疗保险＋生育 保险＋工伤保险			

续表

序号	项 目 名 称	计 算 基 础	计算基数	计算费率/%	金额/元
4.2.1	养老保险	分部分项人工费＋分部分项机械费		16.36	
4.2.2	失业保险	分部分项人工费＋分部分项机械费		1.64	
4.2.3	医疗保险	分部分项人工费＋分部分项机械费		6.55	
4.2.4	生育保险	分部分项人工费＋分部分项机械费		0.82	
4.2.5	工伤保险	分部分项人工费＋分部分项机械费		0.82	
4.3	住房公积金	分部分项人工费＋分部分项机械费		8.18	
4.4	危险作业意外伤害保险				
5	税金	分部分项工程费＋措施项目费＋其他项目费＋规费		11	

3.3.1.4　工程量清单计价表

（1）封面（表 3-30）

表 3-30　清单计价封面

教师公寓采暖安装工程
投标总价

招　标　人：

（单位盖章）

年　　月　　日

（2）投标总价（表 3-31）

表 3-31　投标总价表

投　标　总　价

招标人：

工程名称：　　　　教室公寓——给排水工程

投标总价(小写)：　　293,890.22

　　(大写)：　　　贰拾玖万叁仟捌佰玖拾元贰角贰分

投标人：

（单位盖章）

法定代表人
或其授权人：

（签字或盖章）

编制人：

（造价人员签字盖专用章）

编制时间：　　　　　　　年　　月　　日

（3）编制说明（表3-32）

表3-32　编制说明

总　说　明

工程名称：大连某学院教师单身公寓给排水安装工程

1. 工程概况：本工程为大连某学院金石滩校区教师单身公寓，主体建筑为六层，建筑高度为19.8m，建筑面积3257.04m²，本期工程范围包括采暖安装工程。

2. 编制依据：本工程依据《建设工程工程量清单计价规范》GB 50500—2013中的工程量清单计价办法，依据《辽宁省安装工程计价定额》2008计算清单综合单价。

3. 本工程主材价格参考2017年第一季度网刊信息价，依据安装四类工程计取费用。

（4）单位工程投标报价汇总表（表3-33）

表3-33　单位工程造价投标报价汇总表

序号	汇总内容	金额/元	其中：暂估价/元
1	分部分项工程费	237703.64	
1.1	给水系统	161574.11	
1.2	排水系统	28710.68	
1.3	消防系统	41552.69	
1.4	调试	5866.16	
2	措施项目费	12068.2	
2.1	安全文明施工费	1018.56	
3	其他项目费		—
4	规费	14994.12	—
4.1	工程排污费		—
4.2	社会保障费	11425.55	—
4.2.1	养老保险	7137.15	—
4.2.2	失业保险	715.46	—
4.2.3	医疗保险	2857.48	—
4.2.4	生育保险	357.73	—
4.2.5	工伤保险	357.73	—

续表

序号	汇 总 内 容	金额/元	其中:暂估价/元
4.3	住房公积金	3568.57	—
4.4	危险作业意外伤害保险		—
5	税金	29124.26	—
合计＝1＋2＋3＋4＋5		293890.22	0

（5）分部分项工程和专业措施项目清单计价表（表3-34）

表3-34　分部分项工程和专业措施项目清单计价表

序号	项目编码	项 目 名 称	项目特征描述	计量单位	工程量	综合单价	合价	其中暂估价
		给水系统					161574.1	
1	031001006001	PP-R 塑料管 DN100		m	35.18	36.9	1298.14	
2	031001006002	PP-R 塑料管 DN80		m	8.68	28.69	249.03	
3	031001006003	PP-R 塑料管 DN70		m	7.46	28.09	209.55	
4	031001006004	PP-R 塑料管 DN50		m	17.24	28.6	493.06	
5	031001006005	PP-R 塑料管 DN40		m	140.8	29.61	4169.09	
6	031001006006	PP-R 塑料管 DN32		m	46.2	33.85	1563.87	
7	031001006007	PP-R 塑料管 DN25		m	76.2	25.75	1962.15	
8	031001006008	PP-R 塑料管 DN20		m	334.56	29.25	9785.88	
9	031001006009	PP-R 塑料管 DN15		m	719.14	26.42	18999.68	
10	031003003001	铜质闸阀 DN100		个	2	1098.76	2197.52	
11	031003001001	铜截止阀 DN50		个	2	64.17	128.34	
12	031003001002	铜截止阀 DN40		个	12	66.52	798.24	
13	031003001003	铜截止阀 DN20		个	82	27.34	2241.88	
14	031003001004	铜截止阀 DN15		个	82	25.14	2061.48	
15	031003003002	过滤器 DN100		个	1	491.53	491.53	
本页小计							46649.44	

（6）综合单价分析表（表3-35）

表3-35　综合单价分析表

单位：元

| 项目编码 | 031001006001 | | | 项目名称 | PPR塑料管DN100 | | | | 计量单位 | m | 工程量 | 35.18 |

清单综合单价组成明细

定额编号	定额名称	定额单位	数量	单价					合价				
				人工费	材料费	机械费	管理费和利润	风险费	人工费	材料费	机械费	管理费和利润	风险费
8-298	室内塑料给水管（电熔）管外径110mm以内	10m	0.1	102.61	4.24	6.5	27.93	0	10.26	0.42	0.65	2.79	0
8-603	管道消毒、冲洗DN100	100m	0.01	29.2	21.04	0	7.47	0	0.29	0.21	0	0.07	0
人工单价			小计						10.55	0.63	0.65	2.87	0
技工:68元/工日;普工:53元/工日			未计价材料费						22.21				

清单子目综合单价　36.9

材料费明细	主要材料名称、规格、型号	单位	数量	单价/元	合价/元	暂估单价/元	暂估合价/元
	PP-R塑料管DN100	m	1.02	19.715	20.11	—	
	塑料给水管接头零件DN100	个	0.228	9.2	2.1	—	
	其他材料费				0.63	—	0
	材料费小计				22.84	—	2

| 项目编码 | 031003001001 | | | 项目名称 | 铜截止阀DN50 | | | | 计量单位 | 个 | 工程量 | 38.41 |

清单综合单价组成明细

定额编号	定额名称	定额单位	数量	单价					合价				
				人工费	材料费	机械费	管理费和利润	风险费	人工费	材料费	机械费	管理费和利润	风险费
8-654	螺纹阀门安装DN50	个	1	12.28	10.33	0	3.15	0	12.28	10.33	0	3.15	0
人工单价			小计						12.28	10.33	0	3.15	0
技工:68元/工日;普工:53元/工日			未计价材料费										

清单子目综合单价　64.17

续表

项目编码 031003001001 | 项目名称 铜截止阀 DN50 | 计量单位 个 | 工程量 2

清单综合单价组成明细

定额编号	定额名称	定额单位	数量	单价					合价				
				人工费	材料费	机械费	管理费和利润	风险费	人工费	材料费	机械费	管理费和利润	风险费
	铜截止阀 DN50	个	1.01	38.025	403.31	96.04	60.3	0	38.41				

材料费明细	主要材料名称、规格、型号	单价/元	合价/元	暂估单价/元	暂估合价/元
	铜截止阀 DN50		38.41		0
	其他材料费	—	10.33	—	0
	材料费小计	—	48.74	—	1

项目编码 031003013001 | 项目名称 水表 | 计量单位 组 | 工程量

清单综合单价组成明细

定额编号	定额名称	定额单位	数量	单价					合价				
				人工费	材料费	机械费	管理费和利润	风险费	人工费	材料费	机械费	管理费和利润	风险费
8-826	焊接法兰水表（不带旁通管及回阀）DN100	组	1	139.5	403.31	96.04	60.3	0	139.5	403.31	96.04	60.3	0
小计									139.5	403.31	96.04	60.3	0
未计价材料费											999.18		

人工单价：技工:68元/工日;普工:53元/工日

清单子目综合单价 1698.33

材料费明细	主要材料名称、规格、型号	单位	数量	单价/元	合价/元	暂估单价/元	暂估合价/元
	法兰水表 DN100	个	1	444.6	444.6		0
	法兰闸阀 Z45T-10DN100	个	2	277.29	544.58		0
	其他材料费			—	403.31		0
	材料费小计			—	1402.49		0

续表

清单综合单价组成明细

项目编码	031003013002		项目名称	水表		计量单位	组	工程量	82

定额编号	定额名称	定额单位	数量	单价					合价				
				人工费	材料费	机械费	管理费和利润	风险费	人工费	材料费	机械费	管理费和利润	风险费
8-808	螺纹水表安装 DN20	组	1	19.65	0.74	0	5.03	0	19.65	0.74	0	5.03	0
人工单价				小计					19.65	0.74	0	5.03	0
技工:68元/工日；普工:53元/工日				未计价材料费									69.8
清单子目综合单价													95.22

材料费明细	主要材料名称、规格、型号	单位	数量	单价/元	合价/元	暂估单价/元	暂估合价/元
	螺纹水表 DN20	个	1	57.915	57.92		
	螺纹闸阀 Z15T-10KDN20	个	1.01	11.77	11.89		
	其他材料费			—	0.74	—	0
	材料费小计			—	70.54	—	0

清单综合单价组成明细

项目编码	031208002001		项目名称	管道绝热		计量单位	m³	工程量	1457.81

定额编号	定额名称	定额单位	数量	单价					合价				
				人工费	材料费	机械费	管理费和利润	风险费	人工费	材料费	机械费	管理费和利润	风险费
14-2160	绝热工程 铝箔离心玻璃棉板(壳)安装 管道保温	10m²	6.79	85.46	14.7	0	21.88	0	580.27	99.81	0	148.57	0
人工单价				小计					580.27	99.81	0	148.57	0
技工:68元/工日；普工:53元/工日				未计价材料费									629.16
清单子目综合单价													1457.81

材料费明细	主要材料名称、规格、型号	单位	数量	单价/元	合价/元	暂估单价/元	暂估合价/元
	铝箔离心玻璃管壳	m²	1.1	84.24	92.66		
	其他材料费			—	1.47	—	0
	材料费小计			—	94.13	—	0

续表

项目编码	031001006011	项目名称	消音双壁排水塑料管 DN80	计量单位	m	工程量	14.78

清单综合单价组成明细

定额编号	定额名称	定额单位	数量	单价					合价				
				人工费	材料费	机械费	管理费和利润	风险费	人工费	材料费	机械费	管理费和利润	风险费
8-309	室内承插塑料排水管（零件粘接）DN80	10m	0.1	102.11	19.47	0.12	26.17	0	10.21	1.95	0.01	2.62	0
人工单价		小计							10.21	1.95	0.01	2.62	0
技工:68元/工日;普工:53元/工日		未计价材料费											

清单子目综合单价 333.56

材料费明细	主要材料名称、规格、型号	单位	数量	单价/元	合价/元	暂估单价/元	暂估合价/元
	消音双壁排水塑料管 DN80	m	0.963	0	0	—	
	塑料排水管件 DN80	个	1.076	0	0	—	
	其他材料费			—	1.95	—	0
	材料费小计			—	1.95	—	0

项目编码	031004008002	项目名称	地面扫除口安装 DN100	计量单位	组	工程量	21.2

清单综合单价组成明细

定额编号	定额名称	定额单位	数量	单价					合价				
				人工费	材料费	机械费	管理费和利润	风险费	人工费	材料费	机械费	管理费和利润	风险费
8-1139	地面扫除口安装 DN100	10个	0.1	47.62	1.7	0	12.19	0	4.76	0.17	0	1.22	0
人工单价		小计							4.76	0.17	0	1.22	0
技工:68元/工日;普工:53元/工日		未计价材料费											

清单子目综合单价 15.046

材料费明细	主要材料名称、规格、型号	单位	数量	单价/元	合价/元	暂估单价/元	暂估合价/元
	地面扫除口 DN100	个	1	15.05	15.05	—	
	其他材料费			—	0.17	—	0
	材料费小计			—	15.22	—	0

清单综合单价组成明细

| 项目编码 | 030901002002 | | 项目名称 | 镀锌钢管 DN65 | | | 计量单位 | m | 工程量 | | 32.76 |

定额编号	定额名称	定额单位	数量	单价					合价				
				人工费	材料费	机械费	管理费和利润	风险费	人工费	材料费	机械费	管理费和利润	风险费
7-15	消火栓镀锌钢管（螺纹连接）DN65mm以内	10m	0.1	40.08	18.51	1.53	10.65	0	4.01	1.85	0.15	1.07	0
人工单价		小计							4.01	1.85	0.15	1.07	0
技工:68元/工日;普工:53元/工日		未计价材料费								27.31			
清单子目综合单价												34.39	

材料费明细	主要材料名称、规格、型号	单位	数量	单价/元	合价/元	暂估单价/元	暂估合价/元
	镀锌钢管 DN65	m	1.015	26.91	27.31		
	其他材料费			—	1.85	—	0
	材料费小计			—	29.16	—	0

清单综合单价组成明细

| 项目编码 | 030901010001 | | 项目名称 | 室内消火栓 | | | 计量单位 | 套 | 工程量 | | 1 |

定额编号	定额名称	定额单位	数量	单价					合价				
				人工费	材料费	机械费	管理费和利润	风险费	人工费	材料费	机械费	管理费和利润	风险费
7-78	室内消火栓安装 DN65mm以内 单栓	套	1	43.96	9.29	0.65	11.42	0	43.96	9.29	0.65	11.42	0
人工单价		小计							43.96	9.29	0.65	11.42	0
技工:68元/工日;普工:53元/工日		未计价材料费								631.8			
清单子目综合单价												697.12	

材料费明细	主要材料名称、规格、型号	单位	数量	单价/元	合价/元	暂估单价/元	暂估合价/元
	室内消火栓	套	1	631.8	631.8		
	其他材料费			—	9.29	—	0
	材料费小计			—	641.09	—	0

续表

项目编码	030901012001		项目名称			消防水泵接合器		计量单位	套	工程量	1

清单综合单价组成明细

定额编号	定额名称	定额单位	数量	单价					合价				
				人工费	材料费	机械费	管理费和利润	风险费	人工费	材料费	机械费	管理费和利润	风险费
7-98	消防水泵接合器安装 墙壁式 100	套	1	111.68	90.57	11.65	31.57	0	111.68	90.57	11.65	31.57	0
人工单价			小计						111.68	90.57	11.65	31.57	0
技工:68元/工日;普工:53元/工日			未计价材料费							1579.5			

清单子目综合单价 1824.97

材料费明细

主要材料名称、规格、型号	单位	数量	单价/元	合价/元	暂估单价/元	暂估合价/元
消防水泵接合器	套	1	1579.5	1579.5		
其他材料费			—	92.57	—	0
材料费小计			—	1670.07	—	3

项目编码	031003003005		项目名称			止回阀 DN100		计量单位	个	工程量	1

清单综合单价组成明细

定额编号	定额名称	定额单位	数量	单价					合价				
				人工费	材料费	机械费	管理费和利润	风险费	人工费	材料费	机械费	管理费和利润	风险费
8-686	焊接法兰阀门安装 DN100	个	1	45.69	114.73	29.81	19.33	0	45.69	114.73	29.81	19.33	0
人工单价			小计						45.69	114.73	29.81	19.33	0
技工:68元/工日;普工:53元/工日			未计价材料费							252.72			

清单子目综合单价 462.28

材料费明细

主要材料名称、规格、型号	单位	数量	单价/元	合价/元	暂估单价/元	暂估合价/元
止回阀 DN100	个	1	252.72	252.72		
其他材料费			—	114.73	—	0
材料费小计			—	367.45	—	0

清单综合单价组成明细

项目编码	031003003007			项目名称	铜闸阀 DN65					计量单位	个	工程量	1
定额编号	定额名称	定额单位	数量	单价					合价				
				人工费	材料费	机械费	管理费和利润	风险费	人工费	材料费	机械费	管理费和利润	风险费
8-684	焊接法兰阀门安装 DN65	个	1	32.43	71.84	25.39	14.81	0	32.43	71.84	25.39	14.81	0
人工单价	技工:68 元/工日;普工:53 元/工日	小计		32.43	71.84	25.39	14.81	0	32.43	71.84	25.39	14.81	0
		未计价材料费							629.46				
		清单子目综合单价							773.93				

材料费明细	主要材料名称、规格、型号		单位	数量	单价/元	合价/元	暂估单价/元	暂估合价/元
	铜闸阀 DN65		个	1	629.46	629.46		0
	其他材料费				—	71.84	—	0
	材料费小计				—	701.3	—	2

清单综合单价组成明细

项目编码	031003001005			项目名称	铜截止阀 DN20					计量单位	个	工程量	1.01
定额编号	定额名称	定额单位	数量	单价					合价				
				人工费	材料费	机械费	管理费和利润	风险费	人工费	材料费	机械费	管理费和利润	风险费
8-650	螺纹阀门安装 DN20	个	1	4.96	3.09	0	1.27	0	4.96	3.09	0	1.27	0
人工单价	技工:68 元/工日;普工:53 元/工日	小计		4.96	3.09	0	1.27	0	4.96	3.09	0	1.27	0
		未计价材料费							18.02				
		清单子目综合单价							27.34				

材料费明细	主要材料名称、规格、型号		单位	数量	单价/元	合价/元	暂估单价/元	暂估合价/元
	铜截止阀 DN20		个	1.01	17.843	18.02		0
	其他材料费				—	3.09	—	0
	材料费小计				—	21.12	—	0

续表

清单综合单价组成明细

项目编码	031009001001	项目名称	采暖工程系统调试		计量单位	系统	工程量	1

定额编号	定额名称	定额单位	数量	单价					合价				
				人工费	材料费	机械费	管理费和利润	风险费	人工费	材料费	机械费	管理费和利润	风险费
8-1292	系统调试费（采暖工程）	元	1	1116.09	4464.35	0	285.72	0	1116.09	4464.35	0	285.72	0
人工单价			小计						1116.09	4464.35	0	285.72	0
			未计价材料费										

材料费明细	主要材料名称、规格、型号	单位	数量	单价/元	合价/元	暂估单价/元	暂估合价/元
	其他材料费			—	4464.35	—	0
	材料费小计			—	4464.35	—	0

清单综合单价组成明细

项目编码	031301017001	项目名称	脚手架搭拆		计量单位		工程量	1

定额编号	定额名称	定额单位	数量	单价					合价				
				人工费	材料费	机械费	管理费和利润	风险费	人工费	材料费	机械费	管理费和利润	风险费
8-1299	脚手架搭拆（给排水、采暖、燃气工程）	元	1	465.04	1395.11	0	119.05	0	465.04	1395.11	0	119.05	0
14-2526	脚手架搭拆（绝热工程）	元	1	46.15	138.45	0	11.82	0	46.15	138.45	0	11.82	0
7-257	脚手架搭拆（消防工程）	元	1	32.85	98.56	0	8.41	0	32.85	98.56	0	8.41	0
10-745	脚手架搭拆（自动化工程）	元	1	0.25	0.75	0	0.07	0	0.25	0.75	0	0.07	0
14-2526	脚手架搭拆（刷油工程）	元	1	1.35	4.05	0	0.34	0	1.35	4.05	0	0.34	0
人工单价			小计						545.64	1636.92	0	139.69	0

材料费明细	其他材料费			—	1636.91	—	0
	材料费小计			—	1636.91	—	0

5866.16

（7）通用措施项目清单计价表（表3-36）

表3-36 通用措施项目清单计价表

序号	项目编码	项目名称	计算基础	费率/%	金额/元	调整费率/%	调整后金额/元
1	031302001001	安全文明施工（含环境保护、文明施工、安全施工、临时设施）	分部分项人工费＋分部分项机械费	15.28	6666		
2	031302002001	夜间施工增加					
3	031302003001	非夜间施工增加					
4	031302004001	二次搬运					
5	031302005001	冬雨季施工增加	分部分项人工费＋分部分项机械费	7.06	3080		
6	031302006001	已完工程及设备保护					
合　计					9746		

（8）规费税金清单计价表（表3-37）

表3-37 规费税金清单计价表

序号	项目名称	计算基础	计算基数	计算费率/%	金额/元
4	规费	工程排污费＋社会保障费＋住房公积金＋危险作业意外伤害保险	14994.12		14994.12
4.1	工程排污费				
4.2	社会保障费	养老保险＋失业保险＋医疗保险＋生育保险＋工伤保险	11425.55		11425.55
4.2.1	养老保险	分部分项人工费＋分部分项机械费	43625.59	16.36	7137.15
4.2.2	失业保险	分部分项人工费＋分部分项机械费	43625.59	1.64	715.46
4.2.3	医疗保险	分部分项人工费＋分部分项机械费	43625.59	6.55	2857.48
4.2.4	生育保险	分部分项人工费＋分部分项机械费	43625.59	0.82	357.73
4.2.5	工伤保险	分部分项人工费＋分部分项机械费	43625.59	0.82	357.73
4.3	住房公积金	分部分项人工费＋分部分项机械费	43625.59	8.18	3568.57
4.4	危险作业意外伤害保险				
5	税金	分部分项工程费＋措施项目费＋其他项目费＋规费	264765.96	11	29124.26
合　计					44118.38

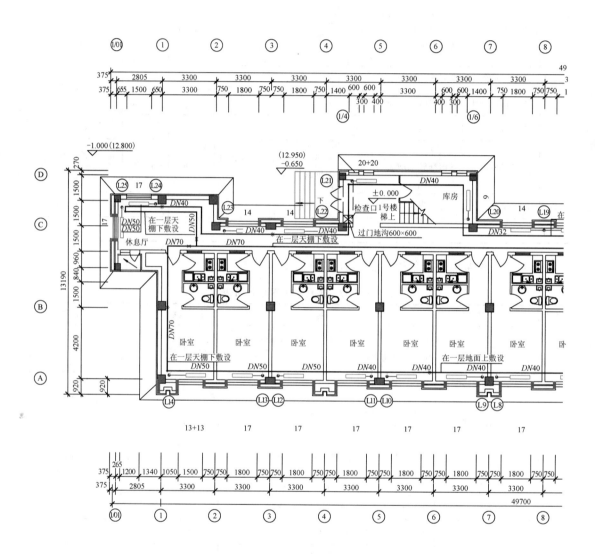

一层采暖平面图1:100

图 3-27 一层采暖平

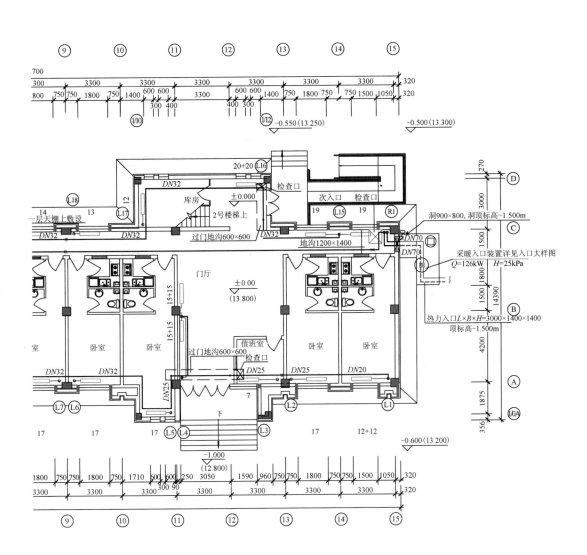

面图 1:100

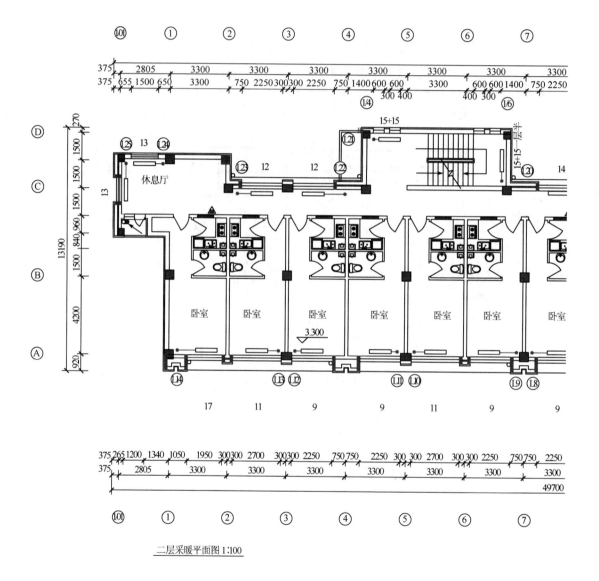

二层采暖平面图 1:100

图3-28 二层

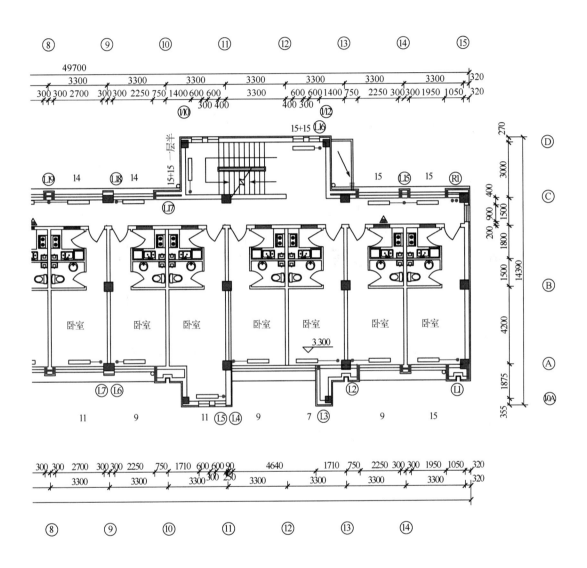

采暖平面图1:100

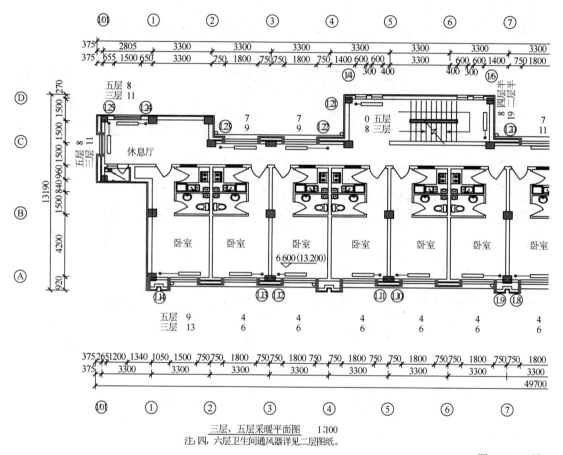

三层，五层采暖平面图　　1:100
注:四，六层卫生间通风器详见二层图纸。

图3-29　三层，

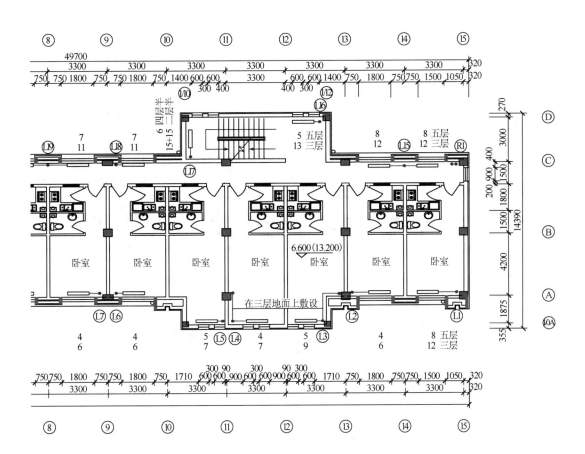

五层采暖平面图 1:100

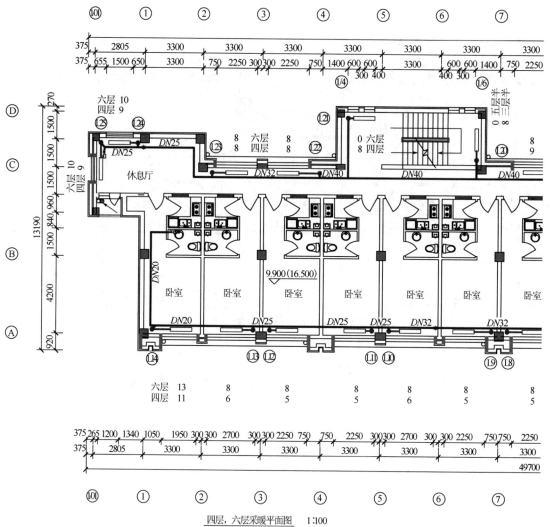

四层，六层采暖平面图 1:100

注：1.采暖系统排气阀均引至卫生间手盆或地漏处。
 2.四，六层卫生间通风器详见二层图纸。

图3-30 四层，

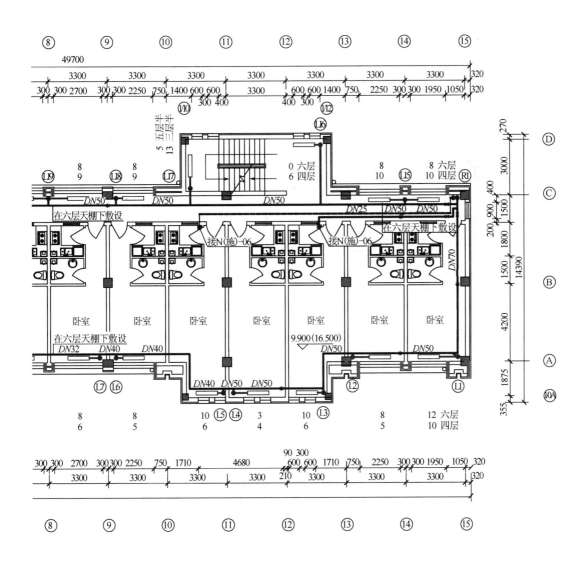

六层采暖平面图 1:100

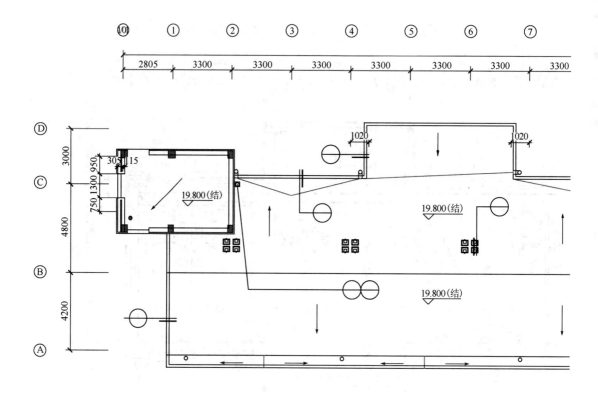

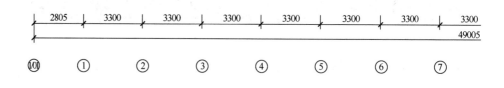

19.800采暖平面图　　1:100

注：采暖系统排气阀均引至卫生间手盆或地漏处。

图3-31　19.800

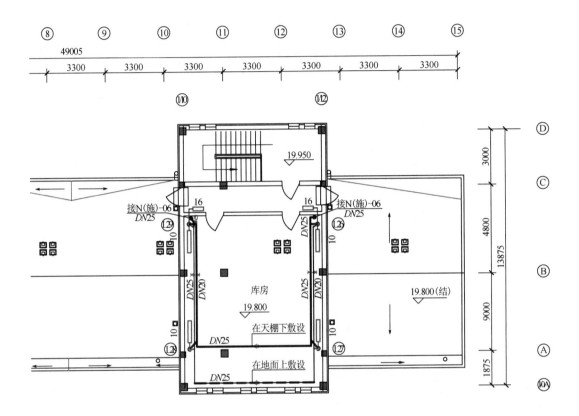

采暖平面图 1:100

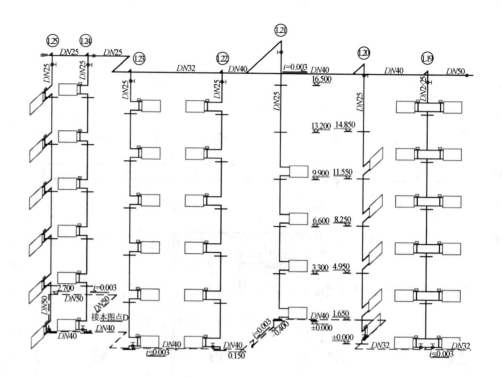

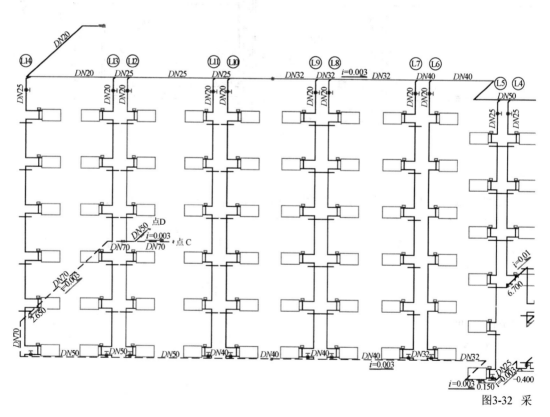

图3-32 采

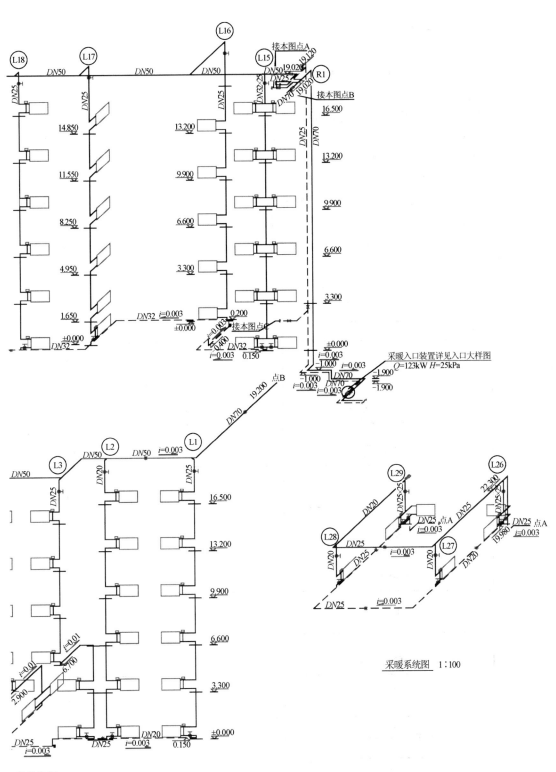

采暖系统图 1:100

暖系统图

3.3.2 教师单身公寓采暖工程

3.3.2.1 基本说明与图纸

(1) 基本情况说明

散热器采用 TZY2-6-5/62 柱翼型散热器，散热器工作压力为 0.80MPa，安装方式为明装。

明设采暖管道采用焊接钢管，管径≤32mm 采用螺纹连接；管径≥32mm 采用焊接。

本设计回水主干管用空心手动调节阀（TJ 41H-16）。供水干管及立管 DN≤50mm 铜质阀芯闸阀，DN>50mm 采用铸钢闸阀。阀门的工作压力均为 1.6MPa，DN≥40mm 的阀门采用法兰连接，DN≤40mm 的阀门采用丝接。

管道管件散热器和支架等在涂刷底漆前，必须清除表面的灰尘污垢，锈斑焊渣等物；明装的管道管件支架刷一道防锈底漆，两道银粉，如安在潮湿房间（如卫生间等），防锈底漆应为两道；暗装管道及支架刷防锈底漆两道；敷设在地沟内楼梯间及靠近外门处的采暖管道在防腐和水压试验合格后，进行保温，保温材料为 OC 玻璃棉管壳，DN≤50mm，厚度为 20mm，DN≥50mm，厚度 25mm。

(2) 室内采暖工程施工图（图 3-27～图 3-32）

——————	采暖供水管
— — — — —	采暖回水管
⁕ ⋕	管道固定支架
▭ ☐	散热器
⋈ •	阀门
⋈	闸阀
⋈	调节阀
⊥ ⊣	泄水丝堵
⌖	自动排气阀
▯	温度计
⌐⊷ ⊣⊢	(Y型)过滤器
⬚	压力表

3.3.2.2 工程量计算

(1) 工程量汇总表 (表 3-38)

表 3-38 工程量汇总表

项目	名　称	规　格	单　位	数　量
管材	焊接钢管	DN70	m	101.71
	焊接钢管	DN50	m	60.37
	焊接钢管	DN40	m	63.02
	焊接钢管	DN32	m	98.92
	焊接钢管	DN25	m	398.9
	焊接钢管	DN20	m	439.89
输油防腐	刷油		m²	135.51
	支架		kg	886.44
	保温		m²	8.91
设备	TZY2－6－5/62 柱翼型散热器	6～8 片	组	74
	TZY2－6－5/62 柱翼型散热器	10～12 片	组	26
	TZY2－6－5/62 柱翼型散热器	13～21 片	组	53
阀门	铸钢闸阀	DN70	个	5
	铜闸阀	DN50	个	1
	铜闸阀	DN32	个	4
	铜闸阀	DN25	个	18
	铜闸阀	DN20	个	41
	铜闸阀	DN15	个	2
	自动排气阀	DN15	个	2
	温控阀	DN20	个	143
	调节阀	DN25	个	1
	调节阀	DN50	个	1
	调节阀	DN70	个	2
	ZLK-L 型自力式流量控制器	DN70	个	1
	Y 型过滤器	DN70	个	2
	压力表		块	4
	温度计		支	2
	热表	DN70	块	1
通风	卫生间通风器	PF-90，L＝90m/h 自配止回阀	台	82
套管	镀锌钢板	0.5mm	m²	20.70
	一般钢套管	DN100	个	2.00
	一般钢套管	DN80	个	7

续表

项目	名　称	规　格	单　位	数　量
套管	一般钢套管	DN70	个	6
	一般钢套管	DN50	个	17
	一般钢套管	DN40	个	90
	一般钢套管	DN32	个	57

（2）工程量计算表（表 3-39）

表 3-39　工程量计算表

项目名称	型号规格	计算方法及说明	单位	数量
供水管				
焊接钢管	DN70	采暖入户 6.22m＋立管 19.02－（－1.9）m＋六层水平管 8.71m	m	35.85
焊接钢管	DN50	六层水平管 14.55m＋22.68m	m	37.23
焊接钢管	DN40	六层水平管 8.72m＋13.32m	m	22.04
焊接钢管	DN32	六层水平管（12.27m＋5.95m）＋L15,19 立管 19.2m×2 个＋六层接立管支管（0.25＋0.4）m	m	57.27
焊接钢管	DN25	六层水平管（7.51m＋8.02m＋8.65m）＋立管（22.3－19.02)m＋19.8 层水平管 13.92m＋L1、3、4、5、14、16、17、18、20、21、22、23、24、25 立管 19.2m×14 个＋六层接立管支管（0.37＋0.23＋0.23＋0.23＋0.28＋3.24＋0.92＋0.4＋1.03＋3.24＋0.25＋0.25＋0.24＋0.32)m＋三层水平管（1.9＋2.74)m＋一层水平管 4m	m	330.05
焊接钢管	DN20	六层水平管 12.14m＋19.8 层水平管 6.61m＋19.8 层接散热器支管（立管（22.3－19.98)m×4 个＋水平管（0.41＋0.32＋1.38×2＋0.87＋0.35×2＋0.84＋0.37×2＋0.69＋1.4×2)m＋L2、6、7、8、9、10、11、12、13 立管 19.2m×9 个＋六层接立管支管（0.2＋0.2＋0.2＋0.2＋0.2＋0.2＋0.2＋0.2＋0.2)m＋四、六层接散热器支管（1.02＋0.92＋0.32＋0.76＋0.53＋0.3＋0.37＋0.59＋0.94＋0.83＋0.35＋0.6＋1.05＋1.5＋0.31＋0.61＋0.36＋1.88＋0.5＋0.28＋1.14＋0.76＋0.41＋0.82）×2m×2 层＋三、五层接散热器支管（1.02＋0.93＋0.32＋0.76＋0.3＋0.37＋0.6＋0.83＋0.94＋0.6＋0.34＋0.35＋0.6＋1.05＋1.5＋0.31＋0.61＋0.36＋1.88＋0.49＋0.28＋1.14＋0.76＋0.41＋0.82）×2m×2 层＋二层接散热器支管（1.02＋0.93＋1.13＋0.76＋0.3＋0.37＋0.6＋0.83＋0.94＋0.6＋0.34＋0.35＋0.6＋1.05＋1.5＋0.31＋0.61＋0.36＋1.88＋0.49＋0.28＋1.14＋0.76＋0.41＋0.82）×2m＋一层接散热器支管（1.02＋0.93＋1.13＋1＋0.3＋0.37＋0.6＋0.83＋0.94＋0.6＋0.34＋0.35＋0.6＋1.05＋1.5＋0.31＋0.61＋0.36＋1.88＋0.49＋0.28＋1.14＋0.76＋0.41＋0.61）×2m	m	425.22

续表

项目名称	型号规格	计算方法及说明	单位	数量
回水管				
焊接钢管	DN20	19.8 层接散热器支管 6.58m＋一层水平管 6.09m＋一层接立管支管(0.25＋0.25＋0.25＋0.25＋0.25＋0.25＋0.25＋0.25)m	m	14.67
焊接钢管	DN25	19.8 层接散热器支管 17.54m＋立管(19.98－19.12)m＋六层水平管 15.61m＋一层水平管 9.47m＋一层小立管(0.15＋0.4)m×3 个＋立管(19.12－2.65)m＋一层接立管支管(0.25＋0.25＋3.84＋0.37＋0.31＋0.27＋0.2＋0.34＋0.3＋0.23＋0.2＋0.2＋0.16＋0.33)m	m	68.85
焊接钢管	DN32	一层水平管 8.36m＋31.8m＋一层小立管(0.15＋0.4)m＋(0.2＋0.4)m＋一层接立管支管 0.34m	m	41.65
焊接钢管	DN40	一层水平管 13.22m＋25.16m＋一层小立管(1.65＋0.4)m＋(0.15＋0.4)m	m	40.98
焊接钢管	DN50	一层水平管 12.06m＋8.53m＋一层小立管(2.7－0.15)m	m	23.14
焊接钢管	DN70	一层水平管 60.52m＋一层小立管(2.65－0.15)m＋立管(2.65＋0.19)m	m	65.86
散热器				
TZY2-6-5/62 柱翼型散热器	3 片	六层 1 组	组	1
TZY2-6-5/62 柱翼型散热器	4 片	四层 1 组＋五层 10 组	组	11
TZY2-6-5/62 柱翼型散热器	5 片	四层 6 组＋五层 3 组＋六层 1 组	组	10
TZY2-6-5/62 柱翼型散热器	6 片	三层 9 组＋四层 6 组＋五层 1 组	组	16
TZY2-6-5/62 柱翼型散热器	7 片	一层 1 组＋二层 1 组＋三层 2 组＋五层 5 组	组	9
TZY2-6-5/62 柱翼型散热器	8 片	三层 1 组＋四层 4 组＋五层 6 组＋六层 16 组	组	27
TZY2-6-5/62 柱翼型散热器	9 片	一层 1 组＋二层 7 组＋三层 3 组＋四层 5 组＋五层 1 组	组	17
TZY2-6-5/62 柱翼型散热器	10 片	四层 3 组＋六层 4 组	组	7
TZY2-6-5/62 柱翼型散热器	11 片	二层 4 组＋三层 5 组＋四层 1 组	组	10
TZY2-6-5/62 柱翼型散热器	12 片	一层 3 组＋二层 2 组＋三层 3 组＋六层 1 组	组	9

续表

项目名称	型号规格	计算方法及说明	单位	数量
TZY2-6-5/62 柱翼型散热器	13 片	一层 3 组＋二层 2 组＋三层 2 组＋四层 1 组＋六层 1 组	组	9
TZY2-6-5/62 柱翼型散热器	14 片	一层 4 组＋二层 3 组	组	7
TZY2-6-5/62 柱翼型散热器	15 片	一层 4 组＋二层 11 组＋三层 2 组	组	17
TZY2-6-5/62 柱翼型散热器	17 片	一层 12 组＋二层 1 组	组	13
TZY2-6-5/62 柱翼型散热器	19 片	一层 2 组＋三层 1 组	组	3
TZY2-6-5/62 柱翼型散热器	20 片	一层 4 组	组	4
阀门				
采暖入口阀门				
铸钢闸阀	DN70	供水 2 个＋回水 2 个	个	4
压力表		供水 2 块＋回水 2 块	块	4
Y 型过滤器	DN70	供水 1 个＋回水 1 个	个	2
温度计		供水 1 支＋回水 1 支	支	2
热表	DN70	回水 1 块	块	1
ZLK-L 型自力 式流量控制器	DN70	回水 1 个	个	1
铜闸阀	DN32	循环管 2 个	个	2
19.800 层阀门				
自动排气阀	DN15	1 个	个	1
铜闸阀	DN15	1 个	个	1
铜闸阀	DN20	接散热器立管 2 个＋散热器支管 6 个	个	8
铜闸阀	DN25	接散热器立管 2 个	个	2
温控阀	DN20	散热器支管 4 个	个	4
六层阀门				
铜闸阀	DN20	接立管 9 个	个	9
铜闸阀	DN25	接立管 14 个＋水平管 1 个	个	15
铜闸阀	DN32	接立管 2 个	个	2
铜闸阀	DN50	水平管 1 个	个	1
铸钢闸阀	DN70	水平管 1 个	个	1
自动排气阀	DN15	水平管末端 1 个	个	1
铜闸阀	DN15	水平管末端 1 个	个	1
温控阀	DN20	散热器支管 23 个	个	23

续表

项目名称	型号规格	计算方法及说明	单位	数量
五层阀门				
温控阀	$DN20$	散热器支管 23 个	个	23
四层阀门				
温控阀	$DN20$	散热器支管 23 个	个	23
三层阀门				
温控阀	$DN20$	散热器支管 23 个	个	23
二层阀门				
温控阀	$DN20$	散热器支管 23 个	个	23
一层阀门				
温控阀	$DN20$	散热器支管 24 个	个	24
铜闸阀	$DN20$	散热器支管 24 个	个	24
铜闸阀	$DN25$	一层水平管 1 个	个	1
调节阀	$DN25$	一层立管 1 个	个	1
调节阀	$DN50$	一层水平管 1 个	个	1
调节阀	$DN70$	一层水平管 2 个	个	2
卫生间通风				
卫生间通风器	PF-90,$L=$ 90m/h 自配止回阀	1 台×(一层 12 个+二层 14 个+三~六层 14×4 个)	台	82
镀锌钢板	0.5mm	(3.14×0.1×0.804)m² ×(一层 12 个+二层 14 个+三~六层 14×4 个)	m²	20.70
刷油		$DN70$ 管道 3.14×0.076×101.71+ $DN50$ 管道 3.14×0.059×60.37+ $DN40$ 管道 3.14×0.048×63.02+ $DN32$ 管道 3.14×0.038×98.92+ $DN25$ 管道 3.14×0.032×398.9+ $DN20$ 管道 3.14×0.028×439.89	m²	135.51
支架		单个支架重量 3kg×[($DN70$ 管道 101.71m+$DN50$ 管道 60.37m+$DN40$ 管道 63.02m)/3m(支架间距)-1]+单个支架重量 1.77kg×[($DN32$ 管道 98.92m+$DN25$ 管道 398.9m+$DN20$ 管道 439.89m)/2.5m(管道间距)-1]	kg	
保温		地沟内 $DN25$ 管 3.14×(0.32+1.033×0.02)×1.033 ×0.02×[4.64+(0.15+0.4)×2]+$DN40$ 管 3.14× (0.048+1.033×0.02)×1.033×0.02×[2.55+(0.15 +0.4)×2]+$DN32$ 管 3.14×(0.038+1.033×0.02) ×1.033×0.02×[2.91+(0.15+0.4)×2]	m²	8.91
一般钢套管	$DN100$	六层水平穿墙 $DN70$ 管 1 个+一层水平穿墙 $DN70$ 管 1 个	个	2.00
一般钢套管	$DN80$	六层水平穿墙 $DN50$ 管 4 个+一层水平穿墙 $DN50$ 管 3 个	个	7

项目名称	型号规格	计算方法及说明	单位	数量
一般钢套管	DN70	六层水平穿墙 DN40 管 2 个＋一层水平穿墙 DN40 管 4 个	个	6
一般钢套管	DN50	六层水平穿墙 DN32 管 3 个＋一层水平穿墙 DN32 管 2 个＋立管穿楼板 DN32 管 2×6 个	个	17
一般钢套管	DN40	六层水平穿墙 DN25 管 3 个＋一层水平穿墙 DN25 管 3 个＋立管穿楼板 DN25 管 14×6 个	个	90
一般钢套管	DN32	六层水平穿墙 DN20 管 2 个＋一层水平穿墙 DN20 管 1 个＋立管穿楼板 DN20 管 9×6 个	个	57

3.3.2.3　工程量清单

（1）清单封面（表 3-40）

表 3-40　工程量清单封面

教师公寓给采暖安装工程
招标工程量清单

招　标　人：

　　　　　　　　（单位盖章）

造价咨询人：

　　　　　　　　（单位盖章）

年　　月　　日

（2）工程量清单扉页（表 3-41）

表 3-41　工程量清单扉页

招　标　人：		造价咨询人：	
	（单位盖章）		（单位资质专用章）
法定代表人		法定代表人	
或其授权人：		或其授权人：	
	（签字或盖章）		（签字或盖章）
编　制　人：		复　核　人：	
	（造价人员签字盖专用章）		（造价工程师签字盖专用章）
编制时间：	年 月 日	复核时间：	年 月 日

（3）编制说明（表3-42）

表 3-42　工程量清单编制说明

总 说 明

工程名称：大连某学院教师单身公寓采暖安装工程

1. 工程概况：本工程为大连某学院金石滩校区教师单身公寓，主体建筑为六层，建筑高度为 19.8m，建筑面积 3257.04m² ，本期工程范围包括采暖安装工程。

2. 编制依据：本工程依据《建设工程工程量清单计价规范》GB 50500—2013 中的工程量清单计价办法根据单身公寓采暖安装工程施工设计图计算实物工程量。

（4）分部分项与专业措施项目工程量清单（表3-43）

表 3-43　分部分项与专业措施工程量清单

序号	项目编码	项目名称	项目特征描述	计量单位	工程量	金额/元		
						综合单价	合价	其中 暂估价
采暖系统								
1	031001002001	钢管	连接方式：焊接规格 DN65	m	101.71			
2	031001002002	钢管	连接方式：焊接规格 DN50	m	60.37			
3	031001002003	钢管	连接方式：焊接规格 DN40	m	63.02			
4	031001002004	钢管	连接方式：螺纹规格 DN32	m	98.92			
5	031001002005	钢管	连接方式：螺纹规格 DN25	m	398.9			
6	031001002006	钢管	连接方式：螺纹规格 DN20	m	439.89			
7	031201001001	管道刷油		m²	135.51			
8	031002001002	管道支架		kg	886.44			
9	031208002002	管道绝热		m³	8.91			
10	031005002001	钢制柱式散热器安装 6～8 片		组	74			
11	031005002002	钢制柱式散热器安装 10～12 片		组	26			
12	031005002003	钢制柱式散热器安装 13～20 片		组	53			
13	031003003008	焊接法兰阀门	规格 DN20 铸钢闸阀	个	5			
14	031003001006	螺纹阀门	铜闸阀规格 DN50	个	1			
15	031003001007	螺纹阀门	铜闸阀规格 DN32	个	4			
16	031003001008	螺纹阀门	铜闸阀规格 DN25	个	18			
17	031003001009	螺纹阀门	铜闸阀规格 DN20	个	41			
18	031003001010	螺纹阀门	铜闸阀规格 DN15	个	2			
19	031003001011	螺纹阀门	自动排气阀安装规格 DN15	个	2			

续表

序号	项目编码	项目名称	项目特征描述	计量单位	工程量	综合单价	合价	暂估价
						金额/元		其中
20	031003001012	螺纹阀门	温控阀规格 DN20	个	143			
21	031003001013	螺纹阀门	调节阀规格 DN25	个	1			
22	031003001014	螺纹阀门	调节阀规格 DN50	个	1			
23	031003003009	焊接法兰阀门	调节阀规格 DN65	个	2			
24	031003003010	ZLK-L 型自力式流量控制器 DN65	规格 DN65	个	1			
25	031003003011	Y 型过滤器		个	1			
26	030601002002	压力仪表		台	4			
27	030601001001	温度仪表		支	2			
28	031003014001	热表 DN70	规格 DN770	块	1			
29	030817008001	钢套管制作与安装	规格 DN100	台	2			
30	030817008002	钢套管制作与安装	规格 DN80	台	7			
31	030817008003	钢套管制作与安装	规格 DN65	台	6			
32	030817008004	钢套管制作与安装	规格 DN50	台	17			
33	030817008005	钢套管制作与安装	规格 DN40	台	90			
34	030817008006	钢套管制作与安装	规格 DN32	台	57			
35	030701003001	空调器		台	82			
36	030702001001	碳钢通风管道		m²	20.7			
37	031009001001	采暖工程系统调试		系统	1			
38	030704001001	通风工程检测、调试		系统	1			
		措施项目						
1	031301017001	脚手架搭拆		项	1			
		合计						

（5）通用措施项目清单（表 3-44）

表 3-44　通用措施项目清单

序号	项目编码	项目名称	计算基础	费率/%	金额/元	调整费率/%	调整后金额/元	备注
1	031302001001	安全文明施工(含环境保护、文明施工、安全施工、临时设施)	分部分项人工费＋分部分项机械费	15.28				
2	031302002001	夜间施工增加						
3	031302003001	非夜间施工增加						
4	031302004001	二次搬运						

续表

序号	项目编码	项目名称	计算基础	费率/%	金额/元	调整费率/%	调整后金额/元	备注
5	031302005001	冬雨季施工增加	分部分项人工费＋分部分项机械费	7.06				
6	031302006001	已完工程及设备保护						
合计								

（6）其他项目清单（表 3-45～表 3-50）

表 3-45　其他项目清单清单

序号	项目名称	金额/元	结算金额/元	备注
1	暂列金额			明细详见表 3-46
2	暂估价			
2.1	材料设备暂估价	—		明细详见表 3-47
2.2	专业工程暂估价			明细详见表 3-48
3	计日工			明细详见表 3-49
4	总承包服务费			明细详见表 3-50
5	工程担保费			
合计				—

表 3-46　暂列金额表

序号	项目名称	计量单位	暂定金额	备注
合计				—

表 3-47　材料设备暂估价表

序号	材料（工程设备）名称、规格、型号	计量单位	数量		暂估/元		确认/元		差额±/元		备注
			暂估	确认	单价	合价	单价	合价	单价	合价	

表 3-48　专业工程暂估价表

序号	工程名称	工程内容	暂估金额/元	结算金额/元	差额±/元	备注
						—

表 3-49 计日工表

序号	项目名称	单位	暂定数量	实际数量	综合单价/元	合 价	
						暂定	实际
1	人工						
1.1							
人工小计							
2	材料						
2.1							
材料小计							
3	机械						
3.1							
机械小计							
总计							

表 3-50 总承包服务费计价表

序号	项目名称	项目价值/元	服务内容	计算基础	费率/%	金额/元
合计						

(7) 规费税金清单（表 3-51）

表 3-51 规费税金清单

序号	项目名称	计 算 基 础	计算基数	计算费率/%	金额/元
4	规费	工程排污费＋社会保障费＋住房公积金＋危险作业意外伤害保险			
4.1	工程排污费				
4.2	社会保障费	养老保险＋失业保险＋医疗保险＋生育保险＋工伤保险			
4.2.1	养老保险	分部分项人工费＋分部分项机械费		16.36	
4.2.2	失业保险	分部分项人工费＋分部分项机械费		1.64	
4.2.3	医疗保险	分部分项人工费＋分部分项机械费		6.55	
4.2.4	生育保险	分部分项人工费＋分部分项机械费		0.82	
4.2.5	工伤保险	分部分项人工费＋分部分项机械费		0.82	
4.3	住房公积金	分部分项人工费＋分部分项机械费		8.18	
4.4	危险作业意外伤害保险				
5	税金	分部分项工程费＋措施项目费＋其他项目费＋规费		11	

3.3.2.4 工程量清单计价表

(1) 封面（表 3-52）

表 3-52　清单计价封面

教师公寓采暖安装工程
投标总价

投　标　人：

（单位盖章）

年　　月　　日

（2）投标总价（表 3-53）

表 3-53　投标总价

招　标　人：　＿＿＿＿＿＿＿＿＿＿＿＿＿＿＿＿＿＿＿＿＿＿＿＿＿＿

工　程　名　称：　**教室公寓——采暖工程**　＿＿＿＿＿＿＿＿＿＿＿＿＿＿

投标总价(小写)：　163,083.49　＿＿＿＿＿＿＿＿＿＿＿＿＿＿＿＿＿＿

（大写）：　壹拾陆万叁仟零捌拾叁元肆角玖分　＿＿＿＿＿＿＿＿＿

（3）编制说明（表 3-54）

表 3-54　编制说明

总　说　明

工程名称：大连某学院教师单身公寓采暖安装工程

1. 工程概况：本工程为大连某学院金石滩校区教师单身公寓，主体建筑为六层，建筑高度为 19.8m，建筑面积 3257.04m² ，本期工程范围包括采暖安装工程。
2. 编制依据：本工程依据《建设工程工程量清单计价规范》GB 50500—2013 中的工程量清单计价办法，依据《辽宁省安装工程计价定额》2008 计算清单综合单价。
3. 本工程主材价格参考 2017 年第一季度网刊信息价，依据安装四类工程计取费用。

（4）单位工程投标报价汇总表（表 3-55）

表 3-55　单位工程投标报价汇总表

序号	汇　总　内　容	金额/元	其中:暂估价/元
1	分部分项工程费	128577.16	
1.1	采暖系统	128577.16	
2	措施项目费	7990.46	
2.1	安全文明施工费	703.39	

续表

序号	汇总内容	金额/元	其中:暂估价/元
3	其他项目费		—
4	规费	10354.44	—
4.1	工程排污费		—
4.2	社会保障费	7890.1	—
4.2.1	养老保险	4928.67	—
4.2.2	失业保险	494.07	—
4.2.3	医疗保险	1973.28	—
4.2.4	生育保险	247.04	—
4.2.5	工伤保险	247.04	—
4.3	住房公积金	2464.34	—
4.4	危险作业意外伤害保险		—
5	税金	16161.43	—
合计＝1＋2＋3＋4＋5		163083.49	0

（5）分部分项工程清单计价表（表 3-56）

表 3-56　分部分项工程清单计价表

序号	项目编码	项目名称	项目特征描述	计量单位	工程量	综合单价	合价	其中暂估价
		采暖系统					128577.2	
1	031001002001	焊接钢管 DN65	连接方式:焊接	m	101.71	38.33	3898.54	
2	031001002002	焊接钢管 DN50	连接方式:焊接	m	60.37	33.05	1995.23	
3	031001002003	焊接钢管 DN40	连接方式:焊接	m	63.02	27.35	1723.6	
4	031001002004	焊接钢管 DN32	连接方式:螺纹	m	98.92	31.26	3092.24	
5	031001002005	焊接钢管 DN25	连接方式:螺纹	m	398.9	30.44	12142.52	
6	031001002006	焊接钢管 DN20	连接方式:螺纹	m	439.89	20.32	8938.56	
7	031201001001	管道刷油		m²	135.51	15.76	2135.64	
8	031002001002	管道支架		kg	886.44	19.38	17179.21	
9	031208002002	管道绝热		m³	8.91	58.54	521.59	
10	031005002001	钢制柱式散热器安装 6～8 片		组	74	62.68	4638.32	
11	031005002002	钢制柱式散热器安装 10～12 片		组	26	68.3	1775.8	
12	031005002003	钢制柱式散热器安装 13～20 片		组	53	76.99	4080.47	
13	031003003008	铸钢闸阀 DN65		个	5	773.93	3869.65	
14	031003001006	铜闸阀 DN50		个	1	64.17	64.17	

序号	项目编码	项目名称	项目特征描述	计量单位	工程量	综合单价	合价	其中 暂估价
15	031003001007	铜闸阀 DN32		个	4	44.47	177.88	
16	031003001008	铜闸阀 DN25		个	18	28.29	509.22	
17	031003001009	铜闸阀 DN20		个	41	21.21	869.61	
18	031003001010	铜闸阀 DN15		个	2	25.14	50.28	
19	031003001011	自动排气阀安装 DN15		个	2	70.36	140.72	
20	031003001012	温控阀 DN20		个	143	249.21	35637.03	
21	031003001013	调节阀 DN25		个	1	33.56	33.56	
22	031003001014	调节阀 DN50		个	1	80.91	80.91	
23	031003003009	调节阀 DN65		个	2	685.01	1370.02	
24	031003003010	ZLK-L 型自力式流量控制器 DN65		个	1	322.31	322.31	
25	031003003011	Y 型过滤器 DN65		个	1	685.01	685.01	
26	030601002002	压力仪表		台	4	93.73	374.92	
27	030601001001	温度仪表		支	2	111.11	222.22	
28	031003014001	热表 DN70		块	1	1370.18	1370.18	
29	030817008001	钢套管制作与安装 DN100		台	2	59.04	118.08	
30	030817008002	钢套管制作与安装 DN80		台	7	45.54	318.78	
31	030817008003	钢套管制作与安装 DN65		台	6	38.94	233.64	
32	030817008004	钢套管制作与安装 DN50		台	17	26.24	446.08	
33	030817008005	钢套管制作与安装 DN40		台	90	16.96	1526.4	
34	030817008006	钢套管制作与安装 DN32		台	57	11.16	636.12	
35	030701003001	空调器		台	82	103.97	8525.54	
36	030702001001	碳钢通风管道		m²	20.7	260.53	5392.97	
37	031009001001	采暖工程系统调试		系统	1	3187.92	3187.92	
38	030704001001	通风工程检测、调试		系统	1	292.22	292.22	
		措施项目					1260.23	
1	031301017001	脚手架搭拆		项	1	1260.23	1260.23	
		合计					129837.4	

（6）综合单价分析表（表3-57）

表3-57　综合单价分析表

单位：元

项目编码	03100100 2001	项目名称	焊接钢管 DN65	计量单位	m	工程量	101.71

清单综合单价组成明细

定额编号	定额名称	定额单位	数量	单价					合价				
				人工费	材料费	机械费	管理费和利润	风险费	人工费	材料费	机械费	管理费和利润	风险费
8-118	室内钢管焊接 DN65	10m	0.1	109.98	36.19	59.05	43.27	0	11	3.62	5.91	4.33	0
人工单价 技工:68元/工日；普工:53元/工日			小计						11	3.62	5.91	4.33	0
			未计价材料费										13.47

清单子目综合单价　38.33

材料费明细

主要材料名称、规格、型号	单位	数量	单价/元	合价/元	暂估单价/元	暂估合价/元
乙炔气	kg	0.045	25.74	1.16		
焊接钢管 DN65	m	1.02	13.209	13.47		
其他材料费	—		—	2.46	—	0
材料费小计	—		—	17.09	—	0

项目编码	03120100 1001	项目名称	管道刷油	计量单位	m²	工程量	135.51

清单综合单价组成明细

定额编号	定额名称	定额单位	数量	单价					合价				
				人工费	材料费	机械费	管理费和利润	风险费	人工费	材料费	机械费	管理费和利润	风险费
14-1	手工除锈 管道 轻锈	10m²	0.1	15.87	3	0	4.07	0	1.59	0.3	0	0.41	0
14-53	管道刷油 防锈漆 第一遍	10m²	0.1	13.26	20.51	0	3.4	0	1.33	2.05	0	0.34	0
14-54	管道刷油 防锈漆 第二遍	10m²	0.1	13.26	17.63	0	3.4	0	1.33	1.76	0	0.34	0
14-60	管道刷油 调和漆 第一遍	10m²	0.1	13.76	15.5	0	3.52	0	1.38	1.55	0	0.35	0
14-61	管道刷油 调和漆 第二遍	10m²	0.1	13.26	13.8	0	3.4	0	1.33	1.38	0	0.34	0
人工单价 技工:68元/工日；普工:53元/工日			小计						6.94	7.04	0	1.78	0
			未计价材料费										15.76

清单子目综合单价　15.76

续表

项目编码	项目名称		计量单位	工程量	
031201001001					135.51

材料费明细

	主要材料名称、规格、型号	单位	数量	单价/元	合价/元	暂估单价/元	暂估合价/元
材料费明细	酚醛防锈漆（各种颜色）	kg	0.243	13.911	3.38		
	其他材料费			—	3.66	—	0
	材料费小计			—	7.04	—	0

项目编码	项目名称	计量单位	工程量	暂估合价/元
031002001002	管道支架	kg		886.44

清单综合单价组成明细

定额编号	定额名称	定额单位	数量	单价					合价				
				人工费	材料费	机械费	管理费和利润	风险费	人工费	材料费	机械费	管理费和利润	风险费
8-648	一般管道支架制作安装	100kg	0.01	497.93	220.72	424.77	236.21	0	4.98	2.21	4.25	2.36	0
14-7	手工除锈 一般钢结构 轻锈	100kg	0.01	15.87	2.22	9.27	6.44	0	0.16	0.02	0.09	0.06	0
14-119	一般钢结构 防锈漆 第一遍	100kg	0.01	11.28	14.44	9.27	5.26	0	0.11	0.14	0.09	0.05	0
14-120	一般钢结构 防锈漆 第二遍	100kg	0.01	10.85	12.32	9.27	5.15	0	0.11	0.12	0.09	0.05	0
14-122	一般钢结构 银粉 第一遍	100kg	0.01	10.85	7.38	9.27	5.15	0	0.11	0.07	0.09	0.05	0
14-123	一般钢结构 银粉 第二遍	100kg	0.01	10.85	6.58	9.27	5.15	0	0.11	0.07	0.09	0.05	0
人工单价		小计							5.58	2.64	4.71	2.63	0
技工:68元/工日 普工:53元/工日		未计价材料费									3.82		
清单子目综合单价											19.38		

续表

项目编码	031002001002	项目名称		计量单位	kg	工程量		暂估合价/元	886.44

材料费明细	主要材料名称、规格、型号	单位	数量	单价/元	合价/元	暂估单价/元	暂估合价/元
	乙炔气	kg	0.0087	25.74	0.22		
	酚醛防锈漆（各种颜色）	kg	0.017	13.911	0.24		
	型钢	kg	1.06	3.6	3.82		
	其他材料费			—	2.18	—	0
	材料费小计			—	6.45	—	0

管道支架

项目编码	031208002002	项目名称	管道绝热	计量单位	m³	工程量			

清单综合单价组成明细

定额编号	定额名称	定额单位	数量	单价					合价				
				人工费	材料费	机械费	管理费和利润	风险费	人工费	材料费	机械费	管理费和利润	风险费
14-2160	绝热工程 铝箔离心玻璃棉板（壳）安装 管道保温	10m²	0.1	85.46	14.7	0	21.88	0	8.55	1.47	0	2.19	0
人工单价		小计							8.55	1.47	0	2.19	0
技工:68元/工日；普工:53元/工日		未计价材料费								46.33				
		清单项目综合单价								58.54				

材料费明细	主要材料名称、规格、型号	单位	数量	单价/元	合价/元	暂估单价/元	暂估合价/元
	铝箔离心玻璃管壳	m²	1.1	42.12	46.33		0
	其他材料费			—	1.47	—	
	材料费小计			—	47.8	—	0

续表

项目编码		031005002001		项目名称		钢制柱式散热器安装 6～8 片			计量单位	组	工程量	74	
清单综合单价组成明细													
定额编号	定额名称	定额单位	数量	单价					合价				
				人工费	材料费	机械费	管理费和利润	风险费	人工费	材料费	机械费	管理费和利润	风险费
8-1219	钢制柱式散热器安装 6～8 片	组	1	10.73	11.2	0	2.75	0	10.73	11.2	0	2.75	0
人工单价		小计							10.73	11.2	0	2.75	0
技工:68 元/工日;普工:53 元/工日		未计价材料费							38				
清单子目综合单价									62.68				
材料费明细	主要材料名称、规格、型号						单位	数量	单价/元	合价/元	暂估单价/元	暂估合价/元	
	汽包托钩						个	3.15	1	3.15			
	钢制柱式散热器						组	1	38	38			
	其他材料费								—	8.05	—	0	
	材料费小计								—	49.2	—	0	
	材料费小计								—	49.22	—	0	
项目编码		031003001010		项目名称		铜闸阀 $DN15$			计量单位	个	工程量	2	
8-649	螺纹阀门安装 $DN15$	个	1	4.96	2.59	0	1.27	0	4.96	2.59	0	1.27	0
人工单价		小计							4.96	2.59	0	1.27	0
技工:68 元/工日;普工:53 元/工日		未计价材料费							16.32				

续表

清单综合单价组成明细

项目编码	031003001010	项目名称	铜闸阀DN15	计量单位	个	工程量	25.14

定额编号	定额名称	定额单位	数量	单价					合价				
				人工费	材料费	机械费	管理费和利润	风险费	人工费	材料费	机械费	管理费和利润	风险费
8-750	铜闸阀DN15	个	1	8.37	5.84	0	2.15	0					
人工单价			小计										
技工:68元/工日;普工:53元/工日								16.158	16.32	—	—	2

清单项目综合单价

	单价/元	合价/元	暂估单价/元	暂估合价/元

材料费明细

主要材料名称、规格、型号	单位	数量	单价/元	合价/元	暂估单价/元	暂估合价/元
铜闸阀DN15	个	1.01	16.32			
其他材料费				2.59	—	0
材料费小计				18.91	—	0

清单综合单价组成明细

项目编码	031003001011	项目名称	自动排气阀安装DN15	计量单位	个	工程量	70.36

定额编号	定额名称	定额单位	数量	单价					合价				
				人工费	材料费	机械费	管理费和利润	风险费	人工费	材料费	机械费	管理费和利润	风险费
	自动排气阀安装DN15	个	1	8.37	5.84	0	2.15	0					
人工单价			小计						8.37	5.84	0	2.15	0
			未计价材料费							54			

清单项目综合单价

	单价/元	合价/元	暂估单价/元	暂估合价/元
	54	54		

材料费明细

主要材料名称、规格、型号	单位	数量	单价/元	合价/元	暂估单价/元	暂估合价/元
自动排气阀DN15	个	1	54	54		
其他材料费				5.84	—	0
材料费小计				59.84	—	0

续表

| 项目编码 | 031003001014 | | 项目名称 | 调节阀 DN50 | | | 计量单位 | 个 | 工程量 | 1 |

清单综合单价组成明细

定额编号	定额名称	定额单位	数量	单价					合价				
				人工费	材料费	机械费	管理费和利润	风险费	人工费	材料费	机械费	管理费和利润	风险费
8-654	螺纹阀门安装 DN50	个	1	12.28	10.33	0	3.15	0	12.28	10.33	0	3.15	0
人工单价				小计					12.28	10.33	0	3.15	0
技工:68元/工日;普工:53元/工日				未计价材料费					55.15				
清单子目综合单价									80.91				

材料费明细	主要材料名称、规格、型号	单位	数量	单价/元	合价/元	暂估单价/元	暂估合价/元
	调节阀 DN50	个	1.01	54.604	55.15		
	其他材料费		—	—	10.33	—	0
	材料费小计		—	—	65.48	—	1

| 项目编码 | 031003014001 | | 项目名称 | 热表 DN70 | | | 计量单位 | 块 | 工程量 | 1 |

清单综合单价组成明细

定额编号	定额名称	定额单位	数量	单价					合价				
				人工费	材料费	机械费	管理费和利润	风险费	人工费	材料费	机械费	管理费和利润	风险费
8-825	焊接法兰水表(不带旁通管及止回阀)DN80	组	1	121.76	320.21	81.69	52.09	0	121.76	320.21	81.69	52.09	0
人工单价				小计					121.76	320.21	81.69	52.09	0
技工:68元/工日;普工:53元/工日				未计价材料费					794.43				
清单子目综合单价									1370.18				

续表

项目编码	0310030140001	项目名称		热表 DN70		计量单位	块	工程量	1
材料费明细	主要材料名称、规格、型号		单位	数量		单价/元	合价/元	暂估单价/元	暂估合价/元
	乙炔气		kg	0.09		25.74	2.32		
	法兰闸阀 Z45T-10DN80		个	2		224.64	449.28		
	热表 DN70		个	1		345.15	345.15		
	其他材料费					—	317.89	—	0
	材料费小计					—	1114.64	—	0

项目编码	030817008003	项目名称		钢套管制作与安装 DN65		计量单位	台	工程量	6

清单综合单价组成明细

定额编号	定额名称	定额单位	数量	单价					合价				
				人工费	材料费	机械费	管理费和利润	风险费	人工费	材料费	机械费	管理费和利润	风险费
8-571	钢套管制作与安装 DN65	10 个	0.1	40.73	11.25	6.28	12.04	0	4.07	1.13	0.63	1.2	0
人工单价			小计						4.07	1.13	0.63	1.2	0
技工:68 元/工日 普工:53 元/工日			未计价材料费							31.9				
清单子目综合单价									38.94				

材料费明细	主要材料名称、规格、型号		单位	数量		单价/元	合价/元	暂估单价/元	暂估合价/元
	钢套管制作与安装 DN65		m	0.36		88.6	31.9		
	其他材料费					—	1.13	—	0
	材料费小计					—	33.02	—	0

项目编码	030817008003	项目名称	钢套管制作与安装 DN65	计量单位	台	工程量	6

清单综合单价组成明细

定额编号	定额名称	定额单位	数量	单价					合价				
				人工费	材料费	机械费	管理费和利润	风险费	人工费	材料费	机械费	管理费和利润	风险费
8-569	钢套管制作与安装 DN40	10个	0.1	26.97	9.96	3.81	7.88	0	2.7	1	0.38	0.79	0
人工单价			小计						2.7	1	0.38	0.79	0
技工:68元/工日;普工:53元/工日			未计价材料费							12.1			
清单子目综合单价										16.96			

材料费明细

主要材料名称、规格、型号	单位	数量	单价/元	合价/元	暂估单价/元	暂估合价/元
钢套管制作与安装 DN40	m	0.36	33.6	12.1		
其他材料费			—	1	—	0
材料费小计			—	13.09	—	0

项目编码	030702001001	项目名称	碳钢通风管道	计量单位	m²	工程量	20.7

清单综合单价组成明细

定额编号	定额名称	定额单位	数量	单价					合价				
				人工费	材料费	机械费	管理费和利润	风险费	人工费	材料费	机械费	管理费和利润	风险费
9-64	镀锌薄钢板圆形风管制作安装(δ=1.2mm以内 以内咬口)直径200mm以下	10m²	0.1	725.08	135.96	44.87	197.1	0	72.51	13.6	4.49	19.71	0
人工单价			小计						72.51	13.6	4.49	19.71	0
技工:68元/工日;普工:53元/工日			未计价材料费							150.22			
清单子目综合单价										260.53			

续表

| 项目编码 | 030702001001 | | 项目名称 | | 碳钢通风管道 | | 计量单位 | m² | 工程量 | | 暂估合价/元 | 20.7 |

材料费明细

	主要材料名称、规格、型号	单位	数量	单价/元	合价/元		暂估单价/元	暂估合价/元
材料费明细	乙炔气	kg	0.01	25.74	0.26			
	镀锌钢板 δ=0.5mm	m²	1.138	132	150.22			
	其他材料费			—	13.34		—	0
	材料费小计			—	163.81		—	0

| 项目编码 | 031009001001 | | 项目名称 | | 采暖工程系统调试 | | 计量单位 | 系统 | 工程量 | 1 |

清单综合单价组成明细

定额编号	定额名称	定额单位	数量	单价					合价				
				人工费	材料费	机械费	管理费和利润	风险费	人工费	材料费	机械费	管理费和利润	风险费
8-1292	系统调试费(采暖工程)	元	1	606.53	2426.12	0	155.27	0	606.53	2426.12	0	155.27	0
人工单价			小计						606.53	2426.12	0	155.27	0
			未计价材料费										

清单子目综合单价　3187.92

材料费明细

	主要材料名称、规格、型号	单位	数量	单价/元	合价/元		暂估单价/元	暂估合价/元
材料费明细	其他材料费			—	2426.12		—	0
	材料费小计			—	2426.12		—	0

续表

清单综合单价组成明细

项目编码	030704001001	项目名称	通风工程检测、调试	计量单位	系统	工程量	1

定额编号	定额名称	定额单位	数量	单价					合价				
				人工费	材料费	机械费	管理费和利润	风险费	人工费	材料费	机械费	管理费和利润	风险费
9-510	系统调试费(通风空调工程)	元	1	68.66	205.98	0	17.58	0	68.66	205.98	0	17.58	0
人工单价			小计						68.66	205.98	0	17.58	0
			未计价材料费						0				

材料费明细

主要材料名称、规格、型号	单位	数量	单价/元	合价/元	暂估单价/元	暂估合价/元
				292.22		
其他材料费			—	205.98	—	0
材料费小计			—	205.98	—	0

清单综合单价组成明细

项目编码	031301017001	项目名称	脚手架搭拆	计量单位		工程量	1

定额编号	定额名称	定额单位	数量	单价					合价				
				人工费	材料费	机械费	管理费和利润	风险费	人工费	材料费	机械费	管理费和利润	风险费
8-1299	脚手架搭拆(给排水、采暖、燃气工程)	元	1	252.72	758.16	0	64.69	0	252.72	758.16	0	64.69	0
14-2526	脚手架搭拆(刷油工程)	元	1	22.28	66.84	0	5.71	0	22.28	66.84	0	5.71	0
14-2526	脚手架搭拆(绝热工程)	元	1	3.81	11.42	0	0.98	0	3.81	11.42	0	0.98	0
10-745	脚手架搭拆(自动化工程)	元	1	1.46	4.37	0	0.37	0	1.46	4.37	0	0.37	0
9-515	脚手架搭拆(通风空调工程)	元	1	15.84	47.53	0	4.05	0	15.84	47.53	0	4.05	0
人工单价			小计						296.11	888.32	0	75.8	0

材料费明细

	单位	数量	单价/元	合价/元	暂估单价/元	暂估合价/元
其他材料费				888.33		0
材料费小计				888.33		0

（7）通用措施项目清单计价表（表3-58）

表3-58　通用措施项目计价表

序号	项目编码	项目名称	计算基础	费率/%	金额/元	调整费率/%	调整后金额/元	备注
1	031302001001	安全文明施工（含环境保护、文明施工、安全施工、临时设施）	分部分项人工费＋分部分项机械费	15.28	4603.3			
2	031302002001	夜间施工增加						
3	031302003001	非夜间施工增加						
4	031302004001	二次搬运						
5	031302005001	冬雨季施工增加	分部分项人工费＋分部分项机械费	7.06	2126.9			
6	031302006001	已完工程及设备保护						
合计					6730.2			

（8）规费与税金清单计价表（表3-59）

表3-59　规费税金计价表

序号	项目名称	计算基础	计算基数	计算费率/%	金额/元
4	规费	工程排污费＋社会保障费＋住房公积金＋危险作业意外伤害保险	10354.44		10354.44
4.1	工程排污费				
4.2	社会保障费	养老保险＋失业保险＋医疗保险＋生育保险＋工伤保险	7890.1		7890.1
4.2.1	养老保险	分部分项人工费＋分部分项机械费	30126.36	16.36	4928.67
4.2.2	失业保险	分部分项人工费＋分部分项机械费	30126.36	1.64	494.07
4.2.3	医疗保险	分部分项人工费＋分部分项机械费	30126.36	6.55	1973.28
4.2.4	生育保险	分部分项人工费＋分部分项机械费	30126.36	0.82	247.04
4.2.5	工伤保险	分部分项人工费＋分部分项机械费	30126.36	0.82	247.04
4.3	住房公积金	分部分项人工费＋分部分项机械费	30126.36	8.18	2464.34
4.4	危险作业意外伤害保险				
5	税金	分部分项工程费＋措施项目费＋其他项目费＋规费	146922.06	11	16161.43
合计					26515.87

本 章 小 结

1. 本章主要从分部分项工程的角度介绍了给排水、采暖工程常见类型以及计算规则与计价方法，给排水工程计量时可具体分为给水管道安装、排水管道安装、管道支架制作安装、管道附件安装、卫生洁具安装以及管道附属工程，如管沟土石方等。计算时可先分给水和排水管道，按流水方向和管径大小计算管道长度，然后计算管道附件，最后统计卫生器具的工程量。采暖工程计量可分为采暖管道安装、管道附件安装、采暖器具安装、采暖设备及燃气具安装，采暖工程还需要考虑系统调试。

2. 在编制工程量清单时，应依据《通用安装工程工程量计算规范》相关规则计算分部分项工程量，并列出项目特征。

3. 在进行分部分项工程量清单计价时本章依据计价定额和计算规则以及综合单价来完成，当一项清单需要有多个工作来完成时，则需要考虑多个工作产生的费用。

4. 措施项目计算，除安全文明施工费以外，应考虑脚手架搭拆工作费的计算，根据建筑物檐口高度是否超过 20m（6 层），确定是否计算高层建筑增加费，根据安装操作物高度（3.6m），确定是否计算超高施工增加费。

思考与练习

1. 给排水及采暖管道工程量计算时，室内外管道界限如何划分？

2. 给排水、采暖管道工程量的计算，包括哪些内容？通常采用什么计算顺序？

3. 给排水、采暖管道工程分部分项工程计量规则和综合单价确定方法是什么？

4. 给排水、采暖安装工程中所涉及的措施费用包括哪些内容？

第4章

消防工程计量与计价

学习重点：本章主要包括消防工程的基础知识，消防工程计量与计价的定额说明及计算规则，并引入了消防工程计量与计价实例等内容。重点是通过消防工程安装的实例，掌握消防工程计量与计价的方法和技巧。

学习目标：通过本章的学习，可以了解消防工程的内容，熟悉消防工程造价的计算方法及费用组成，并掌握消防工程计价定额的正确使用。

4.1　消防工程基础知识

在建筑物内部有效地监测火灾、控制火灾、迅速扑灭火灾，是建筑消防系统的任务。为此建立了一整套完整、有效的体系，就是在建筑物内部，设置火灾自动报警及消防设备联动系统、灭火系统、防排烟系统等建筑消防设施。

4.1.1　消防系统分类

火灾形成有三大要素：热源、可燃物及氧气，消除其中之一即可控制火势或灭火。

根据燃烧物特性可用水、气体、干粉或泡沫等作为灭火剂。根据这些灭火剂组成各具特性的消防系统，主要有三大类：水灭火系统、气体灭火系统和泡沫灭火系统。

4.1.2　水灭火系统

目前，世界上广泛采用的是水灭火系统，其成本低、灭火效率高、施工方便，还可以自动报警、自动灭火。水灭火系统根据使用范围，分为两类，即消火栓给水系统和自动喷水灭火系统。

4.1.2.1　室内消火栓系统

室内消火栓系统为人工消防，主要用于低层和高层的室内消火栓给水系统。其设置简单，依靠消防管道给水对燃烧物冷却降温来扑灭火灾。由消防管道、消火栓、消防水龙带、消防水枪、消火栓箱、水泵接合器等组成。

（1）室内消火栓系统的给水方式

①无水箱、水泵室内消火栓系统　当室外给水管网提供的压力和水量，在任何时候均能满足室内消火栓给水系统的所需的水量和水压时，宜优先采用这种方式。

②仅设水箱不设水泵的消火栓系统　当室外给水管网一日内压力变化较大，但能满足室内消防、生活和生产用水量要求时，可采用这种方式。水箱可以与生活、生产合用。

③设消防水泵和消防水箱的给水系统　当室外给水管网的水压不能满足室内消火栓系统所需压力时，为保证一旦灭火时有足够的水量，设置水箱贮备 10min 的消防用水量。水箱补水采用生活水泵，严禁消防水泵补水。为防止消防管道的水进入水箱，在水箱进入消防管网的出水管上设止回阀。

（2）消火栓系统主要组件

①消防管道　室内消防管道一般采用镀锌钢管、焊接钢管。它的作用是将水供给消火栓，并且必须满足消火栓在消防灭火时所需水量和水压要求。

②消火栓　室内消火栓是消防用的龙头，是带有内扣式的角阀。进口与消防管道相连，出口与水龙带相连。

③消防水龙带　输送消防水的软管，一端通过快速内扣式接口与消火栓、消防车连接，另一端与水枪连接。

④消防水枪　消防水枪是灭火的主要工具，其功能是将消防水带内的水流转化成高速水流，直接喷射到火场，达到灭火、冷却的目的。

⑤消火栓箱　消火栓箱是将室内消火栓、消防水龙带、消防水枪及电气设备集装于一体，并明装或暗装于建筑物内的具有给水、灭火、控制、报警等功能的箱状固定式消防装置。

⑥消防水泵接合器　为建筑物配套的自备消防设施，一端由室内消火栓给水管网最低层引至室外，室外另一端可供消火栓或移动水泵站加压向室内消防管网输水，这种设备适于消火栓给水系统和自动喷淋灭火系统。

4.1.2.2　自动喷水灭火系统

自动喷水灭火系统，是在发生火灾的时候，能够自动喷水灭火并同时发出火警信号的灭火系统。与消火栓系统相比，它不需要手动操作，在发生火灾的情况下只需要做的就是离开大楼。可适用于住宅、商业建筑和公共场所。其原理是通过自动喷水对燃烧物冷却降温，形成的细小水雾能够稀释燃烧物周围的氧气浓度，隔离着火区域，防止火灾蔓延。

（1）自动喷水灭火系统的分类

根据喷头的开闭形式，分为闭式喷水系统和开式喷水系统两大类。闭式自动喷水灭火系统包括湿式系统、干式系统、预作用系统等；开式自动喷水灭火系统包括雨淋系统、水幕系统和水喷雾系统。在自动喷水灭火系统中，湿式系统是应用最广泛的系统，占 70% 以上。其系统简单，施工方便，灭火速度快。

①湿式自动喷水灭火系统　适用于室内温度在 4～70℃ 之间的建筑物和构筑物，平时报警阀前后管网中充满着压力水，当发生火灾，达到一定温度后（一般是 68℃）喷头镀铬熔化，管道内的水自动喷出，驱动水流指示器、湿式报警阀组上的水力警铃和压力开关报警，自动启动消防控制室的加压泵供水灭火。

②干式自动喷水灭火系统 适用于 4℃以下，70℃以上。不宜采用湿式自动喷水灭火系统的地方，如不采暖的地下车库、冷库等。平时管网中充满有压气体，只在报警阀前的管网中充满着压力水。发生火灾时，喷头首先喷出气体，致使管网中压力降低，供水管道中的压力水打开控制信号阀而进入配水管网，从喷头喷出灭火。该系统需要多增设一套充气设备，一次性投资高、平时管理较复杂、灭火速度较慢。

（2）自动喷水灭火系统的管道组成

消防管道由引入管、干管、立管、横管、短支管和末端试水装置组成。引入管一般从消防水源接入，通过喷淋水泵连入干管。干管与立管一般布置成环状，以保证供水可靠性。在建筑物内每层从立管接横管上，一般安装水流指示器和电动蝶阀。短支管一端与横管连接，一端与喷头连接。横管布置在吊顶内，短支管向下安装管口至吊顶外表面；横管明设时，短支管向上安装，喷头距建筑顶棚 150mm。

喷淋管道一般采用镀锌钢管，小管径采用丝扣连接，大管径采用沟槽连接。管道由大管径变成小管径时，采用机三通、机四通连接。

（3）自动喷水灭火系统的主要组件

①喷头 喷头是自动喷水灭火系统的关键部件，担负着探测火情、启动系统和喷水灭火的任务。喷头按其结构分为闭式喷头和开式喷头。

闭式喷头是一种由感温元件控制开启的喷头，它在火灾的热气流中能自动启动，不能恢复原状，就是常说的感温释放器，它在预定的温度下使得喷头能自动开启、喷水、灭火。喷头的动作温度，以公称动作温度表示。根据建筑环境的不同要求，喷头的公称动作温度又分为几挡，最常用的是 68℃喷头。

开式喷头的喷口是敞开的，喷水动作由阀门控制，按用途和洒水形状的特点可分为开式洒水喷头、水幕喷头和喷雾喷头三种。

②报警阀 报警阀是自动喷水灭火系统的控制水源、启动系统、启动水力警铃等报警设备的专用阀门。

按系统类型和用途不同分为湿式报警阀、干式报警阀、干湿两用报警阀、雨淋报警阀和预作用报警阀。

③水流报警装置 水流报警装置包括水力警铃、压力开关和水流指示器。水力警铃安装在报警阀的报警管路上，是一种水力驱动的机械装置。报警阀阀瓣打开后，水流通过报警连接管冲击水轮，带动铃锤敲击铃盖发出报警声音。

压力开关是自动喷水灭火系统的自动报警和自动控制部件，安装在水力警铃前报警连接管上，报警阀阀瓣打开后，受到水压的作用接通电触点，给出电接点信号（水流信号转换为电信号），发出火警信号并自动启泵。

水流指示器是于自动喷水灭火系统中将水流信号转换为电信号的一种报警装置，通常安装于各楼层的配水干管或支管上。当某个喷头开启喷水时，管道中的水产生流动并推动水流指示器的桨片，桨片探测到水流信号并接通延时电路后，水流指示器将水流信号转换为电信号传至报警控制器或控制中心，告知火灾发生的区域。

④延迟器 延迟器是一个罐式容器，属于湿式报警阀的辅件，安装在报警阀和压力开关之间。当湿式报警阀因水源压力波动等短时开启时，少量水进入延迟器，但不进入水力警铃和作用到压力开关，防止误报警。报警阀关闭时，延迟器底部节流孔板可将水自动排空。延迟器前安装过滤器。

⑤控制阀　控制阀安装在报警阀入口处，用以检修时切断供水水源。控制阀处于常开状态，为避免误操作，宜采用信号阀，其开启状态应反馈到消防控制室；当不采用信号阀时，应设锁定阀位的锁具。

⑥末端试水装置　末端试水装置由试水阀、压力表及试水接头组成，用于测试系统能否在开放一只喷头的最不利条件下可靠报警并正常启动。在每个报警阀组控制的最不利点喷头处，应设末端试水装置。其他防火分区、楼层的最不利点喷头处，均应设直径 25mm 的试水装置。打开试水装置喷水，可以作为系统调试时模拟试验用。末端试水装置的出水，应采用孔口流出的方式排入排水管道。

4.1.2.3　消防送风与排烟

所谓消防送风，就是在发生火灾时，向逃生楼道里送风，利于逃生；送风时楼道内处于正压，就是楼道内气压比别的地方高，烟雾不会渗进来，保证安全。所谓排烟，即发生意外时，将建筑物内的烟雾抽走，驱除烟雾，提高室内视野，便于灭火。

(1) 消防机械加压送风系统

在高层建筑中，下列部位应设置独立的机械加压送风设施：

①不具备自然排烟条件的防烟楼梯间，消防电梯间前室或合用前室；

②采用自然排烟措施的防烟楼梯间，其不具备自然排烟条件的前室；

③封闭避难层（间）；

④建筑高度超过 50m 的一类公共建筑和建筑高度超过 100m 的居住建筑的防烟楼梯间及其前室、消防电梯前室或合用前室。

加压送风系统由加压送风口、风道、风机、新风口组成。加压送风口由格栅风口与执行机构构成，一般安装在墙上，有手动开启装置的设在距安装层地板 0.8～1.5m 处，风口底边在距地面 400mm 左右。防烟楼梯间的加压送风口应采用自垂式百叶风口或常开的双层百叶风口；前室的加压送风口应为常开的双层百叶风口，且应在其加压风机的吸入管下设置止回阀或与开启风机联锁的电动阀。风机除设置手动启动外，也与消防联动，即：风机由烟感、温感探头或自动喷水系统自动控制启动；风机由消防控制中心及建筑物防烟楼梯间出口处的手动关、闭装置控制关闭。

(2) 机械排烟系统

具有可开启外窗等自然排烟设施时，可采用自然排烟系统；如不满足自然排烟条件，应采用机械排烟系统，即利用排烟风机将火灾区域的烟气及时排出。

一类高层建筑和建筑高度超过 32m 的二类高层建筑的下列部位应设排烟设施：

①长度超过 20m 的内走道；

②面积超过 100m²，且经常有人停留或可燃物较多的房间；

③高层建筑的中庭和经常有人停留或可燃物较多的地下室。

机械排烟系统由排烟风口、风道、风机、排风口组成。排烟风口由格栅风口与执行机构组成，排烟口或排烟阀平时为关闭时，设有手动和自动开启装置。排烟口或排烟阀应与排烟风机联锁，当任一排烟口或排烟阀开启时，排烟风机应能自行启动；排烟风口安装在墙面时，上部与天棚平齐或靠近天棚。排烟风机除设置手动启动外，还应与消防联动。

4.2 消防工程计量与计价

水灭火系统是最常用的消防措施，主要包括消火栓系统和自动喷水灭火系统，都为固定式消防设施。其工程量计算中管道工程量的计算是关键，能否正确套用定额并进行必要的定额换算则是作为水电预算是否专业的判断标准。

4.2.1 水灭火系统管道室内外界限的划分与检测调试

（1）水灭火系统管道室内外界限的划分

①室内外界限，以建筑物外墙皮 1.5m 为界，入口处设阀门井者，以阀门井为界。

②消防水泵间管道室内外界限，对于高层建筑以管道水泵间外墙皮处为界。

③水灭火系统与市政管道的界限，以与市政管道接头后计量井（水表井）为界，无计量井者，以碰头点为界。

（2）水灭火系统的检测调试

①消火栓系统的检测调试，取屋顶或水箱间内的试验消火栓，以及在建筑物首层内取两处消火栓做试射试验，达到设计要求为合格。

②自动喷水灭火系统的检测调试是指系统管网的试压、冲洗等检验合格后，打开试水装置，检查、调整水流指示器、报警阀、压力开关、水力警铃等一系列操作，直到系统工作正常为止的检测调试。

4.2.2 水灭火系统安装工程计量与计价

4.2.2.1 管道安装工程量

水是最经济、最方便的灭火剂，但需要用管道将水输送到各个灭火点。因为消防管道需要较大的承压能力，一般选用焊接钢管、镀锌钢管或无缝钢管，管道工程量的计算与给水管道相同。

水灭火系统管道清单项目设置及工程量计算规则如表 4-1 所示。

表 4-1 水喷淋管道、消火栓管道

项 目 编 码	项 目 名 称	项 目 特 征	计 量 单 位	工 程 量 计 算 规 则
030901001	水喷淋钢管	安装部位、材质、型号、规格、连接方式、除锈标准、刷油防腐设计要求、水冲洗水压试验要求	m	按设计图示管道中心长度以延长米计算
030901002	消火栓钢管			

清单项目工作内容：①管道及管件安装；②套管（包括防水套管）制作、安装；③管道除锈、刷油、防腐；④管网水冲洗；⑤无缝钢管镀锌；⑥水压试验。

（1）定额说明

①本定额适用于工业与民用建（构）筑物设置的自动喷水灭火系统的管道、阀门、各种组件、消火栓、气压水罐的安装及管道支吊架的制作、安装。

②管道安装定额包括：a. 工序内一次性水压试验；b. 镀锌钢管法兰连接项目，管件是

按成品、弯头两端是按接短管焊法兰考虑的，包括了直管、管件、法兰等全部安装工序内容。但管件、法兰及螺栓的主材数量应按设计规定另行计算；c. 各种管的安装可以套用相应项目换算主材。

③管道支吊架制作安装定额中包括了支架、吊架及防晃支架。

④本定额不包括的内容有：a. 法兰安装、各种套管的制作安装、泵房间管道安装及管道系统强度试验、严密性试验；b. 各种设备支架的制作、安装；c. 管道、设备、支架、法兰焊口除锈、镀锌、刷油。

⑤设置于管道间、管廊内的管道，其人工系数乘以 1.3。

（2）工程量计算规则

①管道安装按设计管道中心长度，以"m"为计量单位，不扣除阀门、管件及各种组件所占长度。

②管道安装工程量，计算表达式如下：

$$管道安装计算工程量＝按设计图示尺寸计算长度$$
$$管道安装报价工程量＝管道安装计算工程量×（1＋管道损耗率）$$
$$室内螺纹或焊接连接的管道，损耗率可取 3.5\%。$$

4.2.2.2　报警装置及水喷淋头等安装工程量

（1）水喷头安装

水喷头用螺纹或法兰与喷水管道相连，按喷头安装方向，分下垂型、直立型、边墙型和普通型；按安装方式，分为吊顶式、无吊顶式；按结构类型，分为易熔合金锁片支撑型、双金属片型、玻璃球支撑型。目前应用最广泛的喷头是玻璃球支撑型，里面充满橙、红、黄、绿、蓝等色液体，表示不同的额定温度。

水喷头清单项目设置及工程量计算规则如表 4-2 所示。

表 4-2　水喷头安装

项 目 编 码	项 目 名 称	项 目 特 征	计 量 单 位	工程量计算规则
030901003	水喷淋喷头	1. 有吊顶、无吊顶 2. 材质 3. 型号、规格	个	按设计图示数量计算

清单项目工作内容：安装；封闭性试验。

①定额说明

a. 水喷头用专用工具安装后与系统同时作密闭性试验，达到设计及验收规范要求为合格。

b. 喷头、报警装置及水流指示器安装均是按管网系统试压、冲洗合格后安装考虑的，已包括丝堵、临时短管的安装、拆除及其摊销。

②工程量计算规则　水喷头安装按有吊顶、无吊顶分别以"个"为计量单位计量。

（2）报警装置安装

报警装置也称"报警阀"，它是自动喷水灭火系统中的重要组成设备，平时可作为检修、测试系统可靠性的装置。报警装置成套供应，现今有以下几种类型：湿式报警装置、干湿两用报警装置、电动雨淋报警装置、预作用报警装置等，以湿式报警装置最为常用。

报警装置清单项目设置及工程量计算规则如表 4-3 所示。

表 4-3 报警装置安装

项目编码	项目名称	项目特征	计量单位	工程量计算规则
030901004	报警装置	名称、型号、规格	组	按设计图示数量计算

①定额说明

a. 湿式报警装置每组组成：湿式阀、蝶阀、装配管、供水压力表、装置压力表、试验阀、泄放试验阀、泄放试验管、试验管流量计、过滤器、延时器、水力警铃、报警截止阀、漏斗、压力开关等。

b. 其他报警装置包括：干湿两用报警装置、电动雨淋报警装置、预作用报警装置，与湿式报警装置相比，除主体阀各不相同外，其他部件大致相似，安装工作也相同。

②工程量计算规则　报警装置安装按成套产品以"组"为计量单位。

（3）水流指示器、减压孔板安装

水流指示器是水灭火系统组件之一，安装在水平管道上。当喷头喷水时，指示器传出电信号，传至消防中心的控制箱进行报警，可启动报警阀供水灭火。

减压孔板用来调整流体压力至需要压力的管道附件，故又称调压板。以铝合金或不锈钢制成。安装每个减压板，包括一副平板法兰安装。

水流指示器、减压孔板的清单项目设置及工程量计算规则如表 4-4 所示。

表 4-4　水流指示器、减压孔板安装

项目编码	项目名称	项目特征	计量单位	工程量计算规则
030901006	水流指示器	型号、规格	个	按设计图示数量计算
030901007	减压孔板	规格		

工程量计算规则：水流指示器、减压孔板安装按不同规格以"个"为计量单位。

（4）末端试水装置安装

末端试水装置用于对水灭火系统功能的检验与测试，以及维修和检查之用。喷水灭火系统是一个完整的系统，不便拆开水流指示器或喷水头进行系统喷水的检验与调试，所以在系统末端设置一个专用的试水装置。

末端试水装置清单项目设置及工程量计算规则如表 4-5 所示。

表 4-5　末端试水装置安装

项目编码	项目名称	项目特征	计量单位	工程量计算规则
030901008	末端试水装置	规格、组装形式	组	按设计图示数量计算

①定额说明　末端试水装置，每组包括连接管、压力表、控制阀、排水管及水漏斗等组件。

②工程量计算规则　末端试水装置按不同规格以"组"为计量单位。

4.2.2.3　消火栓及水泵接合器等安装工程量

（1）消火栓安装

一般建筑物都设置消火栓系统。10 层及以上的高层建筑，不能以消防车直接灭火，失火时以"自救"为主，其自救设备主要是消火栓。所以高层建筑除了设置自动喷水灭火系统外，还必须设置消火栓系统。消火栓分室内与室外消火栓，可分为单出口和双出口；还有可旋转型消火栓等。

消火栓安装清单项目设置及工程量计算规则如表 4-6 所示。

表 4-6　消火栓安装

项 目 编 码	项 目 名 称	项 目 特 征	计 量 单 位	工程量计算规则
030901010	消火栓	安装部位（室内、室外）型号、规格、单栓、双栓	套	按设计图示数量计算

①定额说明

a. 室内消火栓安装分明装、暗装、半暗装。类型分单出口、双出口。单出口每套组成：单出口消火栓、水龙带架、苎麻质水龙带 20m、消火栓接口、水枪一支、消火栓箱体、消防按钮等，成套供应。

b. 室外消火栓，成组供应。按安装形式分地上式、地下式两类；按压力分 1.0MPa 及 1.6MPa；按埋设深浅分为浅型或深型。地上式消火栓每组包括：消火栓本体、法兰接管、弯管带底座；地下式消火栓每组包括：消火栓本体、法兰接管、弯管带底座或消火栓三通。

②工程量计算规则

a. 室内消火栓，区分单栓和双栓均按成套产品以"套"为计量单位，所带的消防按钮的安装另行计算。

b. 室外消火栓区分不同规格、工作压力和覆土深度以"套"为计量单位。

（2）消防水泵接合器安装

消防水泵接合器是消防补水应急装置，当消防水量不足时，消防车可以连接水泵接合器补充水源。

消防水泵接合器安装清单项目设置及工程量计算规则如表 4-7 所示。

表 4-7　消防水泵接合器安装

项 目 编 码	项 目 名 称	项 目 特 征	计 量 单 位	工程量计算规则
030901012	消防水泵接合器	安装部位、型号、规格	套	按设计图示数量计算

①定额说明　消防水泵接合器分地上式、地下式和墙壁式。每套包括接合器本体、止回阀、安全阀、闸阀、弯管带底座、放水阀、标牌等。

②工程量计算规则　消防水泵接合器安装区分不同安装方式和规格，均按成套产品以"套"为计量单位。如设计要求用短管时，其本身价值可另行计算。

4.3　消防工程计量与计价实例

4.3.1　前言

消防系统是给水系统中最复杂的部分，尤其是自动喷水灭火系统，其管道复杂，配件、附件、设备繁多，准确地计量和计价是进行招投标及施工图预算的关键。

准确地计算工程量及合理地报价，要做到以下几点。

（1）准确计算工程量

工程量是立项的基础。①熟悉各专业工程项目，即子目（划分、计算规则、工作内容等）；②确定详细的计算思路；③选择合理的计算方法。计算方法有手算法和电算法。手算法一般是手工列项、计算，测量各项目工程量，可借助 Excel 表格、图表等来完成工程量统计；电算法是借助工具软件完成工程量的计算。手算法是最基本的方法，最能体现造价人员的基本功。目前，大部分安装工程计量软件在某些工程量的计算中还存在很多不便之处，所以手算是必须要掌握的一种方法。无论手算还是电算，都应有好的"思路"，否则造成计算混乱，贻误工作。特别是盲目使用软件，思路不清晰，会造成计算结果的错误。

（2）消耗量的确定

消耗量是计量的基础，是报价人生产管理水平的体现。报价人应该用企业的生产消耗量定额，或用地方定额，或用全国统一定额来确定消耗量，可根据工程要求选用。

（3）单价的确定

单价是工程计价的根本，也是报价人生产管理水平的体现。确定材料、设备、元件等单价，以及电气工程单位产品的价格，可用企业成本库的单价，或者向市场询价，或者用建设工程造价站发布的指导价，或者选用地区定额单价，或者双方合同确定的单价。

（4）工程造价的编制

工程造价从市场角度，有预算价、招标价、投标价及合同价等，简述如下：

①招标控制价 清单招标淡化标底。控制价是招标人的期望价，表达式为：

$$控制价＝分部分项工程费＋措施项目费＋其他项目费＋规费$$

②投标价 投标人的期望价，编制的方法很多，如：

$$定额模式的报价：报价＝施工图预算＋企业管理情况＋市场竞争情况$$

$$成本方法报价：报价＝成本＋利润＋税金$$

清单模式报价：

$$报价＝分部分项工程费＋措施项目费＋其他项目费＋规费＋利润＋税金＋风险费$$

$$或者，报价＝\sum 清单工程量 \times 综合单价$$

③合同价 是招标方和投标方共同确认的工程造价。

4.3.2 工程量清单及清单计价编制实例

（1）工程概况

①大连某大学教师单身公寓，建筑物地上六层，建筑面积 $3257.04m^2$，层高 3.3m，总高度为 20.9m。该工程结构形式为框架结构，外墙为 240mm 厚页岩空心砖，内墙为 180mm、120mm 厚页岩空心砖。

②本工程电给排水专业设计范围。本工程设有生活给水系统、排水系统、消火栓系统（图 4-1～图 4-3）。

③室外消防系统为低压制，由室外消火栓管网上的室外消火栓解决。室内消防水量 15L/s，持续时间 2h；消火栓用水由消防泵房内的消防泵统一供给，火灾初期消防用水水量、水压由设在图书馆顶的消防水箱保证。

④室内设专用消火栓管道，消火栓系统工作压力为 0.46MPa。

⑤消火栓设备。单栓消火栓箱采用 SG24A50（65）-P 甲型消火栓箱，箱内配 DN65 消火栓 1 个，设启泵按钮，长 25m，DN65 衬胶龙带 1 条，DN19 水枪 1 支。

⑥消火栓管道采用镀锌钢管，焊接连接；阀门及需拆卸部位采用法兰连接。

消防管道上的阀门采用工作压力 1.0MPa 的蝶阀，应有明显的启闭标志。

室内消防系统在与室外管道连接前，必须将室外管道冲洗干净，其冲洗强度应达到消防时的最大设计流量。

消火栓管道的试验压力为 1.0MPa，试验压力保持 2h 无明显渗漏为合格。

消火栓管道明装刷银粉两遍。

（2）消火栓系统工程量计算

本室内消火栓工程可划分成若干个清单安装项目，如下：

①镀锌钢管；②消火栓；③阀门；④钢套管；⑤管道粉刷；⑥管道冲洗。

消火栓工程量计算表见表 4-8。

表 4-8　消火栓工程工程量计算表

工程名称：教师公寓　　消火栓工程

序号	分部分项工程名称	计算式及说明	单位	数量
1	消防引入管 DN100	1.5(室内外界限)+0.31(墙厚)+(2.7+2.3)(竖向)+(2.24+8.2)(水平)=17.25 1.5(室内外界限)+0.31(墙厚)+(2.7+2.3)(竖向)+(1.25+10.24)(水平)=18.3　合计:35.55	m	35.55
2	消防干管 DN100 底层和顶层敷设	2.12+1.88+0.84×2+3.32+6.08+38.02×2=91.12 2.36+1.32×2+3.8+35.56=44.36　合计:135.48	m	135.48
3	消防立管 DN100	(19.2−2.7)×4=66.0	m	66.0
	镀锌钢管 DN100 汇总	237.03	m	237.03
4	消防支管 DN70	1.7×3+1×2=7.1,一层及顶层敷设	m	7.1
5	室内消火栓	25(每层设置)	套	25
6	试验消火栓	1(顶层设置)	套	1
7	蝶阀 DN100	15	个	15
8	蝶阀 DN70	1	个	1
9	止回阀 DN100	3	个	3
10	安全阀 DN100	1	个	1
11	截止阀 DN70	1	个	1
12	压力水表 DN70	1	个	1
13	水泵接合器	1	套	1
14	钢套管 DN150(DN100)	4×5+2=22	个	22
15	钢套管 DN100(DN70)	2	个	2
16	镀锌钢管(刷银粉两遍)	0.358×237.03+0.237×7.1=86.54	m²	86.54
17	管道支架	(237.03/3)×1.98+(7.1/3)×1.19=159.26	kg	159.26
	管道冲洗	237.03+7.1=244.13	m	244.13

（3）消火栓系统工程量清单编制

消火栓工程工程量清单如表 4-9 所示。

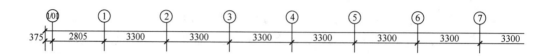

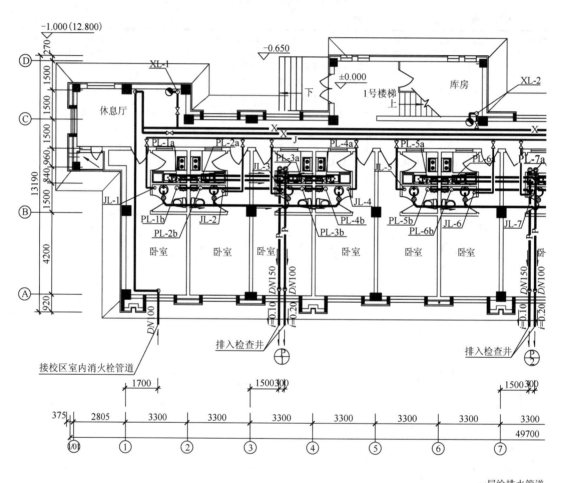

一层给排水管道

图4-1 一层给排

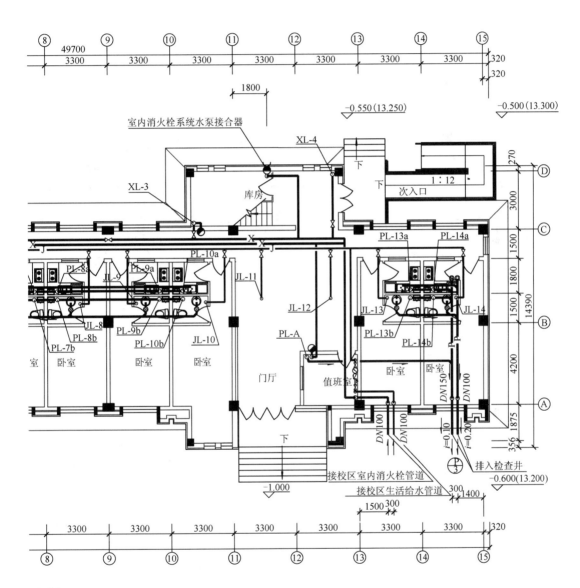

平面图 1：100

水管道平面图

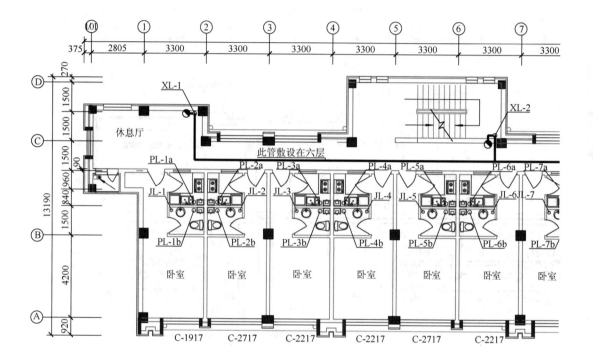

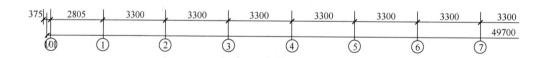

三~六层给排水管

图4-2 三~六层给

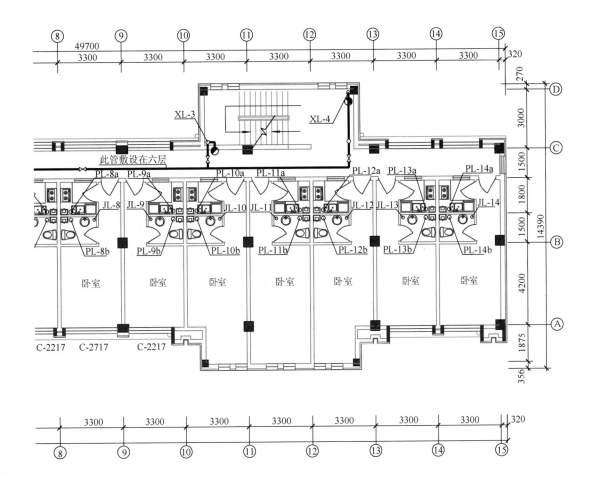

道平面图1∶100

排水管道平面图

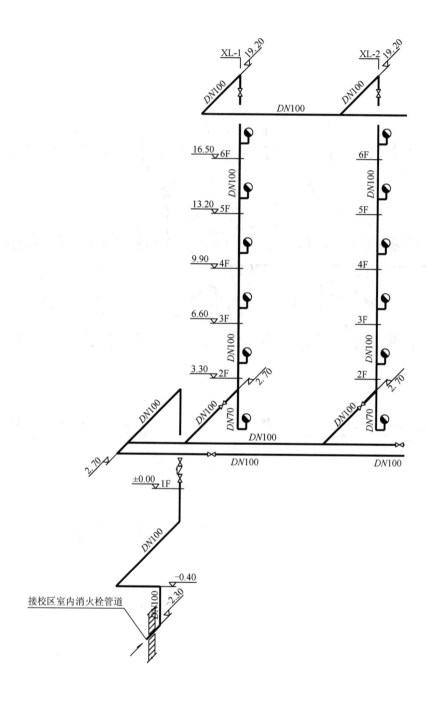

图4-3 室内消火栓

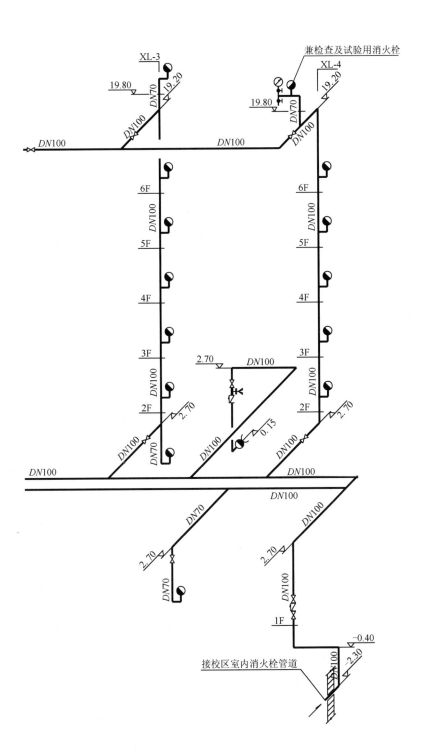

给水管道系统图

表 4-9 消火栓工程工程量清单

工程名称：教师公寓　　消火栓工程

项 目 编 码	项 目 名 称	计量单位	工程数量
030901002001	消火栓镀锌钢管 *DN*100	m	237.03
030901002002	消火栓镀锌钢管 *DN*70	m	7.1
0301003003001	法兰阀门蝶阀 *DN*100	个	15
0301003003002	法兰阀门止回阀 *DN*100	个	3
0301003003003	法兰阀门安全阀 *DN*100	个	1
0301003003004	法兰阀门蝶阀 *DN*70	个	1
0301003003005	法兰阀门截止阀 *DN*70	个	1
030901010001	室内消火栓	套	26
030901008001	末端试水装置 压力仪表	组	1
030901012001	消防水泵接合器	套	1
0301002001001	管道支架制作、安装	kg	159.26
0301002003001	钢套管安装 *DN*150	个	22
0301002003002	钢套管安装 *DN*100	个	2
0301202002001	管道刷银粉两遍	m²	86.54

（4）消火栓工程工程量清单计价表

①消火栓工程工程量清单计价表如表 4-10 所示。

表 4-10 消火栓工程工程量清单计价表

工程名称：教师公寓　　消火栓工程

项 目 编 码	项 目 名 称	工程量		金额/元		其中	
		单位	数量	综合单价/元	合价	人工费计费基数	
030901002001	消火栓镀锌钢管 *DN*100	m	237.03	68.62	16265.00	1097.58	
030901002002	消火栓镀锌钢管 *DN*70	m	7.1	43.49	308.78	23.79	
0301003003001	法兰阀门蝶阀 *DN*100	个	15	436.06	6540.9	508.65	
0301003003002	法兰阀门止回阀 *DN*100	个	3	483.7	1451.1	101.73	
0301003003003	法兰阀门安全阀 *DN*100	个	1	693.06	693.06	33.91	
0301003003004	法兰阀门蝶阀 *DN*70	个	1	334.66	334.66	27.33	
0301003003005	法兰阀门截止阀 *DN*70	个	1	470.96	470.96	27.33	
03090100001	室内消火栓	套	26	122.76	3190.72	891.02	
030901008001	末端试水装置 压力仪表	组	1	318.56	318.56	60.13	
030901012001	消防水泵接合器	套	1	814.84	814.84	87.08	
031002001001	管道支架制作、安装	kg	159.26	11.9	1895.19	516.00	
031002003001	钢套管安装 *DN*150	个	22	13.21	290.62	147.40	
031002003002	钢套管安装 *DN*100	个	2	9.68	19.36	9.04	
031202002001	管道刷银粉第一遍	m²	86.54	30.42	2632.55	1146.78	
031202002002	管道刷银粉第二遍	m²	86.54	28.04	2426.58	1146.78	
合计					37652.88	5797.22	

②措施项目清单计价表如表 4-11 所示。

表 4-11 措施项目清单计价表

工程名称：教师公寓　　消火栓工程

序号	项 目 名 称	计 算 基 础	费率/%	金额/元
1	安全文明施工费	人工费＋机械费	15.28	885.82
2	夜间施工增加费	人工费＋机械费		
3	二次搬运费	人工费＋机械费		
4	冬雨季施工费	人工费＋机械费	7.06	413.36
5	材料试验费	人工费＋机械费	4	
6	已完成工程及设备保护费	人工费＋机械费	4	
7	脚手架搭拆费	人工费＋机械费	4	
	合　计			1299.18

③规费、税金项目清单计价表如表 4-12 所示。

表 4-12 规费、税金项目清单计价表

工程名称：教师公寓　　消火栓工程

序号	项 目 名 称	计 算 基 础	费率/%	金额/元
1	规费	1.1＋1.2＋1.3＋1.4		1992.54
1.1	工程排污费			
1.2	社会保障费	1.2.1＋1.2.2＋1.2.3＋1.2.4＋1.2.5		1518.32
1.2.1	养老保险费	人工费	16.36	948.44
1.2.2	失业保险费	人工费	1.64	95.08
1.2.3	医疗保险费	人工费	6.55	379.72
1.2.4	工伤保险费	人工费	0.82	47.54
1.2.5	生育保险费	人工费	0.82	47.54
1.3	住房公积金	人工费	8.18	474.22
1.4	危险作业意外伤害保险			
1.5	人工费动态调整			
1.6	税金	分部分项工程费＋措施项目费＋其他项目费＋规费＋人工调整费(40944.60)	11	4503.91

（5）设计图纸

④消火栓单位工程费用表，如表 4-13 所示。

表 4-13　消火栓单位工程费用表

序号	单项工程名称	取费说明	金额/元	其中:暂估价/元
1	分部分项工程		37652.88	
2	措施项目		1299.18	
3	其他项目			
4	规费		1992.54	
5	人工费动态调整			
6	不含税工程造价	分部分项工程费＋措施费＋其他费＋规费＋人工费动态调整	40944.60	
7	税金		4503.91	
8	含税工程造价	不含税工程造价＋税金	45448.51	
招标控制价/投标报价合计		1＋2＋3＋4＋6＋7	45448.51	0

本 章 小 结

消防系统是防火和灭火的组合。根据灭火剂不同，有水、气体、干粉及泡沫灭火系统，最常用的是水灭火系统。这几种灭火系统一般由管网、报警装置、指示器、喷头、水泵或者贮罐等装置和控制设备等组成。本章主要讲述了水灭火系统的基础知识及水灭火系统工程量计算与计价的规则和方法。要做好消防系统工程量计算，应注意以下几点：

①读懂施工图，包括消防平面布置图和系统图；

②平面图和系统图相互对照，明确各管道和设备在建筑物内平面及空间的布置、走向及安装方式；

③以引入管为起点，逐一系统逐一管路依序计算工程量，然后汇总，再排序"立项"，选用定额，分析单价，计算总价。

思考与练习

1. 水灭火系统、气体灭火系统管网安装均有自己的定额子目，泡沫灭火系统、干粉灭火系统的管网安装没有定额子目，用什么定额子目来计算？

2. 水灭火管网、气体灭火管网、干粉灭火管网以及泡沫灭火管网安装，定额均包括强度试验、严密性试验及水冲洗内容吗？请分别说明。

3. 哪些工程需要涉及自动喷水灭火系统的安装？

第5章

电气设备安装工程计量与计价

学习重点：本章主要包括电气设备安装工程的基础知识，电气照明工程及防雷与接地各组成部分详解，电气设备安装工程计量与计价的定额说明及计算规则，并引入了电气设备安装工程计量与计价实例等内容。重点是通过电气设备安装工程的实例，掌握电气工程计量与计价的方法和技巧。

学习目标：通过本章的学习，可以了解电气设备安装工程的内容，熟悉电气设备安装工程造价的计算方法及费用组成，并掌握电气设备安装工程计价定额的正确使用。

5.1 电气设备安装工程基础知识

5.1.1 建筑电气的分类

建筑电气是建筑工程重要组成部分。一般以电压高低为依据，将建筑电气分为强电和弱电。强电一般是电压在110V以上，弱电电压在36V以下。这种划分方式不完全合理，其实，"强弱电"的根本区别，在于电是被用来作为"能量"还是被用来作为"信号"。不管电压等级多低，只要是传输能量的电就属于强电，其特点是电压高、电流大、功率大、频率低，主要考虑的问题是减少损耗、提高效率；而不论电压等级多高，只要是传输信号的电，就属于弱电，其特点是电压低、电流小、功率小、频率高，主要考虑的问题是信息传输的保真度和速率。

强电和弱电是俗称，工程上的强电一般包括供电、变配电、照明、防雷与接地；弱电包括电话、电视、通信、网络、消防、楼宇自动化等。比如一个智能化住宅小区设计的电气系统有：火灾报警及消防联动系统，安全防范系统（电视监控、入侵报警、门禁、楼宇对讲、停车管理），物业管理系统（三表远传、设备监控、广播系统、小区网络及信息服务、物业办公自动化）等。

5.1.2 电路基本知识

5.1.2.1 三相四线制和三相五线制

低压输电方式一般是三相四线制，采用三根相线加零线供电，零线由变压器中性点引出并接地，电压为 380V/220V，取任意一根相线加零线构成 220V 供电线路，供一般家庭用；三根相线间电压为 380V，一般供电机使用。在三相四线制供电系统中，把零线的两个作用分开，即一根线做工作零线（N），另外用一根线专做保护零线（PE），这样的供电接线方式称为三相五线制。三相五线制比三相四线制多一根地线，用于安全要求较高、设备要求统一接地的场所。

5.1.2.2 工程供电的基本方式

建筑工程供电使用的基本供电系统有三相三线制/三相四线制等，包括 TT 系统、TN 系统、IT 系统，其中 TN 系统又分为 TN-C、TN-S、TN-C-S 系统。分述如下：

（1）TT 方式供电系统

TT 方式是指将电气设备的金属外壳直接接地的保护系统，称为保护接地系统，也称 TT 系统。第一个符号 T 表示电力系统中性点直接接地；第二个符号 T 表示负载设备外露，不与带电体相接的金属导电部分与大地直接连接，而与系统如何接地无关。在 TT 系统中负载的所有接地均称为保护接地。这种供电系统的特点如下。

①当电气设备的金属外壳带电（相线碰壳或设备绝缘损坏而漏电）时，由于有接地保护，可以大大减少触电的危险性。但是，低压断路器（自动开关）不一定能跳闸，造成漏电设备的外壳对地电压高于安全电压，属于危险电压。

②当漏电电流比较小时，即使有熔断器也不一定能熔断，所以还需要漏电保护器作保护，因此 TT 系统难以推广。

③TT 系统接地装置耗用钢材多，而且难以回收、费工时、费料。

（2）TN 方式供电系统

这种供电系统是将电气设备的金属外壳与工作零线相接的保护系统，称作接零保护系统，用 TN 表示。它的特点如下：

①一旦设备出现外壳带电，接零保护系统能将漏电电流上升为短路电流，这个电流很大，是 TT 系统的 5.3 倍，实际上就是单相对地短路故障，熔断器的熔丝会熔断，低压断路器的脱扣器会立即动作而跳闸，使故障设备断电，比较安全。

②TN 系统节省材料、工时，在我国和其他许多国家广泛得到应用，可见比 TN 系统优点多。TN 方式供电系统中，根据其保护零线是否与工作零线分开而划分为 TN-C 和 TN-S 等两种。

（3）TN-C 方式供电系统

它是用工作零线兼作接零保护线，可以称作保护中性线，可用 NPE 表示。

（4）TN-S 方式供电系统

它是把工作零线 N 和专用保护线 PE 严格分开的供电系统，TN-S 供电系统的特点如下：

①系统正常运行时，专用保护线上没有电流，只是工作零线上有不平衡电流。PE 线对地没有电压，所以电气设备金属外壳接零保护是接在专用的保护线 PE 上，安全可靠。

②工作零线只用作单相照明负载回路。

③专用保护线 PE 不许断线，也不许进入漏电开关。

④干线上使用漏电保护器，工作零线不得有重复接地，而 PE 线有重复接地，但是不经过漏电保护器，所以 TN-S 系统供电干线上也可以安装漏电保护器。

⑤ TN-S 方式供电系统安全可靠，适用于工业与民用建筑等低压供电系统。在建筑工程

开工前的"三开通一平"（电通、水通、路通和地平）必须采用 TN-S 方式供电系统。

（5）TN-C-S 方式供电系统

在建筑施工临时供电中，如果前部分是 TN-C 方式供电，而施工规范规定施工现场必须采用 TN-S 方式供电系统，则可以在系统后部分现场总配电箱分出 PE 线，TN-C-S 系统的特点如下：

①工作零线 N 与专用保护线 PE 相联通。

②PE 线在任何情况下都不能进入漏电保护器，因为线路末端的漏电保护器动作会使前级漏电保护器跳闸造成大范围停电。

③对 PE 线除了在总箱处必须和 N 线相接以外，其他各分箱处均不得把 N 线和 PE 线相连，PE 线上不许安装开关和熔断器，也不得用大地兼作 PE 线。

通过上述分析，TN-C-S 供电系统是在 TN-C 系统上临时变通的做法。当三相电力变压器工作接地情况良好、三相负载比较平衡时，TN-C-S 系统在施工用电实践中效果还是可行的。但是，在三相负载不平衡、建筑施工工地有专用的电力变压器时，必须采用 TN-S 方式供电系统。

在三相四线制供电中，由于三相负载不平衡时和低压电网的零线过长且阻抗过大时，零线将有零序电流通过，过长的低压电网，由于环境恶化，导线老化、受潮等因素，导线的漏电电流通过零线形成闭合回路，致使零线也带一定的电位，这对安全运行十分不利。如采用三相五线制供电方式，用电设备上所连接的工作零线 N 和保护零线 PE 是分别敷设的，工作零线上的电位不能传递到用电设备的外壳上，这样就能有效隔离三相四线制供电方式所造成的危险电压，使用电设备外壳上电位始终处在"地"电位，从而消除了设备产生危险电压的隐患。

从线路的性质上来说，火线（相线）是提供能源的线路，零线是单相电路中，给提供能源的线路一条电流回路（和相线形成电流通道）的线路，地线是作为保护电气设备、防止漏电而发生事故的一条"非正常"电流通道。这三条线，正常工作时，由相线（某一个单位时间内）提供电流，经过用电设备（负载）后由零线回到电源端；正常情况下，地线是没有任何电流通过的。所以从性质上来看，这三条线路中的零线和地线，是不允许"并用"或合用的。"PE"即英文"protecting earthing"的缩写，意为是"保护导体、保护接地"。"N"即英文"neutral point"意为"中性点、零压点"。

5.1.2.3 漏电保护器的工作原理

如果有人体触摸到电源的线端即火线，或电气设备内部漏电，这时电流从火线通过人体或电气设备外壳流入大地，而不流经零线，火线和零线的电流就会不相等，漏电保护器检测到这部分电流差别后立刻跳闸保护人身和电器的安全，一般这个差流是在几十毫安。判定是否漏电的原理依据是：流进和流出开关的电流必须相等，否则就判定为漏电。当漏电电流达到和超过一定的程度时，产生保护动作——跳闸。

5.2 建筑电气的各组成详解

5.2.1 电气照明系统

建筑电气照明工程是指利用电气设备将电能转换为光能以达到人工照明的目的，在建筑物内创造一个明亮的环境，满足生产、工作和生活的需要。根据用途不同，主要有正常照明、事故照明、值班照明、障碍照明和装饰照明。正常照明是指在自然采光不足之处或夜间，提供必要的照度，满足人们的视觉要求；事故照明是当正常照明因事故中断时，供暂时继续工作和人员疏散的照明；值班照明是指在重要场所如值班室、警卫室所设的照明；障碍照明是装设在高大建筑物的顶部，作为飞行障碍标志的照明；装饰照明是设置在建筑物轮廓线上，用来显示建筑物艺术效果，增添节日气氛的照明。

建筑室内照明系统一般由变配电设施通过线路连接各用电器具组成一个完整的照明供电系统，由电源（市供交流电源、自备发电机或蓄电池组）、导线、控制和保护设备（开关和熔断器）以及用电设备（各种照明灯具）所组成。主要内容有：进户装置、总配电箱、干线、分配电箱、支线和用电设备（开关、插座、电扇等）等。

（1）进户装置

室内供电系统的电源是从室外低压配电线路上接线入户的。进户的方式有两种：低压架空进线和电缆埋地进线。接入电源按进线方式有三相四线制、三相五线制和单相二线制等形式，其中从变压器至建筑物多采用三相四线制的形式。

（2）配电箱（柜）

配电箱（柜）在电气照明系统中起的作用是分配和控制各支路的电能，并保障电气系统安全运行。在低压配电系统中，通常配电箱是指墙上安装的小型动力或照明配电设备；配电柜或开关柜指落地安装的体型较大的动力或照明配电设备。配电箱（柜）设有的低压电气元件有电表、控制开关、熔断器和漏电保护开关等。

①配电箱的类型

a. 按作用分为动力配电箱（AP）、照明配电箱（AL）；

b. 按控制范围分为总配电箱、楼层配电箱、房间配电箱；

c. 按产品生产方式分为定型产品、非定型产品；

d. 按安装方式分为明装、暗装和落地式安装。

②照明配电箱和电表箱　照明配电箱内安装的控制设备一般为断路器（空气开关）或带漏电保护的断路器。电表箱内装有断路器和电表，箱体内根据装设电表的数量不同，称谓也不同，如"三表箱"指箱体内装设 3 块电表。一般情况下，明装配电箱安装高度箱底面距地1.2m，暗装配电箱距地 1.4m。

③动力配电箱　动力配电箱将一、二级电路的开关设备、操纵机构、保护设备、电度表、监测仪表及变压器和母线等按照一定的线路方案组装在一个配电箱中，供一条线路的控制、保护使用。动力配电箱的类型可分为双电源箱、配电用动力箱、控制电机用动力箱、插座箱、补偿柜、高层住宅专用配电柜等。在箱内多设铜质或铝制母排，通过铜质或铝制接线端子与断路器连接。

（3）照明供电配电线路

照明供电配电线路需要构成回路，为此每个用电器具的配线都是由相线和零线构成一个闭合回路。配电线路的敷设有明设和暗设。

明设是将导线敷设在看得见的部位，是在建筑物全部完工以后进行的，将导线放置在线管、线槽等保护体内，敷设于墙壁、顶棚的表面及桁架、支架等处。明敷有几种方法：瓷珠、瓷夹、瓷瓶（绝缘子）明敷；塑料卡、铝卡、金属卡明敷。

暗设是将导线放置在线管、线槽中，敷设于墙壁、顶棚、地坪及楼板内，是建筑物内导线敷设的主要方式。导线暗敷设应与土建施工同步进行，在施工过程要把各种线缆保护管和预埋件置于建筑结构中，主体完工后再完成导线敷设工作。线缆保护管最常用的有焊接钢管、电线管和 PVC 塑料管三种。对于电缆和电线一般按下列方式敷设：

①电缆敷设　电缆主要是指电力进户线路、配电设备之间一种连接。电力进户线中电缆的敷设通常采用直埋敷设、穿管敷设、电缆沟敷设、桥架敷设等方式；配电设备之间相互连接的电缆敷设通常采用穿管敷设、竖井敷设、桥架敷设等方式。

②管线敷设　管线敷设是指由配电箱到各用电器具的供电和控制线路的安装，一般有明配管和暗配管两种方式。明配管是用固定卡子将管子固定在墙、柱、梁、顶板等结构上。暗配管是将电缆保护管预埋在墙、板、梁、柱内。

（4）灯具

照明按用途可分为：一般照明，如教室内照明；装饰照明，如酒店、宾馆大厅照明；局部照明，如卫生间镜前灯照明和楼梯间照明及事故照明。照明采用的电源电压为 220V，事故照明一般采用的电压为 36V。

照明按电光源可分为两类：一种是热辐射光源，包括白炽灯、碘钨灯等；另一种是气体光源，包括日光灯、钠灯、氙气灯等。

按照灯具的结构形式分为封闭式灯具、敞开式灯具、艺术灯具、弯脖灯、水下灯、路灯、高空标志灯等。

按安装方式分为吸顶式、嵌入式、吊装式、壁式等。

（5）开关、插座

开关、插座均由底盒与面板构成，安装方式有明装和暗装两种。底盒嵌入墙面仅有面板的，称为暗装；底盒和面板都安装在墙面的，称为明装。

①开关　开关按动作方式分拉线开关、扳把开关、按钮开关等；按开闭灯具要求有单联、双联、三联、四联、单控、双控等形式。开关安装一般距门框 15～20cm，距地面 1.4m。

②插座　插座是供随时接通用电器具的装置，按其安装方式有明装和暗装之分。形式有双孔、三孔、五孔等；插座又有单相和三相插座。插座的位置根据需要安装在离地面 0.4m、1.4m、1.8m 的位置或天棚上。

5.2.2　防雷与接地

防雷接地分为两个概念，一是防雷，防止因雷击而造成损害；二是静电接地，防止静电产生危害。雷电是一种常见的自然现象，对建筑物、电气设备和人身安全具有极大的危害。它的冲击电压能使电气线路及电气设备短路、停电、发生火灾、爆炸，甚至触电导致人畜伤亡等。根据电击的破坏性和特点，可将雷电分成四大类，即直击雷、感应雷、球形雷和雷电侵入波。

直击雷是指雷云直接对建筑物放电，其强大的雷电流通过建筑物流入大地，从而产生很大的热效应和机械效应，往往会引起火灾，建筑物崩塌和危及人身、设备安全。防雷装置的作用就是将雷击中的无序放电变成有序放电，即将雷电流按人的意志导入大地，使其不再形成危害。

（1）防雷系统组成

防止直击雷的系统通常由接闪器、引下线和接地装置组成。

①接闪器 其作用是接受雷电流，一般有避雷针、避雷带、避雷网三种形式。接闪器应镀锌，采用焊接时焊口处要做防腐处理。避雷针可用圆钢或钢管制成，圆钢直径在 12～20mm，钢管直径 20～25mm。避雷带和避雷网采用圆钢或扁钢制成，避雷带沿雷击率较大的屋角、屋槽、女儿墙和屋脊敷设，避雷带和避雷网用 6mm 镀锌圆钢将屋面分成 6m×6m 或 6m×10m 或 10m×10m 的方格，用专用支座将屋面的镀锌圆钢线网格支起，支座间距一般为 1000～1200mm。

②引下线 连接接闪器与接地装置的金属导体。一般采用圆钢或扁钢制成，引下线应镀锌，焊接处要做防腐处理。引下线沿建筑物外墙敷设，并以最短路径与接地装置连接。引下线也可暗敷，但截面要大一级。当建筑物钢筋混凝土内钢筋具有贯通性，且连接焊接符合规范要求时，竖向钢筋可作为引下线。实际上在多数钢筋混凝土建筑物中，都是利用其纵向结构钢筋作为引下线，当钢筋直径为 16mm 及以上时，利用两根钢筋（绑扎或焊接）作为一组引下线；当钢筋直径为 10mm 及以上时，利用四根钢筋（绑扎或焊接）作为一组引下线。横向的结构钢筋与引下线做可靠连接（绑扎或焊接）后，将其作为均压环。每根引下线处的冲击电阻不大于 5Ω。

③接地装置 接地体和接地线的总称，接地线为从引下线断接卡或换线处至接地体的连接导体。接地装置宜采用角钢、圆钢、钢管制成。水平埋设的接地体，采用扁钢、圆钢。接地体应镀锌，焊接处要做防腐处理，其埋设深度不小于 0.6m。建筑物基础内的钢筋亦可作为接地装置，与引下线一样，可以利用基础板或基础梁内钢筋作为接地装置。

（2）等电位联结

感应雷通常以电子粒的形式出现，会穿越建筑物附着在室内金属物表面。预防感应雷的措施是采用将室内金属物体连成一体并接地的办法来消除，这样就形成了等电位联结。另外，人们注意到，大量电气事故是由过大的电位差引起的，为防止过大的电位差而导致的种种电气事故，20 世纪 60 年代起，国际上推广等电位联结安全技术的应用，新建建筑物中基本上都采用了等电位联结来消除电位差。

等电位连接就是把建筑物内、附近的所有金属物，如混凝土内的钢筋、自来水管、煤气管及其他金属管道、机器基础金属物及其他大型的埋地金属物、电缆金属屏蔽层、电力系统的零线、建筑物的接地线统一用电气连接的方法连接起来（焊接或者可靠的导电连接），使整座建筑物成为一个良好的等电位体。等电位联结主要有下面两种形式：

①总等电位联结（MEB） 总等电位联结的作用是降低建筑物内不同金属部件之间的电位差，并消除自建筑物外经电气线路和各种金属管道引入的危险故障电压的危害。总等电位联结做法是通过每一进线配电箱近旁的总等电位联结母排将下列导电部分互相连通：进线配电箱的 PE（PEN）母排、公用设施金属管道，如上水、下水、热力、煤气等管道，如果可能，应包括建筑物金属结构，如果做了人工接地，也应包括接地引出线。建筑物每一电源进线都应做总等电位联结，各个总等电位联结端子板应相互连通。

②局部等电位联结（LEB） 局部等电位联结是在一局部范围内通过局部等电位联结端子板将下列部分用 6mm² 黄绿双色塑料铜芯线互相连通：柱内墙面侧钢筋、壁内和楼板中的钢筋网、金属结构、公用设施的金属管道、用电设备外壳（可不包括地漏、扶手、浴巾架、肥皂盒等孤立小物件）等。一般是在浴室、游泳池、喷水池、医院手术室、农牧场等场所采用。要求等电位联结端子板与等电位联结范围内的金属管道等金属末端之间的电阻不超过 3Ω。

（3）"地"的概念

"地"在电气上指电位等于零的点。所谓"接地"指电气设备的外露导电部分经由导体与大地相连，其目的是减小能同时接触的外露可导部分间的电位差，以利于安全。接地的种类主要有工作接地、防雷接地和保护接地等。

工作接地就是由电力系统运行需要而设置的（如中性点接地）接地，因此在正常情况下就会有电流长期流过接地电极，但是只是几安培到几十安培的不平衡电流。

防雷接地是为了消除过电压危险影响而设的接地，如避雷针、避雷线和避雷器的接地。防雷接地只是在雷电冲击的作用下才会有电流流过，流过防雷接地电极的雷电流幅值可达数十至上百千安培，但是持续时间很短。

保护接地是为了防止设备因绝缘损坏带电而危及人身安全所设的接地，如电力设备的金属外壳、钢筋混凝土杆和金属杆塔。保护接地只是在设备绝缘损坏的情况下才会有电流流过，其值可以在较大范围内变动。

接地电阻是电流由接地装置流入大地再经大地流向另一接地体或向远处扩散所遇到的电阻。接地电阻值体现电气装置与"地"接触的良好程度和反映接地网的规模。

5.2.3 建筑电气常用材料

建筑电气工程常用的材料有导线、变配电控制设备、灯具、小型电器等。

5.2.3.1 导线材料

（1）裸导线

无绝缘层的导线为裸导线，裸导线主要由铝、铜、钢等制成。它可分为圆线、绞线、软接线、型线等系列产品。

（2）绝缘导线

具有绝缘包层的电线称为绝缘导线。绝缘导线按线芯材料分为铜芯和铝芯；按线芯股数分为单股和多股；按结构分为单芯、双芯、多芯等；按绝缘材料分为橡皮绝缘导线和塑料绝缘导线。

常见绝缘导线的型号、名称和用途见表 5-1。

表 5-1 常用绝缘导线的型号、名称和用途

型　号	名　称	用　途
BX（BLX） BXF（BLXF） BXR	铜（铝）芯橡皮绝缘导线 铜（铝）芯氯丁橡皮绝缘导线 铜芯橡皮绝缘软线	适用于交流 500V 及以下，直流 1000V 及以下的电气设备及照明装置
BV（BLV） BVV（BLVV） BVVB（BLWB） BVR ZR-BV NH-BV	铜（铝）芯聚氯乙烯绝缘导线 铜（铝）芯聚氯乙烯绝缘聚氯乙烯护套圆形电导线 铜（铝）芯聚氯乙烯绝缘聚氯乙烯护套平型电导线 铜芯聚氯乙烯绝缘软线 阻燃铜芯塑料线 耐火铜芯塑料线	适用于交流 500V 及以下，直流 1000V 及以下的各种交流、直流电气装置，电工仪表、仪器，电信设备，动力及照明线路固定敷设

型　号	名　称	用　途
RV	铜芯聚氯乙烯绝缘软线	
RVB	铜芯聚氯乙烯绝缘平型软线	
RVS	铜芯聚氯乙烯绝缘绞型软线	适用于250V室内连接小型电器,移动或半移动敷设
RXS	铜芯橡皮绝缘棉纱编制绞型软线	
RX	铜芯橡皮绝缘棉纱编制圆型软线	

（3）电缆

电缆是一种多芯导线,即在一个绝缘软套内裹有多根相互绝缘的线芯。电缆的基本结构由线芯、绝缘层、保护层三部分组成。

电缆按导线材质可分为铜芯电缆、铝芯电缆;按用途分为电力电缆、控制电缆、通信电缆、其他电缆;按绝缘分为橡皮绝缘、油浸纸绝缘、塑料绝缘;按芯数可分为单芯、双芯、三芯及多芯。电缆型号和含义见表5-2。

表5-2　电缆型号和含义

性能	类别	电缆种类	线芯材料	内护层	外护层	
					第一数字	第二数字
ZR—阻燃	K—控制电缆	Z—纸绝缘	T—铜(略)	Q—铅护套	2—双钢带	1—纤维护套
NH—耐火	Y—移动软电缆	X—橡皮	L—铝	L—铝护套	3—细圆钢丝	2—聚氯乙烯护套
	P—信号电缆	V—聚氯乙烯		V—聚氯乙烯护套	4—粗圆钢丝	3—聚乙烯护套
	H—电话电缆	Y—聚乙烯		H—橡皮护套		
		YJ—交联聚乙烯		Y—聚乙烯护套		

①电力电缆　电力电缆是用来输送和分配大功率电能的导线。无铠装的电缆适用于室内、电缆沟内、电缆桥架内和穿管敷设;钢带铠装电缆适用于直埋敷设。常用电力电缆型号及名称见表5-3。

表5-3　常用电力电缆型号及名称

型号		名　称
铜芯	铝芯	
VV	VLV	聚氯乙烯绝缘　聚氯乙烯护套电力电缆
VV22	VLV22	聚氯乙烯绝缘　钢带铠装　聚氯乙烯护套电力电缆
ZR-VV	ZR-VLV	阻燃聚氯乙烯绝缘　聚氯乙烯护套电力电缆
ZR-VV22	ZR-VLV22	阻燃聚氯乙烯绝缘　钢带铠装　聚氯乙烯护套电力电缆
NH-VV	NH-VLV	耐火聚氯乙烯绝缘　聚氯乙烯护套电力电缆
NH-VV22	NH-VLV22	耐火聚氯乙烯绝缘　钢带铠装　聚氯乙烯护套电力电缆
YJV	YJLV	交联聚氯乙烯绝缘　聚氯乙烯护套电力电缆
YJV22	YJLV22	交联聚氯乙烯绝缘　钢带铠装　聚氯乙烯护套电力电缆

②预制分支电缆　预制分支电缆是由厂家按照电缆用户要求的主、分支电缆型号、规格、截面、长度及分支位置等指标,在制造电缆时直接从主干电缆上加工制作出带分支的电

缆，不用在现场加工制作分支接头和电缆绝缘穿刺线夹分支。预制分支电缆可以广泛应用在住宅楼、办公楼、写字楼、商贸楼、教学楼、科研楼等中、高层建筑物中，作为供、配电的主、干线电缆使用。

例如，预制分支电缆型号表示如下：YFD-ZR-VV-4×185＋1×95/4×35＋1×16，表示主干电缆为 4 芯 185mm² 和 1 芯 95mm² 的铜芯阻燃聚氯乙烯绝缘，聚氯乙烯护套电力电缆，分支为 4 芯 35mm² 和 1 芯 16mm² 的铜芯阻燃聚氯乙烯绝缘，聚氯乙烯护套电力电缆。

5.2.3.2　常用低压控制器和保护电器

低压电器指电压在 500V 以下的各种控制设备、继电器及保护设备等。工程中常用的低压电气设备有刀开关、熔断器、低压断路器、接触器、磁力启动器及各种继电器等。

（1）刀开关

刀开关是最简单的手动控制设备，其功能是手动接通电路。根据闸刀的构造，可分为胶盖刀开关和铁盖刀开关两种。如果按极数分有单极、双极、三极三种，每一种又有单投和双投之分。

（2）熔断器

熔断器是照明电路用作过载和短路保护的电器。它串联在线路中，当线路或电气设备发生短路或严重过载时，熔断器中的熔体首先熔断，使线路或电气设备脱离电源，起到保护作用，它是一种保护电器。具有结构简单、价格便宜、使用和维护方便、体积小巧等优点。

（3）低压断路器

低压断路器又称自动空气开关或自动开关，它的作用是：当电路发生短路、严重过载以及失压等危险故障时，低压断路器能够自动切断故障电路，有效地保护串接在它后面的电气设备。因此，低压断路器是低压配电网路中非常重要的一种保护电器。在正常条件下，也用低压电路器作不太频繁的接通和断开电路以及控制电动机。低压断路器具有操作安全、动作值可调整、分断能力较好、兼顾各种保护功能等优点而在电气工程中广泛使用。

常用的低压断路器有万能式（DW 系列）和塑壳式（DZ 系列）两种。新型号有 C 系列、S 系列、K 系列等。

（4）接触器

接触器也称电磁开关，它是利用电磁铁的吸力来控制触头动作的。接触器按其电流可分为直流接触器和交流接触器两类，在工程中常用交流接触器。

（5）磁力启动器

磁力启动器由接触器、按钮和继电器组成。热继电器是一种具有延时动作的过载保护器件，热敏元件通常为电阻丝或双金属片。磁力启动器具有接触器的一切特点，所不同的是磁力启动器中有的有热继电器保护，而且有的能控制正反转运行。

（6）继电器

继电器是一种电路控制器件，它具有控制系统和被控制系统，通常应用于自动控制电路中，它实际上是用较小的电流去控制较大电流的一种“自动开关”。在电路中起着自动调节、安全保护、转换电路等作用。继电器就是电磁铁吸合带动衔铁通过触点可以闭合或断开被控制的电路。当电磁铁的绕组中有电流通过时，衔铁被电磁铁吸引，因而就改变了触点的状态。继电器的基本功能就是实现电路的通/断。可以用很小的电流去控制其他电路的开和关，达到某种控制的目的。还能起到一定的隔离、安全作用。

（7）漏电保护器

漏电保护器，简称漏电开关，又叫漏电断路器，主要是用来在设备发生漏电故障时以及对人有致命危险时的人身触电保护，具有过载和短路保护功能，可用来保护线路或电动机的过载和短路，亦可在正常情况下作为线路的不频繁转换启动之用。漏电保护器安装在进户线的配电盘上或照明配电箱内，安装在电度表之后、熔断器之前。

5.2.3.3 开关柜、照明和动力箱

（1）低压开关柜

也称低压配电屏或柜，常直接设置在配电变压器低压侧作为配电主盘，有时也作为较重要负荷的配电分盘，一般要求安装在专用电气房间（配电室）或被相对阻隔的专门场地内。按结构形式的不同，可分为固定开启式和抽屉式两种。

（2）动力配电箱和照明配电箱

配电箱是配电系统的末级设备。配电箱是一个封闭或半封闭的金属柜，里面接有开关设备、测量仪表、保护电器和辅助设备等，是一种低压配电装置。

动力配电箱就近设置于建筑物和其他负载场地，直接向 500V 以下的工频交流用电设备供电。成套照明配电箱适用于工业与民用建筑在交流 50Hz、额定电压 500V 以下的照明和小动力控制回路中作线路的过载、短路保护以及线路的正常转换用。进户线进户后，先经总开关，然后再分支供给分路负荷。总开关、分支开关和熔断器、漏电保护器等均装在配电箱内。

5.3 电气设备安装工程计量与计价

安装预算的难点在于如何将图纸中的工程量正确地计算出来，这不但需要完整理解施工图，还必须了解施工规范、设计标准及施工技术等。可以说，学好水暖电预算，工程量计算是关键。能否正确套用定额，并进行必要的定额换算，则需对定额及实际工程作更深入的把握。

5.3.1 电气安装工程工程量清单设置

（1）强电安装清单设置

①变压器安装（编码：030401）；

②配电装置安装（编码：030402）；

③母线安装（编码：030403）；

④控制设备及低压电器安装（编码：030404）；

⑤电缆安装（编码：030408）；

⑥防雷及接地安装（编码：030409）；

⑦电气调整试验（编码：030411）；

⑧配管、配线（编码：030412）；

⑨照明器具安装（编码：030413）。

（2）弱电安装清单设置

①计算机应用，网络系统工程（编码：030501）；

②综合布线系统工程（编码：030502）；

③建筑设备自动化系统工程（编码：030503）；

④建筑信息综合管理系统工程（编码：030504）；

⑤有线电视、卫星接收系统工程（编码：030505）；

⑥音频、视频系统工程（编码：030506）；

⑦安全防范系统工程（编码：030507）。

5.3.2 电气设备安装工程计量与计价

5.3.2.1 变压器安装

变压器是利用电磁感应原理，将电力系统中的电压升高或降低，以利于电能的合理输送、分配和使用的一种设备。在建筑供配电系统中，可设置为变配电站、变配电室、变配电所等，通过变压器来实现变配电功能。电力变压器在建筑供配电系统中是中心设备，其类型很多，按冷却方式分为油浸式、干式（自冷），常用 SL 系列三相油浸自冷式或干式冷轧硅钢片铝线圈降压变压器。清单规范见表 5-4。

表 5-4 变压器安装（编码 030401）

项 目 编 码	项 目 名 称	项 目 特 征	计 量 单 位	工程量计算规则
030401001	油浸电力变压器	名称；型号；容量（kV·A）；电压（kV）；油过滤要求；干燥要求；基础型钢形式、规格；网门，保护门材质	台	按设计图示数量计算
030401002	干式变压器			

清单项目工作内容：①本体安装；②基础型钢制作、安装；③油过滤；④干燥；⑤接地；⑥网门及铁件制作、安装；⑦刷（喷）油漆。

（1）定额说明

①油浸电力变压器安装定额同样适用于自耦式变压器、带负荷调压变压器及并联电抗器的安装。电路变压器按同容量电力变压器定额乘以系数 2.0，整流变压器执行同容量电力变压器定额乘以系数 1.60。

②变压器的器身检查：4000kV·A 以下是按吊芯检查考虑，4000kV·A 以上是按吊钟罩考虑。如果 4000kV·A 以上的变压器需吊芯检查时，定额的机械台班乘以系数 2.0。

③干式变压器如果带有保护外罩时，定额的人工和机械乘以系数 2.0。

其余说明见《安装工程计价定额》第二册。

（2）工程量计算规则

①变压器安装，按不同容量以"台"为计量单位。

②干式变压器如果带有保护外罩时，其定额人工和机械乘以系数 2.0。

③变压器通过试验，判断绝缘受潮时才需要干燥，所以只有需要干燥的变压器才能计取此项费用（编制施工图预算时可列此项，工程结算时根据实际情况再做处理），以"台"为

计量单位。

④消弧线圈的干燥按同容量电力变压器干燥定额执行，以"台"为计量单位。

⑤变压器油过滤不论过滤多少次，直到过滤合格为止，以"t"为计量单位。

其余计算规则见《安装工程计价定额》第二册。

5.3.2.2 配电装置安装

配电装置是建筑物内接受和分配电能的用电场所，由母线、控制开关、保护电气、测量仪表和其他附属设备等组成。常用的控制开关有断路器、隔离开关、负荷开关三大类。将控制开关与保护电气、测量仪表等，可组成成套的配电室、配电柜、配电箱等配电装置。安装方式有户外式和户内式两种。清单规范见表 5-5。

表 5-5　配电装置安装（编码 030402）

项目编码	项目名称	项目特征	计量单位	工程量计算规则
030402001	油断路器	名称；型号；容量（A）；规格	台	按设计图示数量计算
030402002	真空断路器			
030402003	SF₆断路器			
030402004	空气断路器			
030402005	真空接触器			
030402006	隔离开关		组	
030402007	负荷开关			
030202017	高压成套配电柜	名称；型号；规格；母线设置方式；回路	台	按设计图示数量计算

（1）定额说明

①设备本体所需的油绝缘、六氟化硫气体、液压油等均按设备带有考虑。

②本设备安装定额不包括下列工作内容，另执行本册定额有关项目。

a. 端子箱安装；b. 设备支架制作及安装；c. 绝缘油过滤；d. 基础槽（角）钢安装。

③设备安装所需的地脚螺栓按土建预埋考虑，不包括二次灌浆。

其余说明见《安装工程计价定额》第二册。

（2）工程量计算规则

①断路器、电流互感器、电压互感器、油浸电抗器、电力电容器及电容器柜的安装，以"台（个）"为计量单位。

②隔离开关、负荷开关、熔断器、避雷器、干式电抗器的安装，以"组"为计量单位，每组按三项计算。

③高压设备安装定额均不包括绝缘台的安装，其工程量应按施工图设计执行相应定额。

④高压成套配电柜和箱式变电站的安装，以"台"为计量单位，均未包括基础槽钢、母线及引下线的配置安装。

⑤配电设备安装的支架、抱箍及延长轴、轴套、间隔板等，按施工图设计的需要量计算，执行本定额第四章"铁构件制作、安装及箱、盒制作安装定额"或按成品价格计算。

其余计算规则见《安装工程计价定额》第二册。

5.3.2.3 母线安装

在电力系统中，母线把配电装置中的各个载流分支回路连接在一起，起着汇集、分配和传送电能的作用。母线按外形和结构分为硬母线、软母线、封闭母线；按材质分为铜、铝、钢母线；按断面形状分为带（矩）形、槽形、管形、组合形；按安装方式分为矩形单片、叠合或组合。目前建筑物及工厂车间广泛应用低压封闭式插接母线。

带形母线因其散热条件好，集肤效应小，在容许发热温度下通过的允许工作电流大，故常用于建筑物变配电线路中。铜硬母线（铜排 TMY）、铝硬母线（铝排 LMY）、钢硬母线通常用于零母线和接地母线。

封闭式插接母线槽或插接母线具有容量大、体积小、安全可靠、不燃烧、装拆方便、寿命长等特点，广泛应用于高层建筑和公共设施等的三相四线制或三相五线制供配电线路中。插接母线槽体，由节段单元组成：始端母线槽、直通母线槽、弯曲型母线槽、变容母线槽、膨胀母线槽、终端封头、终端接线箱、插接箱、母线槽有关附件及紧固装置等。清单规范见表 5-6。

表 5-6 母线安装（编码 030403）

项 目 编 码	项 目 名 称	项 目 特 征	计 量 单 位	工程量计算规则
030403001	软母线	型号、规格、数量、材质等	m	按设计图示尺寸以单相长度计算（含预留长度）
030403002	组合软母线			
030403003	带形母线			
030402004	槽形母线			
030402006	低压封闭式插接母线槽	型号；容量（A）		按设计图示尺寸以中心线长度计算

清单项目工作内容：

带形母线：母线安装；穿通板制作、安装；支持绝缘子、穿墙套管的耐压试验、安装；引下线安装；伸缩节安装；过渡板安装；刷分相漆。

低压封闭式插接母线槽：母线安装；补刷（喷）油漆。

（1）定额说明

①本定额不包括支架、铁构件的制作、安装，发生时执行相应定额。

②软母线、带形母线、槽形母线的安装定额内不包括母线、金具、绝缘子等主材，具体可按设计数量加损耗计算。

③组合软导线安装项目不包括两端铁构件制作、安装和支持瓷瓶、带形母线的安装，发生时应执行相应定额。其跨距是按标准跨距综合考虑的，如实际跨距与本定额不符时不作换算。

④软母线的安装定额是按单串绝缘子考虑的，如设计为双串绝缘子，应为其定额的人工乘以系数 1.08。

⑤软母线的引下线、跳线、设备连接均按导线截面分别执行。不区分引下线、跳线和设备连接。

⑥带形母线安装执行铜母线安装定额。

其余说明见《安装工程计价定额》第二册。

（2）工程量计算规则

①悬垂绝缘子串安装，指垂直或 V 形安装的提挂导线、跳线、引下线、设备连接线或设备等所用的绝缘子串安装，按单、双串分别以"串"为计量单位。耐张绝缘子串的安装，已包括在软母线安装定额内。

②支持绝缘子安装分别按安装在户内、户外，单孔、双孔、四孔固定，以"个"为计量单位。

③穿墙套管安装不分水平、垂直安装，均以"个"为计量单位。

④软母线安装，指直接由耐张绝缘子串悬挂部分，按软母线截面大小分别"跨/三相"为计量单位。设计跨距不同时，不得调整。导线、绝缘子、线夹、弛度调节金具等均按施工图设计用量加定额规定的损耗率计算。

⑤软母线安装预留长度按表 5-7 的规定计算。

表 5-7　软母线安装预留长度　　　　　　　　　　　　　　　单位：m/根

项　　目	耐　　张	跳　　线	引下线、设备连接线
预留长度	2.5	0.8	0.6

⑥带形母线安装及带形母线引下线安装包括铜排、铝排，分别以不同截面和片数以"m/单相"为计量单位。母线和固定母线的金具均按设计量加损耗率计算。

⑦槽形母线安装以"m/单相"为计量单位。槽形母线与设备连接，分别以连接不同的设备以"台"为计量单位。槽形母线及固定槽形母线的金具按设计用量加损耗量计算。壳的大小尺寸以"m"为计量单位，长度按设计共箱母线的轴线长度计算。

变配电装置母线的工程量按下式计算：

母线计算工程量 $L=\sum$（母线各单相按图计算长度＋母线预留长度）×消耗量

母线报价工程量 $L=\sum$ 母线计算工程量×（1＋消耗量）

式中，母线制作安装损耗量可取 2.3%。预留长度见定额规定，或见表 5-8 所示。

⑧硬母线配置安装预留长度按表 5-8 的规定计算。

表 5-8　硬母线配置安装预留长度　　　　　　　　　　　　　单位：m/根

序　　号	项　　目	预留长度	说　　明
1	带形、槽形母线终端	0.3	从最后一个支点算起
2	带形、槽形母线与分支线连接	0.5	分支线预留
3	带形母线与设备连接	0.5	从设备端子接口算起
4	多片重型母线与设备连接	1.0	从设备端子接口算起
5	槽形母线与设备连接	0.5	从设备端子接口算起

其余计算规则见《安装工程计价定额》第二册。

5.3.2.4　控制设备及低压电气安装

控制设备一般称为低压配电装置，用于变电所、配电室和电力用户中，用来接受和分配电能，或遥控电气设备。一般以支架和面板为基本结构，做成柜、箱、屏、台等形式，集中装有控制开关、熔断器、测量仪器、信号和监督装置等的成套设备。

低压电器与高压电器名称相对，但额定电压不同。它有刀开关、自动开关、控制器、接触器、启动器、继电器、熔断器等电器。

①控制屏　为集中装有测量仪器、信号和监督装置及控制开关，遥控和显示电气设备或电力系统运行的成套设备。

②继电、信号屏　具有灯光、声响报警系统。

③模拟屏　利用可控制的电路来代替实体，了解实体本质及其变化规律的设备。

④低压开关柜　输电、配电及电能转换装置，其类型很多，有固定式、抽屉式。

⑤箱式配电室　用于变配电装置的低压配电。它按设计线路要求将配电设备（如控制、信号、配电等功能），依次组装在一个箱或者几个钢板制作的箱中，运输到现场直接装在基础上，用电缆作为进出线连接即成。它由一系列箱体组成，也称为"集装箱式配电室"。

⑥控制箱　一般挂墙、落地或在落地支架上安装，里面装有电源开关、保险器、继电器或接触器等装置，对指定设备进行控制。

⑦配电箱　专为供电用，按新标准规定分为电力配电箱和照明配电箱两种。

⑧插座箱　主要用于工业用电，工业用电安全性要求更高，而且插电种类也比较繁多，因此使用插座箱还是很有必要的。

⑨控制开关　用于隔离电源或通断电路。如刀型开关 HD、铁壳开关 HH、胶盖闸刀开关 HK 等。

⑩端子箱　在箱内装有相应的接线端子板，作为主线路与多条分线路传输电流、进行交接的接口设备，故称端子箱，也称线路分配箱或接线箱。应用非常广泛，用于工业与民用建筑，如动力、照明、通信、IT 等。用喷塑、喷漆钢板或不锈钢板制作箱体，根据需要在箱内安装不同类型的接线端子板。箱体可安装在室内、室外。室内可明装、暗装，明装有壁挂、支架、落地等方式。

⑪照明开关　也称开关面板，用于家庭、办公或公共场所照明线路的通、断，或改变电路的一种器件。以额定电流选择，其种类繁多，样式各异，与接线盒相配，有 86 型、118 型；按结构分跷板、板把、控线式；按防护分普通、防爆、防潮、防溅型；按极数分单极、双极；按控制分单控、双控、多控；按装配形式分单联、双联、多联；按安装分明装、暗装；按功能分定时、声光控制、红外感应、数字触摸、带指示灯、荧光灯等开关，以及具有保险、调光、控制电路三种功能的照明开关。接线方式"控火不控零"，安装位置距门框150～300mm，距地面 1.2～1.4m，拉线开关距地面 2.2～2.8m。

⑫插座　一般指电源插座，它是与插入式元器件（如插头、电子管、继电器等）相配接的连接器，以插入式接通电路。插座种类繁多，有民用、工业用；普通、防水、防爆；电源、电脑、电话、视频、音频；固定、移动；单插、排插、插座箱；双孔、三孔；明装、暗装；与接线盒相配，有 86 型、118 型。安装高度视功能和需要而定，因插接的用电器不同、场所不同，其安装高度也不同。清单规范见表5-9。

（1）定额说明

①本定额包括电气控制设备、低压电气的安装，盘、柜配线，焊（压）接线端子，穿通板制作安装，基础槽、角钢及各种铁构件、支架制作、安装。

②控制设备安装，除限位开关及水位电气信号装置外，其他均未包括支架制作安装。发生时执行相应定额。

③控制设备安装未包括的内容：a. 二次喷漆及喷字；b. 电器及设备干燥；c. 焊、压接线端子；d. 端子板外部（二次）接线。

其余说明见《安装工程计价定额》第二册。

表 5-9　控制设备与低压电器安装（编码 030404）

项目编码	项目名称	项目特征	计量单位	工程量计算规则
030404001	控制屏	名称；型号；规格	台	按设计图示数量计算
030404002	继电、信号屏			
030404003	模拟屏			
030404004	低压开关柜(屏)			
030404006	箱式配电室	名称；型号；规格；质量	套	
030404016	控制箱	名称；型号；规格	台	
030404017	配电箱			
030404019	控制开关	名称；型号；规格	个	
030404020	低压熔断器	名称；型号；规格	个	
030404021	限位开关			
030404032	端子箱	名称；型号；规格；安装部位	台	
030404034	照明开关	名称；型号；规格；安装方式	个	
030404035	插座			

（2）工程量计算规则

①控制设备及低压电器安装均以"台"为计量单位。以上设备安装均未包括基础槽钢、角钢的制作安装，其工程量应按相应定额另行计算。

②铁构件制作安装均按施工图设计尺寸，以成品重量"kg"为计量单位。

③盘柜配线分不同规格，以"m"为计量单位。

④盘、箱、柜的外部进出线预留长度按表 5-10 计算。

表 5-10　盘、箱、柜的外部进出线预留长度　　　　单位：m/根

项　　　目	预留长度	说　　　明
各种箱、柜、盘、板、盒	高+宽	盘面尺寸
单独安装的铁壳开关、自动开关、刀开关、启动器、箱式电阻器、变阻器	0.5	从安装对象中心算起
继电器、控制开关、信号灯、按钮、熔断器等小电器	0.3	从安装对象中心算起
分支接头	0.2	分支线预留

⑤焊（压）接线端子定额只适用于导线，电缆终端头制作安装定额中已包括压接线端子，不得重复计算。

⑥开关、按钮安装工程量，应区别开关、按钮安装形式，开关、按钮种类，开关极数以及单控与双控，以"套"为计量单位计算。

⑦插座安装的工程量，应区别电源相数、额定电流、插座安装形式、插座插孔个数，以"套"为计量单位计算。

其余计算规则见《安装工程计价定额》第二册。

5.3.2.5　电缆敷设安装

①电缆　由几根或几组导线（每组至少两根）绞合而成的类似绳索的电缆，每组导线之间相互绝缘，并常围绕着一根中心扭成，整个外面包有高度绝缘的覆盖层。按用途可分为电力电缆、控制电缆、通信电缆；按线芯材质分为铜芯、铝芯、光纤电缆；按电缆芯数分为单芯、多芯；按绝缘分为塑料、橡胶、纸绝缘；按保护层分为钢带、钢带铠装；还有阻燃、耐火、低烟无卤电缆等。

②电缆附件　终端接线盒、中间接线盒、连接管、接线端子、钢板接线槽，以及电缆桥架等。

③电力电缆　在输配电线电路中用以分配和传输电能。

④控制电缆　用于配电装置中仪表、电气控制电路的连接，或作为信号的传输线路。

⑤电缆头　电缆铺设好后，为了使其成为一个连续的线路，各段线必须连接为一个整体，这些连接点就称为电缆接头　电缆线路中间部位的电缆接头称为中间接头，而线路两末端的电缆接头称为终端头。它的主要作用是使线路通畅，使电缆保持密封，并保证电缆接头处的绝缘等级，使其安全可靠地运行。若是密封不良，不仅会漏油造成油浸纸干枯，而且潮气也会侵入电缆内部，使纸绝缘性能下降。按安装场所分为户内式和户外式；按制作方式分为热缩、冷缩、干包、浇注式；按线芯材料分铜芯和铝芯；按线芯数分为单芯、两芯、三芯、四芯及五芯。电力电缆头制作完毕后，必须通过检查及耐压试验才能验收。

⑥电缆保护管　电缆在穿墙入户或出户、引上或引下、或敷设在腐蚀潮湿的环境，都要穿保护管。保护管可用钢管、混凝土管、PVC 管、塑料管等制作安装，管内径不得小于电缆外径的 1.5 倍。

⑦电缆线槽　电缆桥架的一种结构形式。桥架按结构分为槽式、梯式、托盘式及组合式。其中电缆槽式也称槽盒，其横截面为槽形，加上盖板，称为槽盒。埋地安装，相当于电缆沟。清单规范见表 5-11。

表 5-11　电缆安装（编码 030408）

项目编码	项目名称	项目特征	计量单位	工程量计算规则
030408001	电力电缆	型号；规格；材质、敷设方式		按设计图示尺寸以单相长度计算
030408002	控制电缆		m	
030408003	电缆保护管	材质；规格		按设计图示尺寸以单相长度计算
030408004	电缆槽盒			
030408006	电缆终端头	型号；规格；材质	个	按设计图示数量计算
030408007	电缆中间头			

清单项目工作内容：

电力电缆：电缆敷设；揭（盖）板。

电缆头：电力电缆头制作；电力电缆头安装；接地。

保护管：保护管敷设。

(1) 定额说明

①电缆敷设定额适用于 10kV 以下的电力电缆和控制电缆敷设。

②电缆在一般山地、丘陵地区敷设时，其定额人工乘以系数 1.3。

③电缆敷设定额未考虑因波形敷设增加长度、弛度增加长度、电缆绕梁（柱）增加长度及电缆与设备连接、电缆接头等必要的预留长度，该增加长度应计入工程量之内。

④双屏蔽电缆头制作安装人工乘以系数1.05。

⑤电力电缆敷设项目均按三芯（包括三芯连地）考虑，五芯电力电缆敷设乘以系数1.3，六芯电力电缆乘以系数1.6，每增加一芯定额增加30%，以此类推。单芯电力电缆敷设按同截面电缆乘以0.67。截面400mm²以上至800mm²的单芯电力电缆敷设，按400mm²电力电缆定额执行。240mm²以上的电缆头的接线端子为异型端子，需要单独加工，应按实际加工价计算（或调整定额价格）。

⑥电缆沟挖填方项目也适用于电气管沟等的挖填方项目。

⑦桥架安装

a. 桥架安装包括运输、组合、螺栓或焊接固定、弯头制作、附件安装、切割口防腐、桥式或托板式开孔、上管件隔板安装、盖板及钢制梯式桥架盖板安装。

b. 桥架支持定额适用于立柱、托臂及其他各种支撑架安装。

c. 钢制桥架主结构厚度大于3mm时，定额人工、机械乘以系数1.2。

⑧电缆敷设项目及其相配套的项目中均未包括主材，另按设计和工程量计算规则加上定额规定的损耗率计算主材费用。

⑨直径 φ100mm 以下的电力保护管执行配管配线有关定额。

其余说明见《安装工程计价定额》第二册。

（2）工程量计算规则

①直埋电力的挖、填土方，除特殊要求外，可按表5-12计算。

表5-12　直埋电缆挖、填土方量

项目	电缆根数	
	1~2	每增加一根
每米沟长土方量/m³	0.45	0.153

注：1. 两根以内的电缆沟，系按上口宽600mm、下口宽400mm、深度900mm计算的常规土方量。

2. 每增加一根电缆，其宽度增加170mm。

3. 以上土方量系按埋深从自然地坪起算，如设计埋深超高900mm，多挖的土方量应另行计算。

两根电缆以内土石方量：

$$V = Sl$$

$$S = \frac{(0.4 + 0.6) \times 0.9}{2} = 0.45 \text{m}^2$$

即1m沟长，$V = 0.45\text{m}^3$。沟长按设计图计算。每增加一根电缆时，沟底宽增加0.17m，也即每米沟长增加0.153m³土石方量。

②电缆沟盖板揭、盖定额，按每揭或每盖一次以延长米计算，如又揭又盖，则按两次计算。

③电缆保护管长度，除按设计规定的长度计算外，遇有下列情况，应按以下规定增加保护管长度：

a. 横穿道路，按路基宽度两端各增加2m；

b. 垂直敷设式，管口距地面增加2m；

c. 穿过建筑物外墙时，按基础外缘以外增加 1m；

d. 穿过排水沟时，按沟壁外缘以外增加 1m。

电缆保护管定额工程量计算：

定额列项方式：区分材质、按管径分挡；

ϕ100mm 及以上——套用"电缆"相关子目；

ϕ100mm 以下——套用"配管配线"相关子目。

工程量：按设计长度，以"10m"计算。计算式如下：

$$电缆保护管计算工程量＝设计图示尺寸长度$$

$$电缆保护管报价工程量＝计算工程量×(1＋损耗率)$$

式中，损耗率可取 5%。

④电缆保护管埋地敷设，其土方量凡有施工图注明的，按施工图计算；无施工图的，一般按沟深 0.9m、沟宽按最外边的保护管两侧边缘外各增加 0.3m 工作面计算。

⑤电缆敷设按单根以延长米计算，电缆敷设长度应根据敷设路径的水平和垂直敷设长度，按表 5-13 规定增加附加长度。

表 5-13　电缆敷设的附加长度

序　号	项　目	预留长度（附加）	说　明
1	电缆敷设弛度、波形弯度、交叉	2.5%	按电缆全长计算
2	电缆进入建筑物	2.0m	规范规定最小值
3	变电所进线、出线	1.5m	规范规定最小值
4	电力电缆终端头	1.5m	检修余量最小值
5	电缆中间接头盒	两端各留 2.0m	检修余量最小值
6	电缆进控制、保护屏及模拟盘等	宽＋高	按盘面尺寸
7	高压开关柜及低压配电盘、箱	2.0m	盘下进出线

电缆长度定额工程量计算：

定额列项方式：区分电力电缆和控制电缆；

计量单位：按"100m"计量。

每根电缆长度计算，从总箱、柜或设备起，沿电缆敷设线路，按图示尺寸算至另一端为止。计算式如下：

$$电缆计算长度＝终端头长＋引上引下长＋埋地长(水平长＋垂直长)$$
$$＋穿基础及进入建筑物预留长度＋中间头长＋预留量$$

$$电缆报价工程量＝电缆计算长度×(1＋2.5\%)×(1＋损耗率)$$

电缆曲折弯余、弛度系数取 2.5%；电力电缆损耗率可取 1.0%，控制电缆可取 1.5%；电缆预留量按设计要求取，或按表 5-13 取。如图 5-1 所示，电缆从杆上引下埋地进户，其长度计算如下：

$$L = l_1 + l_2 + l_3 + l_4 + l_5 + l_6 + l_7$$

式中　l_1——水平长度；

　　　l_2——垂直长度；

　　　l_3——预留长度；

　　　l_4——穿基础及进入建筑物长度；

　　　l_5——沿电杆、沿墙引上(引下)长度；

　l_6、l_7——电缆中间头及终端头长度。

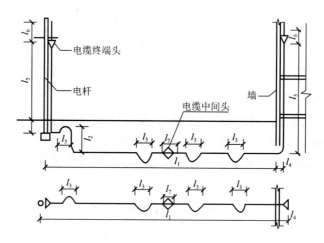

图 5-1　电缆从杆上引下埋地入户长度计算示意

⑥电缆终端头及中间头均以"个"为计量单位。电力电缆和控制电缆均按一根电缆有两个终端头考虑。中间头设计有图示的,按设计确定;没有设计规定的,按实际情况计算(或按平均250m 一根中间头)。

⑦桥架安装,以"10m"为计量单位。

其余计算规则见《安装工程计价定额》第二册。

5.3.2.6　配管、配线安装

电气装置和设备,用导线连接起来形成电气系统。在计算工程量时,电气装置和设备的工程量容易计算,最难的是线管和线缆的工程量计算。因为影响计算的因素比较多,如对线路走向、敷设方法、敷设部位等的理解,对施工技术和施工现场的熟悉程度,以及线缆施工实际的布放等,都会影响到计算的正确性。所以必须熟悉施工图纸、熟悉施工技术、熟悉施工现场,按照计算规则的要求,用相应的计算方法进行计算。

①配管　在电气系统中按规范要求,配置保护及穿引导线的管,称为线管或导管。材质有金属或非金属,规格、型号多样。配管方式有明敷、暗敷、钢索,支、吊架等方式,可沿建筑物相关部位敷设。

②线槽　线管容纳导线量有限,而且导线在管中不便检修与维修,相反线槽就具备这些优点。线槽的类型、规格很多,是一种标准化、通用化的产品。其材质有金属线槽(MR),如钢线槽(GXC);非金属线槽,如塑料线槽(PR)、难燃塑料线槽(VXC)等。用支架或膨胀螺钉直接明装于墙上、楼层顶板、吊顶内或线缆井道内。

③桥架　用于建筑物电力电缆、控制电缆、通信电缆等的敷设。桥架按结构分为槽式、梯式、托盘式及组合式等,由支架、托臂和安装附件等组成。桥架可以在建筑物内独立架设,也可以附设在建筑物(构筑物)的管廊支架上。它是标准化、通用化的电缆附件。按材质分为钢

质、不锈钢、铝合金、玻璃钢、塑料等。常用的钢质桥架,由冷轧或热轧钢板或型钢经过热镀锌、喷塑或喷漆等工艺处理制成,具有电磁屏蔽功能。

④配线　按设计和规范要求配设相应导线输送和分配电能或传输信息。无论用什么方式配设导线,必须稳固,其方式是穿在线管内,或置于线槽中。

⑤接线箱　当多路导线汇集,或因线路转向、线路较长时,为了便于接线、分路、穿线、导线预留量的存储,以及方便维修和检修,而设置的一种箱体。一般用钢板喷塑、喷漆或全塑料制成,规格、型号多样。照明、动力、通信、视频、音频等线路均设置接线箱,可明装、暗装或半暗装。

⑥接线盒　连接导线较少的接线箱就是接线盒。它可以与开关、插座等面板相配,则为开关盒、插座盒、灯头盒。接线盒一般为 86 型,分明装、暗装、防水和防爆等。清单规范见表 5-14。

表 5-14　**配管、配线**(编码 030412)

项目编码	项目名称	项目特征	计量单位	工程量计算规则
030412001	配管	名称;材质;规格;配置形式	m	按设计图示尺寸以长度计算
030412002	线槽	名称;材质;规格		
030412003	桥架	名称;材质;型号;规格、类型、接地方式		
030412004	配线	配线形式;导线型号、规格、材质;配线部位;配线线制		按设计图示尺寸以单线长度计算(含预留长度)
030412005	接线箱	名称;材质;规格;安装形式	个	按设计图示数量计算
030412006	接线盒			

清单项目工作内容:

配管:电线管路敷设;钢索架设;预留沟槽;接地。

线槽:本体安装;补刷(喷)油漆。

桥架:本体安装;接地。

配线:配线;钢索架设;支持体(夹板、绝缘子、槽板)安装。

(1) 定额说明

配管工程均未包括接线箱、盒及支架制作、安装。钢索架设及拉紧装置的制作、安装,插接式母线槽支架制作,槽架制作及配管支架应执行铁构件制作定额。

(2) 工程量计算规则

①各种配管应区别不同敷设方式、敷设位置、管材材质、规格,以"m"为计量单位,不扣除管路中间接线箱(盒)、灯头盒、开关盒所占长度。

②管内穿线的工程量,应区分线路性质、导线材质、导线截面,以单根线路"m"为计量单位计算。线路分支接头线的长度已综合考虑在定额中,不得另行计算。

照明线路中的导线截面大于或等于 $6mm^2$ 以上时,应执行动力线路穿线相应项目。

③槽板配线工程量,应区分槽板材质(木质、塑料)、配线位置(木结构、砖、混凝土)、导线截面、线式(二线、三线),以线路"m"为计量单位计算。

④线槽配线工程量，应区分导线截面，以单根线路"m"为计量单位计算。

⑤接线箱安装工程量，应区分安装形式（明装、暗装）、接线箱半周长，以"个"为计量单位计算。

⑥接线盒安装工程量，应区分安装形式（明装、暗装、钢索上）及接线盒类型，以"个"为计量单位计算。

⑦灯具、开关、插座、按钮等的预留线，已分别综合在相应定额内，不另行计算。

其余计算规则见《安装工程计价定额》第二册。

（3）配管工程量计算要领和方法

1）计算规则

按不同敷设方式、管材，规格，以"m"为计量单位，不扣除管路中间接线盒、灯头盒、开关盒所占长度。

2）配管工程量计算要领

配管工程量计算，以配电箱或柜为起点，根据电路系统图，结合线路平面图的各个回路，依次逐一计算至线路末端。计算时，一般按建筑物自然分层，对于复杂的建筑平面，可以分块计算，然后汇总同材质、同型号规格、相同敷设方式的配管数量，得到配管工程量。

3）配管工程量的计算方法

配管量是配线量计算的主要依据，其准确与否直接影响导线工程量计算。计算方法如下所示：

①水平方向敷设的配管　以施工平面布置图的管线走向和敷设部位为依据，并借用建筑物平面图所标墙、柱轴线尺寸进行线管长度的计算。沿墙暗敷（WC）的管，以墙中心线计算；沿墙明敷（WE）的管，按墙柱之间的净长度计算。以图5-2为例计算水平配管的长度。

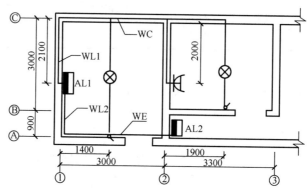

图5-2　水平方向配管长度计算示意

AL1箱（800×500×200），有两个回路即：

WL1：BV-2×2.5 SC15，WL2：BV-4×2.5 PC20。

WL1回路沿墙、顶棚暗敷，WL2沿墙、顶棚明敷至AL2箱（500×300×160）。

工程量需分别计算、分别汇总，套用不同的定额。

a. WL1回路的配管线为：BV-2×2.5 SC15，回路沿1-C-2轴沿墙暗敷及房间内沿顶棚暗敷，按相关墙轴线尺寸计算该配管长度。WL1回路水平配管长度：

$$SC15 = 2.1 + 3 + 1.9 + 3.9 + 2 + 3 = 15.9m$$

b. WL2回路的配管线为：BV-4×2.5 PC20，回路沿1-A轴沿墙明敷，按墙面净空长度尺寸计算线管长度，WL2回路水平配管长度：

$$PC20＝3.9－2.1－0.12＋3＝4.68m$$

②垂直方向敷设的线管（沿墙、柱引上或引下）　沿墙柱垂直布设的配管，无论明敷或是暗敷，其工程量均与楼层高度及箱、柜、盘、板、开关等设备安装高度有关，其安装高度按设计取用，如设计无要求，按施工验收规范的规定采用。垂直配管的计算方法按图 5-3 所示。

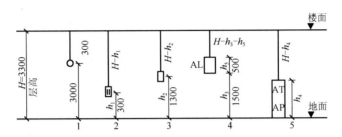

图 5-3　垂直方向配管长度计算示意

1—拉线开关；2—插座；3—照明开关；4—配电箱；5—配电柜

各电气元件的安装高度：配电箱底距地 1.5m；板式开关距地 1.3～1.5m；插座距地 0.3m；拉线开关距顶 0.2～0.3m；配电柜落地安装；灯具的安装高度按具体情况而定。

a. WL1 回路的垂直配管长度

$$SC15＝(3.3－1.5－0.5)配电箱＋(3.3－0.3)插座＋0.3×2拉线开关＝4.9m$$

b. WL2 回路的垂直配管长度

$$PC20＝(3.3－1.5－0.5)AL1＋(3.3－1.5－0.3)AL2＝2.8m$$

合计：暗配 SC15 的管长度：水平长＋垂直长＝15.9＋4.9＝20.8m

明配 PC20 的管长度：水平长＋垂直长＝4.68＋2.8＝7.48m

③当埋地配管时（FC）　水平方向的配管按墙、柱轴线尺寸及设备定位尺寸进行计算。穿出地面向设备或向墙上电气开关配管时，按埋地深度和引向墙、柱的高度进行计算，见图 5-4 所示。

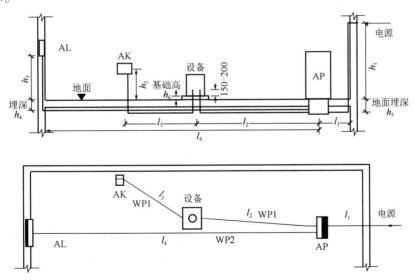

图 5-4　埋地线管及穿出地面长度计算示意

电源架空引入，穿管 SC50 进入配电箱（AP）后，一条回路 WP1 进入设备，再连开关箱（AK），另一回路 WP2 连照明箱（AL）。水平方向配管长度为 $l_1=1\text{m}$，$l_2=3\text{m}$，$l_3=2.5\text{m}$，$l_4=9\text{m}$ 等。均算至各电气元件的中心处。

a. 引入管的水平长度（墙外考虑 0.2m）：SC50＝1＋0.24＋0.2＝1.44m。

b. WP1 的配管线为：BV-4×6，配管 SC32 水平长度：SC32＝3＋2.5＝5.5m。

c. WP2 的配管线为：BV-4×4，配管 SC25 水平长度：SC25＝9m。

各电气元件的高度分别为：架空引入高度 $h_1=3\text{m}$；开关箱距地 $h_2=1.3\text{m}$；配电箱距地 $h_3=1.5\text{m}$；管埋深 $h_4=0.3\text{m}$；管埋深 $h_5=0.5\text{m}$；基础高 $h_6=0.1\text{m}$。

a. 引入管 SC50 的垂直长度：SC50＝h_1+h_5＝3＋0.5＝3.5m。

b. WP1 的垂直配管 SC32 长度：SC32＝$(h_5+h_6+0.2)×2+(h_5+h_2)$（AK）＝$(0.5+0.1+0.2)×2+0.5+1.3＝3.4\text{m}$（伸出基础高按 200mm 考虑）。

c. WP2 的垂直配管 SC25 长度：SC25＝h_3+h_4＝1.5＋0.3＝1.8m。

合计：引入管 SC50＝1.44＋3.5＝4.94m

SC32＝5.5＋3.4＝8.9m

SC25＝9＋1.8＝10.8m

④配管工程量计算时注意问题

a. 均以管子轴线为理论长度计算。水平管长度可按平面图所示标注尺寸或用比例尺量取，垂直管长度可根据层高和安装高度计算。

b. 考虑管路两端、中间的连接件：两端应该预留的要计入工程量（如进、出户管端）；中间应该扣除的必须扣除（如配电箱等所占长度）。

c. 明配管工程量计算时，考虑管轴线距墙的距离。设计无要求时，以墙皮作为量取计算的基准；设备、用电器具为连接终端时，其中心作为量取计算的基准。

d. 暗配管工程量计算时，以墙体轴线作为基准，如设备和用电器具为连接终端时，中心线与墙体轴线的垂直交点为基准。

基准点的问题，形式较多，但要掌握一条原则，就是尽可能符合实际。基准点一旦确定后，对于一项工程要严格遵守，不得随意改动，这样才能达到整体平衡，使整个电气工程配管工程量计算的误差降到最低。

（4）配线工程量计算方法

①计算规则 区别线路性质、导线材料、导线截面，以"m"为计量单位计算。导线截面超过 6mm² 以上的照明线路，按动力穿线定额计算。

②配线工程量的计算方法 管内穿线，在配管长度计算的基础上，按动力与照明、铝芯与铜芯等不同分别计算，表达式如下：

管内穿线长度＝（配管长度＋导线预留长度）×同截面导线根数

导线进出箱、柜、板等的预留长度示意及预留长度，见图 5-5 及表 5-15。

表 5-15 配线进入箱、柜、板预留长度（每一根线）

序 号	项 目	预 留 长 度	说 明
1	各种箱、柜、盘、板、盒	宽+高	箱、柜尺寸
2	单独安装（无箱、盘）的铁壳开关、自动开关、刀开关、启动器、线槽进出线盒等	0.3m	从安装对象中心算起

续表

序　号	项　目	预留长度	说　明
3	由地面管子出口引至动力接线箱	1.0m	从管口算起
4	电源与管内导线连接(管内导线与软、硬母线接点)	1.5m	从管口算起
5	进、出户线	1.5m	从管口算起

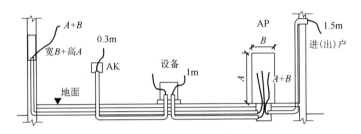

图 5-5　导线预留长度示意

③配线工程量的计算示例　线路平面布置图，如图 5-6 所示。电缆架空引入，标高 3.0m，穿 SC50 的钢管至 AP 箱，AP 箱尺寸为（1000mm×2000mm×500mm）。从 AP 箱分出两条回路 WP1、WP2；其中一条回路 WP1 进入设备，再连开关箱（AK），其配管、配线为：BV-4×6 SC32 FC；另一回路 WP2 连照明箱（AL），其配管、配线为：BV-4×4 SC25 FC，AL 配电箱尺寸（800mm×500mm×200mm）。计算图中管内穿线的工程量。

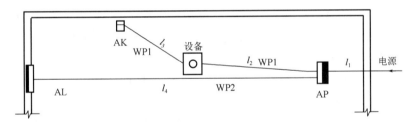

图 5-6　线路平面布置图

上面已计算出配管工程量：（入户配管）SC50＝1.44＋3.5＝4.94m；（WP1 回路配管）SC32＝5.5＋3.4＝8.9m；（WP2 回路配管）SC25＝9＋1.8＝10.8m。根据配管工程量，计算管内穿线的工程量。

a. 入户电缆＝配管长度＋预留长度＝4.94＋（1＋2）（AP 箱）＋1.5（进线）＝9.44m。

b. WP1 的配管线为：BV-4×6　SC32　FC。

配线 BV-6 的单根长度＝（SC32 管长＋各预留长度）×4

$$＝[8.9＋(1＋2)(AP 箱)＋1×2(设备)＋0.3(开关箱 AK)]×4$$

$$＝(8.9＋3＋2＋0.3)×4＝56.8m$$

c. WP2 的配管线为：BV-4×4　SC25　FC。

配线 BV-4 的单根长度＝（SC25 的管长＋各预留长度）×4＝［10.8＋（1＋2）（AP 箱）＋（0.8＋0.5）（AL 箱）］×4＝（10.8＋3＋1.3）×4＝60.4m

④管内穿线工程量计算时注意问题　计算出配管长度以后，分析管两端连接的是何种

设备。

a. 如果相连的是盒（接线盒、灯头盒、开关盒、插座盒）和接线箱时，因为穿线项目中分别综合考虑了进入灯具及明暗开关、插座、按钮等预留导线的长度，因此穿线工程量不必考虑预留。

$$单线延长米＝管长×管内穿线的根数(型号、规格相同)$$

b. 如果相连的是设备，那么穿线工程量必须考虑预留。

$$单线延长米＝（管长＋管两端所接设备的预留长度）×管内穿线根数$$

c. 进出箱、柜的导线需设焊（压）接线端子，以"个"计量单位。一根电缆两个电缆头，电缆头已含了接线端子，不用单独计算。端子是指接线的一端，也就是线的头部，需要通过压接或者电焊之后和另外一个端头连接的叫压焊接线端子，统称叫压接端子。

如以上题为例，计算焊铜接线端子的工程量（铜线）：

BV-4×4 的焊铜接线端子：4（AP 箱）＋4（AL 箱）＝8 个

BV-6×6 的焊铜接线端子：4（AP 箱）＋4×2（设备）＋4（AK 箱）＝16 个

（5）接线箱、接线盒工程量计算

接线盒是电气配管线路中，如管线长度、管线弯头超过规范规定的距离和弯头个数时，以及管路有分支时，所必须设置的过渡盒，其作用是方便穿线，分线和过渡接线。管线配到负荷终端预留的盒，如开关盒、插座盒、灯头盒，也属于接线盒，是安装灯具、开关、插座时固定面板以及在盒内接线用的。每个明装配电箱（暗配管）的背后都用一个接线盒（先配管）。

接线盒虽然属于电气安装工程中的辅料，但在单独的接线盒安装定额子目中，确是属于未计价主材，需要输入主材单价。接线盒无论是金属盒还是 PVC 塑料盒，目前在安装工程中普遍采用的为 H86 型盒，既盒面宽 86mm，盒深有 50mm、70mm 不等。

①计算规则　区分暗装（接线盒、开关盒）、明装（普通、防爆）、钢索上安装，分别以"个"为计量单位计算。箱盒均为未计价材料。

②接线盒工程量计算方法　灯头盒、插座盒、开关盒是按照图纸数量据实计算的，无论是明配管还是暗配管，应根据开关、灯具、插座的数量计算相应盒的工程量；线路接线盒是按照管路分支或者返管时必须过渡，管路直线距离和弯头数量超过规范规定的要求时必须增设接线盒，进行计算的。这部分数量必须注意管路情况和管线及弯头情况进行分析计算，否则不是少算就会多算。

接线盒安装定额子目中，有接线盒、开关盒的区分。插座盒、开关盒执行开关盒定额；线路接线盒是过线及预留用的盒子（这类盒子都是要空白面板封盖的，所以计算主材的时候还要加上空白面板的主材），其设置在平面图中反映不出来，但在实际施工中接线盒又是不可缺少的，一般在碰到下列情况时应设置接线盒（拉线盒），以便于穿线：

a. 管线分支、交叉接头处在没有开关盒、灯头盒、插座盒可利用时，就必须设置接线盒。

b. 水平线管敷设超过下列长度时中间应加接线盒。

管长超过 30m 且无弯时，中间加设一个接线盒；

管长超过 20m，中间只有 1 个弯时，在拐弯处加设一个接线盒；

管长超过 15m，中间有 2 个弯时，在中间加设接线盒；

管长超过 8m，中间有 3 个弯时，之间加设一个接线盒。

所以开关盒、接线盒数量计算如下所示：

开关盒数量＝开关数量＋插座数量

接线盒数量＝灯具数量＋中间过路接线盒数量＋明装配电箱的数量

（每个明装配电箱的背后都用一个接线盒）

接线箱数量：一般的配电箱都是接线箱。

接线端子箱：一般里面只有接线端子，没有元器件，如分支接线箱、等电位接线箱。

5.3.2.7 照明灯具安装

灯具起着照明和装饰作用，是现代装饰工程"光、声、色、湿度、温度"要求中很重要的一个组成部分。照明按电光源可分为两类：一种是热辐射光源，包括白炽灯、碘钨灯等；另一种是气体光源，包括日光灯、钠灯、氪气灯等。用半导体芯片发光原理的 LED 白光灯，用于太阳能和智能照明系统时，就进入了绿色、节能、环保、低碳的电光源照明时代。

①普通灯具　普通灯具包括圆球吸顶灯、半圆球吸顶灯、方形吸顶灯、软线吊灯等。

②工厂灯　包括工厂罩灯、防水灯、碘钨灯、投光灯、泛光灯等。灯具较重、较大，一般均要支架，制作、除锈与刷油或镀锌另计。工厂灯一般安装在屋架上，高度较高，要注意超高系数的计算。防爆灯需接 PE 保护线，其配线计算不要遗漏。

③装饰灯　种类、规格、型号及形状繁多。如艺术类：吊式、吸顶式、荧光、几何组合、水下、点光源等；还有标志、诱导、歌舞以及草坪灯等照明灯具。注意特征描述，要清晰详细，如：a. 装饰灯具及景观灯，标明安装方式、灯具直径、垂吊长度、形状（方形、圆形或其他几何形状）及容量特征，一般按"套"计算。b. 荧光艺术装饰灯是装饰灯具中用得最广泛的一种，组合方式最多，又与装饰工程紧密结合，故安装时要特别注意与装饰工程的关系。按"m""m²"计算。

④荧光灯　a. 成套荧光灯安装，由工厂定型生产，成套供应，因运输需要，包装时每套分成部件出厂，现场组装。b. 组装型荧光灯安装，由市场采购不同工厂生产的灯具散件，现场组装，甚至局部改装。注意荧光灯不应与荧光艺术组合灯及荧光艺术装饰灯混淆，它属于一般灯具，有成套型、组装型两大类，均按"套"计算。清单规范见表 5-16。

表 5-16　照明灯具安装（编码 030413）

项目编码	项目名称	项目特征	计量单位	工程量计算规则
030413001	普通灯具	名称；型号；规格；类型	套	按设计图示数量计算
030413002	工厂灯	名称；型号；规格；安装形式		
030413004	装饰灯	名称；型号；规格；安装形式		
030413005	荧光灯	名称；型号；规格；安装形式		

清单项目工作内容：本体安装。

（1）定额说明

①各型灯具的引导线，除注明者外，均已综合考虑在定额内，执行时不得换算。

②路灯、碘钨灯、氪气灯、烟囱或水塔指示灯，均已考虑了一般工程的高空作业因素，

其他器具安装高度如超过 5m，则应按定额说明中规定的超过系数另行计算。

③定额中装饰灯具项目均已考虑了一般工程的超高作业因素，并包括脚手架搭拆费用。

其余说明见《安装工程计价定额》第二册。

（2）工程量计算规则

①普通灯具安装工程量，应区分灯具的种类、型号、规格，以"套"为计量单位计算。普通灯具安装定额适用范围见表 5-17。

表 5-17　普通灯具安装定额适用范围

名　称	灯 具 种 类
圆球吸顶灯	材质为玻璃的螺口、卡口圆球独立吸顶灯
半圆球吸顶灯	材质为玻璃的独立的半圆球吸顶灯、扁圆罩吸顶灯、平圆形吸顶灯
方形吸顶灯	材质为玻璃的独立的矩形罩吸顶灯、方形吸顶灯、大口方罩顶灯
软线吊灯	利用软线为垂吊材料，材质为玻璃、塑料、搪瓷
吊链灯	利用吊链作辅助悬吊材料，材质为玻璃、塑料

②吊式艺术装饰灯具的工程量，应根据装饰灯具示意图集所示，区别不同装饰物以及灯体直径和灯体垂吊长度，以"套"为计量单位计算。

③吸顶式艺术装饰灯具安装的工程量，应根据装饰灯具示意图集所示，区别不同装饰物、吸盘的几何形状、灯体直径和灯体垂吊长度，以"套"为计量单位计算。

④荧光艺术装饰灯具安装的工程量，应根据装饰灯具示意图集所示，区别不同安装形式和计量单位计算。

其余计算规则见《安装工程计价定额》第二册。

（3）照明灯具工程量计算示例

普通灯具安装工程量以灯具种类、型号、规格、安装方式划分定额，按"套"计量数量。

如图 5-7 所示，某办公楼照明工程局部平面布置图，建筑物为混合结构，层高 3.3m。由图可知该房间内装设了两套成套型吸顶式双管荧光灯、一台吊风扇，它们分别由一个单控双联板式暗开关和一个调速开关控制，开关安装距楼地面 1.3m，配电线路导线为 BV-2.5，穿电线管沿天棚、墙暗敷设，其中 2、3 根穿 TC15，4 根穿 TC20。试计算此房间的各分项工程量。

①配管、配线的工程量的计算

a. 配管工程量

BV-2×2.5 配管 TC15 长度：TC15＝1.2＋1.95＝3.15m

BV-3×2.5 配管 TC15 长度：TC15＝1.2m

BV-4×2.5 配管 TC20 长度：

水平长度：1.38m（正常比例，可以用比例尺计算）

垂直长度：3.3－1.3＝2m

共计：TC20＝1.38＋2＝3.38m

汇总：配管 TC15＝3.15＋1.2＝4.35m，TC20＝3.38m

b. 配线工程量

BV-2.5＝3.15×2＋1.2×3＋3.38×4＝23.42m

②灯具工程量的统计　吸顶式双管荧光灯：2 套；吊扇：1 台；双联板式暗开关：1 个

③盒类　根据管材定材质。

接线盒：0 个；灯头盒：3 个；开关盒：2 个。

如图 5-8 所示，某住宅平面图，层高 3.0m，由图可知房间内有单管链吊荧光灯，圆球吸顶灯，暗装板式开关，安装高度 1.4m，分户配电箱尺寸为：500mm×300mm×200mm，箱底距地 1.5m，配电线路导线为 BV-2.5，穿阻燃塑料管沿天棚、墙暗敷设，其中 2、3 线根穿 PCl5 管，4 根线穿 PC20 管。试计算此房间的各分项工程量。

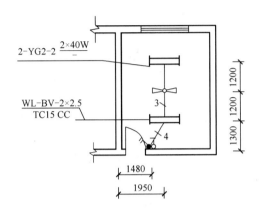

图 5-7　某房间照明平面图（一）　　　图 5-8　某房间照明平面图（二）

①配管、配线的工程量的计算

a. 配管工程量

BV-2×2.5　配管 PC15 长度：PC15＝(3－1.5－0.3)＋1.5＋1.1＋3.2＋(3－1.4)×2＋(0.5＋0.3)预留＝10.2(11)m

BV-3×2.5　配管 PC15 长度：PC15＝1.1＋1.2＋3.2＋1.2＋(3－1.4)＝8.3m

汇总：阻燃塑料管 PC15＝10.2＋8.3＝18.5m

b. 配线工程量

BV-2.5＝11×2＋8.3×3＝46.9m

②灯具等工程量的统计　单管链吊荧光灯：3 套；圆球吸顶灯：1 套；

单联板式开关：2 个；双联板式开关：1 个

③盒类　根据管材定材质。

塑料接线盒：2 个；塑料灯头盒：4 个；塑料开关盒：3 个。

5.3.2.8　防雷与接地装置安装

防雷与接地装置系统的工程量同配管配线一样，设备易算，最难计算的是线（引下线、接闪线、接地线）、带、网的工程量。因内容多，又涉及建筑结构和安装工程实际，容易算错。

①接地极（体、桩）　埋入土壤中或混凝土基础上作雷电流散流用的导体。有人工与自然接地体，形式有水平和垂直式。人工接地体，是经过加工、制作、埋入土壤中的金属导体；自然接地体，是与大地接触的金属构件、金属管道、建筑物（构筑物）的基础钢筋、设备等金属体，兼作接地体。

②接地母线　在建筑物中，接地线所处位置不同，有不同名称。

　　a. 接地引入线：从接地极引入室内与主接地母线之间的连接线。

　　b. 主接地母线（总接线端子 MEB）：一端与接地引入线相连，另外与多根接地干线相连，设置在外线缆（电源线、通信线）引入间或建筑配线间内。

　　c. 接地干线：由主接地母线引出，垂直方向敷设，连接所有的接地母线，可设置多条。

　　d. 接地母线：水平敷设在每层楼，也称接地线，或称楼层等电位接线端子（SEB、LEB）。一端与接地干线连接，一端与楼层内所有设备、配线架、金属构件、金属管道、金属门窗等相连接，即等电位连接。在室外连接接地极的连接线，也称接地母线。

　　e. 接地线：各种设备与接地母线之间的连线，简称接地。

　　③接地跨接　接地母线遇到障碍时，如建筑物的伸缩缝、沉降缝、变形缝等处，为了满足建筑物的伸缩与沉降，将母线做成弧形的连接线；金属体与接地线的连接线；避雷带与引下线的连接线，都称为接地跨接。接地跨接用扁钢或圆钢焊接，或焊接螺栓连接，均以"处"计量。

　　④避雷引下线　是将避雷带招引的雷电引向接地综合体（装置），并泄入大地的一种防直击雷的装置。可用镀锌（圆钢、扁钢、钢绞线）、镀铜（圆钢、钢绞线），及铜材和超绝缘材料等做成。因成本关系，常用前两种材料。或者用柱纵向钢筋焊成通体替代引下线。

　　⑤避雷带（接闪带）　用镀锌圆钢或扁钢，用支持卡子或混凝土支座敷设。坡屋面时，沿屋脊、坡脊、屋檐、天沟、檐角、山墙等部位设置；平屋面时，沿女儿墙、屋顶构件、局部突出部位设置，上述部位敷设者为明装。暗装时，敷设在结构层中，最常见的是将圆钢埋入女儿墙混凝土压顶圈梁中。无论明装还是暗装，均应与引下线相连接。

　　⑥避雷网（接闪网）　当屋顶面积较大时，在屋顶面用镀锌圆钢或扁钢，焊连成 5m、6m 或 10m 的方格明装网；无论明装还是暗装，均与引下线连接，组成直击雷的接闪装置。

　　⑦均压环　也称水平避雷带（接闪带）。高层建（构）筑物为防止侧雷击，用镀锌圆钢或扁钢，或者用圈梁、框架梁的主筋，沿建筑物外围一周焊成闭环，并与引下线焊接。高层建筑物 30m 以下每三层设置一环，30m 以上每两层设置一环。另外，是便于将每层的金属门窗及较大的金属物体连接成等电位通路，防止侧击雷和电磁感应。

　　⑧等电位端子箱　指为了防止漏电电击，而降低用电设备漏电产生的间接接触电压，以及与不同金属部件间产生的电位差，规范要求必须小于 50V 的一种保护器。清单规范见表 5-18。

表 5-18　防雷与接地安装（编码 030409）

项目编码	项目名称	项目特征	计量单位	工程量计算规则
030409001	接地极	材质；规格；基础接地形式	根（块）	按设计图示数量计算
030409002	接地母线	材质；规格；安装部位；安装形式	m	按设计图示尺寸以长度计算（含附加长度）
030409003	避雷引下线	材质；规格；安装部位；安装形式		
030409004	均压环	名称；材质；规格；安装形式		
030409005	避雷网	名称；材质；规格；安装形式		
030409006	避雷针	名称；材质；规格；安装形式	根	按设计图示数量计算
030409008	等电位端子箱、测试板	名称；材质；规格	台（块）	按设计图示数量计算

　　清单项目工作内容：

　　接地极：接地极（板、桩）制作、安装；基础接地网安装；补刷（喷）油漆。

接地母线：接地母线制作、安装；补刷（喷）油漆。

避雷引下线：避雷引下线制作、安装；断接卡子制作、安装；利用主筋焊接；补刷（喷）油漆。

均压环：均压环敷设；钢铝窗接地；柱主筋与圈梁焊接；利用圈梁钢筋焊接；补刷（喷）油漆。

避雷网：避雷网制作、安装；跨接；混凝土块制作；补刷（喷）油漆。

等电位端子箱：本体安装。

（1）定额说明

①本定额适用于建筑物、构筑物的防雷接地，变配电系统接地，设备接地以及避雷针的接地装置。

②户外接地母线敷设定额是按自然地坪和一般土质综合考虑的，包括地沟的挖填土和夯实工作，执行本定额时不应再计算土方量。

③本定额中，避雷针的安装、半导体少长针消雷装置安装，均已考虑了高空作业的因素。

④防雷均压环安装定额是利用建筑物圈梁主筋作为防雷接地连接线考虑的。如果单独采用扁钢和圆钢明敷作为均压环时，可执行"户内接地母线敷设"定额。

⑤利用铜绞线作为接地引下线时，配管、穿铜绞线执行本定额中同规格的相应项目。

其余说明见《安装工程计价定额》第二册。

（2）工程量计算规则

①接地极制作安装以"根"为计量单位，其长度按设计长度计算。设计无规定时，每根长度按 2.5m 计算。若设计有管帽时，管帽另按加工件计算。

②接地母线敷设，按设计长度以"m"为计量单位计算工程量。接地母线、避雷线的长度，按施工图设计的水平和垂直长度另加 3.9％的附加长度（包括转弯、上下波动、避绕障碍物、搭接头所占长度）计算。计算主材费时应另增加规定的损耗率。

③利用建筑物内主筋作为接地引下线安装，以"10m"为计量单位，每一柱子内按焊接两根主筋考虑。如果焊接主筋数超过两根时，可按比例调整。

④均压环敷设以"m"为单位计算，主要考虑利用圈梁内主筋作为均压环接地连线，焊接按两根主筋考虑。超过两根时，可按比例调整。长度按作为均压环的圈梁中心线长度，按"延长米"计算。

⑤接地跨接线以"处"为计量单位。按规程规定，凡需接地跨接线的工程内容，每跨接一次按"一处"计算。户外配电装置构架均需接地，每副构架按"一处"计算。

⑥柱子主筋与圈梁连接以"处"为计量单位，每处按两根主筋与两根圈梁钢筋分别焊接考虑。如果焊接主筋和圈梁钢筋超过两根时，可按比例调整；需要连接的柱子主筋和圈梁钢筋"处"数按设计计算。

⑦钢铝窗接地以"处"为计量单位（高层建筑六层以上的金属窗一般要求接地），按设计要求接地的金属窗数计算。

⑧断接卡子制作安装以"套"为计量单位，按设计规定装设的断接卡子数量计算。接地检查井内的断接卡子安装按每井一套考虑。

其余计算规则见《安装工程计价定额》第二册。

（3）防雷与接地工程量计算

①接地母线工程量计算　室内外接地母线、接地线，按敷设环境（埋设与不埋）与工作内容不同，分别列项，按下式计算：

$$接地母线计算工程量＝设计图示尺寸$$

$$接地母线报价工程量＝计算工程量×(1＋3.9\%＋损耗率)$$

式中，3.9%为接地母线长度附加值，是转弯、避绕障碍物、搭接头等所占长度；损耗率可取5%。

②引下线、避雷网、避雷带和均压环（用镀锌钢材制作、安装）工程量计算

按施工图示尺寸以"延长米10m"，按下式计算：

$$避雷线、网、带、环、引下线计算工程量＝按图示尺寸计算长度$$

$$避雷线、网、带、环、引下线报价工程量＝计算工程量×(1＋3.9\%＋损耗率)$$

式中，3.9%为附加长度；制作、安装损耗率可取5%。

用混凝土块或支架敷设的避雷网，预制混凝土块，间距1～1.5m，按"10块"计算；支架按"kg"计算。

③替代引下线的工程量计算

a. 利用建筑物柱纵向主筋（两根或四根）替代引下线，按柱中心以"10m"计算，仅为焊连工作，不计附加长度及损耗。屋顶女儿墙到建筑物的基础底的高度就是引下线的长度。

b. 柱主筋做引下线，与圈梁或框架梁作均压环（避雷带）相互焊接处，以"10处"计量。注意钢筋根数与焊接情况描述。

c. 利用金属构件替代引下线，以"10m"计算，仅为焊连工作，不计附加长度及损耗。其与均压环（避雷带）相互焊接处，以"10处"计量。注意焊接情况描述。

④替代均压环工程量计算

a. 利用建筑物圈梁或框架梁主筋（两根或四根），替代均压环或避雷带（水平接闪器）时，按梁中心长度以"10m"计算，仅为焊连工作，不计附加长度及损耗。均压环工程量计算就计算建筑物一圈的周长。

b. 与柱主筋引下线的焊接，以"10处"计量。注意钢筋根数与焊接情况描述。

c. 与钢铝窗或等电位箱（SEB、LEB）的连接，按"处"计算。

⑤替代避雷网（接闪网）工程量计算

a. 利用现浇混凝土屋面板钢筋替代避雷网时，清单和定额均用"均压环"项目计算，注意钢筋根数与焊接情况描述。

b. 与柱主筋作引下线的焊接，以"10处"计量。注意钢筋根数与焊接情况描述。

c. 跨接，即避雷网与引下线的连接线，以"10处"计量。

⑥接地体（建筑物结构内钢筋替代）工程量计算

a. 垂直方向替代体，用建筑物桩基纵向钢筋（$d \geq 16mm$ 时 2 根、$d < 16mm$ 时 4 根）焊连而成，清单和定额均用"柱引下线"项目立项，以"m"计算。注意钢筋根数与焊接情况描述。

b. 水平方向替代体，用建筑物独立基础底板钢筋或阀基钢筋作接地体，清单和定额均用"均压环"项目立项，以"m"计算。

5.4　电气设备安装工程计量与计价实例

5.4.1　前言

电气设备安装工程包含供电、变配电、照明、防雷与接地等强电系统，以及电话、电视、通信、网络、消防、楼宇自动化等弱电系统，其工程量的计算与工程计价多而杂，掌握计量与计价的唯一诀窍是：多看多做，找到感觉；归纳总结，找到规律。

准确的计算工程量及合理的报价，要做到以下几点：

(1) 准确计算工程量

工程量是立项的基础。①熟悉各专业工程项目，即子目（划分、计算规则、工作内容等）；②确定详细的计算思路；③选择合理的计算方法。计算方法有手算法和电算法。手算法一般是手工列项、计算，测量各项目工程量，可借助 Excel 表格、图表等来完成工程量统计；电算法是借助工具软件完成工程量的计算。手算法是最基本的方法，最能体现造价人员的基本功。目前，大部分安装工程计量软件在某些工程量的计算中还存在很多不便之处，所以手算是必须要掌握的一种方法。无论手算还是电算，都应有好的"思路"，否则造成计算混乱，贻误工作。特别是盲目使用软件，思路不清晰，会增加计算结果的错误率。

(2) 消耗量的确定

消耗量是计量的基础，是报价人生产管理水平的体现。报价人应该用企业的生产消耗量定额，或用地方定额，或用全国统一定额来确定消耗量，可根据工程要求选用。

(3) 单价的确定

单价是工程计价的根本，也是报价人生产管理水平的体现。确定材料、设备、元件等单价，以及电气工程单位产品的价格，可用企业成本库的单价，或者向市场询价，或者用建设工程造价站发布的指导价，或者选用地区定额单价，或者双方合同确定的单价。

(4) 工程造价的编制

工程造价从市场角度，有预算价、招标价、投标价及合同价等，简述如下：

①招标控制价　清单招标淡化标底。控制价是招标人的期望价，表达式为：

$$控制价＝分部分项工程费＋措施项目费＋其他项目费＋规费$$

②投标价　投标人的期望价，编制的方法很多，如：

定额模式的报价：　报价＝施工图预算＋企业管理情况＋市场竞争情况

成本方法报价：　　　　报价＝成本＋利润＋税金

清单模式报价：

报价＝分部分项工程费＋措施项目费＋其他项目费＋规费＋利润＋税金＋风险费

或者，　　　　　　　　报价＝∑清单工程量×综合单价

③合同价　招标方和投标方共同确认的工程造价。

5.4.2 工程量清单及清单计价编制实例

5.4.2.1 工程概况

（1）基本情况

大连某大学教师单身公寓，建筑物地上六层，建筑面积 3257.04m²，层高 3.3m，总高度为 20.9m。该工程结构形式为框架结构，外墙为 240mm 厚页岩空心砖，内墙为 180mm、120mm 厚页岩空心砖。

（2）本工程电气专业设计范围

①强电　低压配电系统、照明系统、防雷接地系统。

②弱电　电话系统、网络布线系统、有线电视系统、监控系统。

（3）用电情况

本工程所有用电负荷均为三级负荷，电源引自教学楼变电所，电压等级均为 220V/380V。公寓每个房间的计算容量为 2kW。

（4）线路敷设

进户线采用电缆直埋引进。

室内干线：采用 BV（NH-BV）电线穿钢管沿墙或埋地暗敷设。

室内支线：正常照明支线采用 BV 导线穿 FPC 管（半硬阻燃塑料管），2～5 根穿 FPC20 管，6～8 根穿 FPC25 管；应急照明支线采用 NH-BV 耐火导线穿钢管暗敷设；电力支线采用 BV 导线穿钢管暗敷设；消防用电设备采用 NH-BV 耐火导线穿钢管暗敷设。

（5）设备安装

电源进线配电箱落地安装，底部做 0.2m 高水泥台；计量箱嵌墙暗装，顶边距地 2.0m；照明开关距地 1.3m 暗装；普通安全型插座距地 0.5m 暗装，防溅插座距地 1.5m（排烟罩处距地 2m）暗装。

（6）防雷与接地

本建筑物属于第三类防雷建筑物，低压配电系统的接地形式为 TN-C-S 系统。采用共用接地装置，接地电阻不大于 1Ω。建筑物内做总等电位连接。

5.4.2.2 各电气专业工程量计算

（1）电气照明工程工程量计算

本电气照明工程可划分成若干个清单安装项目，如下：

①电力配电箱、照明配电箱安装；

②电气配管（电线 SC 钢管敷设、电线 FPC 管敷设）；

③电气配线（150mm² YJV 管内穿线、16mm² WDZ-YJ 管内穿线、2.5mm² BV 管内穿线）；

④荧光灯安装；

⑤普通灯具及其他灯具安装（吸顶灯具、普通灯具）；

⑥开关安装；

⑦插座安装；

⑧接线盒安装。

电气照明工程工程量计算表，见表 5-19。

表 5-19　电气照明工程工程量计算表

工程名称：教师公寓　电气照明工程

序号	分部分项工程名称	计算式及说明	单位	数量
1	进户电缆			
	SC100(FC) 电缆保护管	2.0(基础外缘加 1m)+0.31(墙厚)+0.2(配电箱深度一半)+(0.65+0.8)(埋深)+0.2(水泥台高)+0.20(管进入电箱)=4.36m	m	4.36
	SC20(FC) 电缆保护管　消火栓	2.0(基础外缘加 1m)+0.31(墙厚)+1.5(消火栓高度)(0.65+0.8)(埋深)=5.26m	m	5.26
	YJV22-4×150 电缆	[4.36(配管长度)+2.0(电缆进入建筑物)+(0.7+1.8)(宽+高)]×5=44.3m	m	44.3
	KVV22-5×2.5 电缆　消火栓	(5.26+2.0)×5=36.3m	m	36.3
	电缆头 φ150	热缩式电缆头	个	1
	电缆头 φ2.5	热缩式电缆头	个	1
2	配电箱			
	总配电箱	AP1-1 700×400×1800(XL-51),1 台,楼梯间内		1
	应急照明计量箱	AEL1-1 400×500×100,1 台,一层走廊	台	1
	照明计量箱	AL1-1～AL6-1 900×600×160,6 台,各层走廊		6
3	总箱至层箱	配管配线		
	SC40(FC/WC) 电缆保护管	0.2(水泥台高)+0.2(管进入电箱)+2.68(箱中到墙中水平配管)+(2-0.6)(箱底距地面距离)+0.3×2(埋深进出地面)=5.08m 总箱到一层照明箱(AP1-1～AL1-1) AP1-1～AL2-1:5.08+3.3=8.38m;总箱到二层照明箱 AP1-1～AL3-1:8.38+3.3=11.68m;总箱到三层照明箱 AP1-1～AL4-1:11.68+3.3=14.98m;总箱到三层照明箱 AP1-1～AL5-1:14.98+3.3=18.28m;总箱到三层照明箱 AP1-1～AL6-1:18.28+3.3=21.58m;总箱到三层照明箱 合计:79.98m	m	79.98
	SC25(FC/WC) 电缆保护管	0.2(水泥台高)+0.2(管进入电箱)+3.2(箱中到墙中水平配管)+1.5(箱底距地面距离)+0.3×2(埋深进出地面)=5.7m 总箱到一层应急照明(AP1-1～AEL1-1)		5.7

续表

序号	分部分项工程名称	计算式及说明	单位	数量
3	SC15　WC 电缆保护管 应急照明：沿墙敷设到各个楼层	AEL1-1～二层：3.3m AEL1-1～三层：3.3×2=6.6m AEL1-1～四层：3.3×3=9.9m AEL1-1～五层：3.3×4=13.2m AEL1-1～六层：3.3×5=16.5m 合计：49.5m 消火栓引上引下：3.3×4×5=66m 一层消火栓连线：28.4+1.6+8.2=38.2 合计：153.7m		153.7
	管内穿线：WDZ-YJ　5×16	AP1-1～AL1-1 总箱到一层照明箱 ［（0.7+1.8）（总箱预留）+5.08（配管长度）+ （0.9+0.6）（照明箱预留）］×5=9.08×5=45.4m		45.4
	管内穿线：WDZ-YJ　5×16	AP1-1～AL2-1 总箱到二层照明箱 （9.08+3.3）×5=12.38×5=61.9m AP1-1～AL3-1 总箱到三层照明箱 （12.38+3.3）×5=15.68×5=78.4m AP1-1～AL4-1 总箱到四层照明箱 （15.68+3.3）×5=18.98×5=94.9m AP1-1～AL5-1 总箱到五层照明箱 （18.98+3.3）×5=22.28×5=111.4m AP1-1～AL6-1 总箱到六层照明箱 （22.28+3.3）×5=25.58×5=127.9m 合计：474.5m	m	474.5
	管内穿线： NH-JYV　5×6	AP1-1～AEL1-1 总箱到一层应急照明箱 ［（0.7+1.8）（总箱预留）+5.7（配管长度）+ （0.4+0.5）（照明箱预留）］×5=9.1×5=45.5m		45.5
	管内穿线： NH-3×2.5 消火栓 沿墙配管配线	AEL1-1 一层应急照明箱到以上各个楼层 ［（0.4+0.5）（箱预留）+3.3（配管长度）］×3= 12.6m 二层 （0.9+6.6）×3=22.5m 三层 （0.9+9.9）×3=32.4m 四层 （0.9+13.2）×3=42.3m 五层 （0.9+16.5）×3=52.2m 六层 合计：162m		162
	管内穿线： BV 4×2.5　消火栓	（66+38.2）×4=416.8m		416.8
	压铜接线端子 ϕ16	6×10=60 个		60
	压铜接线端子 ϕ6	1×10=10 个	个	10
	压铜接线端子 ϕ2.5	5×5=25 个		25

续表

序号	分部分项工程名称	计算式及说明	单位	数量
4	层箱至用电器具	配管配线(一层照明配电)		
	W1 回路	插座及照明回路,从层照明计量箱到最西面房间		
	FPC20 CC BV-2.5 保护管	照明回路 BV-3×2.5:(3.3-2)(箱顶距顶板距离)+14(走廊管长)+2.2(到第一个灯具长度)+(1.8+3.8+1.8+0.78)(灯具到灯具距离)+(0.75+1.1)(灯具到开关距离)+(3.3-1.3)(顶板到开关距离)×2=31.53m 照明回路 BV-2×2.5;2+3.3-1.3=4m 合计:35.53m		35.53
	FPC20 FC BV-2.5 保护管	插座回路 BV-3×2.5:(2-0.6)(箱底距地面距离)+11.2(走廊管长)+1.4(到第一个插座长度)+(2.0+0.5+2.4+2.0+3.2)(插座到插座距离)+1.5(防溅插座高度)×3+0.5(普通插座高度)×3=30.1m	m	30.1
	管内穿线: BV-3×2.5(2×2.5)	照明回路:(31.53+0.9+0.6)×3+4×2=107.09m 灯头盒 4 个,开关盒 3 个,接线盒 4 个(管长,开关)		107.09
	管内穿线: BV-3×2.5	插座回路:(30.1+0.9+0.6)×3=94.8m 插座盒 6 个,接线盒 7 个		94.8
	W2 回路	插座及照明回路,层照明计量箱到西面数第 2 间		
	FPC20 CC BV-2.5 保护管	照明回路 BV-3×2.5:(3.3-2)+8.8+2.0+(1.8+3.8+1.8+0.78)+(0.75+1.1)+(3.3-1.3)×2=8.8+2.0+15.33=26.13m 照明回路 BV-2×2.5;2+3.3-1.3=4m 合计:30.13m		30.13
	FPC20 FC BV-2.5 保护管	插座回路 BV-3×2.5:(2-0.6)+10.5+1.8+(2.0+0.5+2.4+2.0+3.2)+1.5×3+0.5×3=10.5+1.8+17.5=29.8m	m	29.8
	管内穿线: BV-3×2.5(2×2.5)	照明回路:(26.13+0.9+0.6)×3+4×2=90.89m 灯头盒 4 个,开关盒 3 个,接线盒 4 个(管长,开关)		90.89
	管内穿线: BV-3×2.5	插座回路:(29.8+0.9+0.6)×3=93.9m 插座盒 6 个,接线盒 7 个		93.9
	W3 回路	插座及照明回路,层照明计量箱到西面数第 3 间		
	FPC20 CC BV-2.5 保护管	照明回路 BV-3×2.5:7.8+2.0+15.33=25.13m 照明回路 BV-2×2.5:2+3.3-1.3=4m 合计:29.13m		29.13
	FPC20 FC BV-2.5 保护管	插座回路 BV-3×2.5:(2-0.6)+5.9+0.4+(2.0+0.5+2.4+2.0+3.2)+1.5×3+0.5×3=5.9+0.4+17.5=23.8m		29.8
	管内穿线: BV-3×2.5(2×2.5)	照明回路:(25.13+0.9+0.6)×3+4×2=87.89m 灯头盒 4 个,开关盒 3 个,接线盒 4 个(管长,开关)		87.89
	管内穿线: BV-3×2.5	插座回路:(23.8+0.9+0.6)×3=75.9m 插座盒 6 个,接线盒 7 个		75.9

续表

序号	分部分项工程名称	计算式及说明	单位	数量
4	W4 回路	插座及照明回路,层照明计量箱到西面数第 4 间		
	FPC20　CC BV-2.5 保护管	照明回路 BV-3×2.5:2.8+2.0+15.33＝20.13m 照明回路 BV-2×2.5:2+3.3-1.3＝4m 合计:24.13m	m	24.13
	FPC20　FC BV-2.5 保护管	插座回路 BV-3×2.5:3.0+2.8+17.5＝23.3m		23.3
	管内穿线: BV-3×2.5(2×2.5)	照明回路:(20.13+0.9+0.6)×3+4×2＝72.89m 灯头盒 4 个,开关盒 3 个,接线盒 4 个(管长,开关)		72.89
	管内穿线: BV-3×2.5	插座回路:(23.3+0.9+0.6)×3＝74.4m 插座盒 6 个,接线盒 7 个		74.4
	W5 回路	插座及照明回路,层照明计量箱到西面数第 5 间		
	FPC20　CC BV-2.5 保护管	照明回路 BV-3×2.5:1.4+2.3+15.33＝19.03m 照明回路 BV-2×2.5:2+3.3-1.3＝4m 合计:23.03m	m	23.03
	FPC20　FC BV-2.5 保护管	插座回路 BV-3×2.5:1.4+1.5+17.5＝20.4m		20.4
	管内穿线: BV-3×2.5(2×2.5)	照明回路:(19.03+0.9+0.6)×3+4×2＝69.59m 灯头盒 4 个,开关盒 3 个,接线盒 4 个(管长,开关)		69.59
	管内穿线: BV-3×2.5	插座回路:(20.4+0.9+0.6)×3＝65.7m 插座盒 6 个,接线盒 7 个		65.7
	W6 回路	插座及照明回路,层照明计量箱到西面数第 6 间		
	FPC20　CC BV-2.5 保护管	照明回路 BV-3×2.5:1.1+2.9+15.33＝19.33m 照明回路 BV-2×2.5:2+3.3-1.3＝4m	m	23.33 19.4
	FPC20　FC BV-2.5 保护管	插座回路 BV-3×2.5:1.1+0.8+17.5＝19.4m		70.49
	管内穿线: BV-3×2.5(2×2.5)	照明回路:(19.33+0.9+0.6)×3+4×2＝70.49m 灯头盒 4 个,开关盒 3 个,接线盒 4 个(管长,开关)		62.7
	管内穿线: BV-3×2.5	插座回路:(19.4+0.9+0.6)×3＝62.7m 插座盒 6 个,接线盒 7 个		
	W7 回路	插座及照明回路,层照明计量箱到西面数第 7 间		
	FPC20　CC BV-2.5 保护管	照明回路 BV-3×2.5:4.7+1.7+15.33＝21.73m 照明回路 BV-72×2.5:2+3.3-1.3＝4m	m	25.73
	FPC20　FC BV-2.5 保护管	插座回路 BV-3×2.5:4.7+2.4+17.5＝24.6m		24.6
	管内穿线: BV-3×2.5(2×2.5)	照明回路:(21.73+0.9+0.6)×3+4×2＝77.69m 灯头盒 4 个,开关盒 3 个,接线盒 4 个(管长,开关)		77.69
	管内穿线: BV-3×2.5	插座回路:(24.6+0.9+0.6)×3＝78.3m 插座盒 6 个,接线盒 7 个		78.3

续表

序号	分部分项工程名称	计算式及说明	单位	数量
4	W8 回路	插座及照明回路,层照明计量箱到西面数第 8 间		
	FPC20 CC BV-2.5 保护管	照明回路 BV-3×2.5:7.2+3.3+15.33＝25.83m 照明回路 BV-2×2.5:2+3.3−1.3＝4m	m	29.83
	FPC20 FC BV-2.5 保护管	插座回路 BV-3×2.5:7.2+0.6+17.5＝25.3m		25.3
	管内穿线: BV-3×2.5(2×2.5)	照明回路:(25.83+0.9+0.6)×3+4×2＝89.99m 灯头盒 4 个,开关盒 3 个,接线盒 4 个(管长,开关)		89.99
	管内穿线: BV-3×2.5	插座回路:(25.3+0.9+0.6)×3＝80.4m 插座盒 6 个,接线盒 7 个		80.4
	W9 回路	插座及照明回路,层照明计量箱到西面数第 9 间		
	FPC20 CC 照明 BV-2.5 保护管	照明回路 BV-3×2.5:11.1+1.73+15.33＝28.16m 照明回路 BV-2×2.5:2+3.3−1.3＝4m 合计:32.16m		32.16
	FPC20 FC 插座 BV-2.5 保护管	插座回路 BV-3×2.5:11.1+2.5+17.5＝31.1m	m	31.1
	管内穿线:照明 BV-3×2.5(2×2.5)	照明回路:(28.16+0.9+0.6)×3+4×2＝96.98m 灯头盒 4 个,开关盒 3 个,接线盒 4 个(管长,开关)		96.98
	管内穿线:插座 1 BV-3×2.5	插座回路:(31.1+0.9+0.6)×3＝97.8m 插座盒 6 个,接线盒 7 个		97.8
	W10 回路	插座及照明回路,层照明计量箱到西面数第 10 间		
	FPC20 CC 照明 BV-2.5 保护管	照明回路 BV-3×2.5:14.4+2.8+15.33+2.8+2+2 ＝39.33m		39.33
	FPC20 FC 插座 BV-2.5 保护管	插座回路 BV-3×2.5:14.4+0.7+17.5＝32.6m	m	32.6
	管内穿线:照明 BV-3×2.5	照明回路:(39.33+0.9+0.6)×3＝122.49m 灯头盒 4 个,开关盒 3 个,接线盒 4 个(管长,开关)		122.49
	管内穿线:插座 BV-3×2.5	插座回路:(32.6+0.9+0.6)×3＝102.3m 插座盒 6 个,接线盒 7 个		102.3
	W11 回路	插座及照明回路,层照明计量箱到东面数第 2 间		
	FPC20 CC 照明 BV-2.5 保护管	照明回路 BV-3×2.5:24.3+1.95+15.33＝41.78m 照明回路 BV-2×2.5:2+3.3−1.3＝4m 合计:45.78m		45.78
	FPC20 FC 插座 BV-2.5 保护管	插座回路 BV-3×2.5:24.3+2.5+17.5＝44.3m	m	44.3
	管内穿线:照明 BV-3×2.5(2×2.5)	照明回路:(41.78+0.9+0.6)×3+4×2＝137.84m 灯头盒 4 个,开关盒 3 个,接线盒 5 个(管长,开关)		137.84
	管内穿线:插座 BV-3×2.5	插座回路:(44.3+0.9+0.6)×3＝137.4m 插座盒 6 个,接线盒 8 个		137.4

续表

序号	分部分项工程名称	计算式及说明	单位	数量
4	W12 回路	插座及照明回路,层照明计量箱到东面数第 1 间		
	FPC20　CC 照明 BV-2.5 保护管	照明回路 BV-3×2.5:27.6+2.77+15.33＝45.7m 照明回路 BV-2×2.5:2+3.3－1.3＝4m 合计:49.7m		49.7
	FPC20　FC 插座 BV-2.5 保护管	插座回路 BV-3×2.5:27.6+0.8+17.5＝45.9m	m	45.9
	管内穿线:照明 BV-3×2.5(2×2.5)	照明回路:(45.7+0.9+0.6)×3+4×2＝149.6m 灯头盒 4 个,开关盒 3 个,接线盒 5 个(管长,开关)		149.6
	管内穿线:插座 BV-3×2.5	插座回路:(45.9+0.9+0.6)×3＝142.3m 插座盒 6 个,接线盒 8 个		142.2
	W13 回路	走廊照明		
	FPC20　CC 照明 BV-2.5 保护管	照明回路 BV-4×2.5: 3.8×4+3.4+3.4+1.5+2.7+1.8+ 2.2+1.3＝ 31.5m(水平) (3.3－1.3)×1＝2m(垂直) 合计:33.5m 照明回路 BV-3×2.5: 3.3－2+0.62+3.8×3+2.7+2.5+ 3.2+1.6+1.3 +1.8+ 1.8+ 4.0+4.9+3.4+3.4+3.3+1.3＋ 1.7+0.8＝51.02m(水平) (3.3－1.3)×6＝12m(垂直) 合计:63.02m 照明回路 BV-2×2.5: 1.7+1.3+0.7＝3.7m(水平) (3.3－1.3)×6＝12m(垂直) 合计:112.22m　合计:15.7m	m	112.22
	管内穿线:照明 BV-3×2.5(4×2.5、2×2.5)	照明回路:33.5×4+(63.02+0.9+0.6)×3+15.7×2 ＝359m 灯头盒 20 个,开关盒 13 个,接线盒 13 个(开关位置)		359
	W14 回路	配电间插座		
	FPC20　FC 插座 BV-2.5 保护管	插座回路 BV-3×2.5: 2－0.6+1.13+2.5＝5.03m(水平) 0.5×1＝0.5m(垂直) 合计:5.53m	m	5.53
	管内穿线:插座 BV-3×2.5	插座回路:(5.53+0.9+0.6)×3＝21.09m 插座盒 1 个,接线盒 1 个(插座位置)		21.09
	W15 回路	配电间插座		
	FPC20　FC 插座 BV-2.5 保护管	插座回路 BV-3×2.5: 2－0.6+1.31+2.5＝5.21m(水平) 0.5×1＝0.5m(垂直) 合计:5.71m	m	5.71
	管内穿线:插座 BV-3×2.5	插座回路:(5.71+0.9+0.6)×3＝21.63m 插座盒 1 个,接线盒 1 个(插座位置)		21.63

续表

序号	分部分项工程名称	计算式及说明	单位	数量
4	WE1 回路	配电间应急照明	m	
	SC15　CC 照明 NH-BV-2.5 保护管	照明回路 NH BV-3×2.5：3.3−1.5−0.5+3.0 =5.03m 照明回路 NH BV-2×2.5：1.6+3.3−1.3=3.6m 合计：8.63m		8.63
	管内穿线：照明 BV-3×2.5	(5.03+0.4+0.5)×3+3.6×2=24.99m 灯头盒 1 个，开关盒 1 个，接线盒 1 个		24.99
	WE2 回路	走廊应急照明	m	
	SC15　CC 照明 NH-BV-2.5 保护管	照明回路 NH BV-3×2.5： 3.3−1.5−0.5+1.2+5.8+1.3+4.8+3.4+1.9+ 11.3+1.9+9.3+2.0+2.4+7.5+2.7+1.5+(3.3 −2.4)×3+(3.3−2.5)×5+(3.3−0.3)×4=58.3 +2.7+4+12=77m		77
	管内穿线：照明 BV-3×2.5	(77+0.4+0.5)×3=233.7m 灯头盒 5 个，接线盒 9 个		233.7
5	层箱至用电器具	配管配线(二层～六层照明配电)		
	W1 回路	插座及照明回路，从层照明计量箱到最西面房间		
	FPC20　CC BV-2.5 保护管	照明回路 BV-3×2.5：31.53×5=157.65m 照明回路 BV-2×2.5：4×5=20m 合计：177.65m	m	177.65
	FPC20　FC BV-2.5 保护管	插座回路 BV-3×2.5：30.1×5=150.5m		150.5
	管内穿线： BV-3×2.5(2×2.5)	照明回路：(31.53+0.9+0.6)×3×5+4×2×5 =535.45m 灯头盒 20 个，开关盒 15 个，接线盒 20 个		535.45
	管内穿线： BV-3×2.5	插座回路：(30.1+0.9+0.6)×3×5=474m 插座盒 30 个，接线盒 35 个		474
	W2 回路	插座及照明回路，层照明计量箱到西面数第 2 间		
	FPC20　CC BV-2.5 保护管	照明回路 BV-3×2.5：26.13×5=130.65m 照明回路 BV-2×2.5：4×5=20m 合计：150.65m	m	150.65
	FPC20　FC BV-2.5 保护管	插座回路 BV-3×2.5：29.8×5=149m		149
	管内穿线： BV-3×2.5(2×2.5)	照明回路：(26.13+0.9+0.6)×3×5+4×2×5 =455.95m 灯头盒 20 个，开关盒 15 个，接线盒 20 个		455.95
	管内穿线： BV-3×2.5	插座回路：(29.8+0.9+0.6)×3×5=469.5m 插座盒 30 个，接线盒 35 个		469.5

序号	分部分项工程名称	计算式及说明	单位	数量
5	W3 回路	插座及照明回路,层照明计量箱到西面数第 3 间	m	
	FPC20　CC BV-2.5 保护管	照明回路 BV-3×2.5:25.13×5＝125.65m 照明回路 BV-2×2.5:4×5＝20m 合计:145.65m		145.65
	FPC20　FC BV-2.5 保护管	插座回路 BV-3×2.5:23.8×5＝119m		119
	管内穿线: BV-3×2.5(2×2.5)	照明回路:(25.13＋0.9＋0.6)×3×5＋4×2×5 ＝439.45m 灯头盒 20 个,开关盒 15 个,接线盒 20 个		439.45
	管内穿线: BV-3×2.5	插座回路:(23.8＋0.9＋0.6)×3×5＝379.5m 插座盒 30 个,接线盒 35 个		379.5
	W4 回路	插座及照明回路,层照明计量箱到西面数第 4 间	m	
	FPC20　CC BV-2.5 保护管	照明回路 BV-3×2.5:20.13×5＝100.65m 照明回路 BV-2×2.5:4×5＝20m 合计:120.65m		120.65
	FPC20　FC BV-2.5 保护管	插座回路 BV-3×2.5:23.3×5＝116.5m		116.5
	管内穿线: BV-3×2.5(2×2.5)	照明回路:(20.13＋0.9＋0.6)×3×5＋4×2×5 ＝364.45m 灯头盒 20 个,开关盒 15 个,接线盒 20 个		364.45
	管内穿线: BV-3×2.5	插座回路:(23.3＋0.9＋0.6)×3×5＝372m 插座盒 30 个,接线盒 35 个		372
	W5 回路	插座及照明回路,层照明计量箱到西面数第 5 间	m	
	FPC20　CC BV-2.5 保护管	照明回路 BV-3×2.5:19.03×5＝95.15m 照明回路 BV-2×2.5:4×5＝20m 合计:115.15m		115.15
	FPC20　FC BV-2.5 保护管	插座回路 BV-3×2.5:20.4×5＝102m		102
	管内穿线: BV-3×2.5(2×2.5)	照明回路:(19.03＋0.9＋0.6)×3×5＋4×2×5 ＝347.95m 灯头盒 20 个,开关盒 15 个,接线盒 20 个		347.95
	管内穿线: BV-3×2.5	插座回路:(20.4＋0.9＋0.6)×3×5＝328.75m 插座 盒 30 个,接线盒 35 个		328.75
	W6 回路	插座及照明回路,层照明计量箱到西面数第 6 间		
	FPC20　CC BV-2.5 保护管	照明回路 BV-3×2.5:19.33×5＝96.65m 照明回路 BV-2×2.5:4×5＝20m 合计:116.65m	m	116.65

续表

序号	分部分项工程名称	计算式及说明	单位	数量
5	FPC20　FC BV-2.5 保护管	插座回路 BV-3×2.5：19.4×5＝97m		97
	管内穿线： BV-3×2.5(2×2.5)	照明回路：(19.33＋0.9＋0.6)×3×5＋4×2×5 ＝352.45m 灯头盒 20 个，开关盒 15 个，接线盒 20 个	m	352.45
	管内穿线： BV-3×2.5	插座回路：(19.4＋0.9＋0.6)×3×5＝313.5m 插座盒 30 个，接线盒 35 个		313.5
	W7 回路	插座及照明回路，层照明计量箱到西面数第 7 间		
	FPC20　CC BV-2.5 保护管	照明回路 BV-3×2.5：21.73×5＝108.65m 照明回路 BV-2×2.5：4×5＝20m 合计：128.65m		128.65
	FPC20　FC BV-2.5 保护管	插座回路 BV-3×2.5：24.6×5＝123m		123
	管内穿线： BV-3×2.5(2×2.5)	照明回路：(21.73＋0.9＋0.6)×3×5＋4×2×5 ＝388.45m 灯头盒 20 个，开关盒 15 个，接线盒 20 个		388.45
	管内穿线： BV-3×2.5	插座回路：(24.6＋0.9＋0.6)×3×5＝348.45m 插座盒 30 个，接线盒 35 个		348.45
	W8 回路	插座及照明回路，层照明计量箱到西面数第 8 间		
	FPC20　CC BV-2.5 保护管	照明回路 BV-3×2.5：25.83×5＝129.15m 照明回路 BV-2×2.5：4×5＝20m 合计：149.15m		149.15
	FPC20　FC BV-2.5 保护管	插座回路 BV-3×2.5：25.3×5＝126.5m	m	126.5
	管内穿线： BV-3×2.5(2×2.5)	照明回路：(25.83＋0.9＋0.6)×3×5＋4×2×5 ＝449.95m 灯头盒 20 个，开关盒 15 个，接线盒 20 个		449.95
	管内穿线： BV-3×2.5	插座回路：(25.3＋0.9＋0.6)×3×5＝402m 插座盒 30 个，接线盒 35 个		402
	W9 回路	插座及照明回路，层照明计量箱到西面数第 9 间		
	FPC20　CC 照明 BV-2.5 保护管	照明回路 BV-3×2.5：28.16×5＝140.8m 照明回路 BV-2×2.5：4×5＝20m 合计：160.8m		160.8
	FPC20　FC 插座 BV-2.5 保护管	插座回路 BV-3×2.5：31.1×5＝155.5		155.5
	管内穿线：照明 BV-3×2.5(2×2.5)	照明回路：(28.16＋0.9＋0.6)×3×5＋4×2×5 ＝484.9m 灯头盒 20 个，开关盒 15 个，接线盒 20 个	m	484.9
	管内穿线：插座 BV-3×2.5	插座回路：(31.1＋0.9＋0.6)×3×5＝489m 插座盒 30 个，接线盒 35 个		489

序号	分部分项工程名称	计算式及说明	单位	数量
5	W10 回路	插座及照明回路,层照明计量箱到西面数第 10 间	m	
	FPC20　CC 照明 BV-2.5 保护管	照明回路 BV-3×2.5:39.33×5=196.65m		196.65
	FPC20　FC 插座 BV-2.5 保护管	插座回路 BV-3×2.5:32.6×5=163m		163
	管内穿线:照明 BV-3×2.5(2×2.5)	照明回路:(39.33+0.9+0.6)×3×5=612.45m 灯头盒 25 个,开关盒 15 个,接线盒 20 个		612.45
	管内穿线:插座 BV-3×2.5	插座回路:(32.6+0.9+0.6)×3×5=511.5m 插座盒 30 个,接线盒 35 个		511.5
	W11 回路	插座及照明回路,层照明计量箱到西面数第 4 间		
	FPC20　CC 照明 BV-2.5 保护管	二层 BV-3×2.5:(17.7+1.74+15.33)=34.77m BV-2×2.5:2+3.3-1.3=4m 三~六层 BV-3×2.5:(17.7+1.74+15.33+2.8+ 2.0+2.0)×4=41.57×4=166.28m 合计:205.05m		205.05
	FPC20　FC 插座 BV-2.5 保护管	插座回路 BV-3×2.5:(17.7+2.43+17.5)×5= 37.63×5=188.15m	m	188.15
	管内穿线:照明 BV-3×2.5(2×2.5)	照明回路:(34.77+1.5)×3+(41.57+1.5)×3×4+ 4×2=633.65m 灯头盒 25 个,开关盒 15 个,接线盒 25 个		633.65
	管内穿线:插座 BV-3×2.5	插座回路:(37.63+1.5)×3×5=586.95m 插座盒 30 个,接线盒 35 个		586.95
	W12 回路	插座及照明回路,层照明计量箱到西面数第 3 间		
	FPC20　CC 照明 BV-2.5 保护管	二层 BV-3×2.5:(21.0+2.8+15.33)=39.13m BV-2×2.5:2+3.3-1.3=4m 三~六层 BV-3×2.5:(21.0+2.8+15.33+2.8+2.0 +2.0)×4=45.93×4=183.72m 合计:226.85m		226.85
	FPC20　FC 插座 BV-2.5 保护管	插座回路 BV-3×2.5:(21.0+0.7+17.5)×5=39.2 ×5=196m	m	196
	管内穿线:照明 BV-3×2.5(2×2.5)	照明回路:(39.13+1.5)×3+(45.93+1.5)×3×4+ 4×2=699.05m 灯头盒 25 个,开关盒 15 个,接线盒 25 个		699.05
	管内穿线:插座 BV-3×2.5	插座回路:(39.2+1.5)×3×5=610.5m 插座盒 30 个,接线盒 35 个		610.5

序号	分部分项工程名称	计算式及说明	单位	数量
5	W13 回路	插座及照明回路,层照明计量箱到东面数第2间		
	FPC20　CC 照明 BV-2.5 保护管	照明回路 BV-3×2.5:41.78×5=208.9m 照明回路 BV-2×2.5:4×5=20m 合计:228.9m	m	228.9
	FPC20　FC 插座 BV-2.5 保护管	插座回路 BV-3×2.5:44.3×5=221.5m		221.5
	管内穿线:照明 BV-3×2.5(2×2.5)	照明回路:(41.78+1.5)×3×5+4×2×5=689.2m 灯头盒 25 个,开关盒 15 个,接线盒 25 个		689.2
	管内穿线:插座 BV-3×2.5	插座回路:(44.3+1.5)×3×5=687m 插座盒 30 个,接线盒 40 个		687
	W14 回路	插座及照明回路,层照明计量箱到东面数第1间		
	FPC20　CC 照明 BV-2.5 保护管	照明回路 BV-3×2.5:45.7×5=228.5m 照明回路 BV-2×2.5:4×5=20m 合计:248.5m	m	248.5
	FPC20　FC 插座 BV-2.5 保护管	插座回路 BV-3×2.5:45.9×5=229.5m		229.5
	管内穿线:照明 BV-3×2.5(2×2.5)	照明回路:(45.7+1.5)×3×5+4×2×5=748m 灯头盒 25 个,开关盒 15 个,接线盒 25 个		748
	管内穿线:插座 BV-3×2.5	插座回路:(45.9+1.5)×3×5=711m 插座盒 30 个,接线盒 40 个		711
	W15 回路	走廊照明		
	FPC20　CC 照明 BV-2.5 保护管	照明回路 BV-4×2.5: 3.8×4+4.14=19.34m(水平) 照明回路 BV-3×2.5: 3.3-2+0.62+2.53+1.82+1.75+3.18+1.86+ 3.8+2.7+3.16+2.26+1.64+1.79+3.8×3+4.14 +3.16+1.67+3.31+1.86+1.55+0.71=56.21m (水平) (3.3-1.3)×5=10m(垂直) 合计:66.21m 照明回路 BV-2×2.5: 1.63+1.23+1.25+1.6+1.23+0.71=7.65m(水平) (3.3-1.3)×6=12m(垂直) 合计:19.65m 每层合计:105.2m 共计:105.2×5=526m	m	526
	管内穿线:照明 BV-3×2.5(4×2.5,2×2.5)	每层 19.34×4+(66.21+1.5)×3+19.65×2 =319.79m 共 319.79×5=1598.95m 灯头盒 18×5 个,开关盒 11×5 个,接线盒 11×5		1598.95
	W16 回路	仅设于六层和 19.800 标高楼层		

序号	分部分项工程名称	计算式及说明	单位	数量
5	FPC16　CC 照明 BV-2.5 保护管	BV-3×2.5：3.3−2.0+20.3+2.9+1.65+1.72+ 3.3+1.8+2.38+3.83+2.73+0.8+1.6+0.6+2.9 ×3+2.7×2+3+1+3.3−1.3=65.01m BV-4×2.5：3.3+2.3+3.3−1.3=7.6m BV-2×2.5：1.6+1.3+(3.3−1.3)×2=6.9m 合计：79.51m	m	79.51
	管内穿线：照明 BV-3×2.5(4×2.5、2×2.5)	7.6×4+(65.01+1.5)×3+6.9×2=243.73m 灯头盒 13 个，开关盒 4 个，接线盒 5 个		243.73
	WE3 回路	走廊应急照明		
	SC15　CC 照明 NH-BV-2.5 保护管	每层 NH BV-3×2.5： 3.3−2.0+1.2+9.7+3.1+2.0+11.3+1.9+9.3+ 2.0+(3.3−2.5)×4+(3.3−0.3)×4=57m 共：57×5=285m（WE3～WE7） 19.800 标高楼层 NH BV-3×2.5： 2.7+1.7+0.8+2.0+1.7+(3.3−2.5)+(3.3− 2.4)=10.6m 合计：295.6m	m	295.6
	管内穿线：照明 BV-3×2.5	(57+0.4+0.5)×3×5+10.6×3=900.3m 灯头盒 4×5+1 个，接线盒 4×5+1 个		900.3
6	插座			
	安全型二三极插座	3×14×6(标间)−3×2(门厅标间)+3(门厅插座)= 249 个（每层 14 间，六层）	个	249
	防溅型单相三级插座	3×14×6−3×2=246 个		246
7	开关			
	单联单控开关	1×11×6(标间)+2(一层门厅)+2(二层门厅上两个 标间)+2(19.800 标高层)=72 个 5(一层走廊)+6×5(二～六层走廊)+2(19.800 标 高)=37 个 合计：109 个	个	109
	双联单控开关	2×11×6(标间)+[4+3](一二层门厅处三个标间)+ 3×3×4(三～六层门厅处三个标间)+1(19.800 标高 层)=176 个 5×6(一～六层走廊)=30 个 合计：206 个		206
	三联单控开关	1 个(19.800 标高层)		1
8	灯具			
	普通灯	1×14×6(标间)−2(门厅标间)+3(门厅处灯)+4 (19.800 标高层)=89 套 15(一层走廊)+17×5(二～六层走廊)=100 套 合计：189 套	套	189

序号	分部分项工程名称	计算式及说明	单位	数量
8	瓷质防水灯	2×14×6(标间)−2×2(门厅标间)=164 套 1×6(管道井)=6 套 合计:170 套	套	170
	荧光灯	1×11×6(标间)+[3+4](一二层门厅处三个标间)+ 2×3×4(三~六层门厅处三个标间)=97 套		97
	壁灯	4×6(标间)+1(门厅)+1(19.800 标高层)=26 套		26
	安全出口灯	3(一层)+1(19.800 标高层)=4 套		4
	配照灯	9 套(19.800 标高层)		9
9	墙壁灯座	1 套	套	1
10	排风扇	1×14×6(标间)−2(门厅标间)=82 台	台	82

(2)防雷与接地工程工程量计算

设计说明:

①本建筑物低压配电系统接地形式采用 TN-C-S 系统,建筑物防雷等级为第三类。

②利用屋顶女儿墙上的避雷带做接闪器,避雷带采用 $\phi 10mm$ 镀锌圆钢在女儿墙上明设,并在屋面上组成不大于 20m×20m 或 24m×16m 的网格。屋面上排气孔四周设避雷带并就近与主避雷带可靠焊接。所有突出屋面的金属构筑物及构筑物的金属构件均应与避雷带连接。

③利用结构柱内两根主筋作防雷引下线,引下线平均间距不大于25m,上部与避雷带焊接,下部与接地装置(基础内钢筋)焊接。

④本工程接地为共用接地装置,利用基础内两根主钢筋沿建筑物基础焊成环形作为自然接地体,结构无筋处采用 $\phi 16mm$ 镀锌圆钢焊接成电气通路,接地电阻不大于 1Ω。若实测不满足要求,则需补打人工接地体。

⑤在引下线室外地坪下 1m 处水平焊出一根 40×4 镀锌扁钢(1.5m),预留人工接地线,接地测试端子箱在室外距地 0.5m 处墙上暗设。

⑥电源进户线的金属外皮,保护钢管和水暖、煤气、弱电等专业进出建筑物的金属管道在入户处采用 40×4 镀锌扁钢与接地装置可靠焊接。

⑦本工程设总等电位连接,总等电位连接干线采用 40×4 镀锌扁钢在建筑物一层外墙内侧地面暗敷设。总等电位端子箱与预埋件、配电箱 PE 母排、电源进户线、水暖、煤气等进户金属管线,水暖金属立管的底部均用 40×4 镀锌扁钢做可靠连接。

⑧总等电位端子箱 MEB(350mm×120mm×80mm),一层地面 0.3m 墙上暗装;接地端子箱,一层距地面 0.3m 墙上暗装;预埋件(60mm×120mm),一层地面 0.3m 墙上暗装。

防雷与接地工程可划分成如下清单安装项目:

①接地母线安装;

②避雷网安装;

③避雷引下线安装;

④等电位端子箱安装。

防雷与接地工程工程量计算表,见表 5-20。

表 5-20　防雷与接地工程工程量计算表

工程名称:教师公寓　防雷与接地

序号	分部分项工程名称	计算式及说明	单位	数量
1	户内接地母线			
	40×4 镀锌扁钢 总等电位连接干线	30.8＋1.8＋6.9＋8.2＋8.7＋7.6＋2.8＋7.4＋2.8 ＋12.4＋2.8＋2.5＋4.3＋2.9＋8.2＋1.6＋5.6＋ 3.6＋2.7＋6.6＝130.2 沿一层外墙内侧地面暗敷设	m	130.2
	40×4 镀锌扁钢 连接线	0.3×7＝2.1 一层地面 0.3m 墙上暗装 总等电位连接干线与各种进户管线预埋件的连接		2.1
2	接地极			
	40×4 镀锌扁钢 接地极	1.5×4＝6 引下线地坪下 1m 处水平焊出一根镀锌 扁钢 1.5m,预留人工接地线	m	6
3	避雷带			
	φ10 镀锌圆钢	(4.5＋6.4)×2＋7.3＋30.8＋7.6×2＋10.3＋7.4＋ 2.9×2＋8.3＋ 11.6＋3.2×7＋1.2×5＋0.4×2＋ 2.9×4＋4.9×4＝178.9	m	178.9
4	避雷引下线 利用柱内两根主筋	25.3＋0.1＋(20.8＋0.1)×6＋(23.3＋0.1)×4 ＝244.4	m	244.4
5	自然接地体 利用基础梁内两根主筋	9.2×13＋10.7＋4.2＋1.6＋46.4×4＋2.7×3－6.6 ＋3.3×12＋4×6＋2.8×5＋7.9×2＋1.8×4＋8 ＝431.8	m	431.8
6	总等电位端子箱	1	台	1
7	测试端子箱	4	台	4
8	跨接	22	处	22

（3）弱电工程量计算

本工程设置了电话系统、网络布线系统、有线电视系统和监视系统四个弱电系统。

1）电话系统

①电话系统进户电缆采用 HYA 22-100×2×0.5 穿钢管埋地敷设。②公寓楼梯间每层设接线箱,接线箱安装高度为底边距地 0.5m。③由电话接线箱至每个房间电话插座采用 RVB-2×0.5　SC15。④电话接线箱在每层走廊内距地 0.5m 安装。

2）网络布线系统

①网络布线采用 6 类光纤进户,由建筑物配线架至楼层配线架采用 6 类光纤,由楼层配线架至每个房间信息插座采用 6 类 UTP 线,均穿钢管在楼板及墙内暗敷设。②墙上型单孔信息插座距地面 0.5m 处暗设。③宽带网配线架落地安装。④施工中线路较长者应按规范加装穿线盒。

3）有线电视系统

①有线电视干线电缆选用 SYKV-75-9 型,支线电缆选用 SYKV-75-5 型,室内所有线缆均穿钢管在楼板或墙内敷设。②有线电视接线箱在配电间内安装时底边距地 0.8m。③系统

所有设备部件的电缆均选用具有双向传输功能的产品。

4）监控系统

监控摄像头视频传输线采用 SYKV-75-5 型，穿钢管在楼板及墙内敷设。

电话系统工程量计算表，见表 5-21。

表 5-21 电话系统工程量计算表

工程名称：教师公寓　电话系统

序号	分部分项工程名称	计算式及说明	单位	数量
1	电话接线箱	6个尺寸 400mm×650mm×160mm 底边距地 0.5m 墙上暗装	个	6
2	用户电话	13+14×5=83 个	个	83
3	SC50(FC) 电缆保护管	2.0(基础外缘加1m)+2.9+0.31(墙厚)/2+(0.65+0.8)(埋深)+0.5(底边距地)=7.1m　入户电缆保护管	m	7.1
4	SC32(WC) 电缆保护管	3.3×2=6.6m　一～三层沿墙敷设	m	6.6
5	SC25(WC) 电缆保护管	3.3=3.3m　三～四层沿墙敷设	m	3.3
6	SC20(WC) 电缆保护管	3.3×2=6.6m　四～六层沿墙敷设	m	6.6
7	SC15(FC/WC) 电缆保护管	一层接线箱到各用户： 20.7+20.1+13.9+13.2+7.5+7.5+8.1+8.4+14.1+14.7+20.9+26.1+26.8+0.5×13+0.5×13=215m 二～六层接线箱到各用户： (20.7+20+13.8+13.3+8.4+8.0+8.4+8.9+14.5+15.1+21+21.4+27.8+28.5+1×14)×5=243.8×5=1219m 合计：1434m	m	1434
8	SC50 管穿线 HYA22-100(2×0.5)	7.1+2.0(电缆进入建筑物)+(0.4+0.65)(宽+高)=10.15m	m	10.15
9	SC32 管穿线 HYA-100(2×0.5)	6.6+(0.4+0.65)×4=10.8m	m	10.8
10	SC25 管穿线 HYA-50(2×0.5)	3.3+(0.4+0.65)×2=5.4m	m	5.4
11	SC20 管穿线 HYA-30(2×0.5)	6.6+(0.4+0.65)×4=10.8m	m	10.8
12	SC15 管穿线 RVB-(2×0.5)	[215+(0.4+0.65)×13+1219+(0.4+0.65)×14×5]×2=1521.15×2=3042.3m	m	3042.3
13	TP 插座暗装	13+14×5=83 个	个	83
14	TP 插座暗盒	13+14×5=83 个	个	83
15	电话系统调试	1 系统	系统	1

有线电视系统工程量计算表，见表 5-22。

表 5-22　有线电视系统工程量计算表

工程名称：教师公寓　　有线电视系统

序号	分部分项工程名称	计算式及说明	单位	数量
1	有线电视接线箱	1 个尺寸 400mm×500mm×160mm 底边距地 0.8m 墙上明装	个	1
2	分支器	4×6=24 个底边距地 1.8m 墙上暗装	个	24
3	分支器暗箱	4×6=24 个尺寸 180×180×120（宽×高×深）	个	24
4	SC32（FC）电缆保护管	2.0（基础外缘加 1m）+0.31（墙厚）+（0.65+0.8）（埋深）+2.9+0.8（底边距地）=7.46m　入户电缆保护管	m	7.46
5	SC20（WC）电缆保护管	一层接线箱到分支器： 7.2+1.8+14.5+26.6+（0.8+1.8）×4=60.5m 各层分支器之间连接： 3.3×4×5=66m　合计：126.5m	m	126.5
6	SC15（WC）电缆保护管	一层分支到各用户： 11.8+7.3+6.9+7.1+7.1+6.9+7.3+12.2+7.5+6.5+10.1+7.0+7.1+1.8×13+0.5×13=134.6m 二～六层分支到各用户： [12.1+7.4+7.1+7.1+7+6.9+7.8+13.2+7+6.9+7.7+13.4+6.9+7+1.8×14+0.5×14]×5=147.4×5=737m 合计：871.6m	m	871.6
7	SC32 管穿线 SYKV-75-12	7.46+2.0（电缆进入建筑物）+（0.4+0.5）（宽+高）=10.36m	m	10.36
8	SC20 管穿线 SYKV-75-9	126.5+（0.4+0.5）×4+（0.18+0.18）×11×4=145.9m	m	145.9
9	SC15 管穿线 SYKV-75-5	871.6+（0.18+0.18）×83=901.5m	m	901.5
10	TV 插座暗装	13+14×5=83 个	个	83
11	TV 插座暗盒	13+14×5=83 个	个	83
12	终端调试	1 个	个	1

监控系统工程量计算表，见表 5-23。

表 5-23　监控系统工程量计算表

工程名称：教师公寓　　监控系统

序号	分部分项工程名称	计算式及说明	单位	数量
1	监控设备	1 台用户自定	台	1
2	摄像头	3×6=18 台距地 2.5m 墙上安装	台	18
3	SC15（CC/WC）电缆保护管	沿墙竖向管：（7.7+3.3×6）×3=82.5m 一层监控：46.1+13.6+14.6+（3.3-2.5）×3=76.7m 二～六层监控：（36.8+10.9+13.2+0.8×3）×5=316.5m 合计：475.7m	m	475.7

序号	分部分项工程名称	计算式及说明	单位	数量
4	FPC20(CC/WC) 电缆保护管	沿墙竖向管：$(7.7+3.3×6)×3=82.5$m 一层监控：$46.1+13.6+14.6+(3.3-2.5)×3$ $=76.7$m 二～六层监控：$(36.8+10.9+13.2+0.8×3)×5$ $=316.5$m 合计：475.7m	m	475.7
5	SC15 管穿线 SYKV-75-5	475.7m	m	475.7
6	FPC20 管穿线 KVV-4×2.5	$475.7×4=1902.8$m	m	1902.8

网络布线系统工程量计算表，见表 5-24。

表 5-24　网络布线系统工程量计算表

工程名称：教师公寓　网络布线系统

序号	分部分项工程名称	计算式及说明	单位	数量
1	建筑物配线架	1 个落地安装	个	1
2	楼层配线架	6 个走廊内落地暗装	个	6
3	SC32(FC) 电缆保护管	入户：$2.0+0.31+(0.65+0.8)+2.3+0.2$（进入箱内）$=6.26$m 沿墙配管：$3.3+3.3×2+3.3×3+3.3×4+3.3×5$ $=49.5$m 机房：$2+0.31+0.65+0.8=3.76$m 合计：59.52m	m	59.52
4	SC20(FC/WC) 电缆保护管	一层配线架到各用户： $17.4+16.6+12+11.5+8.4+7.8+9.5+10.1+$ $16.1+16.9+24.5+27.8+28.6+0.5×13=213.7$m 二～六层配线架到各用户： $[18+17.3+11.2+10.6+8.6+8.1+9.6+10.2+$ $16.3+17+23+23.6+29.6+30.7+0.5×14]×5=$ $240.8×5=1204$m 主机到配电箱：$26.8+3.3×5+2-0.6=44.7$m 合计：1462.4m	m	1462.4
5	SC32 管穿线 6 芯光纤	$6.26+2.0$（电缆进入建筑物）$+(0.8+1.0)$（宽+高） $=10.06$m 沿墙：$49.5+(0.8+1.0)×6+(0.4+0.5)×6$ $=65.7$m 合计：75.76m	m	75.76
6	SC32 管穿线 RS-485	$3.76+2.0$（电缆进入建筑物）$+(1+2)$（宽+高） $=8.76$m	m	8.76
7	SC20 管穿线 6 类 4UTP	一层：$213.7+(0.4+0.5)×13=225.4$m 二～六层：$1204+(0.4+0.5)×14×5=1267$m 合计：1492.4m	m	1492.4
8	SC20 管穿线 RS-485	$44.7+(1+2)+(0.9+0.6)×12=65.7$m	m	65.7

序号	分部分项工程名称	计算式及说明	单位	数量
9	C1插座暗装	13＋14×5＝83个	个	83
10	C1插座暗盒	13＋14×5＝83个	个	83
11	系统调试	1个	个	1

5.4.2.3 各电气专业工程量清单编制

(1) 电气照明工程工程量清单

电气照明工程工程量清单如表5-25所示。

表5-25 电气照明工程工程量清单

工程名称:教师公寓　电气照明工程

序号	项目编码	项目名称	计量单位	工程数量
1	030404017001	配电箱 总配电箱 XL-51　700mm×400mm×1800mm	台	1
2	030404017002	配电箱 每层照明配电箱　900mm×600mm×160mm	台	6
3	030404017003	配电箱 应急照明配电箱　400mm×500mm×100mm	台	1
4	030412001001	电气配管 钢管暗配 SC100	m	4.36
5	030412001002	电气配管 钢管暗配 SC40	m	79.98
6	030412001003	电气配管 钢管暗配 SC25	m	5.70
7	030412001004	电气配管 钢管暗配 SC20	m	5.26
8	030412001005	电气配管 钢管暗配 SC15	m	534.93
9	030412001006	电气配管 半硬质阻燃塑料管暗敷 FPC20	m	5901.97
10	030412001007	电气配管 半硬质阻燃塑料管暗敷 FPC15	m	79.51
11	030412004001	电气配线 管内穿进户电缆 YJV22-4×150	m	44.3
12	030412004002	电气配线 管内穿配电箱间连接电缆 WDZ-YJ-5×16	m	474.50
13	030412004003	电气配线 管内穿配电箱间连接电缆 NH-YJV-5×6	m	45.5
14	030412004004	电气配线 消火栓箱控制电缆 KVV22-5×2.5	m	36.3
15	030412004005	电气配线 管内穿线 BV-2.5(照明、插座、消火栓配线)	m	18825.46
16	030412004006	电气配线 管内穿线 NH BV-2.5(应急照明配线)	m	1320.90
17	030408006001	电力电缆头 热缩式电缆头 φ150	个	1
18	030413001001	吸顶灯具 圆球吸顶灯 20W 节能灯	套	189
19	030413001002	吸顶灯具 壁灯 20W 节能灯	套	26
20	030413001003	吸顶灯具 墙壁等座 20W 节能灯	套	1
21	030413001004	其他灯具 瓷质防水灯 20W 节能灯 吸顶	套	170
22	030413004001	照明器具 配照灯 20W 节能灯 距地 2.8m	套	9
23	030413004002	照明器具 安全出口灯 15W 自带蓄电池	套	4
24	030413004001	荧光器具 T5 节能型双管荧光灯 距地 2.8m	套	97

续表

序号	项目编码	项目名称	计量单位	工程数量
25	030404033001	排风扇 40W	台	82
26	030404034001	单联单控开关 10A	个	109
27	0304040341002	双联单控开关 10A	个	206
28	030404034003	三联单控开关 10A	个	1
29	030404035001	安全型二三极插座 10A 暗装	个	249
30	030404034002	防溅式单相三极插座 10A 暗装	个	246
31	030412006001	接线盒(开关盒、插座盒、灯头盒、过路盒)	个	2353

（2）防雷与接地工程量清单

防雷与接地工程工程量清单如表 5-26 所示。

表 5-26 防雷与接地工程工程量清单

工程名称：教师公寓 防雷与接地工程

序号	项目编码	项目名称	计量单位	工程数量
1	030404032001	总等电位端子箱	台	1
2	030404032002	测试端子箱	台	4
3	030409002001	接地装置 接地母线 40×4 镀锌扁钢	m	132.3
4	030409001001	接地装置 接地极 40×4 镀锌扁钢(每根 1.5m)	根	6
5	030409003001	避雷引下线 利用柱内两根主筋	m	244.4
6	030409005001	避雷网安装 ϕ10 镀锌圆钢	m	178.9
7	030409005002	避雷网安装 自然接地体 利用圈梁两根主筋	m	431.8
8	030409005003	避雷网安装 柱主筋与圈梁钢筋焊接	处	22

（3）弱电工程工程量清单

电话系统工程量清单如表 5-27 所示。

表 5-27 电话系统工程量清单

工程名称:教师公寓 电话系统

序号	项目编码	项目名称	计量单位	工程数量
1	030502003001	电话接线箱 400mm×650mm×160mm	个	6
2	030412001001	电气配管 钢管暗配 SC50	m	7.1
3	030412001002	电气配管 钢管暗配 SC32	m	6.6
4	030412001003	电气配管 钢管暗配 SC25	m	3.3
5	030412001004	电气配管 钢管暗配 SC20	m	6.6
6	030412001005	电气配管 钢管暗配 SC15	m	1434.0
7	030502006001	管内穿线 HYA22-100(2×0.5)	m	10.15
8	030502006002	管内穿线 HYA-100(2×0.5)	m	10.8

序号	项目编码	项目名称	计量单位	工程数量
9	030502005003	管内穿线 HYA-50(2×0.5)	m	5.4
10	030502005004	管内穿线 HYA-30(2×0.5)	m	10.8
11	030502005001	管内穿线 RVB-(2×0.5)	m	1521.15
12	030502004001	TP 插座及暗盒	个	83

有线电视系统工程量清单如表 5-28 所示。

表 5-28 有线电视系统工程量清单

工程名称：教师公寓　有线电视系统

序号	项目编码	项目名称	计量单位	工程数量
1	030502003001	前端机柜 有线电视接线箱	台	1
2	030505012001	放大器	个	1
3	030505010002	分配器	个	3
4	030505013002	有线电视分支器 墙上暗装	个	24
5	030412001001	电气配管 钢管暗配 SC32	m	7.46
6	030412001002	电气配管 钢管暗配 SC20	m	126.5
7	030412001003	电气配管 钢管暗配 SC15	m	871.6
8	030505005001	射频同轴电缆 管内穿线 SYKV-75-12	m	10.36
9	030505005002	射频同轴电缆 管内穿线 SYKV-75-9	m	145.9
10	030505005003	射频同轴电缆 管内穿线 SYKV-75-5	m	901.5
11	030505004001	有线电视插座	个	83
12	030505004002	有线电视暗盒	个	83
13	030505014001	网络终端调试	个	1

监控系统工程量清单如表 5-29 所示。

表 5-29 监控系统工程量清单

工程名称:教师公寓　监控系统

序号	项目编码	项目名称	计量单位	工程数量
1	030507008001	监控设备	台	1
2	030507013001	摄像头	个	18
3	030412001001	电气配管 SC15	m	475.7
4	030412001002	电气配管 FPC20	m	475.7
5	030505005001	射频同轴电缆 管内穿线 SYKV-75-5	m	475.7
6	030412004001	电气配线 管内穿线 KVV-(4×2.5)	m	1902.8

网络布线系统工程量清单如表 5-30 所示。

表 5-30　网络布线系统工程量清单

工程名称:教师公寓　网络布线系统

序号	项目编码	项目名称	计量单位	工程数量
1	030502010001	配线架安装 建筑物配线架	个	1
2	030502010002	配线架安装 楼层配线架	个	6
3	030412001001	电气配管 SC32	m	59.52
4	030412001002	电气配管 SC20	m	1462.4
5	030502007001	敷设光纤 6 芯光纤	m	75.76
6	030502007002	敷设光纤 6 类 4UTP	m	1492.4
7	030502005001	电气配线 管内穿线 RS-485	m	74.46
8	030502012001	单孔信息插座	个	83
9	030502022002	单孔信息插座暗盒	个	83
10	030502020001	网络终端调试	个	1

5.4.2.4　各电气专业分部分项工程量清单计价表

(1) 电气照明工程分部分项工程量清单计价表

电气照明工程工程量清单计价表如表 5-31 所示。

表 5-31　电气照明工程工程量清单计价表

工程名称：教师公寓　电气照明工程

序号	项目编码	项目名称	项目特征描述	工程量		金额/元		其中
				单位	数量	综合单价	合价	人工费计费基数
1	030404017001	配电箱	总配电箱 XL-51 700mm×400mm×1800mm	台	1	2021.57	2021.57	108.69
2	030404017002	计量箱	照明计量箱 900mm×600mm×160mm	台	6	1695.78	10174.68	535.68
3	030404017003	配电箱	应急照明配电箱 500mm×400mm×100mm	台	1	389.91	389.91	69.83
4	030412001001	电气配管	钢管暗敷 SC100	m	4.36	59.93	261.30	56.07
5	030412001002	电气配管	钢管暗敷 SC40	m	79.98	28.63	2289.83	420.70
6	030412001003	电气配管	钢管暗敷 SC25	m	5.70	15.88	90.52	17.56
7	030412001004	电气配管	钢管暗敷 SC20	m	5.26	9.83	51.71	13.36
8	030412001005	电气配管	钢管暗敷 SC15	m	534.93	7.96	4258.03	1273.13
9	030412001006	电气配管	半硬质阻燃塑料管暗敷 FPC20	m	5901.97	7.22	42612.22	16112.38
10	030412001007	电气配管	半硬质阻燃塑料管暗敷 FPC15	m	79.51	6.29	500.12	186.85

续表

| 序号 | 项目编码 | 项目名称 | 项目特征描述 | 工程量 | | 金额/元 | | 其中 |
				单位	数量	综合单价	合价	人工费计费基数
11	030412004001	电气配线	管内穿动力线路 YJV22-4×150	m	44.3	236.48	10476.06	106.32
12	030412004002	电气配线	管内穿配电箱间连接电缆 WDZ-YJ-5×16	m	474.50	48.54	23032.23	227.76
13	030412004003	电气配线	管内穿配电箱间连接电缆 NH-YJV-5×6	m	45.5	22.8	1037.4	15.47
14	030412004004	电气配线	消火栓箱控制电缆 KVV22-5×2.5	m	36.3	10.57	383.69	9.44
15	030412004005	电气配线	管内穿线 BV-2.5（照明、插座、消火栓配线）	m	18825.46	2.50	47063.65	6588.46
16	030412004006	电气配线	管内穿线 NH BV-2.5（应急照明配线）	m	1320.90	3.06	4041.95	462.32
17	030408006001	电缆头	热缩式电缆头 φ150	个	1	335.11	335.11	72.78
18	030413001001	吸顶灯具	圆球吸顶灯 20W	套	189	65.93	12460.77	1360.80
19	030413001002	吸顶灯具	壁灯 20W 节能灯	套	26	535.20	13915.2	174.72
20	030413001003	吸顶灯具	墙壁灯座 20W 节能灯	套	2	46.28	92.56	9.2
21	030413001004	其他器具	瓷质防水灯 20W	套	170	79.83	13571.1	476
22	030413004001	照明器具	配照灯 20W 节能灯	套	9	207.43	1866.87	61.74
23	030413004002	照明器具	安全出口灯 15W	套	4	16.75	67	32.36
24	030413005001	荧光器具	T5 节能型双管荧光灯	套	97	69.47	6738.59	881.73
25	030404033001	风扇	排风扇 40W	台	82	111.42	9136.44	1822.04
26	030404034002	开关	单联单控开关 10A	套	109	14.97	1631.73	337.9
27	030404034003	开关	双联单控开关 10A	套	206	19.97	4113.82	667.44
28	030404034004	开关	三联单控开关 10A	套	1	22.88	22.88	3.39
29	030404035001	插座	安全型二三极插座 10A 暗装	套	249	19.43	4838.07	998.49
30	030404035002	插座	防溅式单相三极插座 10A 暗装	套	246	19.06	4688.76	814.26
31	030412006001	接线盒	接线盒（开关盒、插座盒、灯头盒、过路盒）	个	2353	4.30	10117.9	3741.27
合计							232281.94	37658.1

防雷与接地工程工程量清单计价表如表 5-32 所示。

表 5-32 防雷与接地工程工程量清单计价表

工程名称：教师公寓 防雷与接地工程

序号	项目编码	项目名称	项目特征描述	工程量		金额/元		其中
				单位	数量	综合单价	合价	人工费计费基数
1	030404032001	端子箱	总等电位端子箱	台	1	86.81	86.81	8.01
2	030404032002	端子箱	测试端子箱	台	4	91.53	366.12	38.32
3	030409002001	接地装置	接地母线 40×4 镀锌扁钢	m	132.3	14.16	1873.37	660.18
4	030409001001	接地装置	接地极 40×4 镀锌扁钢（每根 1.5m）	根	6	55.24	331.44	135.48
5	030409003001	引下线	利用柱内两根主筋	m	244.4	8.86	2165.38	730.76
6	030409005001	避雷网	$\phi10$ 镀锌圆钢	m	178.9	25.51	4563.74	1772.90
7	030409005002	避雷网	自然接地体 利用圈梁两根主筋	m	431.8	3.54	1528.57	630.43
8	030409005003	避雷网	柱筋与圈梁主筋焊接	处	22	22.80	501.60	200.64
合计							11417.03	4138.4

电话系统工程量清单计价表如表 5-33 所示。

表 5-33 电话系统工程量清单计价表

工程名称：教师公寓 电话系统

序号	项目编码	项目名称	项目特征描述	工程量		金额/元		其中
				单位	数量	综合单价	合价	人工费计费基数
1	030502003001	接线箱	电话接线箱 400mm×650mm×160mm	台	6	458.91	2753.46	418.98
2	030412001001	电气配管	钢管暗配 SC50	m	7.1	36.01	255.67	39.76
3	030412001002	电气配管	钢管暗配 SC32	m	6.6	21.65	142.89	21.58
4	030412001003	电气配管	钢管暗配 SC25	m	3.3	15.88	52.40	10.16
5	030412001004	电气配管	钢管暗配 SC20	m	6.6	9.83	64.88	16.76
6	030412001005	电气配管	钢管暗配 SC15	m	1434.0	7.96	11414.64	3412.92
7	030502006001	敷设电话线	穿线 HYA22-100（2×0.5）	m	10.15	37.11	376.67	14.21
8	030502006002	敷设电话线	穿线 HYA-100（2×0.5）	m	10.8	32.53	351.32	15.12
9	030502006003	敷设电话线	穿线 HYA-50（2×0.5）	m	5.4	18.75	101.25	5.02

续表

| 序号 | 项目编码 | 项目名称 | 项目特征描述 | 工程量 | | 金额/元 | | 其中 | |
				单位	数量	综合单价	合价	人工费	计费基数
10	030502006004	敷设电话线	穿线 HYA-30（2×0.5）	m	10.8	12.19	131.65	7.99	
11	030502006005	敷设电话线	穿线 RVB-（2×0.5）	m	1521.15	2.27	3453.01	349.86	
12	030502004001	插座	TP 插座	个	83	16.86	1399.38	130.31	
13	030502004002	暗盒	TP 暗盒	个	83	13.18	1093.94	131.97	
合计							21591.16	4574.64	

有线电视系统工程量清单计价表如表 5-34 所示。

表 5-34　有线电视系统工程量清单计价表

工程名称：教师公寓　有线电视系统

| 序号 | 项目编码 | 项目名称 | 项目特征描述 | 工程量 | | 金额/元 | | 其中 | |
				单位	数量	综合单价	合价	人工费	计费基数
1	030502003001	接线箱	有线电视接线箱	台	1	458.91	458.91	69.83	
2	030505012001	放大器	暗装	个	1	206.58	206.58	3.64	
3	030505013001	分配器		个	3	112.74	338.22	21.87	
4	030505013002	分支器	墙上暗装	个	24	92.74	2225.76	174.96	
5	030412001001	电气配管	钢管暗配 SC32	m	7.46	21.65	161.51	24.39	
6	030412001002	电气配管	钢管暗配 SC20	m	126.5	9.83	1243.50	321.31	
7	030412001003	电气配管	钢管暗配 SC15	m	871.6	7.96	6937.94	2074.41	
8	030505005001	射频电缆	管内穿线 SYKV-75-12	m	10.36	4.6	47.66	6.42	
9	030505005002	射频电缆	管内穿线 SYKV-75-9	m	145.9	3.7	539.83	90.46	
10	030505005003	射频电缆	管内穿线 SYKV-75-5	m	901.5	2.84	2560.26	423.71	
11	030505004001	终端盒	有线电视插座	个	83	23.22	1927.26	438.24	
12	030505004002	终端盒	有线电视暗盒	个	83	17.15	1423.45	483.89	
合计							18070.88	4133.13	

监控系统工程量清单计价表如表 5-35 所示。

网络布线系统工程量清单计价表如表 5-36 所示。

（2）措施项目清单计价表

如表 5-37 所示。

表 5-35　监控系统工程量清单计价表

工程名称：教师公寓　监控系统

序号	项目编码	项目名称	项目特征描述	工程量		金额/元		其中	
				单位	数量	综合单价	合价	人工费计费基数	
1	030507013001	摄像头		个	18	401.64	7229.52	786.6	
2	030412001001	电气配管	钢管暗配 SC15	m	475.7	7.96	3786.57	1127.41	
3	030412001002	电气配管	塑料管暗敷 FPC20	m	475.7	7.22	3434.55	1298.66	
4	030505005001	射频电缆	管内穿线 SYKV-75-5	m	475.7	2.84	1350.99	223.58	
5	030412004001	电气配线	管内穿线 KVV-（4×2.5）	m	1902.8	10.57	20112.60	494.73	
合计							35914.23	3930.98	

表 5-36　网络布线系统工程量清单计价表

工程名称：教师公寓　网络布线系统

序号	项目编码	项目名称	项目特征描述	工程量		金额/元		其中	
				单位	数量	综合单价	合价	人工费计费基数	
1	030502010001	配线架	建筑物配线架	台	1	589.09	589.09	346.28	
2	030502010002	配线架	楼层配线架	台	6	304.29	1825.74	749.76	
3	030412001001	电气配管	钢管暗配 SC32	m	59.52	21.65	1288.61	194.63	
4	030412001002	电气配管	钢管暗配 SC20	m	1462.4	9.83	14375.39	3714.50	
5	030502007001	敷设光纤	管内穿线 6 芯光纤	m	75.76	9.15	693.20	50.00	
6	030502007002	敷设光纤	管内穿线 6 类 4UTP	m	1492.4	6.15	9178.26	985.0	
7	030502005001	电气配线	管内穿线 RS-485	m	74.46	5.90	439.31	92.33	
8	030502012001	插座	单孔信息插座	个	83	23.22	1927.26	438.24	
9	035002012002	暗盒	单孔信息插座暗盒	个	83	17.15	1423.45	483.89	
合计							31740.31	7054.63	
各专业汇总							351015.55	61489.88	

表 5-37　措施项目清单计价表

工程名称：教师公寓　电气工程

序　号	项 目 名 称	计 算 基 础	费率/%	金额/元
1	安全文明施工费	人工费＋机械费	15.28	9395.65
2	夜间施工增加费	人工费＋机械费		
3	二次搬运费	人工费＋机械费		
4	冬雨季施工费	人工费＋机械费	7.06	4384.6
5	材料试验费	人工费＋机械费		
6	已完成工程及设备保护费	人工费＋机械费		
7	脚手架搭拆费	人工费＋机械费		

（3）规费、税金项目清单计价表

如表 5-38 所示。

表 5-38　规费、税金项目清单计价表

工程名称：教师公寓　消火栓工程

序　号	项 目 名 称	计 算 基 础	费率/%	金额/元
1	规费	1.1＋1.2＋1.3＋1.4		21434.07
1.1	工程排污费			
1.2	社会保障费	1.2.1＋1.2.2＋1.2.3＋1.2.4＋1.2.5		
1.2.1	养老保险费	人工费＋机械费	16.36	10059.74
1.2.2	失业保险费	人工费＋机械费	1.64	1008.43
1.2.3	医疗保险费	人工费＋机械费	6.55	4327.59
1.2.4	工伤保险费	人工费＋机械费	0.82	504.22
1.2.5	生育保险费	人工费＋机械费	0.82	504.22
1.3	住房公积金	人工费＋机械费	8.18	5029.87
1.4	危险作业意外伤害保险			
1.5	人工费动态调整			
1.6	税金	分部分项工程费＋措施项目费＋其他项目费＋规费＋人工调整费（386229.87 元）	11	42485.29

（4）电气专业单位工程费用表

如表 5-39 所示。

表 5-39　电气专业单位工程费用表

序　号	单项工程名称	取 费 说 明	金额/元	其中：暂估价/元
1	分部分项工程		351015.55	
2	措施项目		13780.25	
3	其他项目			
4	规费		21434.07	
5	人工费动态调整			
6	不含税工程造价	分部分项工程费＋措施费＋其他费＋规费＋人工费动态调整	386229.87	
7	税金		42485.29	
8	含税工程造价	不含税工程造价＋税金	428715.16	
招标控制价/投标报价合计		1＋2＋3＋4＋6＋7	428715.16	0

5.4.2.5　工程用纸

见图 5-9～图 5-16。

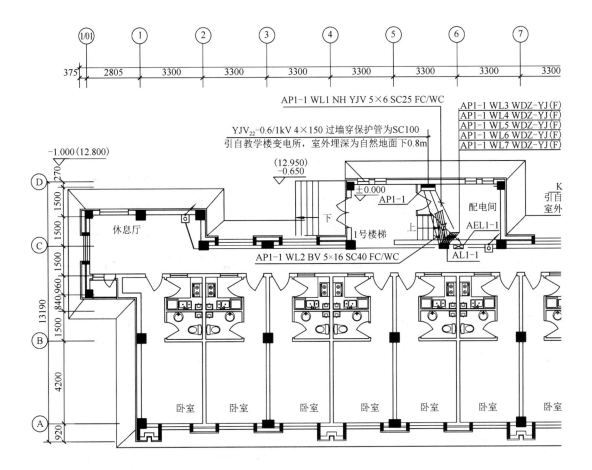

AP1-1 WL1 NH YJV 5×6 SC25 FC/WC

AP1-1 WL3 WDZ-YJ(F)
AP1-1 WL4 WDZ-YJ(F)
AP1-1 WL5 WDZ-YJ(F)
AP1-1 WL6 WDZ-YJ(F)
AP1-1 WL7 WDZ-YJ(F)

YJV_{22}-0.6/1kV 4×150 过墙穿保护管为SC100
引自教学楼变电所，室外埋深为自然地面下0.8m

AP1-1 WL2 BV 5×16 SC40 FC/WC

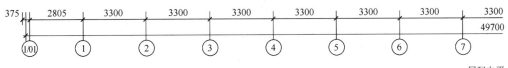

一层配电平
消火栓处引上引下线为

图5-9 一层

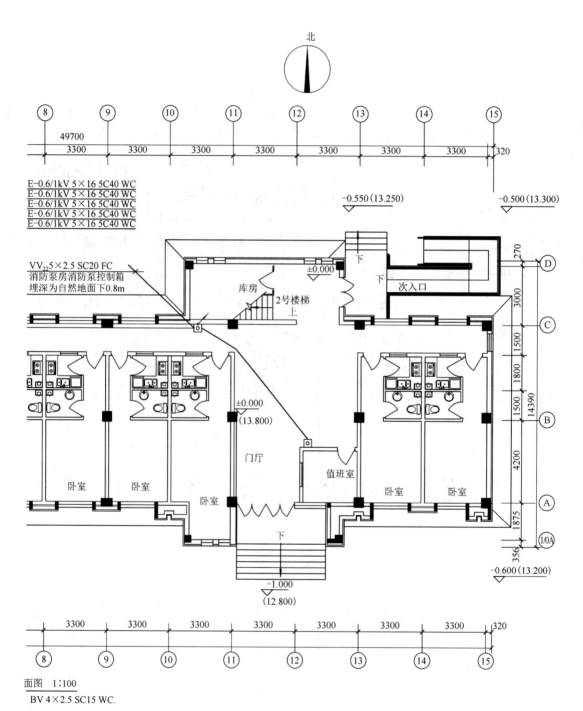

北

49700

3300 | 3300 | 3300 | 3300 | 3300 | 3300 | 3300 | 320

⑧ ⑨ ⑩ ⑪ ⑫ ⑬ ⑭ ⑮

−0.550 (13.250)　　　　　−0.500 (13.300)

E-0.6/1kV 5×16 5C40 WC
E-0.6/1kV 5×16 5C40 WC
E-0.6/1kV 5×16 5C40 WC
E-0.6/1kV 5×16 5C40 WC
E-0.6/1kV 5×16 5C40 WC

VV$_{22}$5×2.5 SC20 FC
消防泵房消防泵控制箱
埋深为自然地面下0.8m

库房

±0.000

次入口

2号楼梯
上

下

±0.000
(13.800)

门厅

值班室

卧室　卧室　卧室

卧室　卧室

下

−1.000
(12.800)

−0.600 (13.200)

270
3000
1500
1800
1500
4200
1875
356
14390

Ⓓ
Ⓒ
Ⓑ
Ⓐ
1/0A

3300 | 3300 | 3300 | 3300 | 3300 | 3300 | 3300 | 320

⑧ ⑨ ⑩ ⑪ ⑫ ⑬ ⑭ ⑮

面图　1∶100

BV 4×2.5 SC15 WC.

配电平面图

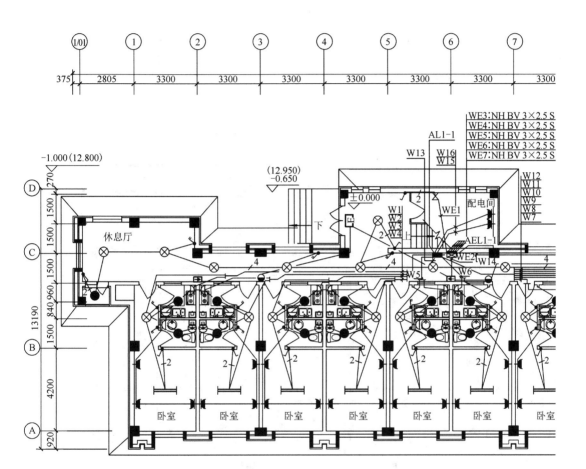

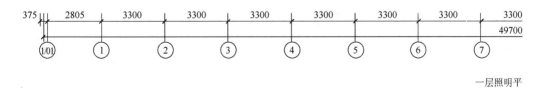

一层照明平

图5-10 一层

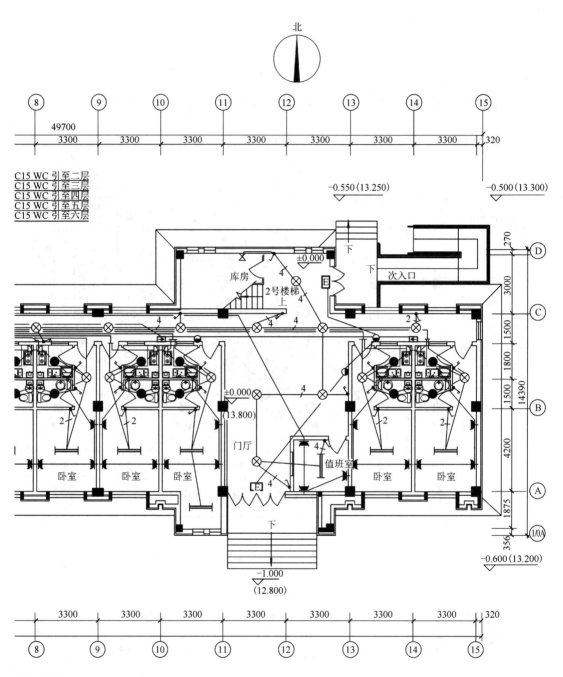

C15 WC 引至二层
C15 WC 引至三层
C15 WC 引至四层
C15 WC 引至五层
C15 WC 引至六层

面图 1:100

照明平面图

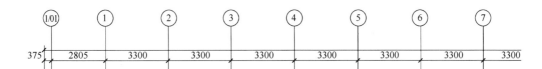

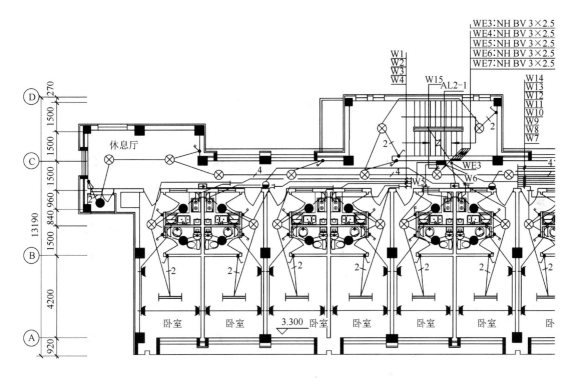

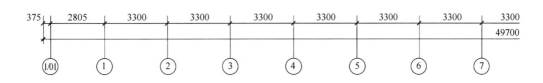

二层照明

图5-11 二

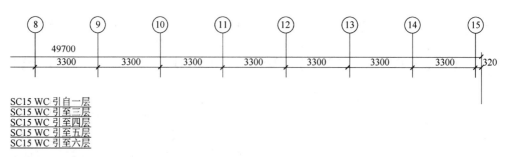

SC15 WC 引自一层
SC15 WC 引至三层
SC15 WC 引至四层
SC15 WC 引至五层
SC15 WC 引至六层

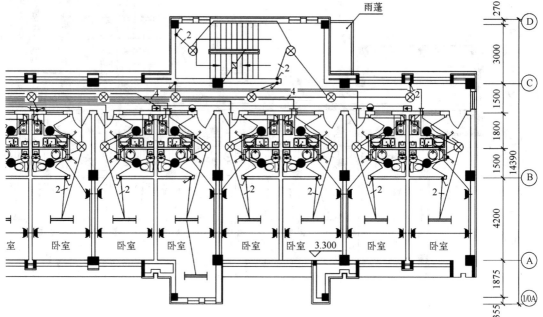

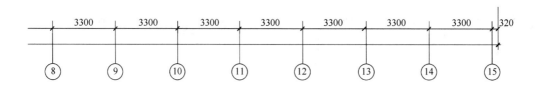

平面图　1:100

层照明平面图

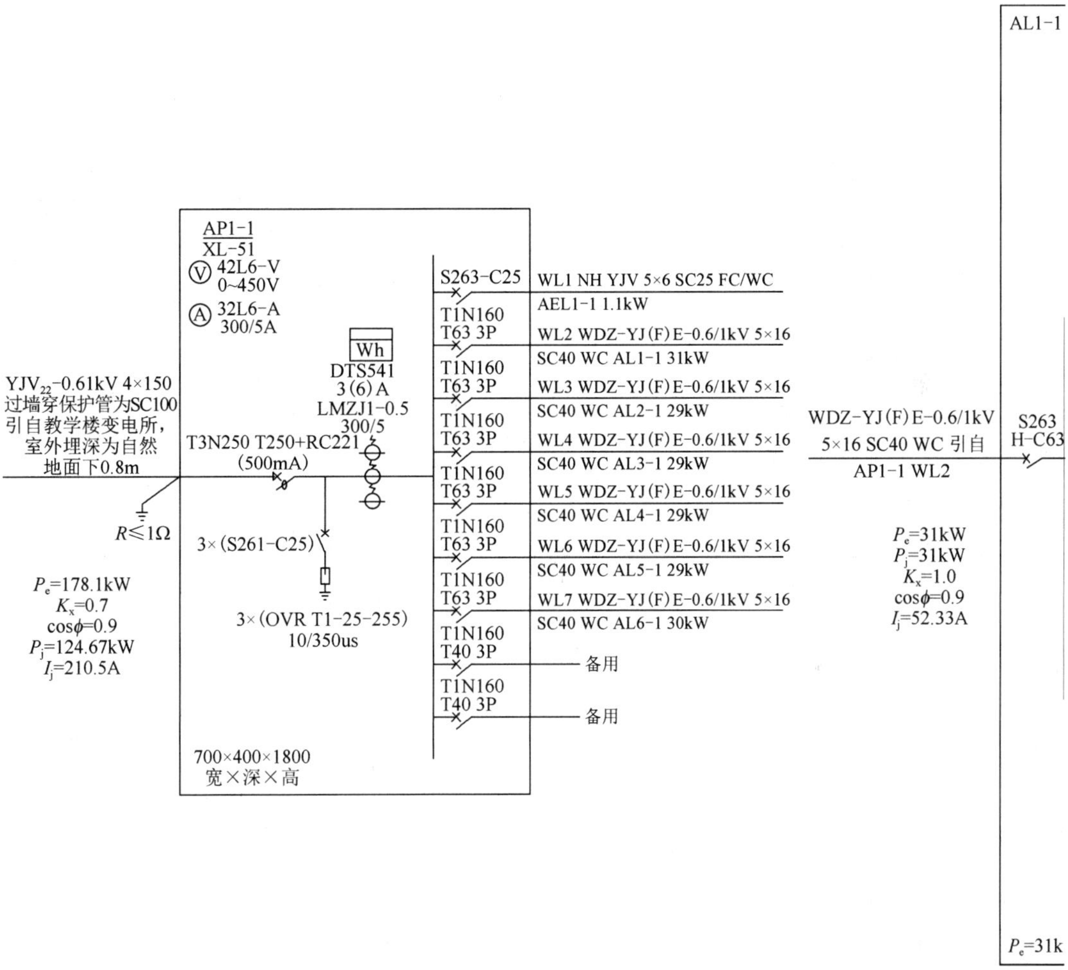

AP1-1
XL-51
Ⓥ 42L6-V
0~450V
Ⓐ 32L6-A
300/5A

S263-C25 ╳ WL1 NH YJV 5×6 SC25 FC/WC
AEL1-1 1.1kW
T1N160 ╳ WL2 WDZ-YJ(F)E-0.6/1kV 5×16
T63 3P SC40 WC AL1-1 31kW
T1N160 ╳ WL3 WDZ-YJ(F)E-0.6/1kV 5×16
T63 3P SC40 WC AL2-1 29kW
T1N160 ╳ WL4 WDZ-YJ(F)E-0.6/1kV 5×16
T63 3P SC40 WC AL3-1 29kW
T1N160 ╳ WL5 WDZ-YJ(F)E-0.6/1kV 5×16
T63 3P SC40 WC AL4-1 29kW
T1N160 ╳ WL6 WDZ-YJ(F)E-0.6/1kV 5×16
T63 3P SC40 WC AL5-1 29kW
T1N160 ╳ WL7 WDZ-YJ(F)E-0.6/1kV 5×16
T63 3P SC40 WC AL6-1 30kW
T1N160 ╳ 备用
T40 3P
T1N160 ╳ 备用
T40 3P

Wh
DTS541
3(6)A
LMZJ1-0.5
300/5
T3N250 T250+RC221
(500mA)

3×(S261-C25)

3×(OVR T1-25-255)
10/350us

YJV$_{22}$-0.61kV 4×150
过墙穿保护管为SC100
引自教学楼变电所,
室外埋深为自然
地面下0.8m

$R{\leqslant}1\Omega$

P_e=178.1kW
K_x=0.7
cosϕ=0.9
P_j=124.67kW
I_j=210.5A

700×400×1800
宽×深×高

WDZ-YJ(F)E-0.6/1kV
5×16 SC40 WC 引自
AP1-1 WL2

P_e=31kW
P_j=31kW
K_x=1.0
cosϕ=0.9
I_j=52.33A

AL1-1

S263
H-C63

P_e=31k

图5-12

L1	W1	S262-C10	BV 3×2.5 FPC20 CC照明回路
		GS2610V-C16/A0.03	BV 3×2.5 FPC20 FC插座回路
L2	W2	S262-C10	BV 3×2.5 FPC20 CC照明回路
		GS2610V-C16/A0.03	BV 3×2.5 FPC20 FC插座回路
L3	W3	S262-C10	BV 3×2.5 FPC20 CC照明回路
		GS2610V-C16/A0.03	BV 3×2.5 FPC20 FC插座回路

非标900×600×160(宽×高×深)

WDZ-YJ(F)E-0.6/1kV 5×16
SC40 WC 引自AP1-1 WL3

S263 H-C63

P_e=29kW
P_j=29kW
K_x=1.0
cosϕ=0.9
I_j=48.96A

AL2-1

电气系统图

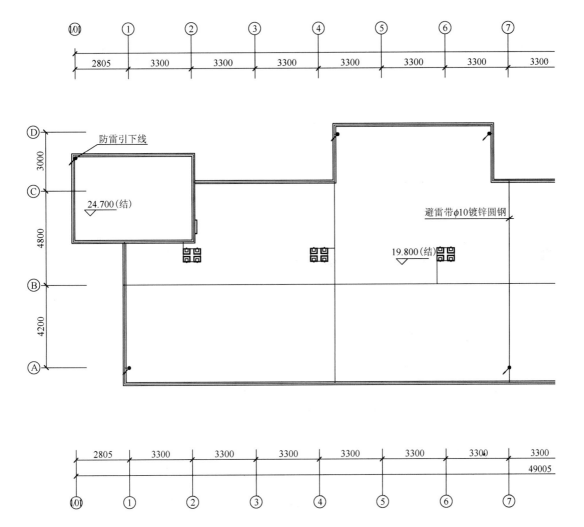

屋面防雷平

图5-13　屋面

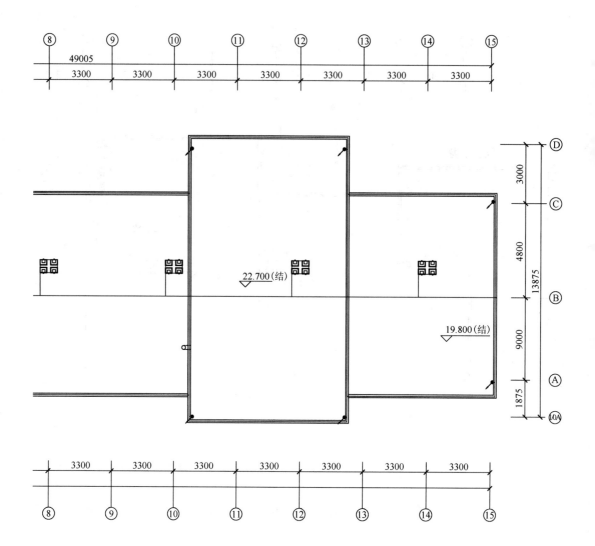

面图1：100

防雷平面图

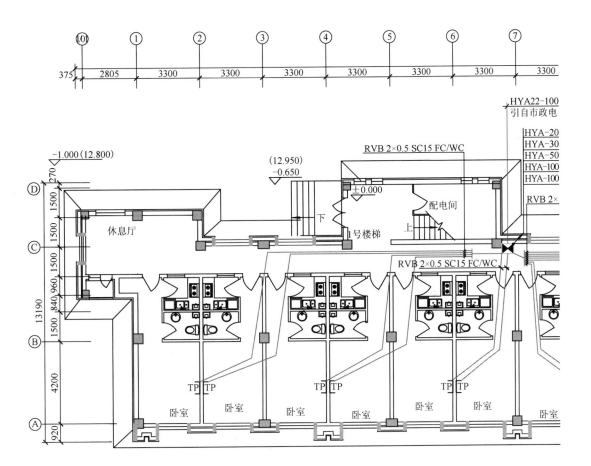

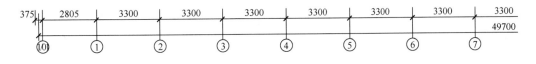

一层电话平

图5-14 一层

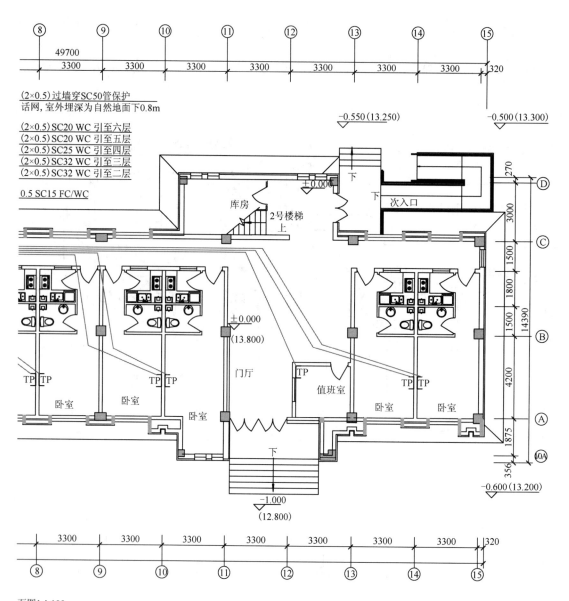

面图1：100

电话平面图

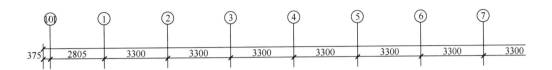

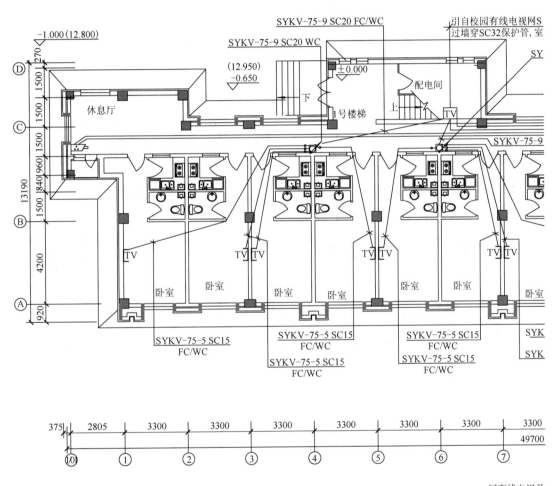

一层有线电视及

图5-15 一层有线

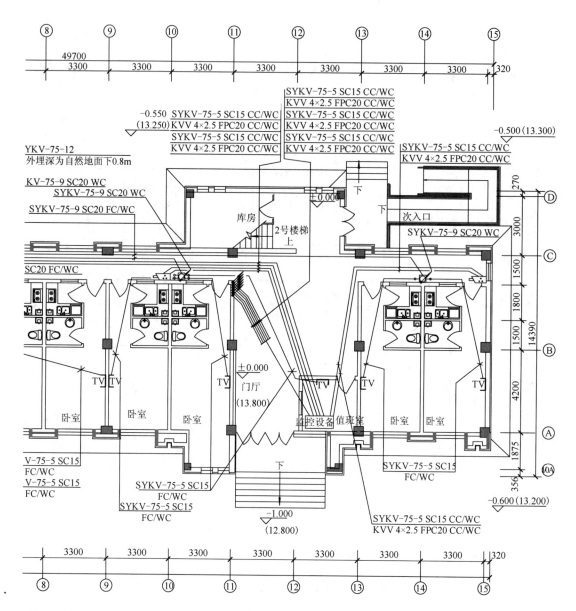

监控平面图1：100

电视及监控平面图

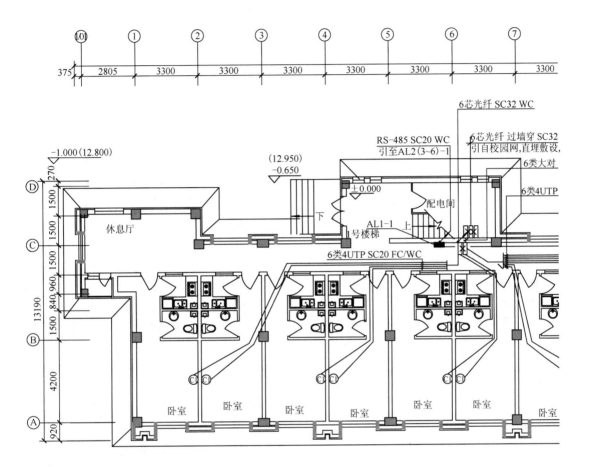

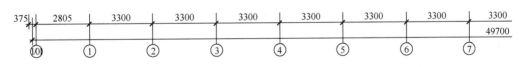

一层网络布线

图5-16 一层

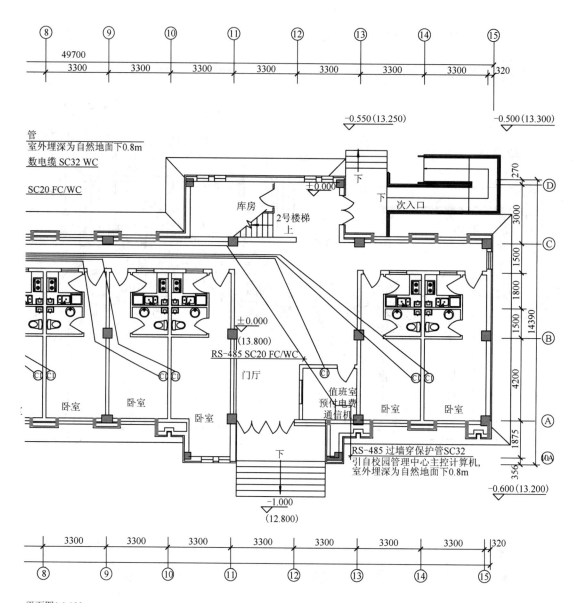

平面图1：100

网络布线平面图

本 章 小 结

电气系统由电气线路及设备组成，本章主要从强电和弱电两个方面讲述其基本知识和工程计量与计价规则和方法。强电包括变压器安装、配电装置安装、控制设备及低压电器安装、电缆安装、配管配线、照明灯具安装、防雷与接地安装等；弱电包括电话系统安装、有线电视系统安装、监控系统安装、网络布线系统安装等。做好上述安装工程工程量计算，要做到：

1. 读懂施工图，包括平面布置图和系统图；

2. 明确系统图中各回路在建筑上的走向及安装方式；

3. 以入户处为起点，逐一系统逐一回路依序计算工程量，然后汇总，再排序"立项"，选用定额、分析单价、计算总价。

思考与练习

1. 计算了电气系统工程量后，你觉得安装工程工程量的计算有什么特点？其规律有哪些？

2. 学习了本章后，将土建工程定额和安装工程定额进行比较，相同点和不同点有哪些？

3. 电气产品日新月异，产品繁多，如果定额中没有相应的子目怎么办？

4. 柜、屏、箱、盘（板）的安装用同一定额吗？为什么？

5. 将本章工程量定额的计算规则与《通用安装工程工程量计算规范》（GB 50856—2013）中"附录D电气设备安装工程"的计算规则逐一对比，找出它们的对应关系是什么？

第6章

通风空调工程计量与计价

学习重点：本章主要学习通风空调工程的基础知识，通风系统和空调系统的工程量计算方法以及通风空调工程的工程量清单计价的编制方法。重点是工程量的计算及工程量清单计价的编制。

学习目标：通过本章的学习，应该熟悉通风空调工程的图纸，掌握通风系统和空调系统的工程量计算方法，能够编制通风空调工程的工程量清单计价相关文件。

6.1　通风空调工程基础知识

6.1.1　通风工程

建筑通风的任务是在改善室内温度、湿度、洁净度和流速，保证人们的健康以及生活和工作环境的条件下，使新鲜空气连续不断地进入建筑内，并及时排出生产和生活的废气与有害气体。大多数情况下，可以利用建筑本身的门窗进行换气，不能满足建筑通风要求时，可采用人工的方法有组织地向建筑物室内送入新鲜空气，且将污染的空气及时排出。

工业通风的任务就是控制生产过程中产生的粉尘、有害气体、高温、高湿，并尽可能对污染物回收，化害为利，防止环境污染，创造良好的生产环境和大气环境。

6.1.1.1　通风系统的组成

通风系统是利用室外空气来转换建筑物内的空气，以改善室内空气品质的所有设备和管道的统称。通风系统分为两类：送风系统和排风系统。

送风系统的基本功能是将清洁空气送入室内。如图6-1所示，在风机3的动力下，室外空气进入新风口1，经进气处理设备2（过滤器、热湿处理器、表面式换热器等）处理达到卫生或工艺要求后，由风管4分配到各送风口5，进入室内。

排风系统的基本功能是排除室内的污染气体，如图6-2所示，在风机的动力作用下排风罩（或排风口）1将室内污染气体吸入，经风管2送入净化设备3（或除尘器），经处理达到规定的排放标准后，通过风帽5排到室外大气中。

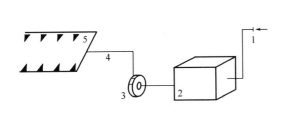

图 6-1　送风系统

1—新风口；2—进气处理设备；3—风机；

4—风管；5—送风口

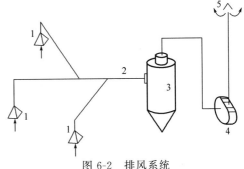

图 6-2　排风系统

1—排风罩；2—风管；3—净化设备；

4—风机；5—风帽

6.1.1.2　通风方式

按照促使气流流动的动力不同，可分为自然通风和机械通风；按照通风系统的作用范围可分为局部通风和全面通风；按照通风系统作用功能划分为除尘、净化、事故通风、消防通风（防排烟通风）、人防通风等。

（1）自然通风

自然通风是利用室外风力所造成的风压或室内外空气温差所形成的热压作用使室内外空气进行交换的通风方式，如图 6-3 所示。自然通风是一种被广泛采用且经济有效的通风方式，适合在一般的居住建筑、普通办公楼、工业厂房（尤其是高温车间）中使用。

自然通风具有经济、节能、简便易行、无需专人管理、无噪声等优点，在选择通风措施时应优先采用。但自然通风作用压力有限，一般均不能进行任何预处理，故难以保证用户对进风温度、湿度及洁净度等方面的要求，不能对排除的污浊空气进行净化处理。受自然条件的影响，通风量不宜控制，通风效果不稳定。

（2）机械通风

机械通风是借助通风机所产生的动力使空气流动的通风方式。包括机械送风和排风。

①机械送风　如图 6-4 所示，风机提供空气流动的动力，风机风压应克服从空气入口到房间送风口的阻力及房间的压力值。通风系统中的空气处理设备具有空气过滤和空气加热（只在采暖地区有）功能，但进风系统用于空调系统中，即与空调系统相结合时，空气处理设备一般还具有冷却、加湿和减湿的功能。送风口的位置直接影响着室内的气流分布。室外空气入口又称新风口，新风口设有百叶窗，以遮挡雨、雪、昆虫等。采暖地区新风口入口处设置电动密闭阀，它与风机联动，当风机停止工作时，自动关闭阀门，以防冬季冷风渗入而冻坏加热器。如果不设电动密闭阀，也应设置手动的密闭阀。

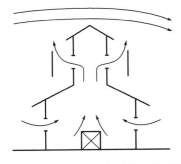

图 6-3　利用风压和热压的自然通风

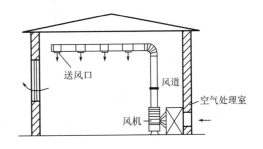

图 6-4　机械送风

②机械排风　　如图 6-5 所示，机械排风系统中的风机作用同机械进风系统。风口是收集室内空气的地方，为提高全面通风的稀释效果，风口宜设在污染物浓度较大的地方。污染物密度比空气小时，风口宜设在上方，而密度较大时，宜设在下方。在房间不大时，也可以只设一个风口。排风口是排风的室外出口，它应能防止雨、雪等进入系统，并使出口动压降低，当排风是潮湿空气时，宜采用玻璃钢或聚氯乙烯板制作，一般排风系统可用钢板制作。阀门用于调节风量，或用于关闭系统。在采暖地区为防止风机停止时倒风，或洁净车间防止风机停止时含尘空气进入房间，常在风机出口管上装电动密闭阀，与风机联动。

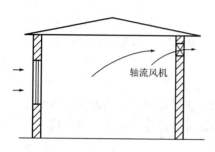 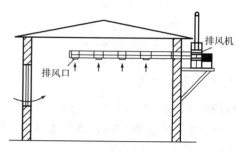

图 6-5　机械排风

机械通风的空气流动速度和方向可以方便地控制，因此比自然通风更加可靠。但机械通风系统比较复杂，风机需要消耗电能，一次性投资和运行管理费用比较高。

（3）局部通风

局部通风是利用局部气流，使局部工作地点的空气环境保持良好，不受有害物的污染。局部通风又分为局部送风和局部排风。

①局部送风　　局部送风是将干净的空气直接送至室内人员所在的地方，以改善每位工作人员的局部环境，使其达到要求的标准，而并非使整个空间环境达到该标准，如图 6-6 所示。

②局部排风　　局部排风就是在产生污染物的地点直接将污染物捕集起来，经处理后排至室外，如图 6-7 所示。当污染物集中于某处发生时，局部排风是最有效的治理污染物对环境危害的通风方式。

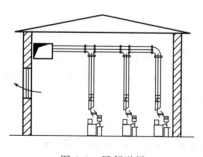 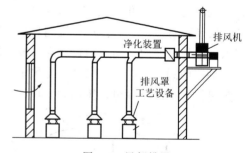

图 6-6　局部送风　　　　　　　　　　　图 6-7　局部排风

（4）全面通风

全面通风也称为稀释通风，就是利用清洁的空气稀释室内空气中的有害物，降低浓度，同时将污染空气排出室外，保证室内空气环境达到卫生标准的要求，如图 6-8 所示。全面通风就是对整个房间进行换气。对于散发热、湿或有害物质的车间或其他房间，当不能采用局部通风或采用局部通风仍达不到卫生标准要求时，应辅以全面通风。

图 6-8　全面机械送、排风示意图

1—空气过滤器；2—空气加热器；3—风机；4—电动机；5—风管；6—送风口；7—轴流风机

全面通风可分为稀释通风、单向流通风、均匀流通风和置换通风等。

①稀释通风　对整个房间进行通风换气，用新鲜空气把整个房间内的有害物浓度稀释到最高允许浓度以下。该方式所需要的全面通风量大，控制效果差。

②单向流通风　通过有组织的气流流动，控制有害物的扩散和转移，保证操作人员呼吸区内的空气达到卫生标准要求。这种方法具有通风量小、控制效果好等优点。

③均匀流通风　速度和方向完全一致的宽大气流称为均匀流，利用送风气流构成的均匀流把室内污染空气全部压出和置换。这种通风方法能有效排除室内污染气体，目前主要应用于汽车喷涂室等对气流、温度控制要求高的场所。

④置换通风　基于空气密度差而形成热气流上升、冷气流下降的原理实现通风换气。置换通风的送风分布器通常都是靠近地板，送风口面积大，出风速度低。置换通风用于夏季降温时，送风温度通常低于室内温度 2～4℃。低速、低温送风与室内分区流态是置换通风的重要特点。置换通风对送风的空气分布器要求较高，它要求分布器能将低温的新风以较小的风速均匀送出，并能散布开来。

（5）除尘系统

工业建筑的除尘系统是一种捕获和净化生产工艺过程中产生的粉尘的局部机械排风系统。用吸尘罩捕集工艺过程产生的含尘气体，在风机的作用下，含尘气体沿风道被输送到除尘设备，将粉尘分离出来，净化后的气体排至大气，粉尘进行收集与处理，如图 6-9 所示。

除尘分为就地除尘、分散除尘和集中除尘三种形式：

①就地除尘　把除尘器直接安放在生产设备附近，就地捕集和回收粉尘，基本上不需敷设或只设较短的除尘管道。这种系统布置紧凑、简单、维护管理方便。

②分散除尘　排风点较分散时，可根据输送气体的性质，把几个排风点合成一个系统。分散式除尘系统的除尘器和风机应尽量靠近产尘设备。这种系统风管较短，布置简单，系统压力容易平衡，由于除尘器分散布置，除尘器回收粉尘的处理较为麻烦。

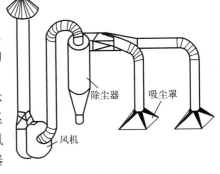

图 6-9　除尘系统

③集中除尘　适用于扬尘点比较集中，有条件采用大型除尘设施的车间。它可以把排风点全部集中于一个除尘系统，或者把几个除尘系统的除尘设备集中布置在一起。由于除尘设备集中维护管理，回收粉尘容易实现机械化处理。但是这种系统管道复杂、压力平衡困难、初始投资大，因此仅适用于少数大型工厂。

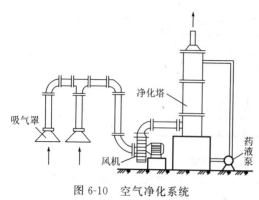

图 6-10 空气净化系统

（6）净化系统

建筑内产生的有害气体直接排至室外会造成大气污染，因此必须先对其进行净化处理，达到排放标准的要求后才能排到大气中，如图 6-10 所示。有害气体的净化方法主要有四种：燃烧法、吸收法、吸附法和冷凝法。

（7）事故排风系统

事故排风必需的排风量应由经常使用的排风系统和事故排风系统共同保证。事故排风的风机分别在室内、外便于操作的地点设置开关。

事故排风的室内排风口应设在有害气体或爆炸危险物质散发量可能最大的地点。事故排风不设置进风系统补偿，而且一般不进行净化。事故排风的室外排风口不应布置在人员经常停留或经常通行的地点，而且高出 20m 范围内最高建筑物的屋面 3m 以上。当其与机械送风系统进风口的水平距离小于 20m 时，应高于进风口 6m 以上。

（8）建筑防火防排烟系统

①建筑防火分区和防烟分区　为了将火灾控制在一定的范围内进行扑灭，避免火势的蔓延，利用防火门、防火窗、防火卷帘、消防水幕等分隔设施将整个建筑从平面到空间划分为若干个相对较小的区域，这些区域就是防火分区。

为了控制烟气流动，可以利用挡烟垂壁、隔墙或从顶棚下突出不小于 0.5m 的梁等防烟隔断将一个防火分区划分为几个更小的区域，称为防烟分区。

②防排烟方式　防排烟方式有自然排烟、机械排烟、加压防烟三种方式。自然排烟是利用外窗、竖井进行排烟。机械排烟是利用风机做动力的排烟，实质上是一个排风系统。加压防烟是用风机把一定量的室外空气送入房间，使室内保持一定压力，以避免烟气侵入。

（9）人防通风系统

人防地下室建筑是建筑的一种类型，是为战时居民防空需要而建造的具有防护能力的建筑物。多以地下车库为主要体现形式。防空地下室的采暖通风与空调系统应与上部建筑的采暖通风与空调系统分开设置。

6.1.1.3　气力输送系统

暖通空调中常用气流将除尘器、冷却设备与烟道中收集的烟（粉）尘输送到要求的地点。

6.1.1.4　空气幕系统

利用条形空气分布器喷出一定速度和温度的幕状气流，来封闭大门、门厅、通道、门洞等，减少或隔绝外界气流的侵入，同时还可以阻挡粉尘、有害气体及昆虫的进入。空气幕可由空气处理设备、风机、风管系统及空气分布器组成。空气幕按照空气分布器的安装位置可以分为上送式、侧送式和下送式三种。

6.1.1.5　通风（空调）主要设备和附件

（1）通风机

通风工程中通风机的分类方法很多，按风机的作用原理可分为：

①离心式通风机　离心式通风机由旋转的叶轮、机壳导流器和排风口组成，叶轮上装有一定数量的叶片，如图6-11所示。用于一般的送排风系统，或安装在除尘器后的除尘系统。

②轴流式通风机　轴流式通风机由圆筒形机壳、叶轮、吸风口、扩压器等组成，如图6-12所示。轴流式通风机适用于一般厂房的低压通风系统。

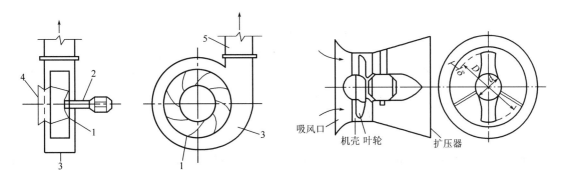

图6-11　离心式通风机构造示意图
1—叶轮；2—电机轴；3—机壳；4—导流器；
5—排风口

图6-12　轴流式通风机构造示意图

③贯流式通风机　将机壳部分敞开使气流直接进入通风机，气流横穿叶片两次后排出。贯流式通风机目前大量应用于大门空气幕设备产品中。

通风机按用途可分为：

①一般用途通风机　只适宜输送温度低于80℃的清洁空气。

②排尘通风机　适用于输送含尘气体。

③高温通风机　常用于锅炉引风机，输送温度在300℃以上的气体。

④防爆通风机　采用防爆材料制作的通风机。

⑤防腐通风机　塑料通风机、玻璃钢通风机质量轻、强度大，防腐性能好，被广泛应用。

⑥防、排烟通风机　具有耐高温的显著特点，一般在温度高于300℃的情况下可连续运行40min以上。

⑦屋顶通风机　直接安装于建筑物的屋顶上，常用于各类建筑物的室内换气，施工安装极为方便。

⑧射流通风机　与普通轴流通风机相比，在相同通风机重量或相同功率的情况下，能提供较大的通风量和较高的风压。可用于铁路、公路隧道的通风换气。

（2）风阀

风阀是空气输配管网的控制、调节机构，基本功能是截断或开通空气流通的管路，调节或分配管路流量。

①同时具有控制、调节两种功能的风阀有蝶式调节阀、菱形单叶调节阀、插板阀、平行式多叶调节阀、菱形多叶调节阀、复式多叶调节阀、三通调节阀等。

②只具有控制功能的风阀有止回阀、防火阀、排烟阀等。防火阀平常全开，火灾时关闭并切断气流，防止火灾通过风管蔓延，在70℃关闭。排烟阀平常关闭，排烟时全开，排除室内烟气，在80℃开启。

（3）风口

通风（空调）工程中使用最广泛的是铝合金风口，具有良好的防腐、防水性能。风口按具体功能可分为送风口和回风口等。送风口有：

①侧送风口　横向送出气流的风口，有格栅、百叶、条缝形送风口。

②散流器　安装在顶棚上的送风口。

③孔板送风口　利用带有若干小孔的孔板送风。

④喷射式送风口　常用于具有高大空间的建筑。

回风口比较简单，有网格、格栅、百叶式几种。

（4）局部排风罩

排风罩的主要作用是排除工艺过程或设备中的含尘气体、余热、余温、毒气、油烟等。按照工作原理的不同，局部排风罩可分为密闭罩、柜式排风罩（通风柜）、外部吸气罩、接受式排风罩、吹吸式排风罩等类型。

（5）除尘器

除尘器的种类很多，根据除尘机理的不同可分为重力、惯性、离心、过滤、洗涤、静电等六大类，根据除尘器的除尘效率和阻力可分为高效、中效、粗效等。

（6）消声器

消声器是一种能阻止噪声传播，同时允许气流顺利通过的装置。在通风空调系统中，消声器一般安装在风机出口水平管上，用以降低风机产生的空气动力噪声。

①阻性消声器　阻性消声器是利用敷设在气流通道内的多孔吸声材料来吸收声能降低噪声，一般的微穿孔板消声器就属于这个类型，一般是用来消除高、中频噪声。

②抗性消声器　抗性消声器是通过改变截面来消声的。常用的消声静压箱就是这个原理。一般用来降低中、低频噪声。

③阻抗复合消声器　阻性消声器对中、高频消声效果较好，抗性消声器对低、中频消声效果好，利用上述特性，将两者结合起来组成的阻抗复合消声器，则对低、中、高整个频段内的噪声均可获得较好的消声效果。

（7）空气幕设备

近年来，已有一些工厂生产整体装配式空气幕和贯流式空气幕。前者设有加热器，适用于寒冷地区的民用与工业建筑，后者未设加热装置，体型较小，适用于各类民用建筑和冷库等。

（8）空气净化设备

含有有害气体的废气排入大气之前，必须进行净化处理。有害气体的处理方法有多种，其中吸收法和吸附法较为常用。

常用的吸收设备有喷淋塔、填料塔、湍流塔等。常用的吸附设备有固定床活性炭吸附设备、移动床吸附设备、流动床吸附设备。

6.1.2　空调工程

空气调节是通风的高级形式，是为满足生产、生活要求，改善劳动卫生条件，采用人工的方法使房间内空气的温度、相对湿度等参数达到一定要求的所有设备、管道及配附件的总称。

6.1.2.1　空调系统的组成

空调系统包括送风系统和回风系统。如图 6-13 所示，在风机 3 的动力作用下，室外空气进入新风口 1，与回风管 8 中回风混合，经空气处理设备 2 处理达到要求后，由送风管 4 输送并分配到各送风口 5，由送风口 5 送入室内。回风口 6 将室内空气吸入并进入回风管 7 (回风管 7 上也可设置风机)，一部分回风经排风管 9 和排风口 10 排到室外，另一部分回风经回风管 8 与新风混合。空调系统基本由空气处理、空气输配、冷热源三部分组成，此外还有自控系统等。

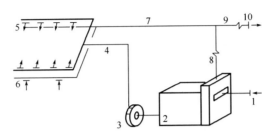

图 6-13　空调送回风系统
1—新风口；2—空气处理设备；3—风机；4—送风管；5—送风口；
6—回风口；7、8—回风管；9—排风管；10—排风口

(1) 空气处理部分

包括能对空气进行热湿处理和净化处理的各种设备。如过滤器、表面式冷却器、喷水室、加热器、加湿器等。

(2) 空气输配部分

包括通风机、风道系统、各种阀门、各种附属装置（如消声器等），以及为使空调区域内气流分布合理、均匀而设置的各种送风口、回风口和空气进出空调系统的新风口、排风口。

(3) 冷热源部分

包括制冷系统和供热系统。

6.1.2.2　空调系统的分类

(1) 按空气处理设备的设置情况分类

①集中式系统　空气处理设备（过滤器、加热器、冷却器、加湿器等）及通风机集中设置在空调机房内，空气经处理后，由风道送入各房间。

②半集中式系统　集中处理部分或全部风量，然后送往各房间，在各房间再进行处理的系统。如风机盘管加新风系统为典型的半集中式系统。

③分散式系统（也称局部系统）　将整体组装的空调机组（包括空气处理设备、通风机和制冷设备）直接放在空调房间内的系统。

(2) 按承担室内负荷的输送介质分类

①全空气系统　全空气系统指空调房间的空调负荷全部由经过处理的空气承担。如全空气诱导系统、单风管系统等。

基本工作流程：房间空气通过回风管至空调机房，通过空调设备进行空气处理，通过送风管送至房间，不断循环。

全空气系统分为送风系统和回风系统，主要由回风道、空气处理设备、送风道、风口及其配附件组成。

②全水系统　全水系统指空调房间的空调负荷全部由集中供应的冷、热水来承担。由冷

冻水系统和冷却系统组成。

冷冻水系统的基本工作流程：空调制冷机组处理冷冻水，通过供水管至房间的风机盘管等末端装置，再通过回水管回到空调制冷机组。

冷却系统的任务：对空调机组中的冷凝器进行降温。可分为水冷系统和风冷系统两类。

③空气-水系统　空气-水系统指空调房间的空调负荷由空气和水共同负担。如风机盘管加新风系统。通常指带有新风系统的水系统，其主要设备有新风机组、送风管道、空调机组、冷冻水管、风机盘管、冷却水管、冷却塔和风机。

④全制冷剂系统　全制冷剂系统也称直接蒸发式空调系统，指空调房间的空调负荷全部由制冷剂（冷媒）负担。分为室外主机、制冷剂管道、各房间的室内机三大部分。

室外主机由压缩机、冷凝器及其他制冷附件组成。室内机由直接蒸发式换热器和风机组成。

6.1.2.3　空调系统主要设备及部件

(1) 诱导器

诱导器（图6-14）是依靠经过处理的空气（一次风）形成的射流，诱导室内空气通过换热器的房间空气调节装置。工作原理是经过处理的一次风进入诱导器后，经喷嘴高速喷出，诱导器内产生负压，室内空气（二次风）通过盘管吸入。冷却（或加热）后的二次风与一次风混合，最后送入室内。采用诱导器做末端装置的半集中式系统称为诱导器系统。由于诱导器系统能在房间就地回风，不需要设置回风道，有风管断面小、空气处理室小、空调机房占地少等优点。

图6-14　诱导器

(2) 风机盘管

风机盘管机组是空调系统的一种末端装置，由风机、电动机、盘管（表面式换热器）、空气过滤器等组成，如图6-15所示。

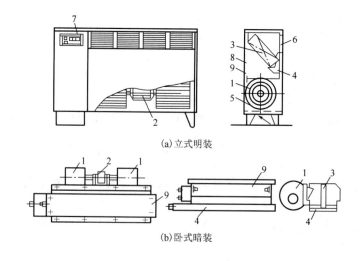

(a)立式明装

(b)卧式暗装

图6-15　风机盘管

1—风机；2—电动机；3—盘管；4—凝结水盘；5—进风口；6—出风格栅；7—控制器；8—吸声材料；9—箱体

风机盘管机组中用来冷却或加热空气的盘管要通以冷水或热水，因此机组的水系统至少应装设供、回水管各一根，即做成双管制。若采用冷、热水管路分开供应，可做成三管（一供热、一供冷、一回）或四管（一供热、一供冷、一回热、一回冷）系统。当建筑物不需频繁转变供冷和供热工况时，用双管制系统即可。

风机盘管机组按结构形式分为立式（L）、卧式（W）、立柱式（Z）和顶棚式（D），按安装方式分为明装（M）、暗装（A），按出风方式分为上出风（S）、斜出风（X，可省略）和前出风（Q），按进水方式分为左进（Z）和右进（Y，可省略）。如 FP－6.3LM 表示名义风量为 630m³/h、立式、明装、斜出风、右进水的风机盘管机组，FP-5LA-QZ 表示名义风量为 500m³/h、立式、暗装、前出风、左进水的风机盘管机组。

（3）局部空调机组

局部空调机组为分散式系统，由空气处理设备、风机、冷冻机和自动控制设备等组成，所有设备经常是装成一体，由工厂成批生产，现场安装。局部空调机组按机组的结构形式可分为整体式空调机组、分体式空调机组。分体式空调机组是把制冷压缩机、冷凝器和冷凝器风机同室内空气处理设备分开安装的空调机组。分室内机和室外机，室内机和室外机之间用制冷剂管路连接。局部空调机组按冷凝器冷却方式可分为水冷式空调机组、风冷式空调机组。水冷式空调机组的制冷系统以水为冷却介质，用水带走冷凝热。用户一般要设置冷却塔，冷却水循环使用。风冷式空调机组的制冷系统以空气为冷却介质，用空气带走冷凝热。制冷性能要低于水冷空调机组，但无需设置冷却塔和循环水泵，安装与运行简便。

（4）喷水室

在空调系统中应用喷水室的主要优点在于能够实现对空气加湿、减湿、加热、冷却多种处理过程，并具有一定的空气净化能力。但它有占地面积大、水泵耗能多的缺点，故在民用建筑中不再采用，但在以调节湿度为主要目的的空调中仍大量使用。喷水室有卧式和立式、单级和双级、低速和高速之分，其供水方式有使用深井水和使用冷冻水等不同形式。

（5）表面式换热器

表面式换热器包括空气加热器和表面式冷却器两大类，表面式冷却器又分为水冷式和直接蒸发式两类。与喷水室相比，表面式换热器具有构造简单、占地少、对水的清洁度要求不高等优点。

（6）空气加湿设备

对于舒适性空调，空气机组一般不需要设加湿段，只有在冬季室外空气特别干燥的情况下才设置加湿段。对于医疗房间和生产过程的工艺性空调（如制药、半导体生产和纺织车间等），空气处理机组中必须设置加湿设备。干蒸汽加湿器和电热加湿器是商用工业空调系统中，除喷水室外应用最广泛的加湿设备，这两种设备又被称为等温加湿。

（7）空气减湿设备

前述的喷水室和表冷器都能对空气进行减湿处理。此外常见的减湿设备还有冷冻减湿机、转轮除湿机和蒸发冷凝再生式减湿系统。

（8）空气过滤器

空气过滤器是指空气过滤装置，一般用于洁净车间、洁净厂房、实验室及洁净室，或者用于电子机械通信设备等的防尘。按过滤器性能划分可分为粗效过滤器、中效过滤器、高中效过滤器、亚高效过滤器和高效过滤器。按结构形式划分可分为平板式过滤器、折叠式过滤器、袋式过滤器、抽屉式过滤器、卷绕式过滤器等。

①粗效过滤器　主要作用是去除 $5.0\mu m$ 及以上的大颗粒灰尘，在净化空调系统中作为预过滤器，以保护中效、高效过滤器和空调箱内其他配件并延长其使用寿命。

②中效过滤器　主要作用是去除 $1.0\mu m$ 及以上的灰尘粒子，在净化空调系统和局部净化设备中作为中间过滤器。其目的是减少高效过滤器的负担，延长高效过滤器和设备中其他配件的寿命。

③高中效过滤器　能较好地去除 $1.0\mu m$ 及以上的灰尘粒子，可作净化空调系统的中间过滤器和一般送风系统的末端过滤器。

④亚高效过滤器　能较好地去除 $0.5\mu m$ 及以上的灰尘粒子，可作净化空调系统的中间过滤器和低级别净化空调系统的末端过滤器。

⑤高效过滤器　是净化空调系统的终端过滤器和净化设备的核心。

（9）空调系统的消声与隔振装置

①消声装置　消声装置有消声器和消声静压箱两种，消声器在本节"通风工程"中已讲述，消声静压箱在风机出口处或空气分布器前设置，既可以稳定气流，又可以利用箱断面的突变和箱体表面的吸声作用对风机噪声做有效的衰减。

②隔振装置　在设备上安装软木、橡胶、金属弹簧等隔振材料或用这些材料制作的隔振器，以减少设备运行引起的振动。为防止设备的振动影响其连接的管道的稳定，在风机与风管的连接处多采用帆布软接头来隔振；在水泵进出口与水管连接处多采用橡胶挠性接头或不锈钢波纹管来隔振。

（10）空调水系统设备

①冷却塔　冷却塔是为水冷式空调机组的冷凝器降温的设备，它是在塔内使空气和水进行热质交换而降低冷却水温度的设备。冷却水自塔顶从上向下喷淋成水滴，形成水膜，而空气在塔体内由下向上或一侧进入塔体向上排出，水与空气的热交换越好，水温降低得就越多。

②膨胀节　系统设置膨胀节是为了吸收位移，保护系统安全可靠地运行。吸收的位移包括管道因温度变化而伸长或缩短，与之相连的设备、容器等装置的位移，以及在安装过程中可能出现的偏差。

（11）组合式空调机组

组合式空调机组是由各种功能的模块组合而成的，用户可以根据自己的需要选择不同的功能段进行组合。

6.1.2.4　空调水系统

除了制冷剂空调系统外，建筑物的冷负荷和热负荷大多由集中冷、热源设备制备的冷冻水和热水（有时为蒸汽）来承担。空调水系统由冷水机组、冷冻水系统（输送冷量）、热水系统（输送热量）和冷却水系统（排除冷水机组的冷凝热量）组成。空调水管的材质，压力管可选用镀锌钢管或铸铁管等，重力管道可选用混凝土管或铸铁管等。

①冷水机组　属于冷源制备的设备，常见的有蒸汽压缩式冷水机组和吸收式冷水机组。按照冷凝器的冷却方式可以分为水冷机组和风冷机组。风冷机组一般设置在屋顶上。

②热源设备　空调常用的热源设备有锅炉、换热器等。

③冷冻水系统（或热水系统）　将冷源制备的冷媒或热媒输送到空调房间的末端装置的系统。可以分为同程式和异程式系统，还可以分为单级泵和双级泵系统。

④冷却水系统　冷却水是水冷机组的冷凝器和压缩机的冷却用水。冷却水系统一般由循环水泵、冷却塔、除污器、冷却水管等组成。

⑤凝结水系统　各种空调设备在运行过程中产生的冷凝水必须及时排走。冷凝水管宜采用聚氯乙烯塑料管或热镀锌钢管。采用镀锌钢管时，应设置保温层。

6.1.3　常用管材及部件

（1）风管

①断面一般多采用矩形或圆形。在民用建筑空调工程中常用矩形（$A \times B$）。通风除尘工程常用圆形（D）。

②材质

a. 一般多采用镀锌或不镀锌薄钢板制作，断面 200mm×200mm 以内壁厚 0.5mm；断面 500mm×500mm 以内壁厚 0.75mm；断面 1000mm×1000mm 以内壁厚 1.0mm；其余壁厚 1.2mm。

b. 洁净度要求高的工程，可采用铝板或不锈钢板制作。

c. 有防腐要求的工程，可采用聚氯乙烯塑料板制作，工作温度在 −10～60℃ 之间。

d. 需要经常移动的风管，则可采用柔性材料制成各种软管，如塑料软管、橡胶软管、金属软管等。

③矩形风管的弯头

a. 有内外弧形、内弧形及内斜形三种，优先采用内外弧形。

b. 当 $A \geqslant 500mm$ 时，应设置导流片，片数应符合规范规定。

④变径管尽量采用渐扩管。

⑤天圆地方是一端连接圆形出口，一端连接方形出口的部件。

（2）水管

①空调系统常用的管材有焊接钢管、无缝钢管、铜管、塑料管等材质。

②铜管分为紫铜管（工业纯铜）和黄铜管（铜锌合金）两种。

③分歧管由紫铜管焊接而成，在中央空调系统中和铜管连接从而连接各个室内机，使制冷剂能够在铜管里面流通，达到制冷和换热的效果。分歧管一般分为气管和液管，也叫大管和小管，气管是走气体的，相对气体的流通面积比液体要大很多，所以气管也就是大管，而液管是走液体的，故而用小管就可以。

6.2　通风空调工程计量与计价

6.2.1　通风空调工程计量规范的主要内容

《通用安装工程工程量计算规范》（GB 50586—2013）中附录 G 为通风空调工程，共设 4 个分部、52 个分项工程（表 6-1）。包括通风空调设备及部件制作、安装，通风管道制作、安装，通风管道部件制作、安装，通风工程检测、调试。适用于工业与民用通风空调设备及部件、通风管道及部件的制作、安装工程。

表 6-1　通风空调工程工程量清单项目设置内容

项目编码	项目名称	分项工程项目
030701	通风空调设备及部件制作安装	本部分包括空气加热器(冷却器)、除尘设备、空调器、风机盘管、表冷器、密闭门、挡水板、滤水器、溢水盘、金属壳体、过滤器、净化工作台、风淋室、洁净室、除湿机、人防过滤吸收器共 16 个分项工程项目
030702	通风管道制作安装	本部分包括碳钢通风管道、净化通风管道、不锈钢板通风管道、铝板通风管道、塑料通风管道、玻璃钢通风管道、复合型风管、柔性软风管、弯头导流叶片、风管检查孔、温度/风量测定孔共 11 个分项工程项目
030703	通风管道部件制作安装	本部分包括碳钢阀门、柔性软风管阀门、铝蝶阀、不锈钢蝶阀、塑料阀门、玻璃钢阀门、碳钢风口/散流器/百叶窗、不锈钢风口/散流器/百叶窗、塑料风口/散流器/百叶窗、玻璃钢风口、铝及铝合金风口/散流器、碳钢风帽、不锈钢风帽、塑料风帽、铝板伞形风帽、玻璃钢风帽、碳钢罩类、塑料罩类、柔性接口、消声器、静压箱、人防超压自动排气阀、人防手动密闭阀、人防其他部件共 24 个分项工程项目
030704	通风工程检测、调试	本部分检测的内容包括通风工程检测/调试、风管漏光试压/漏风试验共 2 个分项工程项目

6.2.2　通风空调工程计量规范与其他章节的联系

在本部分冷冻机组站内的设备安装、通风机安装及人防两用通风机安装，应按附录 A 机械设备安装工程相关项目编码列项。冷冻机组站内的管道安装，应按附录 H 工业管道工程相关项目编码列项。冷冻站外墙皮以外通往通风空调设备的供热、供冷、供水等管道，应按附录 K 给排水、采暖、燃气工程相关项目编码列项。管道上安装的仪器仪表等的安装，应按附录 F 自动化控制仪表安装工程相关项目编码列项。设备和支架的除锈、刷漆、保温及保护层安装，应按附录 M 刷油、防腐蚀、绝热工程相关项目编码列项。

6.2.3　通风空调设备及部件制作安装

（1）分项工程详解

空气加热器（冷却器）主要是对气体流进行加热（冷却）的设备。除尘设备主要是把含尘量较大的空气处理后排至室外的设备。空调器是使用制冷剂压缩冷凝制冷对空气进行调节的设备。风机盘管是半集中空调系统中的末端装置。表冷器是利用冷媒在其内部吸热使被冷却空间温度逐渐降低的一种设备。

密闭门、挡水板、滤水器、溢水盘、金属壳体均为空调部件的组成部分，密闭门即用来关闭空调室入口的门；挡水板用来防止悬浮在空调系统设备中喷水室气流中的水滴被带走；当空调系统采用循环水时，为防止杂质堵塞喷嘴孔口，在循环水管入口处装有滤水器。过滤器是空气过滤装置，用于洁净车间、实验室及洁净室等环境的防尘。净化工作台是在特定的空间内，使洁净空气按设定的方向流动，从而提供局部高洁净度工作环境的空气净化设备。

风淋室也称风淋间，人或物体进入洁净室前所必须经过的局部净化设备。洁净室是通过特定的操作程序以控制空气悬浮微粒的含量，从而达到适当的微粒洁净度级别，使产品能在一个良好的环境中生产、制造。

除湿机是吸收空气中的水分，降低空气湿度的设备。人防过滤吸收器用于人防工程涉毒通风系统中过滤染毒空气中的毒烟、毒雾以及放射性灰尘。

（2）清单项目特征

清单项目特征中的质量是指单台设备质量，安装形式是指吊顶式、落地式、墙上式、窗式、分段组装式等，过滤器的类型是指初效、中效、高效等。

（3）清单工程量计算规则

过滤器的计算有两种方式：以"台"计量，按设计图示数量计算；以"面积"计量，按设计图示尺寸以过滤面积计算。其余项目均按设计图示数量以"台"或"个"计算。

另外，在本部分进行计量时，通风空调设备安装的地脚螺栓是按设备自带考虑的。

（4）清单项目计价

①通风空调设备及部件制作安装的清单工程量计算规则与定额规则不同之处有：分段组装式空调器以"kg"计算。滤水器、溢水盘制作按重量计算（重量可以查阅定额附录"国标通风部件标准重量表"），安装以"个"计。

②清单项目综合单价可参照地方定额的价格及设备主材预算价格进行综合计算确定。

③设备支架的制作安装、补刷油漆等工作在计价时予以考虑。

【例 6-1】 某大厦通风空调工程所用设备是恒温恒湿机整体机组，型号是 YSL-DHS-225，设计风量为 8000m³/h，质量 0.6t，落地安装。设备预算价格 30000 元。管理费及利润按人工费+机械费为取费基数，费率为 38.99%，请编制清单并利用 2008 辽宁省安装工程计价定额计算该设备的综合单价。

解 根据已知信息及清单计量规范，编制清单见表 6-2。

表 6-2 分部分项工程量清单与计价表

序号	项目编码	项目名称	项目特征描述	计量单位	工程量	金额/元		
						综合单价	合价	其中：暂估价
1	030701003001	空调器	名称:恒温恒湿机整体机组 型号:YSL-DHS-225 风量、质量:8000m³/h、0.6t 安装形式:落地安装	台	1			

查询定额相关子目，计算空调器（含安装费）综合单价为 30748.94 元，详细见表 6-3。

表 6-3　工程量清单综合单价分析表

工程名称：某大厦通风空调工程　　　　　标段：　　　　　　　第　页共　页

项目编码	030701003001		项目名称		空调器		计量单位		台
清单综合单价组成明细									
定额编号	定额名称	定额单位	数量	单　价/元				合　价/元	

定额编号	定额名称	定额单位	数量	人工费	材料费	机械费	管理费和利润	人工费	材料费	机械费	管理费和利润
9-26	落地式空调器安装 1t 以内	台	1	535.86	4.15	0	208.93	535.86	4.15	0	208.93
人工单价			小　计					535.86	4.15	0	208.93
45/60 元/工日			未 计 价 设 备 费					30000.00			
清单项目综合单价								30748.94			

材料费明细	主要材料名称、规格、型号	单位	数量	单价/元	合价/元	暂估单价/元	暂估合价/元
	空调器风量 8000m³/h	台	1	30000.00	30000.00		
	其他材料费			—	4.15	—	
	设备材料费小计			—	30004.15	—	

6.2.4　通风管道制作安装

(1) 清单项目特征

风管的形状应描述圆形、矩形、渐缩形等；材质应描述具体，如镀锌钢板；规格是指风管的尺寸；接口形式有咬口连接、铆钉连接和焊接等；风管采用法兰连接时，两法兰片之间的衬垫应描述垫料材质，如泡沫氯丁橡胶垫等。

(2) 清单工程量计算规则

①各类风管制作安装均按设计图示尺寸以展开面积计算，但材质不同，略有不同。玻璃钢风管、复合型风管时按外径尺寸，其余风管是按内径尺寸计算展开面积。

a. 风管展开面积，不扣除检查孔、测定孔、送风口、吸风口等所占面积。

$$S = 风管长度 \times 风管周长 \tag{6-1}$$

则矩形风管的展开面积　　　　　$$S = 2(A+B)L \tag{6-2}$$

圆形风管的展开面积　　　　　　$$S = \pi D L \tag{6-3}$$

式中　L——风管长度；

A，B——矩形风管的尺寸；

D——圆形风管的直径。

b. 风管长度一律以设计图示中心线长度为准（主管与支管以其中心线交点划分），包括弯头、三通、变径管、天圆地方等管件的长度，但不包括部件和软管接头所占的长度。部件所占长度按表 6-4 扣除。

表 6-4　风管部件长度

序号	部件名称	部件长度/mm	序号	部件名称	部件长度/mm
1	蝶阀	150	4	圆形风管防火阀	$D+240$
2	止回阀	300	5	矩形风管防火阀	$B+240$
3	密闭式对开多叶调节阀	210	6	软接头	300

【例 6-2】　某矩形风管 400mm×200mm，镀锌钢板制作，图示长度 18m，风管上安装一个防火阀，请计算风管工程量。

解　风管计算长度＝18－（0.2＋0.24）＝17.56（m）

风管展开面积＝17.56×（0.4＋0.2）×2＝21.07（m²）

c. 穿墙套管按展开面积计算，计入通风管道工程量中。

d. 整个通风系统采用渐缩管送风者，圆形风管按平均直径，矩形风管按平均周长计算。

【例 6-3】　某渐缩管 630mm×260mm～260mm×260mm，长度 40m，请计算风管工程量。

解　风管平均周长＝0.63＋0.26＋0.26×2＝1.41（m）

风管展开面积＝40×1.41＝56.4（m²）

②柔性软风管适用于由金属、涂塑化纤织物、聚酯、聚乙烯、聚氯乙烯薄膜、铝箔等材料制成的软风管。清单计量方式有两种：以"m"计量，按设计图示中心线以长度计算；以"节"计量，按设计图示数量计算。

③弯头导流叶片。为防止空气在通风管道转弯处产生涡流导致气流不畅，损失能量，产生噪声等弊病，通常在风管宽度 A 大于等于 500mm 时，其弯头处设置弯头导流叶片。叶片有单叶片和香蕉形叶片两种类型，适用于不同风管的通风。见图 6-16。

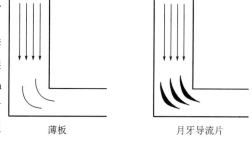

薄板　　　　　　月牙导流片

图 6-16　两种弯头导流叶片

弯头导流叶片有两种计量方式：以"m²"计量，按设计图示以叶片展开面积计算；以"组"计量，按设计图示数量计算。

如设计无规定时，风管导流叶片片数见表 6-5。

表 6-5　风管导流叶片片数

水平宽度/mm	500	630	800	1000	1250	1600	2000
片数/片	4	4	6	7	8	10	12

如设计无规定时，单导流叶片表面积也可按表 6-6 计算。

表 6-6　单导流叶片表面积

风管高/mm	200	250	320	400	500	630	800	1000	1250	1600	2000
面积/m²	0.075	0.091	0.114	0.14	0.17	0.216	0.273	0.425	0.502	0.623	0.755

④风管检查孔也有两种计量方式：按风管检查孔质量以"kg"计算，可根据"国际通风部件标准质量表"中数据确定质量，如表 6-7 所示；按设计图示数量以"个"计算。

表 6-7 风管检查孔标准质量

名称	图号	尺寸 $B \times D$/mm×mm	质量/(kg 或个)
风管检查孔	T604	190×130	2.04
		240×180	2.71
		340×290	4.20
		490×430	6.55

⑤温度、风量测定孔按设计图示数量以"个"计算。

（3）清单项目计价

①在计算风管的综合单价时，风管的支托架、吊架的制作安装(按图示尺寸以重量计算)需要组合在风管的清单项目中。

②渐缩管在执行相应规格风管的定额时，人工乘以系数 2.5。

③制作空气幕送风管时，按矩形风管平均周长执行相应风管规格项目，其人工乘以系数 3，其余不变。

【例 6-4】 某通风工程的风管清单如表 6-8 所示，已知 0.75 厚的镀锌钢板单价为 32.05 元/m²，管理费及利润按人工费＋机械费为取费基数，费率为 38.99％，请利用 2008 辽宁省安装工程计价定额计算该清单的综合单价。

表 6-8 分部分项工程量清单与计价表

序号	项目编码	项目名称	项目特征描述	计量单位	工程量	金额/元		
						综合单价	合价	其中:暂估价
1	030702001001	碳钢通风管道	名称:通风管道 材质:镀锌钢板 形状:矩形 规格:250mm×250mm、240mm×240mm 板材厚度:0.75mm 接口形式:咬口	m²	36.96			

解 利用已知信息及相关定额填写综合单价分析表如表 6-9 所示，计算风管的综合单价为 96.89 元/m²。

6.2.5 通风管道部件制作安装

（1）清单项目特征

碳钢阀门包括空气加热器上通阀、空气加热器旁通阀、圆形瓣式启动阀、风管蝶阀、风管止回阀、密闭式斜插板阀、矩形风管三通调节阀、对开多叶调节阀、风管防火阀、各型风罩调节阀等。塑料阀门包括塑料蝶阀、塑料插板阀、各型风罩塑料调节阀。

风帽是用于通风管道伸出屋外部分的末端装置，在排风系统中用风帽向室外排除污浊空气，为避免雨水渗入，通常设有风帽泛水。常用风帽有伞形风帽、锥形风帽、筒形风帽等。

罩类指在通风系统中的风机传动带防护罩、电动机防雨罩以及安装在排风系统中的侧吸罩、排气罩、吸吹式槽边罩、抽风罩、回转罩等。

表 6-9　工程量清单综合单价分析表　　　　单位：元

项目编码	030702001001			项目名称		碳钢通风管道		计量单位		m²

清单综合单价组成明细

定额编号	定额名称	定额单位	数量	单　价				合　价			
				人工费	材料费	机械费	管理费和利润	人工费	材料费	机械费	管理费和利润
9-70	镀锌钢板矩形风管（δ＝1.2mm以内咬口）周长2000mm以下	10 m²	0.1	261.63	213.41	19.57	109.64	26.16	21.34	1.96	10.96
人工单价			小　计					26.16	21.34	1.96	10.96
45/60 元/工日			未 计 价 材 料 费					36.47			
	清单项目综合单价							96.89			

材料费明细	主要材料名称、规格、型号		单位	数量	单价	合价	暂估单价	暂估合价
	镀锌钢板 δ0.75mm		m²	1.138	32.05	36.47		
	其他材料费				—	21.34	—	
	材料费小计				—	57.81	—	

柔性接口是指在通风机的入口和出口处，为防止风管与风机的共振破坏而连接的软管。柔性接口包括金属、非金属及伸缩节。

通风部件如图纸要求制作安装或用成品部件只安装不制作，这类特征在项目特征中应明确描述。

（2）清单工程量计算规则

①柔性接口（如帆布软接头）按设计图示尺寸以展开面积计算。

【例 6-5】　某通风空调工程中空调器与风管的连接处采用帆布软接头 2 处，每个长度为 0.3m，风管直径 1.2m，请计算帆布软接头的工程量。

解　帆布软接头的工程量＝3.14×1.2×0.3×2＝2.26m²

②静压箱有两种计量方式：以"个"计量，按设计图示数量计算；以"m²"计量，按设计图示尺寸以展开面积计算，不扣除开口的面积。

③其余部件均按设计图示数量计算。

（3）清单项目计价

①各种通风部件在计价时要区分制作和安装两个内容分别计算费用。

②各种阀门、部件若为成品，则不计制作费，只计安装费。

6.2.6　通风工程检测、调试

①通风工程检测、调试是系统工程安装后所进行的系统检测及对系统的各风口、调节阀、排气罩进行风量、风压调试等全部工作过程。计量按通风系统以"系统"为单位计算，

项目特征描述风管的总工程量。通风工程检测、调试计价按整个系统的人工费乘以 13%（其中人工工资占 25%）计算直接工程费，然后计算管理费、利润及综合单价。

②风管漏光试验、漏风试验的计量按设计图纸或规范要求以展开面积计算，单位为"m²"。

6.2.7 通风空调工程措施项目计价

6.2.7.1 专业措施项目 (031301)

（1）脚手架搭拆费 (031301017)

根据 2008 辽宁省安装工程计价定额规定，通风空调工程的脚手架搭拆费按人工费的 3%计算（其中人工工资占 25%）计算直接工程费，然后计算管理费、利润及综合单价。

（2）超高施工增加费 (031301018)

通风空调工程的超高施工增加费是以工作物操作高度 6m 为界，其超过 6m 部分（指由 6m 至操作物高度）的人工费乘以表 6-10 的系数计算，全部为人工费，再计算管理费、利润及综合单价。也可以在超高部分的项目清单综合单价中考虑超高增加费，不另列清单。

表 6-10 超高增加费的系数

标高/m	6～8	6～12	6～16	6～20
超高系数	1.10	1.15	1.20	1.25

6.2.7.2 安全文明施工及其他措施项目 (031302)

（1）高层施工增加费 (031302007)

当单层建筑物檐高超过 20m，多层建筑物超过 6 层时，应计算高层建筑施工增加费，全部为人工费。

突出主体建筑物顶的电梯机房、楼梯出口间、水箱间、瞭望塔、排烟机房等不计入檐口高度。计算层数时，地下室不计入层数。

$$高层建筑施工增加费＝分部分项工程定额人工费×增加费费率 \tag{6-4}$$

增加费费率详见第 2 章，还需计算管理费、利润及综合单价。

（2）安全文明施工费 (031302001)

安全文明施工费是直接按费率取费的措施项目费，属于总价措施项目，计算基数包含前面计算的分部分项工程费和措施费中的人工费。计算公式为：

$$安全文明施工费＝（分部分项工程费和措施费中的人工费＋机械费）$$
$$×安全文明施工费费率 \tag{6-5}$$

费率区分建筑工程、安装工程及工程类别进行选取。

6.3 通风空调工程计量计价实例

6.3.1 通风空调实例工程图纸解读

通风空调系统施工图识读时要把握风系统与水系统的独立性和完整性。识读时要搞清系统，摸清环路，系统阅读。风系统和水系统不要混淆，要分别识读和计量。

对于民用建筑通风空调安装工程来说，其施工图主要包括图纸目录、设计说明、图例、设备材料表、各层平面图、剖面图（视具体情况而定）、设备安装大样图等。识图时熟读设计说明，按照图例从各风机开始沿风流方向逐个风管系统进行识读。

某地下车库共分为13个防火分区，本实例选取其中的5区和12区通风工程图纸（见图6-17），上部为5区，下部为12区，设备及主要材料见表6-11，风管采用镀锌钢板制作，采用铝箔玻璃棉毡保温，保温层厚度30mm。如图6-17所示，5区和12区分别有两个系统：一个是送风机房引出的新风系统，一个是排烟机房引出的排烟系统。设备及主要材料表中的序号与图6-17中的数字是一一对应的。

表 6-11　设备及主要材料表

序号	名称	型号及规格	备　注
1	排烟风机	CPF-DBD，800/TM，$L=54000\text{m}^3/\text{h}$，$H=702\text{Pa}$，$N=22\text{kW}$	
2	微穿孔板消声器	SW-Ⅱ，2200×400×2000	
4	钢制防火调节阀	FPYFH280℃关闭，输出电信号，1600×630	
5	钢制防火调节阀	FPYFH280℃关闭，输出电信号，1250×400	
6	钢制防火调节阀	FPYFH280℃关闭，输出电信号，2200×400	
7	钢制单向阀	ZHF800×800	
8	钢风口	排烟风口，SF1250×400，280℃关闭，输出电信号	
9	铝合金风口	格栅式风口，SF1200×600	
10	诱导风机	TOPVENT-C，$L=636\text{ m}^3/\text{h}$，$N=7.5\text{kW}$	
11	新风机	CFT-BDB，900/TM，$L=60000\text{m}^3/\text{h}$，$H=603\text{Pa}$，$N=7.5\text{kW}$	

6.3.2　通风实例工程工程量计算

①根据图纸和清单计量规范计算5区和12区的通风工程量如表6-12所示。

表 6-12　工程量计算书

序号	项目名称	规格型号	计算方法及说明	单位	数量	备注
一	5区					
（一）	新风系统					送风机房
1	设备	新风机 CFT-BDB 900/TM $L=60000\text{m}^3/\text{h}$，$H=603\text{Pa}$，$N=7.5\text{kW}$	送风机房	台	1	表6-11序号11
2	阀门	钢制单向阀，ZHF800×800	新风机出口处	个	1	表6-11序号7
3	帆布软接头	800×800，周长=3.2m	新风机出入口处各1，长度=0.3m	m²	1.92	
4	阀门	钢制防火调节阀，FPYFH280℃关闭，输出电信号，2200×400	消声器旁	个	1	表6-11序号6
5	微穿孔板消声器	SW-Ⅱ，2200×400×2000	防火阀旁	个	1	表6-11序号2

续表

序号	项目名称	规格型号	计算方法及说明	单位	数量	备注
6	铝合金风口	格栅式风口，SF1200×600	新风管上	个	5	表6-11 序号9
7	诱导风机	TOPVENT-C，$L=636$ m³/h，$N=7.5$kW	新风管旁	个	1	表6-11 序号10
8	风管					
8.1	新风机入口管	800×800，周长＝3.2m	$L=$外墙入口0.68＋弧形1.43＋出口至渐扩管1.02－软接头0.3×2－单向阀0.3=2.23m	m²	7.14	
8.2	渐扩管	800×800～2200×400，平均周长＝4.2m	$L=2.55$－防火阀(0.4＋0.24)=1.91m	m²	8.02	
8.3	送风管	2200×400，周长＝5.2m	$L=4.79$m	m²	24.91	
(二)	排烟系统					
1	入口风管	800×800，周长＝3.2m	$L=3.44$m	m²	11.01	外墙入口管
2	左侧风机系统					
2.1	排烟风机	CPF-DBD，800/TM，$L=54000$m³/h，$H=702$Pa，$N=22$kW	左侧	台	1	表6-11 序号1
2.2	阀门	钢制单向阀，ZHF800×800	风机出口处	个	1	表6-11 序号7
2.3	帆布软接头	800×800，周长＝3.2m	风机出入口处各1，长度＝0.3m	m²	1.92	
2.4	阀门					
2.4.1	钢制防火调节阀	FPYFH280℃关闭，输出电信号，1600×630	风机出口	个	1	表6-11 序号4
2.4.2	钢制防火调节阀	FPYFH280℃关闭，输出电信号，1250×400	下部支管	个	1	表6-11 序号5
2.4.3	钢制防火调节阀	FPYFH280℃关闭，输出电信号，2200×400	上部支管1个	个	1	表6-11 序号6
2.5	风口					
2.5.1	铝合金风口	格栅式风口，SF1200×600	上部支管上	个	5	表6-11 序号9
2.5.2	钢风口	排烟风口，SF1250×400，280℃关闭，输出电信号	下部支管3个＋B3轴支管2个	个	5	表6-11 序号8
2.6	微穿孔板消声器	SW-Ⅱ，2200×400×2000	上部支管处	个	1	表6-11 序号2
2.7	风管					
2.7.1	左侧风机入口管	800×800，周长＝3.2m	$L=1.11$－软接头0.3－单向阀0.3=0.51m	m²	1.63	

续表

序号	项目名称	规格型号	计算方法及说明	单位	数量	备注
2.7.2	渐扩管	$800 \times 800 \sim 1600 \times 630$，平均周长$=3.83$m	$L=1.26-$软接头0.3 $=0.96$m	m²	3.68	
2.7.3	上部支管	2200×400，周长$=5.2$m	$L=$消声器前$2.59+$消声器后$4.69-$防火阀$(0.4+0.24)=6.64$m	m²	34.53	
2.7.4	风机出口管	1600×630，周长$=4.46$m	$L=$风机出口管4.6m	m²	20.52	
2.7.5	下部支管	1250×400，周长$=3.3$m	$L=$弯头前支管$8.85-$防火阀$(0.4+0.24) \times 2$ $+$弯头$3.99+$支管$21.21+$分支管$14.51+$弯头$2.34+21.14$ $=75.36$m	m²	233.51	
3	右侧风机系统					
3.1	排烟风机	CPF-DBD,800/TM,$L=$ 54000m³/h,$H=702$Pa, $N=22$kW	右侧	台	1	表6-11 序号1
3.2	阀门	钢制单向阀,ZHF800 $\times 800$	风机出口处	个	1	表6-11 序号7
3.3	帆布软接头	800×800,周长$=3.2$m	风机出入口处各1,长度 $=0.3$m	m²	1.92	
3.4	阀门					
3.4.1	钢制防火调节阀	FPYFH280℃关闭,输出 电信号,1600×630	风机出口	个	1	表6-11 序号4
	钢制防火调节阀	FPYFH280℃关闭,输出 电信号,1250×400	干管弯头后	个	1	表6-11 序号5
3.4.2	钢制防火调节阀	FPYFH280℃关闭,输出 电信号,2200×400	下部支管1个	个	1	表6-11 序号6
3.5	风口					
3.5.1	铝合金风口	格栅式风口,SF1200 $\times 600$	下部支管上	个	5	表6-11 序号9
3.5.2	钢风口	排烟风口,SF1250×400, 280℃关闭,输出电信号	上部干管4个	个	4	表6-11 序号8
3.6	微穿孔板消声器	SW-Ⅱ,2200×400 $\times 2000$	下部支管处	个	1	表6-11 序号2
3.7	风管					
3.7.1	右侧风机入口管	800×800,周长$=3.2$m	$L=1.11-$软接头$0.3-$ 单向阀$0.3=0.51$m	m²	1.63	
3.7.2	渐扩管	$800 \times 800 \sim 1250 \times 400$，平均周长$=3.25$m	$L=1.26-$软接头0.3 $=0.96$m	m²	3.12	

续表

序号	项目名称	规格型号	计算方法及说明	单位	数量	备注
3.7.3	干管	1250×400，周长＝3.3m	L＝风机出口1.29＋弯头2.27＋10.43＋弯头2.53＋14.14＋弯头2.26＋44－防火阀（0.4＋0.24）×2＝75.64m	m²	249.61	
3.7.4	下部支管	2200×400，周长＝5.2m	L＝消声器前2.56＋消声器后4.69－防火阀（0.4＋0.24）＝6.61m	m²	34.37	
二	12区					
（一）	新风系统					送风机房
1	设备	新风机 CFT-BDB 900/TM L＝60000m³/h，H＝603Pa，N＝7.5kW	送风机房	台	1	表6-11序号11
2	阀门	钢制单向阀，ZHF800×800	新风机出口处	个	1	表6-11序号7
3	帆布软接头	800×800，周长＝3.2m	新风机出入口处各1，长度＝0.3m	m²	1.92	
4	阀门	钢制防火调节阀，FPY-FH280℃关闭，输出电信号，2200×400	消声器旁	个	1	表6-11序号6
5	微穿孔板消声器	SW-Ⅱ，2200×400×2000	防火阀旁	个	1	表6-11序号2
6	铝合金风口	格栅式风口，SF1200×600	新风管上	个	5	表6-11序号9
7	风管					
7.1	新风机入口管	800×800，周长＝3.2m	L＝外墙入口（1.24＋弧形1.57＋0.8＋斜1.83＋0.5）＋出口至渐扩管1.7－软接头0.3×2－单向阀0.3＝6.74m	m²	21.57	
7.2	渐扩管	$800 \times 800 \sim 2200 \times 400$，平均周长＝4.2m	L＝2.07m	m²	8.69	
7.3	送风管	2200×400，周长＝5.2m	L＝消声器前0.5＋消声器后4.79－防火阀（0.4＋0.24）＝4.65m	m²	24.18	
（二）	排烟系统					
1	入口风管	800×800，周长＝3.2m	L＝4.97m	m²	15.9	
2	右侧风机系统					

续表

序号	项目名称	规格型号	计算方法及说明	单位	数量	备注
2.1	排烟风机	CPF-DBD,800/TM,$L=$ 54000m³/h,$H=$702Pa,$N=$22kW	右侧	台	1	表6-11 序号1
2.2	阀门	钢制单向阀,ZHF800×800	风机出口处	个	1	表6-11 序号7
2.3	帆布软接头	800×800,周长=3.2m	风机出入口处各1,长度=0.3m	m²	1.92	
2.4	阀门					
2.4.1	钢制防火调节阀	FPYFH280℃关闭,输出电信号,1250×400	干管分支前后共2个	个	2	表6-11 序号5
2.4.2	钢制防火调节阀	FPYFH280℃关闭,输出电信号,2200×400	下部支管1个	个	1	表6-11 序号6
2.5	风口					
2.5.1	铝合金风口	格栅式风口,SF1200×600	下部支管上	个	5	表6-11 序号9
2.5.2	钢风口	排烟风口,SF1250×400,280℃关闭,输出电信号	上部干管4个	个	4	表6-11 序号8
2.6	微穿孔板消声器	SW-Ⅱ,2200×400×2000	下部支管处	个	1	表6-11 序号2
2.7	诱导风机	TOPVENT-C,$L=$636 m³/h,$N=$7.5kW	12区右侧车库处	个	1	表6-11 序号10
2.8	风管					
2.8.1	右侧风机入口管	800×800,周长=3.2m	$L=1.06-$软接头0.3$-$单向阀0.3=0.46m	m²	1.47	
2.8.2	渐扩管	800×800~1250×400,平均周长=3.25m	$L=1.47-$软接头0.3=1.17m	m²	3.80	
2.8.3	干管	1250×400,周长=3.3m	$L=$风机出口37.4$-$防火阀(0.4+0.24)×2+弯头2.57+至末端33.52+分支管17.31=89.52m	m²	295.42	
2.8.4	下部支管	2200×400,周长=5.2m	$L=$消声器前3.23+弯头2.74+0.5+消声器后4.69$-$防火阀(0.4+0.24)=10.52m	m²	54.70	
3	左侧风机系统					
3.1	排烟风机	CPF-DBD,800/TM,$L=$ 54000m³/h,$H=$702Pa,$N=$22kW	左侧	台	1	表6-11 序号1

续表

序号	项目名称	规格型号	计算方法及说明	单位	数量	备注
3.2	阀门	钢制单向阀，ZHF800×800	风机出口处	个	1	表6-11序号7
3.3	帆布软接头	800×800,周长=3.2m	风机出入口处各1,长度=0.3m	m²	1.92	
3.4	阀门					
3.4.1	钢制防火调节阀	FPYFH280℃关闭,输出电信号,1600×630	风机出口1个	个	1	表6-11序号4
3.4.2	钢制防火调节阀	FPYFH280℃关闭,输出电信号,2200×400	上部支管1个	个	1	表6-11序号6
3.4.3	钢制防火调节阀	FPYFH280℃关闭,输出电信号,1250×400	右侧支管1个	个	1	表6-11序号5
3.5	风口					
3.5.1	铝合金风口	格栅式风口,SF1200×600	上部支管上	个	5	表6-11序号9
3.5.2	钢风口	排烟风口,SF1250×400,280℃关闭,输出电信号	右侧支管上	个	4	表6-11序号8
3.6	微穿孔板消声器	SW-Ⅱ，2200×400×2000	上部支管处	个	1	表6-11序号2
3.7	风管					
3.7.1	左侧风机入口管	800×800,周长=3.2m	$L=$入口1.06－软接头0.3－单向阀0.3=0.46m	m²	1.47	
3.7.2	渐扩管	800×800~1600×630,平均周长=3.83m	$L=1.55$－软接头0.3=1.25m	m²	4.79	
3.7.3	干管	1600×630,周长=4.46m	$L=2.53$－防火阀(0.63+0.24)=1.66m	m²	7.40	
3.7.4	支管	2200×400,周长=5.2m	$L=$消声器前4.69+消声器后4.98－防火阀(0.4+0.24)=9.03m	m²	46.96	
3.7.5	支管	1250×400,周长=3.3m	$L=$主管33.06－防火阀(0.4+0.24)+支管17.34=49.76m	m²	164.21	
三	风管保温	铝箔玻璃棉毡保温,厚30mm	$V=2\delta(A+B+2\delta)L$ 例：$V_1=2×0.003×(0.8+0.8+2×0.03)×19.32=1.92m^3$	m³	39.84	

②将表 6-12 进行整理汇总得表 6-13。

表 6-13　工程量汇总表

序号	项 目 名 称	单位	数量
1	新风机 CFT-BDB 900/TM $L=60000\text{m}^3/\text{h}$,$H=603\text{Pa}$,$N=7.5\text{kW}$	台	2
2	排烟风机 CPF-DBD,800/TM,$L=54000\text{m}^3/\text{h}$,$H=702\text{Pa}$,$N=22\text{kW}$	台	4
3	钢制单向阀,ZHF800×800	个	6
4	帆布软接头 800×800,周长=3.2m	m²	11.52
5	钢制防火调节阀,FPYFH280℃关闭,输出电信号,2200×400	个	6
6	钢制防火调节阀,FPYFH280℃关闭,输出电信号,1250×400	个	5
7	钢制防火调节阀,FPYFH280℃关闭,输出电信号,1600×630	个	3
8	微穿孔板消声器 SW-Ⅱ,2200×400×2000	个	6
9	铝合金风口,格栅式风口,SF1200×600	个	30
10	钢排烟风口,SF1250×400,280℃关闭,输出电信号	个	17
11	诱导风机 TOPVENT-C,$L=636\text{ m}^3/\text{h}$,$N=7.5\text{kW}$	个	2
12	矩形风管 800×800,周长=3.2m	m²	61.82
13	矩形风管 2200×400,周长=5.2m	m²	219.65
14	矩形风管 1600×630,周长=4.46m	m²	27.92
15	矩形风管 1250×400,周长=3.3m	m²	942.75
16	渐扩管 800×800~2200×400,平均周长=4.2m	m²	16.71
17	渐扩管 800×800~1250×400,平均周长=3.25m	m²	6.92
18	渐扩管 800×800~1600×630,平均周长=3.83m	m²	8.47

6.3.3　通风实例工程工程量清单编制

本工程为地下室通风工程，编制清单时需要根据工程量汇总表及清单计量规范编制，增加通风工程系统调试费、单价措施项目等清单。暂列金额为 30000 元。具体工程量清单见表 6-14～表 6-20。

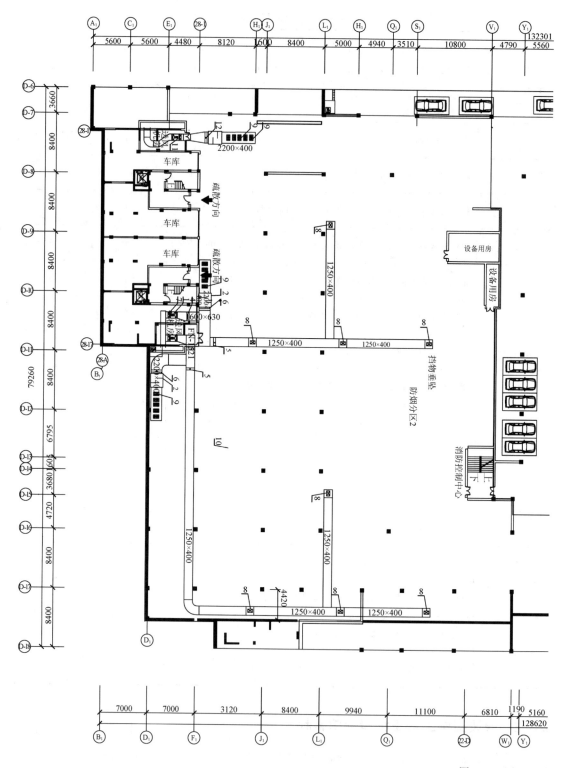

图6-17 5区、12区

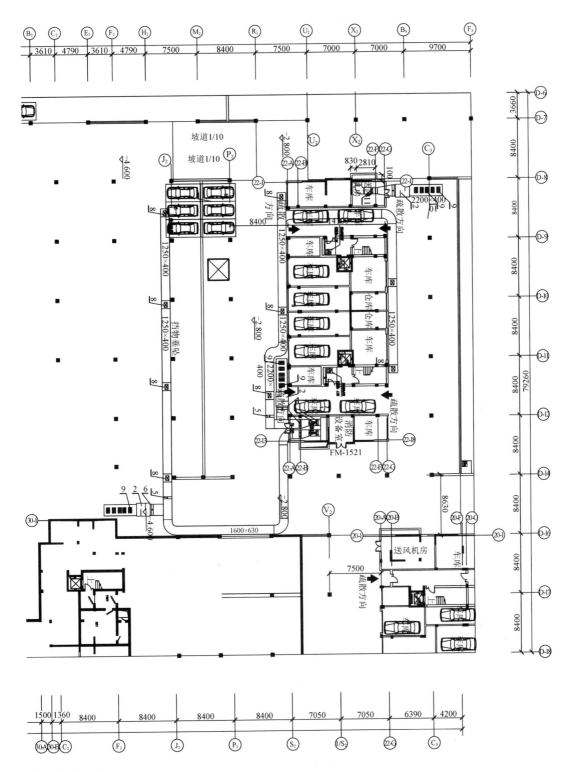

通风排烟平面图

表 6-14　工程量清单封面

___某地下室 5 区 12 区通风工程___ 工程

招标工程量清单

招　标　人：　_____　　造价咨询人：　_____
　　　　　　　　　　（单位盖章）　　　　　　　　　　　　　（单位资质专用盖章）

法定代表人：　　　　　　　　　　　　　法定代表人：

或其授权人：　_____　　或其授权人：　_____
　　　　　　　　　　（签字或盖章）　　　　　　　　　　　　　（签字或盖章）

编　制　人：　_____　　复　核　人：　_____
　　　　　　　（造价人员签字盖专用章）　　　　　　　（造价工程师签字盖专用章）

编制时间：　　　年　月　日　　　　　复核时间：　　　年　月　日

表 6-15　总说明

工程名称：某地下室 5 区 12 区通风工程　　　　　　　第　1　页　共　1　页

1. 工程概况：本工程为某地下室通风工程，坐落于辽宁省大连市沙河口区，地下室防火分区有 13 个区，总建筑面积 28000m²。其中 5 区和 12 区的建筑面积约 9700m²。结构形式为框架剪力墙结构。本期工程范围包括：地下室 5 区和 12 区的室内通风系统安装工程。
2. 工程招标范围：本次招标范围为地下室 5 区和 12 区施工图范围内的通风系统安装工程。
3. 工程量清单编制依据：
   (1) 某地下室 5 区和 12 区通风排烟施工图；
   (2)《通用安装工程工程量计算规范》(2013)。
4. 其他需要说明的问题：
   暂列金额为 30000 元，拟用于项目施工过程中的可能发生的设计变更等费用的支出。

表 6-16　分部分项工程和单价措施项目清单与计价表

工程名称：某地下室 5 区 12 区通风工程　　　　标段：　　　　　　第　1　页　共　3　页

序号	项目编码	项目名称	项目特征	计量单位	工程量	金额/元		
						综合单价	合价	其中 暂估价
	C.1	机械设备安装工程						
1	030108003001	轴流通风机	1. 名称：新风机 2. 型号：CFT-BDB 900/TM 3. 规格：$L=60000\mathrm{m^3/h}$, $H=603\mathrm{Pa}$, $N=7.5\mathrm{kW}$	台	2			
2	030108003002	轴流通风机	1. 名称：排烟风机 2. 型号：CPF-DBD,800/TM	台	4			

续表

序号	项目编码	项目名称	项目特征	计量单位	工程量	金额/元		
						综合单价	合价	其中 暂估价
3	030108006001	其他风机	1. 名称:诱导风机 2. 型号:TOPVENT－C	台	2			
	C.7	通风空调工程						
1	030702001001	碳钢通风管道	1. 名称:矩形风管 2. 材质:镀锌薄钢板 3. 形状:矩形 4. 规格:800×800,周长＝3.2m 5. 板材厚度:1mm	m²	61.82			
2	030702001002	碳钢通风管道	1. 名称:矩形风管 2. 材质:镀锌薄钢板 3. 形状:矩形 4. 规格:2200×400,周长＝5.2m 5. 板材厚度:1.2mm	m²	219.65			
3	030702001003	碳钢通风管道	1. 名称:矩形风管 2. 材质:镀锌薄钢板 3. 形状:矩形 4. 规格:1600×630,周长＝4.46m 5. 板材厚度:1.2mm	m²	27.92			
4	030702001004	碳钢通风管道	1. 名称:矩形风管 2. 材质:镀锌薄钢板 3. 形状:矩形 4. 规格:800×800,周长＝3.2m 5. 板材厚度:1mm	m²	942.75			
5	030702001005	碳钢通风管道	1. 名称:渐扩管 2. 材质:镀锌薄钢板 3. 形状:矩形 4. 规格:800×800～1600×630,平均周长＝3.83m 5. 板材厚度:1mm	m²	8.47			
6	030702001006	碳钢通风管道	1. 名称:渐扩管 2. 材质:镀锌薄钢板 3. 形状:矩形 4. 规格:渐扩管 800×800～1250×400,平均周长＝3.25m 5. 板材厚度:1mm	m²	6.92			
7	030702001007	碳钢通风管道	1. 名称:渐扩管 2. 材质:镀锌薄钢板 3. 形状:矩形 4. 规格:800×800～2200×400,平均周长＝4.2m 5. 板材厚度:1.2mm	m²	16.71			

续表

序号	项目编码	项目名称	项目特征	计量单位	工程量	金额/元		
						综合单价	合价	其中 暂估价
8	030703001001	碳钢阀门	1. 名称:钢制单向阀 2. 型号:ZHF800×800 3. 规格:800×800 4. 类型:止回阀	个	6			
9	030703001002	碳钢阀门	1. 名称:钢制防火调节阀 2. 规格:2200×400	个	6			
10	030703001003	碳钢阀门	1. 名称:钢制防火调节阀 2. 规格:1250×400	个	5			
11	030703001004	碳钢阀门	名称:钢制防火 1600×630	个	3			
12	030703007001	碳钢风口、散流器、百叶窗	1. 名称:钢排烟风口 2. 规格:SF1250×400	个	17			
13	030703011001	铝及铝合金风口、散流器	名称:格栅式风口	个	30			
14	030703019001	柔性接口	名称:帆布软接头	m²	11.52			
15	030703020001	消声器	1. 名称:微穿孔板消声器 2. 规格:2200×400×2000 3. 形式:SW-Ⅱ	个	6			
16	030704001001	通风工程检测、调试		系统	1			
		措施项目						
1	031301017001	脚手架搭拆			1			
合　计								

表 6-17　总价措施项目清单与计价表

工程名称:某地下室 5 区 12 区通风工程　　　　标段:　　　　　　　第 1 页　共 1 页

序号	项目编码	项目名称	计算基础	费率/%	金额/元	调整费率/%	调整后金额/元	备注
1	031302001001	安全文明施工(含环境保护、文明施工、安全施工、临时设施)	分部分项人工费+分部分项机械费	15.28				
2	031302002001	夜间施工增加						
3	031302003001	非夜间施工增加						
4	031302004001	二次搬运						
5	031302005001	冬雨季施工增加	分部分项人工费+分部分项机械费	7.06				
6	031302006001	已完工程及设备保护						
合　计								

表 6-18　其他项目清单与计价汇总表

工程名称：某地下室 5 区 12 区通风工程　　　标段：　　　　　　　第　1　页　共　1　页

序号	项目名称	金额/元	结算金额/元	备注
1	暂列金额	30000		明细详见表 6-19
2	暂估价			
2.1	材料暂估价	—		
2.2	专业工程暂估价			
3	计日工			
4	总承包服务费			
5	工程担保费			
	合　　计			—

表 6-19　暂列金额明细表

工程名称：某地下室 5 区 12 区通风工程　　　标段：　　　　　　　第　1　页　共　1　页

序号	项目名称	计量单位	暂定金额	备注
1	工程量清单中的工程量偏差和设计变更	元	20000	
2	政策性调整和材料价格风险	元	10000	
	合　　计		30000	—

表 6-20　规费税金项目计价表

工程名称：某地下室 5 区 12 区通风工程　　　标段：　　　　　　　第　1　页　共　1　页

序号	项目名称	计算基础	计算基数	计算费率/%	金额/元
4	规费	工程排污费＋社会保障费＋住房公积金＋危险作业意外伤害保险			
4.1	工程排污费				
4.2	社会保障费	养老保险＋失业保险＋医疗保险＋生育保险＋工伤保险			
4.2.1	养老保险	分部分项人工费＋分部分项机械费		16.36	
4.2.2	失业保险	分部分项人工费＋分部分项机械费		1.64	
4.2.3	医疗保险	分部分项人工费＋分部分项机械费		6.55	
4.2.4	生育保险	分部分项人工费＋分部分项机械费		0.82	
4.2.5	工伤保险	分部分项人工费＋分部分项机械费		0.82	
4.3	住房公积金	分部分项人工费＋分部分项机械费		8.18	
4.4	危险作业意外伤害保险				
5	税金	分部分项工程费＋措施项目费＋其他项目费＋规费		11	
	合　　计				

6.3.4　通风实例工程招标控制价编制

　　根据招标人编制的工程量清单、辽宁 2008 安装工程计价定额及现行规定，编制招标控制价如表 6-21～表 6-29。

表 6-21　招标控制价封面

<h1 style="text-align:center">　　　某地下室 5 区 12 区通风工程　　　工程</h1>

招标控制价

招标控制价　（小写）：　　　　　　　　325,037.55

　　　　　　　（大写）：　　　　叁拾贰万伍仟零叁拾柒元伍角伍分

招 标 人：＿＿＿＿＿＿＿＿＿　　　造价咨询人：　＿＿＿＿＿＿＿＿＿
　　　　　　（单位盖章）　　　　　　　　　　　　　（单位资质专用章）

法定代理人：　　　　　　　　　　　法定代理人：

或其授权人：＿＿＿＿＿＿＿＿＿　　或其授权人：　＿＿＿＿＿＿＿＿＿
　　　　　　（签字或盖章）　　　　　　　　　　　　（签字或盖章）

编 制 人：＿＿＿＿＿＿＿＿＿　　　复 核 人：　＿＿＿＿＿＿＿＿＿
　　　（造价人员签字盖专用章）　　　　　　（造价工程师签字盖专用章）

编制时间：　　年　月　日　　　　　复核时间：　　年　月　日

表 6-22　总　说　明

工程名称：某地下室 5 区 12 区通风工程　　　　　　　第 1 页 共 1 页

1.工程概况：本工程为某地下室通风工程，坐落于辽宁省大连市沙河口区，地下室防火分区有 13 个区，总建筑面积 28000m²。其中 5 区和 12 区的建筑面积约 9700m²。结构形式为框架剪力墙结构。本期工程范围包括：地下室 5 区和 12 区的室内通风系统安装工程。

2.工程招标范围：本次招标范围为地下室 5 区和 12 区施工图范围内的通风系统安装工程。

3.招标控制价编制依据：

（1）招标文件及其所提供的工程量清单和有关报价的要求，招标文件的补充通知和答疑纪要。

（2）某地下室 5 区和 12 区通风排烟施工图及一般的施工方案。

（3）《建设工程工程量清单计价规范》（2013）及有关的技术标准和规定。

（4）辽宁省安装工程计价定额（2008）及现行营改增的计价规定。

（5）设备价格通过询价获得，主材价格参照辽宁省大连市 2016 年第四季度工程造价信息价格。

4.其他需要说明的问题：

暂列金额为 30000 元，根据招标文件确定。

表 6-23　单位工程招标控制价汇总表

工程名称：某地下室 5 区 12 区通风工程　　　标段：　　　　第 1 页 共 1 页

序号	汇 总 内 容	金额/元	其中:暂估价/元
1	分部分项工程费	237395.44	
1.1	C.1 机械设备安装工程	71522.44	
1.2	C.7 通风空调工程	165873	
2	措施项目费	9977.65	
2.1	安全文明施工费	5413.46	

续表

序号	汇总内容	金额/元	其中:暂估价/元
3	其他项目费	30000	—
4	规费	15453.53	—
4.1	工程排污费		—
4.2	社会保障费	11775.62	—
4.2.1	养老保险	7355.83	—
4.2.2	失业保险	737.38	—
4.2.3	医疗保险	2945.03	—
4.2.4	生育保险	368.69	—
4.2.5	工伤保险	368.69	—
4.3	住房公积金	3677.91	—
4.4	危险作业意外伤害保险		—
5	税金	32210.93	—
	招标控制价合计＝1＋2＋3＋4＋5	325037.55	0

表 6-24 分部分项工程和单价措施项目清单与计价表

工程名称：某地下室5区12区通风工程　　　标段：　　　　　　第 1 页 共 3 页

序号	项目编码	项目名称	项目特征描述	计量单位	工程量	综合单价	合价	其中暂估价
	C.1	机械设备安装工程					71522.44	
1	030108003001	轴流通风机	1. 名称:新风机 2. 型号:CFT-BDB 900/TM 3. 规格: $L = 60000\text{m}^3/\text{h}, H = 603\text{Pa}, N = 7.5\text{kW}$	台	2	12493.29	24986.58	
2	030108003002	轴流通风机	1. 名称:排烟风机 2. 型号:CPF-DBD,800/TM	台	4	11493.29	45973.16	
3	030108006001	其他风机	1. 名称:诱导风机 2. 型号:TOPVENT-C	台	2	281.35	562.7	
	C.7	通风空调工程					165873	

续表

序号	项目编码	项目名称	项目特征描述	计量单位	工程量	金额/元		其中
						综合单价	合价	暂估价
1	030702001001	碳钢通风管道	1. 名称:矩形风管 2. 材质:镀锌薄钢板 3. 形状:矩形 4. 规格:800mm×800mm,周长＝3.2m 5. 板材厚度:1mm	m²	61.82	95.67	5914.32	
2	030702001002	碳钢通风管道	1. 名称:矩形风管 2. 材质:镀锌薄钢板 3. 形状:矩形 4. 规格:2200mm×400mm,周长＝5.2m 5. 板材厚度:1.2mm	m²	219.65	113.97	25033.51	
3	030702001003	碳钢通风管道	1. 名称:矩形风管 2. 材质:镀锌薄钢板 3. 形状:矩形 4. 规格:1600mm×630mm,周长＝4.46m 5. 板材厚度:1.2mm	m²	27.92	113.97	3182.04	
4	030702001004	碳钢通风管道	1. 名称:矩形风管 2. 材质:镀锌薄钢板 3. 形状:矩形 4. 规格:800mm×800mm,周长＝3.2m 5. 板材厚度:1mm	m²	942.75	95.67	90192.89	
5	030702001005	碳钢通风管道	1. 名称:渐扩管 2. 材质:镀锌薄钢板 3. 形状:矩形 4. 规格:800mm×800mm～1600mm×630mm,平均周长＝3.83m 5. 板材厚度:1mm	m²	8.47	147.37	1248.22	

续表

序号	项目编码	项目名称	项目特征描述	计量单位	工程量	综合单价	合价	其中暂估价
6	030702001006	碳钢通风管道	1. 名称:渐扩管 2. 材质:镀锌薄钢板 3. 形状:矩形 4. 规格:渐扩管 800mm×800mm ~1250mm×400mm,平均周长=3.25m 5. 板材厚度:1mm	m²	6.92	147.37	1019.8	
7	030702001007	碳钢通风管道	1. 名称:渐扩管 2. 材质:镀锌薄钢板 3. 形状:矩形 4. 规格:800mm×800mm ~2200mm×400mm,平均周长=4.2m 5. 板材厚度:1.2mm	m²	16.71	176.76	2953.66	
8	030703001001	碳钢阀门	1. 名称:钢制单向阀 2. 型号:ZHF800×800 3. 规格:800mm×800mm 4. 类型:止回阀	个	6	454.65	2727.9	
9	030703001002	碳钢阀门	1. 名称:钢制防火调节阀 2. 规格:2200mm×400mm	个	6	692.32	4153.92	
10	030703001003	碳钢阀门	1. 名称:钢制防火调节阀 2. 规格:1250mm×400mm	个	5	460.14	2300.7	
11	030703001004	碳钢阀门	1. 名称:钢制防火 1600mm×630mm	个	3	622.32	1866.96	
12	030703007001	碳钢风口、散流器、百叶窗	1. 名称:钢排烟风口 2. 规格:SF1250×400	个	17	230.8	3923.6	
13	030703011001	铝及铝合金风口、散流器	1. 名称:格栅式风口	个	30	236.79	7103.7	
14	030703019001	柔性接口	1. 名称:帆布软接头	m²	11.52	268.23	3090.01	
15	030703020001	消声器	1. 名称:微穿孔板消声器 2. 规格:2200mm×400mm×2000mm 3. 形式:SW-Ⅱ	个	6	856.52	5139.12	
16	030704001001	通风工程检测、调试		系统	1	6022.65	6022.65	
		措施项目					1389.85	
1	031301017001	脚手架搭拆			1	1389.85	1389.85	
			本页小计				40672.07	
			合　计				238785.29	

表 6-25　综合单价分析表

工程名称：某地下室 5 区 12 区通风工程　　标段：　　　　　　　　　　　　　　　　　　　　　　　　单位：元

项目编码	030108003001	项目名称	轴流通风机	计量单位	台	工程量	2

清单综合单价组成明细

定额编号	定额名称	定额单位	数量	单价					合价				
				人工费	材料费	机械费	管理费和利润	风险费	人工费	材料费	机械费	管理费和利润	风险费
9-12	轴流式通风机安装 风量 25001~63000m³/h	台	1	351.9	4.18	0	137.21	0	351.9	4.18	0	137.21	0
人工单价			小计	351.9	4.18	0	137.21	0					
技工:68元/工日;普工:53元/工日			未计价材料费							12000				
			清单子目综合单价						12493.29					

材料费明细	主要材料名称、规格、型号	单位	数量	单价/元	合价/元	暂估单价/元	暂估合价/元
	新风机 CFT-BDB 900/TM L=60000m³/h	台	1	12000	12000	—	—
	其他材料费			—	4.18	—	0
	材料费小计			—	12004.18	—	0

项目编码	030108003002	项目名称	轴流通风机	计量单位	台	工程量	4

清单综合单价组成明细

定额编号	定额名称	定额单位	数量	单价					合价				
				人工费	材料费	机械费	管理费和利润	风险费	人工费	材料费	机械费	管理费和利润	风险费
9-12	轴流式通风机安装 风量 25001~63000m³/h	台	1	351.9	4.18	0	137.21	0	351.9	4.18	0	137.21	0
人工单价			小计	351.9	4.18	0	137.21	0					
技工:68元/工日;普工:53元/工日			未计价材料费							11000				

续表

项目编码 030108003002　项目名称 轴流通风机　计量单位 台　工程量 11493.29

清单子目综合单价

材料费明细

主要材料名称、规格、型号	单位	数量	单价/元	合价/元	暂估单价/元	暂估合价/元
排烟风机 CPF-DBD.800/TM,L=54000m³/h	台	1	11000	11000	—	0
其他材料费			—	4.18	—	0
材料费小计			—	11004.18	—	2

项目编码 030108006001　项目名称 其他风机　计量单位 台　工程量

清单综合单价组成明细

定额编号	定额名称	定额单位	数量	单价 人工费	材料费	机械费	管理费和利润	风险费	合价 人工费	材料费	机械费	管理费和利润	风险费
9-45	小型诱导器安装 诱导风机	台	1	19.89	14.38	0	7.76	0	19.89	14.38	0	7.76	0
9-71	镀锌薄钢板矩形风管制作安装（δ=1.2mm以内咬口）周长4000mm以下	10m²	0.1	247.99	149.55	10.81	100.91	0	24.8	14.96	1.08	10.09	0

人工单价　技工:68元/工日;普工:53元/工日

小计

未计价材料费

清单子目综合单价　281.35

材料费明细

主要材料名称、规格、型号	单位	数量	单价/元	合价/元	暂估单价/元	暂估合价/元
诱导风机	台	1	239.316	239.32	—	0
其他材料费			—	14.38	—	0
材料费小计			—	253.7	—	0

续表

项目编码	030702001001	项目名称	碳钢通风管道	计量单位	m²	工程量	

清单综合单价组成明细

定额编号	定额名称	定额单位	数量	单价					合价				
				人工费	材料费	机械费	管理费和利润	风险费	人工费	材料费	机械费	管理费和利润	风险费
人工单价	小计			24.8	14.96	1.08	10.09	0					61.82
技工:68元/工日;普工:53元/工日	未计价材料费												95.67

清单子目综合单价

材料费明细	主要材料名称、规格、型号	单位	数量	单价/元	合价/元	暂估单价/元	暂估合价/元
	角钢(综合)	kg	3.52	2.991	10.53		
	扁钢综合	kg	0.112	3.12	0.35		
	圆钢(综合)	kg	0.149	2.991	0.45		
	电焊条	kg	0.049	4.274	0.21		
	精制六角带帽螺栓 M8×75	10套	0.43	5.128	2.21		
	橡胶板 δ1~3mm	kg	0.092	6.838	0.63		
	乙炔气	kg	0.016	13.248	0.21		
	镀锌钢板 δ1mm	m²	1.138	39.316	44.74		
	材料费小计			—	59.7	—	0

项目编码	030702001002	项目名称	碳钢通风管道	计量单位	m²	工程量	

清单综合单价组成明细

定额编号	定额名称	定额单位	数量	单价					合价				
				人工费	材料费	机械费	管理费和利润	风险费	人工费	材料费	机械费	管理费和利润	风险费
9-72	镀锌薄钢板矩形风管制作安装(δ=1.2mm以内咬口)周长4000mm以上	10m²	0.1	301.2	175.23	7.84	120.5	0	30.12	17.52	0.78	12.05	0

暂估合价/元　219.65

续表

项目编码	030702001002	项目名称	碳钢通风管道		计量单位	m²	工程量	219.65

清单综合单价组成明细

定额编号	定额名称	定额单位	数量	单价				合价				
				人工费	材料费	机械费	管理费和利润	人工费	材料费	机械费	管理费和利润	风险费
人工单价								30.12	17.52	0.78	12.05	0
技工:68元/工日;普工:53元/工日				小计								53.5
未计材料费												
			清单子目综合单价								113.97	

材料费明细

主要材料名称、规格、型号	单位	数量	单价/元	合价/元	暂估单价/元	暂估合价/元
角钢(综合)	kg	4.54	2.991	13.58		
扁钢综合	kg	0.102	3.12	0.32		
圆钢(综合)	kg	0.193	2.991	0.58		
电焊条	kg	0.034	4.274	0.15		
精制六角带帽螺栓 M8×75	10套	0.335	5.128	1.72		
橡胶板 δ1~3mm	kg	0.081	6.838	0.55		
乙炔气	kg	0.02	13.248	0.26		
镀锌钢板 δ1.2mm	m²	1.138	47.009	53.5		
材料费小计			—	71.02	—	0

项目编码	030702001003	项目名称	碳钢通风管道		计量单位	m²	工程量	27.92

清单综合单价组成明细

定额编号	定额名称	定额单位	数量	单价				合价				
				人工费	材料费	机械费	管理费和利润	人工费	材料费	机械费	管理费和利润	风险费
9-72	镀锌薄钢板矩形风管制作安装(δ=1.2mm以内咬口)周长4000mm以上	10m²	0.1	301.2	175.23	7.84	120.5	30.12	17.52	0.78	12.05	0
人工单价				小计				30.12	17.52	0.78	12.05	0

续表

项目编码	030702001003	项目名称	碳钢通风管道	计量单位	m²	工程量	27.92

清单综合单价组成明细

定额编号	定额名称	定额单位	数量	单价					合价				
				人工费	材料费	机械费	管理费和利润	风险费	人工费	材料费	机械费	管理费和利润	风险费
						113.97	27.92	53.5					

技工:68元/工日;普工:53元/工日

清单子目综合单价

主要材料名称、规格、型号	单位	数量	单价/元	合价/元	暂估单价/元	暂估合价/元
角钢(综合)	kg	4.54	2.991	13.58		
扁钢综合	kg	0.102	3.12	0.32		
圆钢(综合)	kg	0.193	2.991	0.58		
电焊条	kg	0.034	4.274	0.15		
精制六角带帽螺栓 M8×75	10套	0.335	5.128	1.72		
橡胶板 δ1~3mm	kg	0.081	6.838	0.55		
乙炔气	kg	0.02	13.248	0.26		
镀锌钢板 δ1.2mm	m²	1.138	47.009	53.5		
未计价材料费			—	71.02	—	
材料费小计					—	0

项目编码	030702001004	项目名称	碳钢通风管道	计量单位	m²	工程量	942.75

清单综合单价组成明细

定额编号	定额名称	定额单位	数量	单价					合价				
				人工费	材料费	机械费	管理费和利润	风险费	人工费	材料费	机械费	管理费和利润	风险费
9-71	镀锌薄钢板矩形风管制作安装(δ=1.2mm以内)周长4000mm以下	10m²	0.1	247.99	149.55	10.81	100.91	0	24.8	14.96	1.08	10.09	0
人工单价	小计								24.8	14.96	1.08	10.09	0

续表

项目编码	030702001004	项目名称	碳钢通风管道	计量单位	m²	工程量	95.67
技工:68元/工日；普工:53元/工日							

清单子目综合单价

未计价材料费					暂估单价/元	暂估合价/元	942.75	44.74

材料费明细	主要材料名称、规格、型号	单位	数量	单价/元	合价/元	暂估单价/元	暂估合价/元
	角钢（综合）	kg	3.52	2.991	10.53		
	扁钢综合	kg	0.112	3.12	0.35		
	圆钢（综合）	kg	0.149	2.991	0.45		
	电焊条	kg	0.049	4.274	0.21		
	精制六角带帽螺栓 M8×75	10套	0.43	5.128	2.21		
	橡胶板 δ1～3mm	kg	0.092	6.838	0.63		
	乙炔气	kg	0.016	13.248	0.21		
	镀锌钢板 δ1mm	m²	1.138	39.316	44.74		
	材料费小计			—	59.7	—	0

项目编码	030702001005	项目名称	碳钢通风管道	计量单位	m²	工程量	

清单综合单价组成明细

定额编号	定额名称	定额单位	数量	单价					合价				
				人工费	材料费	机械费	管理费和利润	风险费	人工费	材料费	机械费	管理费和利润	风险费
9-71R×2.5	镀锌薄钢板矩形风管制作安装（δ=1.2mm以内咬口）周长 4000mm 以下 人工×2.5	10m²	0.1	619.98	149.55	10.81	245.95	0	62	14.96	1.08	24.6	0
人工单价	小计								62	14.96	1.08	24.6	0
技工:68元/工日；普工:53元/工日	未计价材料费									44.74			44.74

续表

项目编码	030702001005	项目名称	碳钢通风管道	计量单位	m²	工程量	147.37		

清单子目综合单价

清单综合单价组成明细

主要材料名称、规格、型号	单位	数量	单价/元	合价/元	暂估单价/元	暂估合价/元
角钢（综合）	kg	3.52	2.991	10.53		
扁钢综合	kg	0.112	3.12	0.35		
圆钢（综合）	kg	0.149	2.991	0.45		
电焊条	kg	0.049	4.274	0.21		
精制六角带帽螺栓 M8×75	10套	0.43	5.128	2.21		
橡胶板 δ1~3mm	kg	0.092	6.838	0.63		
乙炔气	kg	0.016	13.248	0.21		
镀锌钢板 δ1mm	m²	1.138	39.316	44.74		
其他材料费			—	0.38	—	0
材料费小计			—	59.7	—	0

材料费明细

项目编码	03070200 1006	项目名称	碳钢通风管道	计量单位	m²	工程量	

清单综合单价组成明细

定额编号	定额名称	定额单位	数量	单价					合价				
				人工费	材料费	机械费	管理费和利润	风险费	人工费	材料费	机械费	管理费和利润	风险费
9-71R×2.5	镀锌薄钢板矩形风管制作安装（δ＝1.2mm以内咬口）周长4000mm以下 人工×2.5	10m²	0.1	619.98	149.55	10.81	245.95	0	62	14.96	1.08	24.6	0
人工单价			小计						62	14.96	1.08	24.6	0
技工:68元/工日；普工:53元/工日			未计价材料费								44.74		

清单子目综合单价

项目编码	项目名称	计量单位	工程量	暂估合价/元
0307020001006	碳钢通风管道	m²	147.37	6.92

	主要材料名称、规格、型号	单位	数量	单价/元	合价/元	暂估单价/元	暂估合价/元
材料费明细	角钢(综合)	kg	3.52	2.991	10.53		
	扁钢综合	kg	0.112	3.12	0.35		
	圆钢(综合)	kg	0.149	2.991	0.45		
	电焊条	kg	0.049	4.274	0.21		
	精制六角带帽螺栓 M8×75	10套	0.43	5.128	2.21		
	橡胶板 δ1~3mm	kg	0.092	6.838	0.63		
	乙炔气	kg	0.016	13.248	0.21		
	镀锌钢板 δ1mm	m²	1.138	39.316	44.74		
	其他材料费			—	0.38	—	0
	材料费小计			—	59.7	—	0

清单综合单价组成明细

项目编码	项目名称	计量单位	工程量
0307020001007	碳钢通风管道	m²	16.71

定额编号	定额名称	定额单位	数量	单价					合价				
				人工费	材料费	机械费	管理费和利润	风险费	人工费	材料费	机械费	管理费和利润	风险费
9-72R×2.5	镀锌薄钢板矩形风管制作安装(δ=1.2mm以内咬口)周长4000mm以上 人工×2.5	10m²	0.1	753	175.23	7.84	296.65	0	75.3	17.52	0.78	29.67	0
人工单价					小计				75.3	17.52	0.78	29.67	0
技工:68元/工日;普工:53元/工日					未计价材料费								53.5

续表

项目编码	030702001007	项目名称	碳钢通风管道	计量单位	m²	工程量	16.71

清单综合单价组成明细

定额编号	定额名称	定额单位	数量	单价					合价				
				人工费	材料费	机械费	管理费和利润	风险费	人工费	材料费	机械费	管理费和利润	风险费

清单子目综合单价：176.76

主要材料名称、规格、型号	单位	数量	单价/元	合价/元	暂估单价/元	暂估合价/元
角钢（综合）	kg	4.54	2.991	13.58		
扁钢综合	kg	0.102	3.12	0.32		
圆钢（综合）	kg	0.193	2.991	0.58		
电焊条	kg	0.034	4.274	0.15		
精制六角带帽螺栓 M8×75	10套	0.335	5.128	1.72		
橡胶板 δ1～3mm	kg	0.081	6.838	0.55		
乙炔气	kg	0.02	13.248	0.26		
镀锌钢板 δ1.2mm	m²	1.138	47.009	53.5		
其他材料费		—	—	0.37	—	0
材料费小计			—	71.02	—	6

材料费明细

项目编码	030703001001	项目名称	碳钢阀门	计量单位	个	工程量	1

清单综合单价组成明细

定额编号	定额名称	定额单位	数量	单价					合价				
				人工费	材料费	机械费	管理费和利润	风险费	人工费	材料费	机械费	管理费和利润	风险费
9-209	碳钢圆、方形风管止回阀安装 周长 3200mm 以内	个	1	24.84	14.12	0	9.69	0	24.84	14.12	0	9.69	0
人工单价			小计						24.84	14.12	0	9.69	0

清单综合单价组成明细

项目编码	03070300001001	项目名称	碳钢阀门	计量单位	个	工程量	

定额编号	定额名称	定额单位	数量	单价					合价				
				人工费	材料费	机械费	管理费和利润	风险费	人工费	材料费	机械费	管理费和利润	风险费
			1	89.98	17.26	0	35.08						6
人工单价													
技工:68元/工日;普工:53元/工日							清单子目综合单价			454.65			

未计价材料费

材料费明细	主要材料名称、规格、型号	单位	数量	单价/元	合价/元	暂估单价/元	暂估合价/元
	精制六角带帽螺栓 M8×75	10套	2.1	5.128	10.77		
	橡胶板 δ1~3mm	kg	0.49	6.838	3.35		
	碳钢单向阀门 800mm×800mm	个	1	406	406		406
	其他材料费	—	—	—	420.12	—	0
	材料费小计	—	—	—		—	6

清单综合单价组成明细

项目编码	03070300001002	项目名称	碳钢阀门	计量单位	个	工程量	

定额编号	定额名称	定额单位	数量	单价					合价				
				人工费	材料费	机械费	管理费和利润	风险费	人工费	材料费	机械费	管理费和利润	风险费
9-219	碳钢风管防火阀安装 周长5400mm以内	个	1	89.98	17.26	0	35.08	0	89.98	17.26	0	35.08	0
人工单价													550
技工:68元/工日;普工:53元/工日							清单子目综合单价			692.32			

未计价材料费

材料费明细	主要材料名称、规格、型号	单位	数量	单价/元	合价/元	暂估单价/元	暂估合价/元
	精制六角带帽螺栓 M8×75	10套	2.5	5.128	12.82		
	橡胶板 δ1~3mm	kg	0.65	6.838	4.44		
	碳钢风管防火阀安装 周长5400mm以内 2200mm×400mm	个	1	550	550		550
	其他材料费	—	—	—	567.26	—	0
	材料费小计	—	—	—		—	550

续表

清单综合单价组成明细

| 项目编码 | 03070300 1003 | | 项目名称 | | 碳钢阀门 | | | | 计量单位 | 个 | 工程量 | 5 |

定额编号	定额名称	定额单位	数量	单价					合价				
				人工费	材料费	机械费	管理费和利润	风险费	人工费	材料费	机械费	管理费和利润	风险费
9-218	碳钢风管防火阀安装 周长 3600mm 以内	个	1	62.18	13.71	0	24.25	0	62.18	13.71	0	24.25	0
人工单价								小计	62.18	13.71	0	24.25	0
技工:68 元/工日;普工:53 元/工日								未计价材料费					
								清单子目综合单价		460.14			

材料费明细	主要材料名称、规格、型号	单位	数量	单价/元	合价/元	暂估单价/元	暂估合价/元
	精制六角带帽螺栓 M8×75	10套	2.1	5.128	10.77		
	橡胶板 δ1~3mm	kg	0.43	6.838	2.94		
	碳钢风管防火阀安装 周长 3600mm 以内 1250mm×400mm	个	1	360	360	360	360
	其他材料费			—	373.71		0
	材料费小计			—	373.71		0

清单综合单价组成明细

| 项目编码 | 03070300 1004 | | 项目名称 | | 碳钢阀门 | | | | 计量单位 | 个 | 工程量 | 3 |

定额编号	定额名称	定额单位	数量	单价					合价				
				人工费	材料费	机械费	管理费和利润	风险费	人工费	材料费	机械费	管理费和利润	风险费
9-219	碳钢风管防火阀安装 周长 5400mm 以内	个	1	89.98	17.26	0	35.08	0	89.98	17.26	0	35.08	0
人工单价								小计	89.98	17.26	0	35.08	0
技工:68 元/工日;普工:53 元/工日								未计价材料费					480

项目编码	030703001004	项目名称	碳钢阀门	计量单位	个	工程量	622.32

清单综合单价组成明细

定额编号	定额名称	定额单位	数量	单价					合价					
				人工费	材料费	机械费	管理费和利润	风险费	人工费	材料费	机械费	管理费和利润	风险费
9-300	碳钢风管防火阀安装 周长5400mm以内 1600mm×630mm	个	1	43.74	7.34	0.2	17.13	0	43.74	7.34	0.2	17.13	0
人工单价				小计					43.74	7.34	0.2	17.13	0
技工:68元/工日;普工:53元/工日				未计价材料费						480			

材料费明细

主要材料名称、规格、型号	单位	数量	单价/元	合价/元	暂估单价/元	暂估合价/元
精制六角带帽螺栓 M8×75	10套	2.5	5.128	12.82		
橡胶板 δ1～3mm	kg	0.65	6.838	4.44		
	个	1	480	480		3
其他材料费			—	0	—	0
材料费小计			—	497.26	—	17

项目编码	030703007001	项目名称	碳钢风口、散流器、百叶窗	计量单位	个	工程量	230.8

清单综合单价组成明细

定额编号	定额名称	定额单位	数量	单价					合价					
				人工费	材料费	机械费	管理费和利润	风险费	人工费	材料费	机械费	管理费和利润	风险费
9-300	碳钢百叶风口安装 周长3300mm以内	个	1	43.74	7.34	0.2	17.13	0	43.74	7.34	0.2	17.13	0
人工单价				小计					43.74	7.34	0.2	17.13	0
技工:68元/工日;普工:53元/工日				未计价材料费						162.39			

材料费明细

主要材料名称、规格、型号	单位	数量	单价/元	合价/元	暂估单价/元	暂估合价/元
扁钢综合	kg	2.07	3.12	6.46		0
百叶风口	个	1	162.393	162.39		0
其他材料费			—	0.88	—	
材料费小计			—	169.73	—	

续表

项目编码	030703011001	项目名称	铝及铝合金风口、散流器	计量单位	个	工程量	30

清单综合单价组成明细

定额编号	定额名称	定额单位	数量	单价					合价				
				人工费	材料费	机械费	管理费和利润	风险费	人工费	材料费	机械费	管理费和利润	风险费
9-391	铝及铝合金百叶风口安装 周长4000mm以内	个	1	53.71	10.29	1.33	21.46	0	53.71	10.29	1.33	21.46	0
人工单价			小计						53.71	10.29	1.33	21.46	0
技工:68元/工日;普工:53元/工日			未计价材料费										
			清单子目综合单价							236.79			

材料费明细	主要材料名称、规格、型号	单位	数量	单价/元	合价/元	暂估单价/元	暂估合价/元
	扁钢综合	kg	2.53	3.12	7.89		
	铝及铝合金百叶风口安装 周长4000mm以内	个	1	150	150		
	其他材料费			—	2.39	—	0
	材料费小计			—	160.29	—	0

项目编码	030703019001	项目名称	柔性接口	计量单位	m²	工程量	11.52

清单综合单价组成明细

定额号	定额名称	定额单位	数量	单价					合价				
				人工费	材料费	机械费	管理费和利润	风险费	人工费	材料费	机械费	管理费和利润	风险费
9-189	软管接口制作安装	m²	1	102.34	123.09	2.08	40.72	0	102.34	123.09	2.08	40.72	0
人工单价			小计						102.34	123.09	2.08	40.72	0

续表

项目编码	030703019001	项目名称	柔性接口		计量单位	m²	工程量	268.23	11.52

清单子目综合单价

技工:68元/工日 普工:53元/工日

	未计价材料费							暂估合价/元	0

材料费明细	主要材料名称、规格、型号	单位	数量	单价/元	合价/元	暂估单价/元	暂估合价/元
	角钢(综合)	kg	18.33	2.991	54.83		
	扁钢综合	kg	8.32	3.12	25.96		
	电焊条	kg	0.06	4.274	0.26		
	精制六角带帽螺栓 M8×75	10套	2.6	5.128	13.33		
	橡胶板 δ1~3mm	kg	0.97	6.838	6.63		
	帆布	m²	1.15	18.889	21.72		
	其他材料费		—	—	0.36		0
	材料费小计		—	—	123.09		0

项目编码	030703020001	项目名称	消声器			计量单位	个	工程量	6

清单综合单价组成明细

定额编号	定额名称	定额单位	数量	单价					合价				
				人工费	材料费	机械费	管理费和利润	风险费	人工费	材料费	机械费	管理费和利润	风险费
9-473	微孔板式消声器安装 V=3m³以下	个	1	112.83	24.49	0	43.99	0	112.83	24.49	0	43.99	0
人工单价				小计					112.83	24.49	0	43.99	0

技工:68元/工日 普工:53元/工日

未计价材料费 856.52

清单子目综合单价 675.21

续表

项目编码	03070302020001	项目名称	清声器	计量单位	个	工程量	6

材料费明细	主要材料名称、规格、型号	单位	数量	单价/元	合价/元	暂估单价/元	暂估合价/元
	精制六角带帽螺栓 M8×75	10套	3.656	5.128	18.75		
	橡胶板 δ1~3mm	kg	0.84	6.838	5.74		
	微孔板式消声器	个	1	675.214	675.21		
	其他材料费						
	材料费小计			—	699.71	—	0

清单综合单价组成明细

项目编码	03070400101001	项目名称	通风工程检测、调试	计量单位	系统	工程量	1

定额编号	定额名称	定额单位	数量	单价					合价				
				人工费	材料费	机械费	管理费和利润	风险费	人工费	材料费	机械费	管理费和利润	风险费
9-510	系统调试费（通风空调工程）	系统	1	1371.93	4115.8	0	534.92	0	1371.93	4115.8	0	534.92	0
人工单价		小计							1371.93	4115.8	0	534.92	0
	未计价材料费												
清单项目综合单价									6022.65				

材料费明细	主要材料名称、规格、型号	单位	数量	单价/元	合价/元	暂估单价/元	暂估合价/元
				—	4115.8	—	0
	其他材料费					—	0
	材料费小计			—	4115.8	—	0

续表

| 项目编码 | 031301017001 | | 项目名称 | | | 脚手架搭拆 | | | 计量单位 | | 工程量 | | 1 |

清单综合单价组成明细

定额编号	定额名称	定额单位	数量	单价					合价				
				人工费	材料费	机械费	管理费和利润	风险费	人工费	材料费	机械费	管理费和利润	风险费
9-515	脚手架搭拆（通风空调工程）	元	1	316.6	949.8	0	123.45	0	316.6	949.8	0	123.45	0
14-2526	脚手架搭拆（绝热工程）	元	1	0	0	0	0	0	0	0	0	0	0
人工单价		小计							316.6	949.8	0	123.45	0
		其他材料费							—	949.8	—		0
材料费明细		材料费小计							—	949.8	—		0

表 6-26　总价措施项目清单与计价表

工程名称：某地下室 5 区 12 区通风工程　　标段：　　　　　第 1 页　共 1 页

序号	项目编码	项目名称	计算基础	费率/%	金额/元	调整费率/%	调整后金额/元	备注
1	031302001001	安全文明施工(含环境保护、文明施工、安全施工、临时设施)	分部分项人工费＋分部分项机械费	15.28	5413.46			
2	031302002001	夜间施工增加						
3	031302003001	非夜间施工增加						
4	031302004001	二次搬运						
5	031302005001	冬雨季施工增加	分部分项人工费＋分部分项机械费	7.06	3174.34			
6	031302006001	已完工程及设备保护						
		合　计			8587.8			

表 6-27　其他项目清单与计价汇总表

工程名称：某地下室 5 区 12 区通风工程　　标段：　　　　　第 1 页　共 1 页

序号	项目名称	金额/元	结算金额/元	备注
1	暂列金额	30000		明细详见表 6-28
2	暂估价			
2.1	材料暂估价	—		
2.2	专业工程暂估价			
3	计日工			
4	总承包服务费			
5	工程担保费			
	合　计	30000		—

表 6-28　暂列金额明细表

工程名称：某地下室 5 区 12 区通风工程　　标段：　　　　　第 1 页　共 1 页

序号	项目名称	计量单位	暂定金额	备注
1	工程量清单中的工程量偏差和设计变更	元	20000	
2	政策性调整和材料价格风险	元	10000	
	合　计		30000	—

表 6-29　规费、税金项目计价表

工程名称：某地下室 5 区 12 区通风工程　　标段：　　　　　第 1 页　共 1 页

序号	项目名称	计算基础	计算基数	计算费率/%	金额/元
4	规费	工程排污费＋社会保障费＋住房公积金＋危险作业意外伤害保险	15453.53		15453.53

序号	项目名称	计算基础	计算基数	计算费率/%	金额/元
4.1	工程排污费				
4.2	社会保障费	养老保险＋失业保险＋医疗保险＋生育保险＋工伤保险	11775.62		11775.62
4.2.1	养老保险	分部分项人工费＋分部分项机械费	44962.28	16.36	7355.83
4.2.2	失业保险	分部分项人工费＋分部分项机械费	44962.28	1.64	737.38
4.2.3	医疗保险	分部分项人工费＋分部分项机械费	44962.28	6.55	2945.03
4.2.4	生育保险	分部分项人工费＋分部分项机械费	44962.28	0.82	368.69
4.2.5	工伤保险	分部分项人工费＋分部分项机械费	44962.28	0.82	368.69
4.3	住房公积金	分部分项人工费＋分部分项机械费	44962.28	8.18	3677.91
4.4	危险作业意外伤害保险				
5	税金	分部分项工程费＋措施项目费＋其他项目费＋规费	292826.62	11	32210.93
合计					47664.46

本 章 小 结

通风空调工程包括通风系统和空调系统两部分内容，通风系统是利用室外空气来转换建筑物内的空气，以改善室内空气品质的所有设备和管道的统称。通风系统分为两类：送风系统和排风系统。空气调节是通风的高级形式，是为满足生产、生活要求，改善劳动卫生条件，采用人工的方法使房间内空气的温度、相对湿度等参数达到一定要求的所有设备、管道及配附件的总称。建设工程工程量清单规范中通风空调工程，共设 4 个分部、52 个分项工程，包括通风空调设备及部件制作、安装，通风管道制作、安装，通风管道部件制作、安装，通风工程检测、调试。通风空调工程的工程量计算根据清单工程量计算规则进行，通风空调工程的清单计价编制根据计价规范要求和当地定额、文件进行编制。

思考与练习

1. 通风工程有哪些分类？
2. 空调工程有哪些分类？
3. 常用的通风设备有哪些？
4. 常用的空调设备有哪些？
5. 已知某综合楼通风空调系统工程，风管采用镀锌薄钢板（50 元/m²）制作而成，其中一段圆形风管，直径为 800mm，长度为 10m，厚度为 1mm，咬口连接。相关定额见表 6-30，管理费按 17.14%，利润按 21.85% 计算，取费基数为人工费＋机械费。请编制该风管的工程量清单，并计算综合单价。

表 6-30 薄钢板圆形通风管道制作安装 单位：10m²

项目编码			9-65	9-66
项 目			圆形风管($\delta=1.2$mm 以内咬口)直径/mm	
			500 以下	1120 以下
基价(元)			554.26	459.81
其中	人工费/元		354.22	265.22
	材料费/元		177.69	183.57
	机械费/元		22.35	11.02
名称		单位	消耗量	
人工	普工	工日	2.492	1.866
	技工	工日	4.628	3.465
材料	镀锌钢板	m²	(11.38)	(11.38)
	角钢(综合)	kg	31.60	35.04
	…	…	…	…
机械	交流弧焊机 21kV·A	台班	0.117	0.036
	…	…	…	…

第7章

刷油、防腐蚀、绝热工程计量与计价

学习重点：本章主要学习各类管道和设备的刷油、防腐蚀、绝热工程的基础知识，各类管道和设备除锈、刷油、防腐蚀、绝热工程的工程量计算方法以及工程量清单计价的编制方法。重点是管道除锈、刷油、防腐蚀、绝热工程工程量的计算及工程量清单计价的编制。

学习目标：通过本章的学习，应该熟悉各类管道和设备的刷油、防腐蚀、绝热工程的结构形式和施工方法，掌握各类管道和设备的刷油、防腐蚀、绝热工程的工程量计算方法，能够正确编制刷油、防腐蚀、绝热工程的工程量清单计价相关文件。

7.1　刷油、防腐蚀、绝热工程基础知识

刷油、防腐蚀是为了防止金属与外界介质相互作用，在表面发生化学或电化学反应而引起损坏。防护的方法主要有：①表面覆盖保护层，最简单的是除锈后刷油、镀或衬；②采用抗蚀或耐蚀的合金，如不锈钢；③电化学防护法，如阴极保护或阳极保护；④环境处理法，除去环境中有害成分，在介质中加阻化剂或缓蚀剂。

一般热力管道在输热运行中热损失达到12%～22%，绝热保温对节约能源意义重大。绝热工程就是利用热导率小的绝热保温材料阻止热量转移，防止能力损失。

本章适用于新建、扩建项目中的设备、管道、金属结构等的刷油、防腐蚀、绝热工程。

7.1.1　除锈与刷油工程

为了防止工业大气、水及土壤对金属的腐蚀，设备、管道以及附属钢结构外部涂层是防腐蚀的重要措施。

7.1.1.1　除锈（表面处理）

黑色金属（钢材）置于室外或露天条件下容易生锈，不但影响外观质量，还会影响喷漆、防腐等工艺的正常进行，尤其对于涂层，会直接影响到涂层的破坏、剥落和脱层。未处理表面的原有铁锈及杂质的污染，如油脂、水垢、灰尘等都会直接影响防腐层与基体表面的黏合和附着。因此，在设备及金属管道施工前，必须十分重视表面处理。

（1）钢材表面原始锈蚀分级

钢材表面原始锈蚀分为 A、B、C、D 四级。

A 级——全面覆盖着氧化皮而几乎没有铁锈的钢材表面。

B 级——已发生锈蚀，且部分氧化皮已经剥落的钢材表面。

C 级——氧化皮已因锈蚀而剥落或者可以刮除，且有少量点蚀的钢材表面。

D 级——氧化皮已因锈蚀而全面剥离，且已普遍发生点蚀的钢材表面。

（2）除锈方法

钢材的除锈方法主要有手工方法、机械方法、化学方法及火焰除锈方法四种。目前，常用机械方法中的喷砂除锈。

①手工除锈　手工除锈是一种最简单的方法，主要使用砂轮片、刮刀、锉刀、钢丝刷、纱布等简单工具摩擦外表面，将金属表面的锈层、氧化皮、铸砂等除掉，然后再用有机溶剂如汽油、丙酮、苯等，将浮锈和油污洗净。手工除锈劳动强度大，效率低，质量差，一般用于较小的物件表面除锈或无法使用机械除锈的场合。

②机械除锈　机械除锈是利用机械产生的冲击、摩擦作用对工件表面除锈的一种方法，适用于大型金属表面的处理。可分为干喷砂法、湿喷砂法、密闭喷砂法、抛丸法、滚磨法和高压水流除锈法等。

a. 干喷砂法是目前广泛采用的方法。它采用 0.4～0.6MPa 的压缩空气，把粒径为 0.5～2.0mm 的砂子喷射到有锈污的金属表面上，靠砂子的打击使金属材料表面的污物去掉，露出金属光泽，再用干净的废棉纱或废布擦干净。

干喷砂法的主要优点是：效率高、质量好、设备简单。但操作时灰尘弥漫，劳动条件差，严重影响工人的健康，且影响到喷砂区附近机械设备的生产和保养。

b. 湿喷砂法将水砂同时喷出，主要特点是灰尘少，但效率及质量均比干喷砂法差，且金属表面容易再度生锈。

c. 无尘喷砂法是一种新的喷砂除锈方法。其特点是加砂、喷砂、集砂（回收）等操作过程连续化，使砂流在密闭系统里循环不断流动，从而避免了粉尘的飞扬。其特点是设备复杂、投资高，但由于操作条件好、劳动强度低，仍是一种有发展前途的机械喷砂法。

d. 抛丸法是利用高速旋转（2000r/min 以上）的抛丸器的叶轮抛出的铁丸（粒径为 0.3～3mm 的铁砂），以一定角度冲撞被处理的物件表面。此法特点是除锈质量高，但只适用于较厚的、不怕碰撞的工件。

e. 滚磨法适用于成批小零件的除锈。

f. 高压水流除锈法是采用压力为 10～15MPa 的高压水流，在水流喷出过程中掺入少量石英砂（粒径最大为 2mm 左右），水与砂的比例为 1:1，形成含砂高速射流，冲击物件表面进行除锈。此法是一种新的大面积高效除锈方法。

③化学除锈　又称酸洗除锈，是用浓度为 10%～20%、温度为 18～60℃的稀硫酸溶液浸泡金属物件，清除金属表面的锈层、氧化皮。再经水冲洗，碱溶液中和，热水冲洗，热空气干燥。一般用于对表面处理要求不高、形状复杂的设备或零部件以及在无喷砂设备的条件下的除锈。

④火焰除锈　主要工艺是先将基体表面的锈层铲掉，再用火焰烘烤或加热，并配合使用动力钢丝刷清理加热表面。此种方法适用于除掉锈的防腐层（漆膜）或带有油浸过的金属表面工程，不适用于薄壁的金属设备、管道，也不能使用在退火钢和可淬硬钢的除锈工程。

（3）钢材表面除锈质量等级

手工、动力工具除锈等级根据金属表面锈蚀等级来分，分为轻锈、中锈、重锈三级。轻锈：部分氧化皮开始破裂脱落，红锈开始发生。中锈：部分氧化皮破裂脱落，呈堆粉状，除锈后用肉眼能见到腐蚀小凹点。重锈：大部分氧化皮脱落，呈片状锈层或凸起的锈斑，除锈后出现麻点或麻坑。

喷砂除锈根据除锈质量等级划分，分为 Sa3 级、Sa2.5 级、Sa2 级。除锈等级依次降低。Sa2 级为彻底的喷砂除锈，Sa2.5 级为非常彻底的喷砂除锈，Sa3 级为使钢材表观洁净的喷砂除锈。

火焰除锈的质量等级为 F1 级。钢材表面应无氧化皮、铁锈和油漆涂层等附着物，任何残留的痕迹应仅为表面变色。

化学除锈的质量等级为 Pi 级。金属表面应无可见的油脂和污垢，酸洗未尽的氧化皮、铁锈和油漆涂层的个别残留点允许用手工或机械方法除去，最终该表面应显露金属原貌，无再度锈蚀。

7.1.1.2 刷油

刷油是安装工程施工中一项重要的工程内容，设备、管道及金属结构经除锈（表面处理）后，即可在其表面刷油。刷油方法有涂刷法、喷涂法、浸涂法、电泳涂装法等。

常用的油漆有：

①生漆（也称大漆）　由于生漆黏度大，不宜喷涂，施工都采用涂刷，一般涂 5～8 层。全部涂覆完的设备，应在 20℃ 左右气温中至少放置 2～3d 才可使用。

②漆酚树脂漆　漆酚树脂漆可喷涂也可涂刷，一般采用涂刷。漆膜应在 10～36℃ 和相对湿度 80%～90% 的条件下干燥为宜，严禁在雪、雨、雾天气室外施工。

③酚醛树脂漆　涂覆方法有涂刷、喷涂、浸涂等。酚醛树脂漆每一层自然干燥后必须进行热处理。

④沥青漆　沥青漆一般采用涂刷法。若沥青漆黏度过高，可采用 200 号溶剂汽油等稀释后使用。

⑤无机富锌漆　无机富锌漆在有酸、碱腐蚀介质中使用时，一般需涂上相应的面漆，如环氧树脂漆等。

⑥聚乙烯涂料　聚乙烯涂料的施工方法有火焰喷涂法、静电喷涂法等。

7.1.2 衬里工程

衬里是一种综合利用不同材料的特性，具有较长使用寿命的防腐方法。根据不同的介质条件，大多数是在钢铁或混凝土设备上衬高分子材料、非金属材料，对于温度、压力较高的场合可以衬耐腐蚀金属材料。

常见的衬里有玻璃钢衬里、橡胶衬里、衬铅和搪铅衬里、砖板衬里、软聚氯乙烯板衬里等。

7.1.3 喷镀（涂）

金属喷镀是用熔融金属的高速粒子流喷在基体表面，以产生覆层的材料保护技术。应用最多的金属材料是锌、铝、铝锌合金，主要用以保护钢铁的大型结构件。

金属喷涂的方法有燃烧法和电加热法，均以压缩空气作为雾化气将熔化的金属喷射到被镀物件表面。

7.1.4 绝热工程

绝热工程是指在生产过程中，为了保持正常生产的温度范围，减少热载体（如过热蒸汽、饱和水蒸气、热水和烟气等）和冷载体（如液氨、液氮、冷冻盐水和低温水等）在输送、贮存和使用过程中热量和冷量的散失浪费，降低能源消耗和生产成本而对设备和管道所采取的保温和保冷措施。绝热是减少系统热量向外传递（保温）或外部热量传入系统内（保冷）而采取的一种工程措施。绝热工程按用途可以分为保温、加热保温和保冷三种。

7.1.4.1 绝热目的

①减少热损失，节约热量。
②改善劳动条件，保证操作人员安全。
③防止设备和管道内液体冻结。
④防止设备和管道外表面结露。
⑤减少介质在输送过程中的温度下降。
⑥防止发生火灾。
⑦防止蒸发损失。

7.1.4.2 常用绝热材料

绝热材料应选择热导率小、无腐蚀性、耐热、持久、性能稳定、质量轻、有足够强度、吸湿性小、易于施工成型的材料。

绝热材料的种类很多，比较常用的有岩棉、玻璃棉、矿渣棉、石棉、硅藻土、膨胀珍珠岩、聚氨酯泡沫塑料、聚苯乙烯泡沫塑料、泡沫玻璃等。

7.1.4.3 绝热结构

绝热结构直接关系到绝热效果、投资费用、使用年限以及外表的整齐美观等问题，绝热结构的组成如图 7-1 所示。

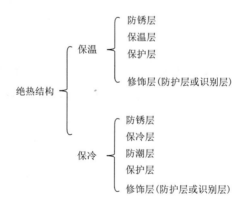

图 7-1 绝热结构组成

（1）防腐层

防腐层所用的材料为防锈漆等涂料，它直接涂刷在清洁干燥的管道和设备外表面。通常保温管道和设备的防锈层为刷两道红丹防锈漆，保冷管道和设备刷两道沥青漆。

（2）绝热层（保温或保冷）

绝热层是绝热结构的最重要的组成部分，施工方法有以下几种：

①涂抹绝热层　这种结构已较少采用，只有小型设备、外形较复杂的构件或临时保温才用。其施工方法是将设备、管道清扫干净，焊上保温钩，刷防腐漆后，将粉状绝热材料如石棉灰、硅藻土等加水调制成胶泥状，分层进行涂抹，直到达到设计要求厚度为止。然后外包镀锌铁丝网一层，用镀锌铁丝绑在保温钩上，外面再抹保护层，保护层应光滑无裂缝。

涂抹绝热层整体性好，与保温面结合牢固，不受保温面形状限制，价格也较低，施工作业简单，但劳动强度大，工期较长，不能在0℃以下施工。

②充填绝热层　它是指由散粒状绝热材料如矿渣棉、玻璃棉、超细玻璃棉以及珍珠岩散料等直接充填到为保温体制作的绝热模具中形成绝热层，这是最简单的绝热结构。这种结构常用于表面不规则的管道、阀门、设备的保温。

③绑扎绝热层　它是目前应用最普遍的绝热层结构形式，主要用于管、柱状保温体的预制保温瓦和保温毡等绝热材料的施工。保温瓦块的绑扎施工，为使保温层与保温面结合紧密，应先抹一层用石棉灰或硅藻土调制的胶泥，再进行绑扎。对于棉毡类的绝热材料则可以直接绑扎。

④粘贴绝热层　它是目前应用广泛的绝热层结构形式，主要用于非纤维材料的预制保温瓦、保温板等绝热材料的施工。如水泥珍珠岩瓦、聚苯乙烯泡沫塑料块等。施工时，将保温瓦块用黏结剂直接粘在保温面上即可。

⑤钉贴绝热层　它主要用于矩形风管、大直径管道和设备容器的绝热层施工中，适用于各种绝热材料加工成形的预制品件，如珍珠岩板、矿渣棉板等。它用保温钉代替黏结剂或捆绑铁丝把绝热预制件钉固在保温面上形成绝热层。

⑥浇灌式绝热层　它是将发泡材料在现场浇灌入被保温的管道、设备的模壳中，发泡成保温层结构。这种结构过去常用于地沟内的管道保温，即在现场浇灌泡沫混凝土保温层。近年来，随着泡沫塑料工业的发展，常用聚氨酯泡沫塑料在现场发泡，以形成良好的保冷层。

⑦喷塑绝热层　它是近年来发展起来的一种新的施工方法。它适用于以聚苯乙烯泡沫塑料、聚氯乙烯泡沫塑料、聚氨酯泡沫塑料作为绝热层的喷涂法施工。施工时用专用喷涂设备将绝热材料喷涂于管道和设备表面，瞬间发泡形成闭孔型保温（冷）层。这种结构施工方便，施工工艺简单，施工效率高，且不受绝热面几何形状限制，无接缝，整体性好。但要注意施工安全和劳动保护。

⑧闭孔橡胶挤出发泡材料　这种新型保温材料是由闭孔型橡胶发泡材料，采用挤出加工工艺，结合发泡工艺连续化制作而成的。这种材料保温性能优异、质地柔软、手感舒适、施工方便，具有阻燃性好、耐严寒潮湿、不易老化变质的优点。

（3）保冷结构的防潮层

保冷结构的要求比保温结构高，保冷结构的热传递方向是由外向内。在热传递过程中，由于保冷结构的内外温差，结构内的温度低于外部空气的露点温度，使得渗入保冷结构的空气温度降低，将空气中的水分凝结出来，在保冷结构内部积聚，甚至产生结冰现象，导致绝热材料的热导率增大，绝热效果降低甚至失效。为防止水蒸气渗入绝热结构，保冷结构的绝热层外面必须设防潮层。对于埋地管道的保温结构，也应设置防潮层。

防潮层过去常用沥青油毡和麻刀石灰泥为主要材料制作，但是沥青油毡过分圈折时会断裂，且施工作业条件较差，仅适用于大直径和平面防潮层。现在工程上用作防潮层的材料主要有两种：一种是以玻璃丝布为胎料，两面涂刷沥青玛蹄脂制作；另一种是以聚氯乙烯塑料薄膜制作。

（4）保护层

绝热结构外层必须设置保护层，以阻挡环境和外力对绝热材料的影响，延长绝热结构的寿命。保护层应使绝热结构外表整齐美观，保护层结构应严密和牢固，在环境变化和振动情况下不渗雨、不裂缝。

用作保护层的材料很多，工程上常用的有塑料薄膜和玻璃丝布、石棉石膏或石棉水泥、金属薄板等。

塑料薄膜和玻璃丝布保护层适用于纤维制的绝热层上面使用。石棉石膏或石棉水泥保护层适用于硬质材料的绝热层上面或要求防火的管道上。金属薄板保护层是用镀锌薄钢板、铝合金薄板、铝箔玻璃钢薄板等按防潮层的外径加工成型，然后固定在管道或设备上而成的。

（5）修饰层

保护层外面应结合识别标志和环境条件涂刷不同油漆涂料作为防腐层或识别层。为了识别管道、设备内部介质的种类，往往在外表面涂刷各种色漆作为识别层。

7.2 刷油、防腐蚀、绝热工程计量与计价

7.2.1 刷油、防腐蚀、绝热工程计量规范的主要内容

本节内容对应《通用安装工程工程量计算规范》的附录 M "刷油、防腐蚀、绝热工程"，分为 10 个分部（表 7-1）：刷油工程，防腐蚀涂料工程，手工糊衬玻璃钢工程，橡胶板及塑料板衬里工程，衬铅及搪铅工程，喷镀（涂）工程，耐酸砖、板衬里工程，绝热工程，管道补口补伤工程，阴极保护及牺牲阳极。除锈工程包括在刷油工程、各种衬里工程等清单的工作内容中，不另列清单。

表 7-1 刷油、防腐蚀、绝热工程工程量清单项目设置内容

项目编码	项目名称	分项工程项目
031201	刷油工程	本部分包括管道刷油、设备与矩形管道刷油、金属结构刷油、铸铁管暖气片刷油、抹灰面刷油、布面刷油、气柜刷油、玛蹄脂面刷油、喷漆共 9 个分项工程项目
031202	防腐蚀涂料工程	本部分包括设备防腐蚀、管道防腐蚀、一般钢结构防腐蚀、管廊结构防腐蚀、防火涂料、H 型钢制结构防腐蚀、金属油罐内壁防静电、埋地管道防腐蚀、环氧煤沥青防腐蚀、涂料聚合一次共 10 个分项工程项目
031203	手工糊衬玻璃钢工程	本部分包括碳钢设备糊衬、塑料管道增强糊衬、各种玻璃钢聚合共 3 个分项工程项目

续表

项目编码	项目名称	分项工程项目
031204	橡胶板及塑料板衬里工程	本部分内容包括塔槽类设备衬里、锥形设备衬里、多孔板衬里、管道衬里、阀门衬里、管件衬里、金属表里衬里共 7 个分项工程项目
031205	衬铅及搪铅工程	本部分内容包括设备衬铅、型钢及支架包铅、设备封头底搪铅、搅拌叶轮、轴类搪铅共 4 个分项工程项目
031206	喷镀(涂)工程	本部分内容包括设备喷镀(涂)、管道喷镀(涂)、型钢喷镀(涂)、一般钢结构喷(涂)塑共 4 个分项工程项目
031207	耐酸砖、板衬里工程	本部分内容包括圆形设备耐酸砖、板衬里、矩形设备耐酸砖、板衬里、锥(塔)形设备耐酸砖、板衬里、供水管内衬、衬石墨管接、铺衬石棉板、耐酸砖板衬砌体热处理共 7 个分项工程项目
031208	绝热工程	本部分内容包括设备绝热、管道绝热、通风管道绝热、阀门绝热、法兰绝热、喷涂涂抹、防潮层保护层、保温盒保温托盘共 8 个分项工程项目
031209	管道补口补伤工程	本部分内容包括刷油、防腐蚀、绝热、管道热缩套管共 4 个分项工程项目
031210	阴极保护及牺牲阳极	本部分内容包括阴极保护、阳极保护、牺牲阳极共 3 个分项工程项目

7.2.2 刷油工程

油漆是金属防腐用的最广的一种涂料，品种繁多，一般是先刷底漆，再刷面漆，刷漆的种类、遍数、工艺依据设计图纸的要求。

7.2.2.1 清单项目特征描述

刷油工程的项目特征一般描述除锈级别、油漆品种、涂刷遍数、涂刷部位等信息。涂刷部位是指涂刷表面的部位，如设备、管道等部位。金属结构刷油还需描述结构类型，结构类型是指涂刷金属结构的类型，如一般钢结构、管廊钢结构、H 型钢钢结构等类型。

7.2.2.2 清单工程量计算规则

(1) 管道刷油

设备与矩形管道刷油，有两种计量方式。以"m²"计量，按设计图示表面积尺寸以面积计算；以"m"计量，按设计图示中心线以延长米计算，不扣除附属构筑物、管件及阀门等所占长度。设备、管道的表面积包括管件、阀门、法兰、人孔、管口凹凸部分的工程量，不另行计算。

①不保温设备、管道表面刷油面积计算公式

$$S = \pi D L \tag{7-1}$$

式中　S——刷油工程量，m²；

　　　D——设备、管道外径，m；

　　　L——设备、管道延长米，m。

②保温设备、管道表面刷油面积计算公式

$$S = \pi(D + 2\delta + 2\delta \times 5\% + 2d_1 + 3d_2)L \tag{7-2}$$

式中　δ——保温层厚度，m；

　　　5%——绝热层厚度允许偏差，硬质5%，软质8%；

　　　d_1——绑扎层的厚度，如16号铅丝取$2d_1 = 0.0032$；

　　　d_2——防潮层厚度，如350g油毡纸取$3d_2 = 0.005$；

　　　D——管道外径，m。

整理一下，计算公式为

$$S = \pi(D + 2.1\delta + 0.0082)L \tag{7-3}$$

【例7-1】 某保温管道图示长度500m，保温层厚度40mm，管道外径110mm，请计算管道保温后刷油工程量。

解： 由式（7-3）得，$S = \pi$ （$D + 2.1\delta + 0.0082$）L

　　　　　　　　＝3.14× （0.11＋2.1×0.04＋0.0082） ×500

　　　　　　　　＝317.45 （m^2）

③带封头的设备表面积计算公式

$$S = \pi D L + (D/2)^2 \pi K N \tag{7-4}$$

式中　K——1.05；

　　　N——封头个数。

（2）金属结构刷油

一般钢结构（包括吊支托架、梯子、栏杆、平台）、管廊钢结构以"kg"为计量单位，按金属结构的理论质量计算；大于400mm型钢及H型钢制钢结构以"m^2"为计量单位，按展开面积计算。金属结构的质量面积换算系数为5.8m^2/100kg。

由钢管组成的金属结构的刷油按管道刷油列项，由钢板组成的金属结构的刷油按H型钢刷油列项。

（3）铸铁管、暖气片刷油

铸铁管、暖气片刷油有两种计量方式。以"m^2"计量，按设计图示表面积尺寸以面积计算；以"m"计量，按设计图示中心线以延长米计算，不扣除附属构筑物、管件及阀门等所占长度。

①铸铁管表面刷油工程量计算公式

$$S = 1.2\pi D L \tag{7-5}$$

式中　S——刷油工程量，m^2；

　　　1.2——铸铁管承口展开面积系数；

　　　D——铸铁管道外径，m；

　　　L——铸铁管道延长米，m。

②铸铁暖气片刷油面积即为暖气片散热面积，如表7-2所示。

表7-2　铸铁散热片面积

铸铁散热片 S/(m^2/片)		铸铁散热片 S/(m^2/片)	
长翼型(大60)	1.20	圆翼型80	1.80
长翼型(小60)	0.90	圆翼型50	1.50

铸铁散热片 $S/(m^2/片)$		铸铁散热片 $S/(m^2/片)$	
二柱	0.24	四柱 640	0.20
四柱 813	0.28	M132	0.24
四柱 760	0.24		

（4）灰面刷油、布面刷油、气柜刷油、玛蹄脂面刷油、喷漆

均以"m^2"计量，按设计图示表面积计算。

7.2.2.3 清单计价

刷油工程的清单项目工程内容中包括除锈工程，因此在清单计价时需要计算除锈工程量，并将除锈费用并入相应刷油清单项目的综合单价中。

（1）除锈工程量计算

根据辽宁省现行计价定额，除锈工程量计算与除锈方法密切相关，且各种管件、阀门及设备上人孔、管口凹凸部分的除锈已综合考虑在计价定额内，具体规定如下。

①手工除锈 管道和设备表面除锈工程量按表面积以"m^2"计算；一般钢结构和管廊钢结构表面除锈工程量按金属结构理论重量以"kg"计算；H 型钢制钢结构（包括大于 400mm 的型钢）按表面积以"m^2"计算。

管道、设备筒体、带封头的设备表面积计算公式同刷油工程量。

②动力工具除锈 管道、设备及金属结构均按表面积以"m^2"计算。

【例 7-2】 计算 $DN100$（外径 110mm）的钢管 500m，管道支架 150kg 的手工除锈、动力除锈的工程量。

解： a. 手工除锈 管道 $S = L\pi D = 500 \times 3.14 \times 0.11 = 172.7 m^2$

支架除锈工程量为 150kg。

b. 动力工具除锈 管道 $S = L\pi D = 500 \times 3.14 \times 0.11 = 172.7 m^2$

支架 $S = 150 \times 5.8/100 = 8.7 m^2$

③喷砂除锈 管道和设备区分内外壁，按表面积以"m^2"计算。一般钢结构和管廊钢结构表面除锈工程量按金属结构理论重量以"kg"计算；H 型钢制钢结构（包括大于 400mm 的型钢）按表面积以"m^2"计算。

④化学除锈 管道、设备及金属结构均按表面积以"m^2"计算。

⑤使用定额应注意的问题

a. 喷砂除锈定额按 Sa2.5 级确定，若实际为 Sa3 级，则人工、材料、机械乘以系数 1.1；若实际为 Sa2 级，则人工、材料、机械乘以系数 0.9。

b. 定额不包括除微锈（氧化皮完全紧附，仅有少量锈点），发生时执行轻锈定额子目乘以系数 0.2。

⑥因施工需要发生的二次除锈，其工程量应另行计算。

（2）刷油工程清单计价

①各种管件、阀门的刷油已综合考虑在计价定额内，不得另行计算。

②管道标志色环等零星刷油，人工乘以系数 2.0。

③定额是按安装地点就地刷油漆考虑的，如安装前管道集中刷油，人工乘以系数 0.7。

【例 7-3】 某工程有 $DN100$（外径 110mm）的钢管 500m，刷红丹防锈漆 2 道，再刷调和漆两道。除锈方式为动力工具除锈。管理费及利润按人工费＋机械费为取费基数，费率为38.4%，请编制清单，并计算综合单价。

解：①管道刷油工程量＝$S = L\pi D = 500 \times 3.14 \times 0.11 = 172.7\text{m}^2$

编制清单如表 7-3 所示。

表 7-3　管道刷油清单与计价表

序号	项目编码	项目名称	项目特征描述	计量单位	工程量	综合单价	合价	其中:暂估价
						金额/元		
1	031201001001	管道刷油	除锈级别:中锈 油漆品种:红丹防锈漆、调和漆 涂刷遍数:各两遍	m²	172.7			

②刷油工程的工作内容包括除锈工程，故计算综合单价之前，先计算管道除锈工程量。与刷油工程量相同，为 172.7m²。

③根据定额及费率，计算管道刷油的综合单价如表 7-4 所示。

表 7-4　管道刷油清单综合单价计算表　　　　单位：元

项目编码	031201001001		项目名称	管道刷油		计量单位		m²

清单综合单价组成明细

定额编号	定额名称	定额单位	数量	人工费	材料费	机械费	管理费和利润	人工费	材料费	机械费	管理费和利润
				单价				合价			
14-17	金属面除中锈	10m²	0.1	40.25	12.91	—		4.03	1.29	—	
14-51	红丹防锈漆第一遍	10m²	0.1	10.48	16.87			1.05	1.69		
14-52	红丹防锈漆第二遍	10m²	0.1	10.48	14.93			1.05	1.49		
14-60	调和漆第一遍	10m²	0.1	10.88	14.29			1.09	1.43		
14-61	调和漆第二遍	10m²	0.1	10.48	12.73			1.05	1.27		
人工单价		小计						8.27	7.17	—	3.18
40/55 元/工日		未计价材料费									
清单项目综合单价								18.62			
材料费明细	主要材料名称、规格、型号			单位		数量		单价/元	合价/元	暂估单价	暂估合价
	其他材料费							—	7.17	—	
	材料费小计							—	7.17	—	

7.2.3　防腐蚀涂料工程

（1）清单项目特征描述

防腐蚀涂料工程的清单项目特征需要描述除锈级别、涂刷品种、遍数、还有分层内容，耐火涂料需要描述耐火极限及耐火厚度。分层内容是指应注明每一层的内容，如底漆、中间漆、面漆及玻璃丝布等内容。

（2）清单工程量计算规则

防腐蚀工程量与刷油工程量相近，只不过不是刷普通油漆而是刷防腐涂料，如聚氨酯漆、环氧树脂漆、酚醛树脂漆等。不同之处在于，防腐蚀工程量需计算阀门、弯头、法兰的防腐蚀工程量。

①阀门表面积
$$S = \pi D \times 2.5DKN \tag{7-6}$$
式中　K——1.05；

N——阀门个数。

②弯头表面积
$$S = \pi D \times 1.5D \times 2\pi N/B \tag{7-7}$$
式中　N——弯头个数；

B——90°弯头，B 取 4；45°弯头，B 取 8。

③法兰表面积
$$S = \pi D \times 1.5DKN \tag{7-8}$$
式中　K——1.05；

N——法兰个数。

④设备、管道法兰翻边面积
$$S = \pi(D+A)A \tag{7-9}$$
式中　A——法兰翻边宽。

⑤计算设备、管道内壁防腐蚀工程量，当壁厚大于 10mm 时，按其内径计算；当壁厚小于 10mm 时，按其外径计算。

（3）清单计价

防腐蚀工程清单的工作内容包括除锈、涂刷等工作，计算综合单价时要注意除锈等工程费用的计算。

7.2.4　绝热工程

（1）清单项目特征描述

绝热工程的清单项目特征需要描述绝热材料品种，绝热层厚度、设备形式、管道外径等。其中设备形式是指立式、卧式或球形。

防潮层、保护层需要描述层数、对象、结构形式等。其中层数时指一布二油、两布三油等。对象是指设备、管道、通风管道、阀门、法兰、钢结构。结构形式是指钢结构：一般钢结构、H 型钢制钢结构、管廊钢结构。

（2）清单工程量计算规则

①管道绝热　按图示尺寸绝热体积以"m³"计算。
$$V = L\pi(D+1.033\delta) \times 1.033\delta \tag{7-10}$$
式中　δ——保温层厚度。

D——管道外径。

单管伴热管、双管伴热管（管径相同，夹角小于 90°时）$D' = D_1 + D_2 + （10\sim20\text{mm}）$，$D'$ 为伴热管道直径综合值；D_1 为主管道直径；D_2 为伴热管道直径；10～20mm 为主管道与伴热管道之间的间隙。双管伴热管（管径相同，夹角大于 90°时）$D' = D_1 + 1.5D_2 + （10\sim$

20mm）；双管伴热管（管径不同，夹角小于 90°时）$D'=D_1+D_{伴大}+$ （10～20mm）。

②通风管道绝热　有两种计量方式：按图示尺寸绝热体积以"m³"计算；按图示表面积以"m²"计算。

矩形风管保温体积：
$$V=2\delta L\ (A+B+2\delta)\tag{7-11}$$

式中　δ——保温层厚度；

　A、B——矩形风管截面尺寸。

③设备绝热　按图示尺寸绝热体积以"m³"计算。

设备筒体绝热工程量同管道绝热的计算，设备封头绝热工程量的计算如式（7-12）所示。
$$V=\pi[(D+1.033\delta)/2]^2\times1.033\delta\times1.5N\tag{7-12}$$

式中　N——设备封头个数。

④阀门绝热　按图示尺寸绝热体积以"m³"计算。
$$V=\pi(D+1.033\delta)\times2.5D\times1.033\delta\times1.05N\tag{7-13}$$

式中　N——阀门个数。

⑤法兰绝热　按图示尺寸绝热体积以"m³"计算。
$$V=\pi(D+1.033\delta)\times1.5D\times1.033\delta\times1.05N\tag{7-14}$$

式中　N——法兰个数。

⑥弯头绝热　按图示尺寸绝热体积以"m³"计算。
$$V=\pi(D+1.033\delta)\times1.5D\times2\pi\times1.033\delta N/B\tag{7-15}$$

式中　N——弯头个数；

　B——90°弯头，B 取 4；45°弯头，B 取 8。

⑦拱顶罐封头绝热　按图示尺寸绝热体积以"m³"计算。
$$V=2\pi r(h+1.033\delta)\times1.033\delta\tag{7-16}$$

式中　r——半径；

　h——拱顶突起高度。

⑧防潮层、保护层　有两种计量方式：一般按图示绝热层表面积以"m²"计算；金属结构按图示结构质量以"kg"计算。

a. 设备筒体、管道防潮和保护层工程量 $S=\pi$ （$D+2.1\delta+0.0082$）L，与绝热层表面刷油的工程量计算公式相同。

b. 设备封头防潮和保护层工程量
$$S=[(D+2.1\delta)/2]^2\pi\times1.033\delta\times1.5N\tag{7-17}$$

式中　N——设备封头个数。

c. 阀门防潮和保护层工程量
$$S=\pi(D+2.1\delta)\times2.5D\times1.05N\tag{7-18}$$

式中　N——阀门个数。

d. 法兰防潮和保护层工程量
$$S=\pi(D+2.1\delta)\times1.5D\times1.05N\tag{7-19}$$

式中　N——法兰个数。

e. 弯头防潮和保护层工程量
$$S=\pi(D+2.1\delta)\times1.5D\times2\pi N/B\tag{7-20}$$

式中　　N——弯头个数；

　　　　B——90°弯头，B 取 4；45°弯头，B 取 8。

　　f. 拱顶罐封头防潮和保护层工程量

$$S = 2\pi r(h + 2.1\delta) \tag{7-21}$$

式中　　r——半径；

　　　　h——拱顶突起高度。

（3）清单计价

①管道绝热定额均按先安装后绝热施工考虑，若先绝热后安装则定额人工乘以系数 0.9。

②管道绝热工程，除法兰、阀门外，其他管件均已考虑在定额内；设备绝热工程，除法兰、人孔外，其封头已考虑在定额内。

【例 7-4】　某工程给水 PPR 管外径 65mm，图示长度 180m，设计要求 40mm 岩棉保温、外包塑料布一道防潮，铁丝捆扎后再缠玻璃丝布两道，外刷调和漆两道。请计算相关项目的工程量。

　　解：①绝热层工程量 $V = L\pi(D + 1.033\delta) \times 1.033\delta$

　　　　　　　　　　　　$= 180 \times 3.14 \times (0.065 + 1.033 \times 0.04) \times 1.033 \times 0.04$

　　　　　　　　　　　　$= 2.48\text{m}^3$

②防潮层工程量 $S = \pi(D + 2.1\delta + 0.0082)L$

　　　　　　　　　　$= 3.14 \times (0.065 + 2.1 \times 0.04 + 0.0082) \times 180$

　　　　　　　　　　$= 88.85\text{m}^2$

③保护层（一层）工程量 $S = \pi(D + 2.1\delta + 0.0082)L$

　　　　　　　　　　　　$= 3.14 \times (0.065 + 2.1 \times 0.04 + 0.0082) \times 180$

　　　　　　　　　　　　$= 88.85\text{m}^2$

④保温面刷油（一遍）工程量 $S = \pi(D + 2.1\delta + 0.0082)L$

　　　　　　　　　　　　　$= 3.14 \times (0.065 + 2.1 \times 0.04 + 0.0082) \times 180$

　　　　　　　　　　　　　$= 88.85\text{m}^2$

7.2.5　刷油、防腐、绝热工程的专业措施项目

（1）脚手架搭拆费

脚手架搭拆费，按下列系数计算，其中人工工资占 25%。

①刷油工程　按刷油部分的人工费的 8%；

②防腐蚀工程　按防腐蚀部分的人工费的 12%；

③绝热工程　按绝热部分的人工费的 20%。

（2）超高降效增加费

以设计标高±0 为准，当安装高度超过±6m 时，超高部分发生的人工和机械均乘以系数 1.3。

本 章 小 结

刷油、防腐蚀是为了防止金属与外界介质相互作用，在表面发生化学或电化学反应而引

起损坏。绝热工程是利用热导率小的绝热保温材料阻止热量转移，防止能力损失。钢材的除锈方法主要有手工方法、机械方法、化学方法及火焰除锈方法四种。目前，常用机械方法中的喷砂除锈。刷油方法有涂刷法、喷涂法、浸涂法、电泳涂装法等。绝热工程按用途可以分为保温、加热保温和保冷三种。《通用安装工程工程量计算规范》的附录 M "刷油、防腐蚀、绝热工程"，分为 10 个分部工程。除锈工程包括在刷油和防腐蚀清单的工作内容中，在清单综合单价的计算时需要考虑。

思考与练习

1. 钢材表面的锈蚀等级分为哪几种？
2. 除锈等级如何划分？
3. 除锈方法有哪些？
4. 刷油工程常用的油漆有哪些？
5. 绝热的结构形式有哪层？保冷结构与保温结构有何不同？
6. 钢结构的刷油如何计算工程量？

第8章
安装工程清单编制与报价的相关软件应用

学习重点：本章重点学习广联达安装算量软件以及计价软件的使用。学习重点是根据工程情况建立算量模型，利用软件进行计价。

学习目标：通过本章的学习，能够依据图纸使用计算机计算给排水、采暖、电气、消防、通风各系统清单工程量。可以根据信息价调整给排水、采暖、电气、消防、通风各系统主材价格。并且能够根据招标文件及相关的计价文件计取，各系统措施项目、其他项目、规费、税金。能够熟练使用计价软件编制计价文件。

8.1 概　　述

工程造价软件主要是指按照国家及地方政府有关部门颁布的建筑工程计价依据（大多数为计价规范、预算定额等）为标准，由软件公司开发的工程造价计算汇总软件。

工程造价类软件是随建筑业信息化应运而生的软件，随着造价软件在造价行业中的深入应用，相应的安装计量软件和计价软件品牌越来越多，常见的造价软件有广联达、鲁班、神机妙算件、PKPM（中国建筑科学研究院）、清华斯维尔等。这些计量软件总体的设计和运行思路是一致的。通过手动布置或者识别的方法建立三维模型，然后运行计算机后台的计量程序，得到相应模型的工程量清单，本书以广联达预算软件为例，进行软件操作的讲解。

8.1.1 安装算量软件

工程造价算量软件在中国的发展已经有十几年的历史，建筑工程算量软件已广泛应用于招投标阶段、施工图预算和工程结算等各个阶段工程量的计算，大大降低了工程量清单编制的难度，提高了工程量的正确性，在施工过程中的结算和决算中，运用软件计算工程量并进行对量，降低了承包方和发包方对于工程量确认的不确定性。对于防范工程量计算误差方面的风险起到了一定的抑制作用。

与传统的手工算量相比工程造价电算化具有以下的优点：

①可以对概预算定额、单位估价表和材料价进行及时、动态的管理，提高对工程造价的

管理水平。

②数据完整、齐全，为工程项目的建设创造了有利条件。

③计算结果准确，概预算的质量得到提高。

④简化了概预算的审核过程。概预算的审核可不审核计算过程与输出结果，只审核输入的原始数据。

⑤软件使用简便。加快了概预算的编制速度，极大地提高了工作效率。

目前市场上推出的工程量计算软件虽然表现形式不一样，从根本上讲，计算方法主要有以下三类：

①表格法 将图纸上初始数据录入计算机中的各种表格、表达式，计算机则根据软件隐含的公式或自定义的公式计算工程量。这类软件只实施了对人工输入的数据由计算机自动计算。

②图形法 在CAD平台上将建筑施工图、结构施工图上的几何信息输入计算机中，然后计算机按照软件预先设置的工程量计算规则自动完成工程量计算。这类软件目前应用比较多，但是仍然沿用手工计算思路，是将复杂的手工计算过程转化为绘制图形过程，识别工程图纸基本上靠人工，工程量计算效率提高不大。

③计算机识图法 通过扫描仪扫描等各种手段将设计图纸输入计算机中，由计算机自动识别和处理图纸上的信息，然后根据隐含在软件中的计算公式完成工程量计算。不过目前该方法在理论和技术上还存在许多难题未解决。

针对以上计算方法，广联达安装算量软件中，在软件中设置了表格输入、绘图输入、软件识别三种工程量计算方法，软件一般操作步骤如下：

①创建工程：包括对工程基本信息的定义，工程量计算规则的定义，工程楼层信息的定义。

②建立轴网。

③导入CAD图，选择楼层并定位CAD图。

④识别主要材料表。

⑤识别各安装专业的器具、管线。

a. 对于电气工程，先识别照明灯具，配电箱柜等设备，再识别桥架、线槽，然后按回路识别管线；

b. 对于给排水工程，先识别卫生器具，再识别管道，最后识别阀门等管道附件；

c. 对于通风空调工程，先识别风管，再识别通头，然后识别阀门、风口等部件及风机设备；

d. 对于消防水工程，先识别喷头，再识别管道，最后识别阀门等管道附件。

⑥汇总计算并输出工程量。

8.1.2 安装计价软件

工程计价软件是工程预结算中进行套价、工料分析、计算工程造价及进行项目管理等工作的一种应用软件。

根据国家或地方标准制定，软件将定额计价与工程量清单计价两种方式完美结合。

计价软件的一般操作步骤：

①建立项目、输入工程信息；

②根据工程量套取定额子目或清单项目；

③根据材料信息价进行工料分析及汇总；

④材料价差调整；

⑤工程造价汇总，打印输出报表。

8.1.3　BIM 技术在安装工程量清单编制与投标报价软件中的应用

BIM（Building Information Modeling）建筑信息模型，是一个工程项目的工程特性的数字表达。它可以从虚拟的角度模拟一个真实的建筑项目，也可以将项目本身在项目全生命周期内所需要用到的工程信息录入在模型中，通过共享平台，实现跨部门、多任务、多专业的协同工作。

BIM 技术得到推广以后，BIM 平台协同工作的概念，打破了部门间的界限，将设计部（建模团队）、预算部、工程部、财务部、物资部等聚在了一起，以 BIM 模型为基础，工程量清单为核心，将各部门在传统流程中所扮演的角色串接起来。

BIM 5D 平台：将时间进度信息及成本造价信息融入建筑信息模型所形成的综合管理平台即通常所指的 BIM 5D 平台，如图 8-1 所示。BIM 5D 是基于 BIM 的施工过程的管理工具，可以通过 BIM 模型集成进度、预算、资源、施工组织等关键信息，对施工过程进行模拟，及时为施工过程中的技术、生产、商务等环节提供准确的形象进度、物资消耗、过程计量、成本核算等核心数据，提升沟通和决策效率，帮助客户对施工过程进行数字化管理，从而达到节约时间和成本，提升项目管理效率的目的。BIM 技术在工程造价行业的优势主要体现在以下方面：

①由于 BIM 技术的可视化，工程造价计量软件就可以很好地检查各个构件之间的关系，接下来就可以根据工程结构要求进行属性编辑，并随时可以进行三维检查，避免了传统计量软件中看图和识图的差异造成工程量计算的差异。

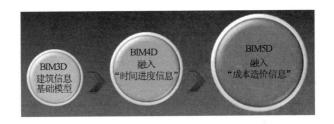

图 8-1　BIM 5D 的基本概念

②快速核对工程量。提升计算精度建模结束后，软件界面不仅能形成平面图形，也可形成三维图形，造价人员可以根据要求，进行多方面比对。同时，针对图形和实际图纸不一样的地方进行及时修改。

③土建与安装有效碰撞。在安装算量软件，可以直接导入图形算量中已经建好的模型，根据安装设置，让安装相关管道与土建图形完美结合，及时暴露解决碰撞点，计算工程量的时候，可以根据三维模型及时修正得出新的工程量，同时安装的工程量也可以及时得出，大大降低了工作量和工作难度。

④多算对比，有效监控成本。基于 BIM 技术的工程算量软件，可以实现任一构件上工程造价信息的快速获取，快速实现通过概算、预算、结算和竣工决算等不同阶段的多算对比，实现对项目成本风险的有效管控。再加上 BIM 模型的三维可视化功能，通过时间维度

进行虚拟施工，通过 BIM 技术结合施工方案、施工模拟和现场视频监测，针对施工成本，做到有效控制、防范投资风险。

⑤信息共享、信息透明。建立 BIM 数据库，为工程提供详尽的信息，大量工程相关的信息可以为工程提供数据后台的有力支撑。BIM 中的造价基础数据可以在各管理部门进行协同和共享，并利用软件根据三维空间对构件类型等进行汇总、拆分、对比分析等，并准确及时地传递到各相关部门，保证了信息的透明化，为建立企业定额、概算定额等标准提供了准确的依据。

8.2 给排水、采暖安装工程计量软件应用

8.2.1 新建工程

左键单击"广联达-BIM 安装算量软件 GQI2015"（或者可以直接双击桌面"广联达-BIM 安装算量软件 GQI2015"图标）→单击"新建向导"进入"新建工程"（如图 8-2、图 8-3)完成案例工程的工程信息及编制信息。

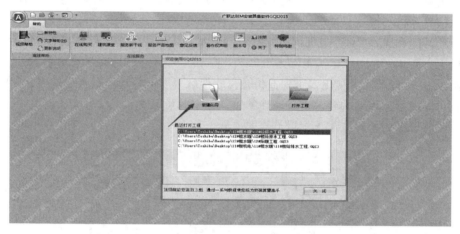

图 8-2　新建工程

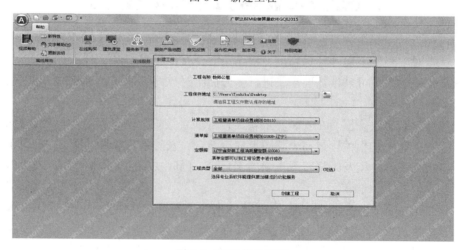

图 8-3　工程信息完善

8.2.2　工程设置

点击"模块导航栏"工程设置，根据案例工程图纸查询工程信息，完成案例工程中给排水工程所有需要设置的参数项：工程信息→楼层设置→设计说明信息→计算设置→其他设置的参数信息填写。本案例楼层标高设置如图 8-4 所示。

	编码	楼层名称	层高(m)	首	底标高(m)	相同层数	板厚(mm)
1	7	第7层	3.3	☐	19.8	1	120
2	3~6	第3~6层	3.3	☐	6.6	4	120
3	2	第2层	3.3	☐	3.3	1	120
4	1	首层	3.3	☑	0	1	120
5	0	基础层	3	☐	-3	1	500

图 8-4　楼层标高设置

注意及时点击"保存"，防止数据丢失，也可以利用"工具"菜单栏中的"选项"，设置调整自动保存时间。

广联达算量软件根据工程量计算过程中不同的使用场景，提供多种工程量计量方式。利用"绘图输入"界面，通过"导入 CAD 图纸"识别，进行工程量的计量；利用"表格输入"界面，模拟手工算量过程，快速算量。下面进行绘图输入界面的学习。

8.2.3　图纸导入

点击"模块导航栏"中的"绘图输入"界面。在该界面中，按照操作整体流程进行设计，给排水专业的整体操作流程是：定义轴网→导入 CAD 图纸→点式构建识别→线式构建识别→依附构件识别→零星构件识别→合法性检查→汇总计算→"集中套用做法"界面做法套取→报表预览（一般情况下先识别包括卫生器具设备在内的点式构件，再识别管道线式构件，这样软件会自动按照点式构件和线式构建之间的标高差，自动生成连接两者间的立管。）具体操作顺序如下：

①定义轴网　点击"绘图"界面，单击"轴网"→"定义"→"新建轴网"→"自定义轴网"，根据图纸设置轴网参数值，完成轴网，如图 8-5 所示，便于 CAD 导图时各楼层电子图纸定位。

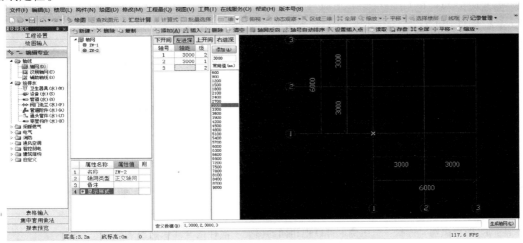

图 8-5　建立轴网

②导入 CAD 电子图　点击"绘图输入"界面，点击"CAD 图管理"→"CAD 草图"→"导入 CAD 图"，导入对应楼层的给排水工程的 CAD 电子图纸，利用"定位 CAD 图"定位到相应的轴网位置，导入图纸定位成功后如图 8-6 所示。

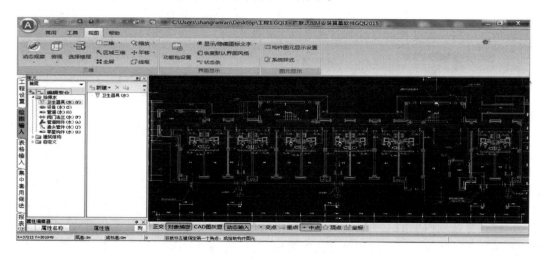

图 8-6　定位 CAD 图

注：如果同时导入多张图纸，可以利用"插入 CAD 图"，另外值得注意的是，GQI2015 有新功能，不需要手动建立轴网，软件在分割楼层的时候按定位点自动定位，左边第一张默认定位点在原点，其余的根据图纸自动分配定位点；这种情况适合一个专业绘制在多张图纸上；比如电气照明、插座、应急照明等，操作时每一层都按统一的顺序分割，软件自动上下楼层对应了；识别的时候，重复的工程量，在私有属性中的"是否计算工程量"中直接选择"否"即可。

8.2.4　图纸识别

CAD 识别选项：

点击"绘图输入"界面，单击"给排水"专业各构件类型（通头管件零星构件除外）→点击菜单栏"CAD 操作设置"→"CAD 识别"选项，根据图纸设计要求修改相应的误差值。

以上在其他专业中有同样的介绍，可以说是软件中各个不同专业共有部分的介绍。给排水专业工程量的计取过程为：卫生器具→设备→管道→阀门法兰→管道构件→通头管件→管套（零星构件中）。

（1）卫生器具识别

点击"绘图输入"界面，单击给排水专业中"卫生器具"构件类型，新建"卫生器具"，在其属性值中选择对应的器具并修改相应的器具名称，如图 8-7 所示新建卫生器具。

根据图纸设计要求，新建案例工程中存在的卫生器具，在属性编辑器中输入相应的属性值，注意修改卫生器具的"类型""距地高度"属性，软件中内置有不同类型卫生器具下常用的距地高度。在修改类型属性时，距地高度会联动显示一个常见值，如果与工程中的实际情况不符，还可以进行手动修改。

点击"图例识别"或"标识识别"选项对整个工程中的同类卫生器具分楼层进行自动识别，本工程识别完毕。

注：1. 图例识别　选择一个图例，可以把相同的图元一次性地全部识别出来。

2. 标识识别　选择一个图例和一个标识，可以一次性把具有该标识的相同图例、图元全部识别出来。

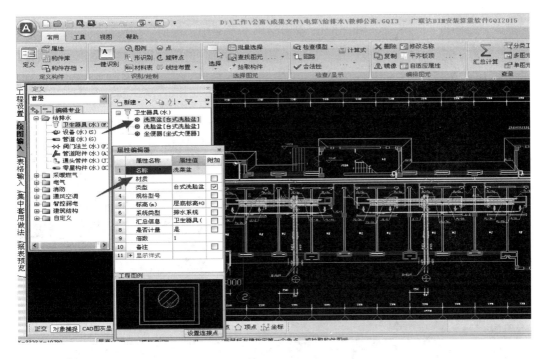

图 8-7　修改卫生器具属性

（2）设备识别

点击"绘图输入"界面，单击给排水专业中"设备"构件类型，根据图纸设计要求新建设备，在属性编辑器中输入相应的属性值、设备选项类型，如图 8-8 新建设备。

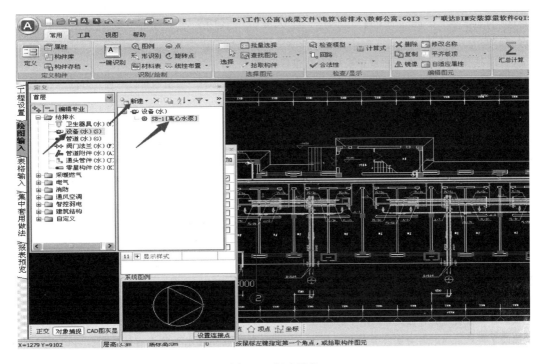

图 8-8　新建设备

（3）管道识别

点击"绘图输入"界面，如图 8-9，单击给排水专业中"管道"构件类型。

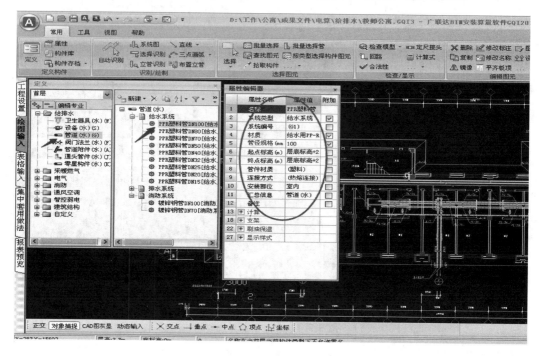

图 8-9　管道属性

①识别水平管　软件提供"选择识别""自动识别"两种方式识别给排水管。在没有手动建立管道构件前，通过选择任意一段表示管线的 CAD 线及对应的管径标识，软件会在管道属性栏自动创建不同管径的管道构件，一次性识别该楼层内所有符合识别条件的给排水水平管。

注：1. 选择识别　选择一根或多根 CAD 线进行识别。

2. 自动识别　选择一个代表管道的 CAD 线和它的对应管径标注（没有也可以不选），可以一次性地把该楼层内整个水路的管线识别完毕。

3. 修改标注　对于通过如"自动识别"等功能识别后的管道，当存在管道的管径标高等设计变更或是其他情况时，可以利用"修改标注"完成对管道图元的"管径""标高"属性值的修改，无需删除已有图元二次识别。如图 8-10 管道的三维立体图。

②识别布置立管　识别方式有"选择识别立管"和"识别立管信息"，并且在工具栏，"管道编辑"中设置有"布置立管"等选项进行立管手动编辑布置，在案例工程中，首先点击工具栏中"识别立管信息"选项，对立管系统图进行拉框选择立管属性识别，然后再手动布置相关立管信息。如图 8-11 立管的三维立体图。

注：1. 在"管道编辑"选项中有"布置立管""扣立管""自动生成立管""延伸水平管""选择管""批量选择立管""批量生成单立管""批量生成多立管"选项。其中，"布置立管"用来解决竖向干管或竖向支管工程量的计取；"扣立管"处理实际工程管道，敷设遇到梁柱等建筑构件需要绕开的业务场景；"自动生成立管"解决两个有标高差的水平管间需要一个立管进行相连的情况；"延伸水平管"处理因图纸上所绘制的立管只是示意而与实际管径相差较大，如此导致与其相连水平管没有延伸到立管中心的问题；"选择管"和"批量选择立管"，则可以通过快速选择管道，从而便于批量修改图元属性；"批量生成单立管"和"批量生产多立管"，可以快速生成连接设备与水平管间的立向管道。在实际工程中，可以根据具体

需要选择相应的功能选项进行操作。

2. "设备连线"和"设备连管"，前者是解决两设备通过管线进行相连的情况，两个设备可以是相同楼层的，也可以是不同楼层的；后者是解决多个设备与一个管道进行连接的问题。

3. "生成通头"针对大小管径不一的时候，可以采用自动生成通头的方式进行节点通头生成，或首次通头生成错误后的二次生成通头操作。

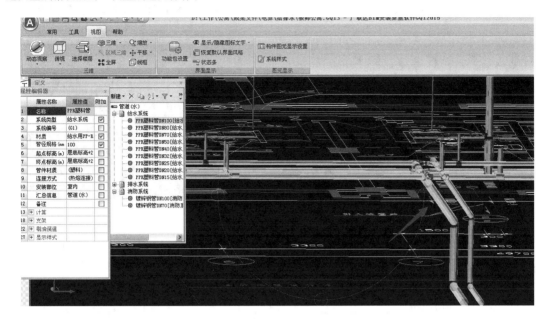

图 8-10　管道的三维立体图

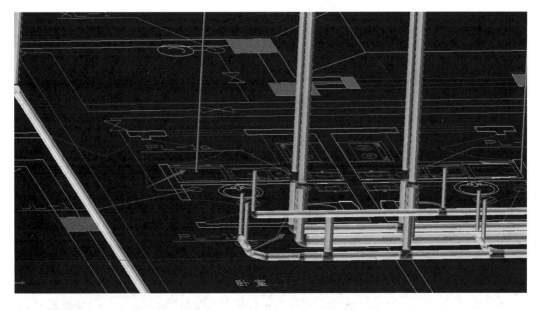

图 8-11　立管的三维立体图

（4）阀门法兰识别

采用点式识别方式。点击"绘图输入"界面，单击给排水专业中"阀门法兰"构件类型，根据图纸设计要求新建对应的阀门法兰，在属性编辑器中输入相应的属性值。

点击"图例识别"或"标识识别"选项，对整个给排水工程中的阀门法兰分楼层进行自动识别，如图8-12阀门法兰三维图。

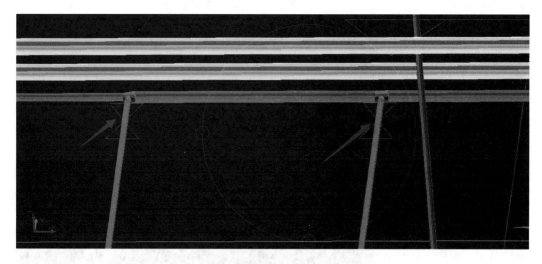

图 8-12 阀门法兰的三维图

注：对于阀门法兰、管道附件这类依附于管道的图元，需要在识别完所依附的管道图元后再进行识别，通过"图例识别""标识识别"识别出的阀门法兰，软件会自动匹配出它的规格型号等属性值。

（5）管道附件识别

采用点式识别方式：点击"绘图输入"界面，单击给排水专业中"管道附件"构件类型，根据图纸设计要求新建相应的管道附件，在属性编辑器中输入相应的属性值，管道附件有水表、压力表、水流指示器等，如图8-13。

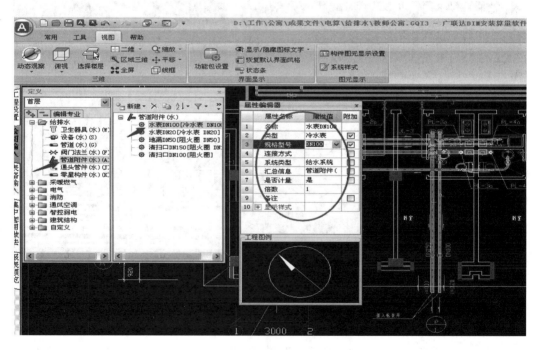

图 8-13 管道附件的属性

点击"管道附件"或"标识识别"选项，对整个给排水专业工程中的管道附件分楼层进行自动识别。

（6）通头管件识别

点击"绘图输入"界面，单击给排水专业中"通头管件"构件类型，因为通头多数是在识别管道后自动生成的，所以基本不需要自己建立此构件，如果没有生成通头或者生成通头错误并执行删除命令后，可以点击工具栏"生成通头"，拉框选择要生成通头的管道图元，单击右键，在弹出的"生成通头将会删除原有位置的通头，是否继续?"确认窗体中点击"是"软件会自动生成通头，如图 8-14、图 8-15。

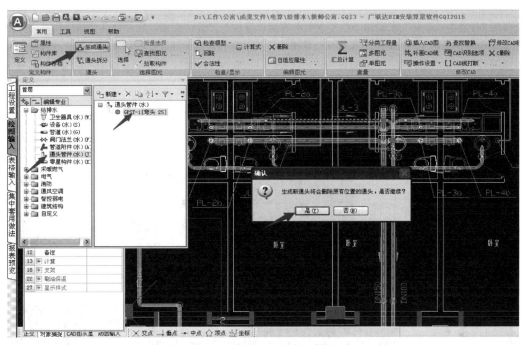

图 8-14　生成通头

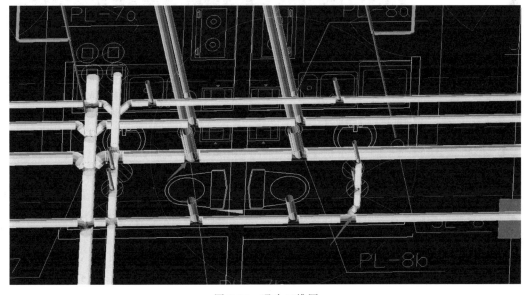

图 8-15　通头三维图

注：合法性检查，点击菜单栏"工具"项，下拉菜单中找到合法性检查，（也可以直接按 F5 键），对生成的管道及通头信息进行合法性检查，当然也可以在完成整个给排水工程的计量后，再进行合法性检查。

（7）零星构件识别

点击"绘图输入"界面，单击给排水专业中"零星构件"构件类型，根据图纸设计要求新建相应的零星构件，而在属性编辑器中输入相应的属性值，零星构件有一般套管、普通套管、刚性防水套管等。

点击工具栏"自动生成套管"，拉框选择已经识别出的需要有套管进行保护的管道后，单击右键自动生成套管。

注："自动生成套管"主要用于给排水管道穿墙或穿楼板套管的生成，软件会自动按照比对应管道的管径大两个号的规则生成套管，对于有按照管道的管径取套管规格的情况，可以利用"自适应构件属性"，选中要修改规格型号的套管图元，点击右键，选择"自适应构建属性"，在弹出窗体中，勾选上自适应属性对应表中的规格型号即可，零星构件的构建属性自适应如图 8-16。

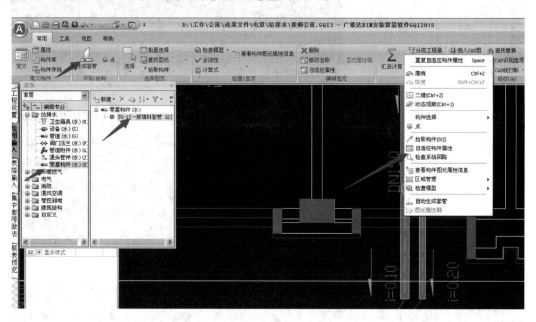

图 8-16　零星构件的构建属性自适应

图 8-17　动态观察的工具栏

注：软件提供了三维查看的功能——"动态观察"，方便大家对工程进一步进行检查，同时结合选择楼层，可以查看整个工程所有楼层的三维显示效果，图 8-17 为动态观察的工具栏。

8.2.5　表格输入法

表格输入是安装算量的另一种方式，根据拟建工程的实际进行手动编辑→新建构件→编辑工程量表，最后计算出工程量。表格界面如图 8-18 所示。

对于不同的数据输出需求，可以利用工具栏上的"页面设置"进行个性化设置，同时，软件提供"单元格设置"，方便在实际使用中根据需要进行标记。

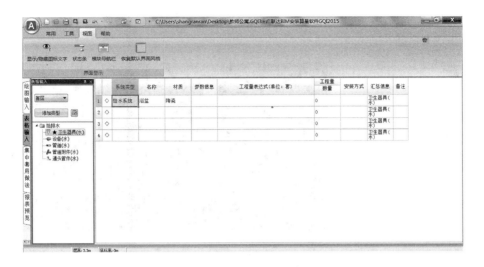

图 8-18　表格输入界面

8.2.6　集中套用做法

点击"模块导航栏"→"集中套用做法",可对整个项目的所有构件进行做法的统一套用,如手动套用"选择清单""选择定额",也可以"自动套用清单",完成整个项目工程的做法套用,从而快速得出工程量做法表,如图 8-19。

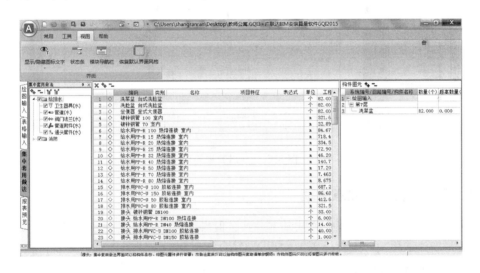

图 8-19　集中套用做法界面

8.2.7　汇总计算、报表预览、导出数据

整个工程量计取完毕,并套取了做法,可以导出相应的工程数据,具体操作:点击"模块导航栏"→"报表预览",注意,先行对整个专业工程进行汇总计算,如图 8-20。

计算完成后,点击"报表预览",即可以查看给排水专业工程的工程量报表,也可以导出 Excel 文件。如图 8-21 导出数据界面。

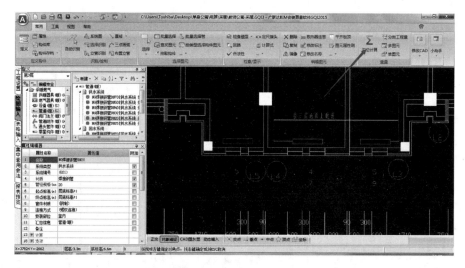

图 8-20　汇总计算工程量

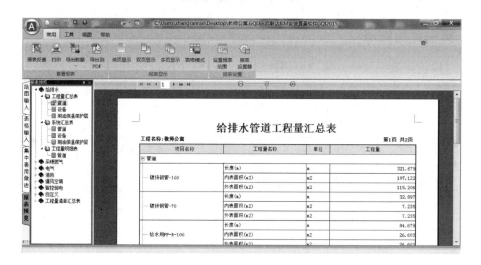

图 8-21　导出数据界面

8.2.8　采暖安装计量注意事项

采暖计量与给排水计量操作方法基本一致，但操作时需要注意：

完成"新建工程"、"工程设置"、"导入 CAD 图"之后，进行图纸的识别：点击"绘图输入"界面，单击"采暖燃气"各专业构件类型（通头管件、零星构件除外）→点击菜单栏"CAD 操作设置"→"CAD 识别"选项，根据图纸设计要求，修改相应的误差值。如图 8-22 CAD 识别选项。

软件计取采暖燃气专业工程量，计取顺序一般为：供暖器具→燃气器具→设备→管道→阀门法兰→管道附件→通头管件→管套（零星构件中）。

①供暖器具识别，点击"绘图输入"界面，单击采暖燃气专业中"供暖器具"构件类型，新建供暖器具，在其属性值中选择对应的供暖器具并修改相应的供暖器具名称，根据图纸要求新建案例工程中存在的供暖器具，在属性编辑器中输入相应的属性值，如图 8-23。

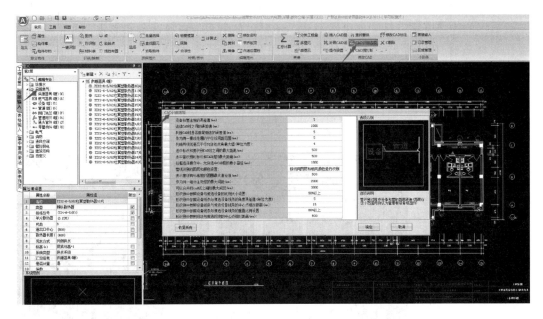

图 8-22　CAD 识别界面

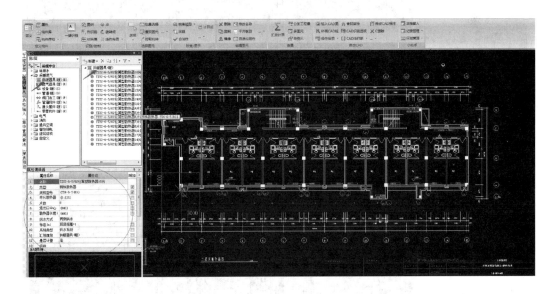

图 8-23　供暖器具属性

注意修改类型属性，软件中对于不同类型的供暖器具，内置有不同的属性输入范围。

又因为后续管道与供暖器具的连接方式有多种，针对软件提供的智能识别功能——"散热器连管"配套的，在供暖器具新建构件的属性中提供有"回水方式"这一属性，可以按照实际工程情况进行修改。如图 8-24。

点击"图例识别"或"标识识别"选项，对整个工程中的同类供暖器具分楼层进行自动识别，有时采用"图例识别"更为便捷。

②设备识别与给排水设备识别方法一致。

③管道识别水平管与立管的识别与给排水相同，其中散热器连管识别：选择散热器图元

后，选择管道图元，根据散热器的回水方式自动生成与散热器连接的水平管和立管。具体管道与散热器的连接方式，是同侧供水形式，还是同侧供水带三通调节阀形式，或是其他，一定要在所要连接的供暖器具图元处修改其回水方式属性才可以。供暖器具的三维图见图 8-25。

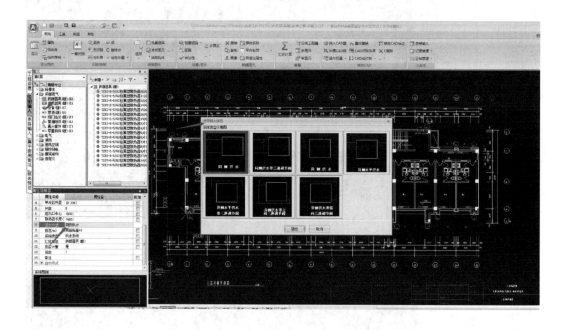

图 8-24　回水方式示意图

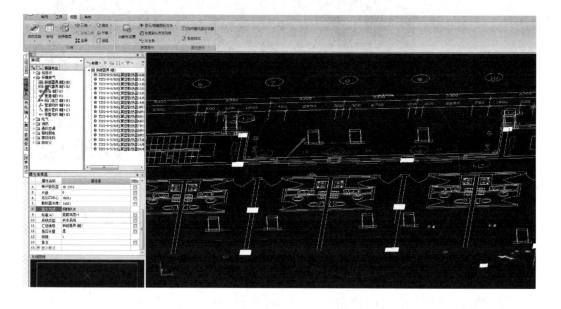

图 8-25　供暖器具的三维图

　　④其余法兰阀门识别，合法性检查套用做法、汇总计算等内容与给排水工程一致，在此不作赘述。

8.3　消防工程计量软件应用

在消防工程计量工程中，分为消防水和消防电，其中消防水工程有很多内容与给排水采暖安装算量软件的操作是一样的，而消防电部分有很多内容与电气设备安装工程是相同的，对于新建工程、工程设置等相同部分，本文不进行展开讲解，仅对不同部分进行补充说明。本节重点介绍绘图输入操作方式。

界面中，按照操作整体流程进行设计，对于消防专业，整体操作流程是：定义轴网→导入 CAD 图纸→点式构件识别→线式构件识别→合法性检查→汇总计算→"集中套用做法"界面做法套取→报表预览。

消防水专业，即按照"模块"导航栏中构件类型顺序（点式构件识别→线式构件识别→依附构件识别→零星构件识别）完成识别，依据图纸，先识别包括消火栓、喷头、消防设备在内的点式构件，再识别管道线式构件。管道识别完毕，进行阀门法兰、管道附件这两种依附于管道上的构件的识别，最后按照图纸说明，补足套管零星构件的计量。

消防电专业，同样按照"模块"导航栏中构件类型顺序识别，点式构件识别包括消防器具、配电箱柜，线式构件包括电线导管、电缆导管，最后，还要记着完成图纸上没有标识出但需要计取工程量的接线盒的计量（软件设置在消防设备构件类型下）。

具体介绍如下：

消防水专业中工程量（包括喷淋灭火系统、消火栓灭火系统）的计取过程：消火栓→喷头→消防设备→管道→阀门法兰→管道附件→通头管件→套管（零星构件中），当然，也可以通过手动布置图元完成计量（点式图元使用"点""旋转点"布置，线式图元使用"直线""三点画弧"系列功能布置）。

（1）消火栓识别

点击"绘图输入"界面，单击消防专业中"消火栓"构件类型，根据图纸设计要求新建消火栓，在属性编辑器中输入相应的属性值。点击"图例识别"或"标识识别"按钮对整个工程中的消火栓分楼层进行自动识别。如图 8-26。

（2）喷头识别

点击"绘图输入"界面，单击消防专业中"喷头"构件类型，根据图纸设计要求新建喷头，在属性编辑器中输入相应的属性值，注意修改标高属性。点击"图例识别"或"标示识别"选项对整个工程中的喷头分楼层进行自动识别，并用同样的方式完成消防设备的识别。

（3）管道识别

①识别水平管　在没有手动建立管道构件前，利用"按喷头个数识别"功能，选择作为干管识别的 CAD 线，右键确认后，在弹出的构件编辑窗口中，点击"添加"按钮，或者点击"本行指定立管"构件，呈现出一个三点状按钮，点击该按钮，软件均会自动创建常用的8 种管径的管道构件供选择使用。

按喷头数量进行自动识别管线或者一次按一个系统编号进行自动识别管线。其中采用"按喷头个数识别"进行自动识别管线时，要注意检查不同管径匹配的喷头个数，软件中是按照自动喷水灭火系统设计规范中不同管径管道控制的喷头个数进行设定的，如果图纸设计与我们的规范不一致，则需要依据图纸信息手动修改，构建编辑窗口。

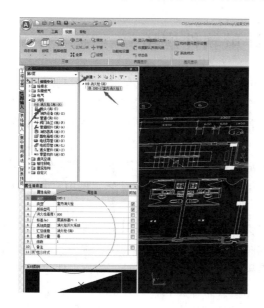 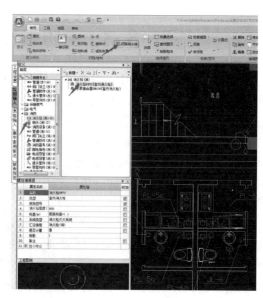

图 8-26 新建、识别消火栓

如实际工程中消防管道就是按给定管径与相关管径可接喷头个数来定义管道进行的布置，则所有喷淋管的管径均按此规则布置，即 DN25 的管可接 1 个喷头，DN32 的管可接 3 个喷头，超过 4 个而小于等于 8 个时，就该用 DN50 的管道了，以此类推。

按喷头个数识别多用于喷淋灭火系统中管道的识别，而按系统编号识别则多用于消火栓灭火系统中管道的识别。

②识别布置立管 识别方式有"选择识别立管"和"识别立管信息"，并且在工具栏"管道编辑"中设置有"布置立管"等选项进行立管的手动编辑布置，如图 8-27。

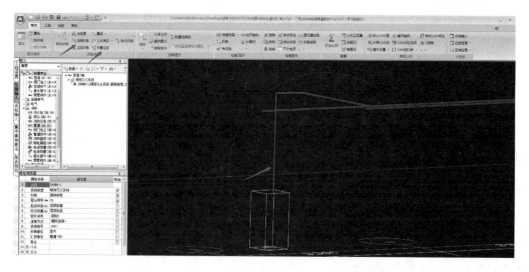

图 8-27 立管三维图

（4）阀门法兰识别

采用点式识别方式，点击"绘图输入"界面，单击消防专业中"阀门法兰"构件类型，根据图纸设计要求新建阀门法兰，在属性编辑器中输入相应的属性值，如图 8-28。

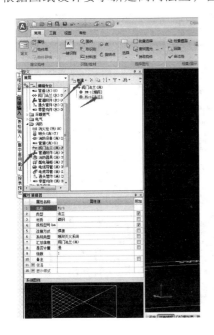 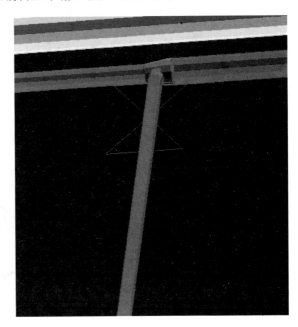

图 8-28　阀门法兰

(5) 管道附件识别

采用点式识别方式，单击消防专业中"管道附件"构件类型，根据图纸设计要求新建相应的管道附件，在属性编辑器中输入相应的属性值，管道附件有水表、压力表、水流指示器等。

(6) 通头管件识别

点击"绘图输入"界面，单击消防专业中"通头管件"构件类型，因为通头多数是在识别管道后自动生成的，所以基本不需要自己建立此构件。

引入："合法性检查"在菜单栏"工具"项下拉菜单中。

(7) 零星构件识别

点击"绘图输入"界面，单击消防专业中"零星构件"，根据图纸设计要求，新建相应的零星构件，在属性编辑器中输入相应的属性值，零星构件有一般套管、普通套管、刚性防水套管等。

消防电部分的介绍：消防电工程量的计取过程如下：消防器具→配电箱柜→电线导管→电缆导管→接线盒（消防设备中），本工程无消防电，以下仅作讲解。

(8) 消防器具识别

点击"绘图输入"界面，单击消防专业中"消防器具"构件类型，根据图纸设计要求新建相应的消防器具，消防器具类型有感温探测器、感烟探测器、气体探测器、报警电话、扬声器等。点击"图例识别"或"标识识别"功能完成对整个工程中的消防器具分楼层自动识别。

(9) 消防配电箱柜识别

点击"绘图输入"界面，单击消防专业中"配电箱柜"构件类型，根据图纸设计要求新建相应的消防配电柜，在属性编辑器中输入相应的属性值，消防配电柜有照明配电柜、动力配电柜、控制箱等，注意修改宽度、高度、厚度、距地高度属性值，保证后续与配电箱相连立向管线的正确计量。完成对消防配电柜的分楼层识别，如图8-29。

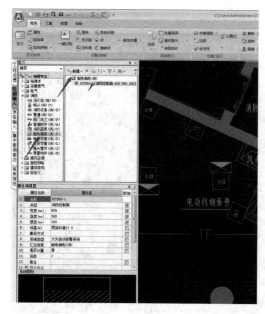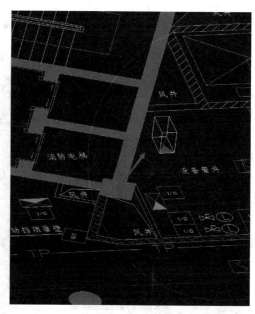

图 8-29　新建配电柜

（10）消防电线导管识别

如果CAD电子图中存在消防电线导管，我们也应该进行消防电线导管按回路进行自动识别。

（11）消防电缆导管识别

点击"绘图输入"界面，单击消防专业中"电缆导管"构件类型，根据图纸设计要求新建相应的消防电缆导管，在属性编辑器中输入相应的属性值。

注：建议根据消防电缆线路系统图，先在导航栏中新建出各条系统回路的属性值，以便后边回路自动识别更为方便。

点击"回路识别"或"回路自动识别"选项对整个工程中的消防电缆导管分楼层进行自动识别。

注：1. 选择识别，选择一根或多根CAD线进行识别。

2. 回路识别，选择一个CAD线，根据CAD线的走向，自动判断该路线的回路，生成管线，图元属性相同。

3. 回路自动识别，可对多个配电箱多个回路进行一次性识别，并可根据标注自动判断线的根数。

（12）消防设备识别

消防电专业中的消防设备、接线盒，便是在此处进行识别，点击工具栏上的"生成接线盒"功能，软件会自动反建构件JXH-1，如图8-30所示。

如图生成接线盒的部位点击"确认"后，弹出"生成接线盒"窗体，可以有选择地执行生成接线盒操作。

（13）表格输入

根据拟建工程的实际情况进行手动编辑，新建构件，编辑工程量表，最后计算出工程量，如图8-31。

（14）集中套用做法

点击"模块"导航栏的"集中套用做法"，可对整个项目的所有构件进行做法的统一套用，如图 8-32。

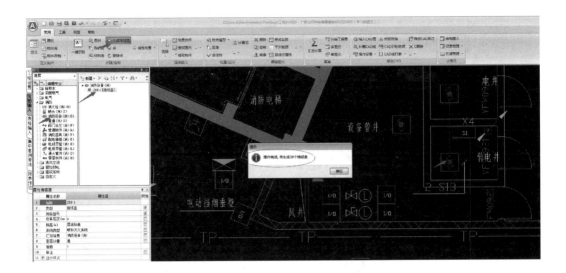

图 8-30　新建接线盒

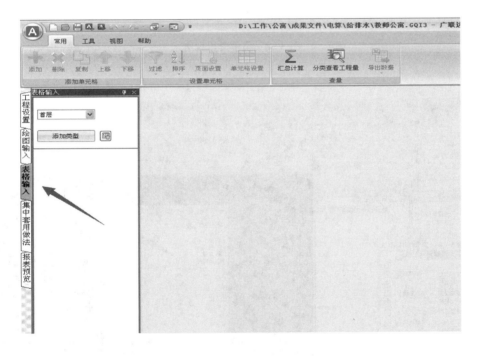

图 8-31　表格输入界面

（15）汇总计算，报表预览，导出数据

点击"模块"导航栏的"报表预览"。注意先行对整个专业工程进行汇总计算，如图 8-33。

计算完毕后，点击"报表预览"，既可以查看消防专业工程的工程量报表，也可以导出 Excel 文件。

图 8-32　集中套用做法

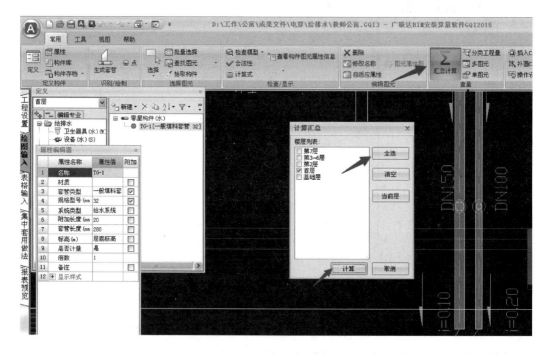

图 8-33　计算汇总工程量

8.4 电气设备安装工程计量软件应用

在电气工程计量工程中，有很多内容与给排水采暖安装算量软件的操作是一样的，对于新建工程、工程设置等相同部分，本文不进行展开讲解，仅对不同部分进行补充说明。

8.4.1 新建工程

（1）新建单位工程

根据工程情况进行工程设置，如图 8-34。

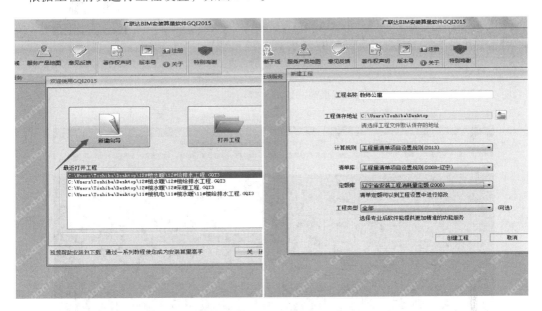

图 8-34　新建工程

（2）工程设置

①导入图纸　在工程设置模块下点击工具栏中"图纸管理"按钮，出现"图纸管理"窗口后点击"添加图纸"，如图 8-35 导入 CAD 图。

图 8-35　导入 CAD 图

②设置层高　在工程设置模块下点击工具栏中"楼层设置"按钮，根据图纸中楼层信息修改相应信息。如图 8-36 楼层设置。

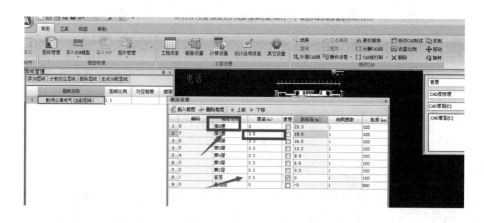

图 8-36　楼层设置

注：根据建筑图纸中层高的高低设置层高（如图 8-37）。

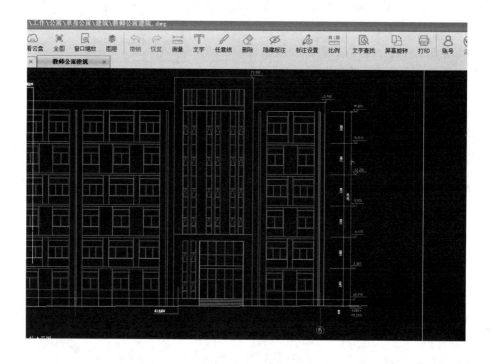

图 8-37　楼层情况

③设置计算规则和设计说明信息　在"工程设置"模块下点击工具栏中"计算设置"按钮，根据定额计算规则修改相应信息。如图 8-38（注意相关定额计算规则，可根据实际情况进行计算设置）。

在"工程设置"模块下点击工具栏中"设计说明信息"按钮，根据图纸设计说明中相关要求修改相应信息。如图 8-39。

　　④分割定位 CAD 图　在"工程设置"模块下点击工具栏中"图纸管理"按钮，出现"图纸管理"窗口后点击"分割定位图纸"按钮（在工程设置第①步中已成功导入图纸），如图 8-40，方法与水暖相同。

　　⑤生成图纸　如图 8-41 所示。

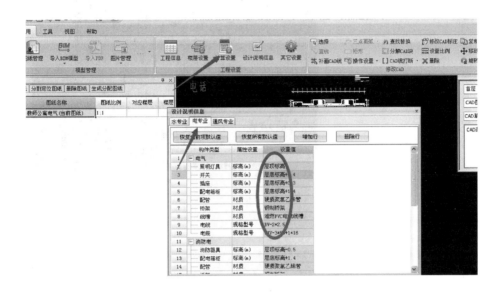

图 8-38　计算设置

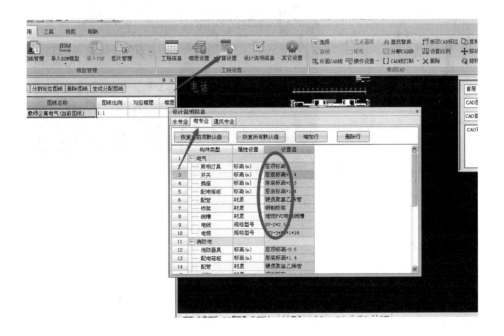

图 8-39　设计说明信息

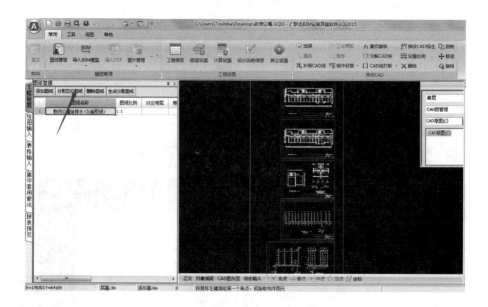

图 8-40 分割定位 CAD 图

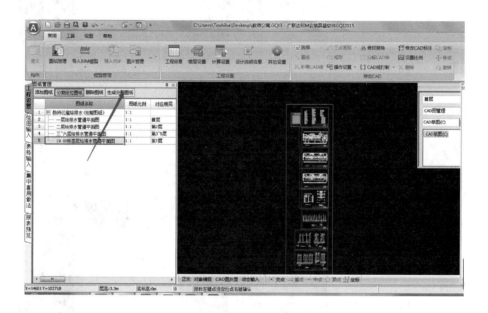

图 8-41 生成分割图纸

8.4.2 绘图输入

（1）识别配电箱、配电柜

①点击"模块"导航栏"绘图输入"按钮，将光标停在"配电箱柜"构件类型。

②左键点击"新建"→"新建配电箱柜"；按照图纸中配电箱、柜的名称、规格等信息设置好配电箱、柜构件（每种配电箱、柜设置一个构件即可）。如图 8-42。

③点击工具栏中"图例"按钮，用"图例识别"功能识别构件。

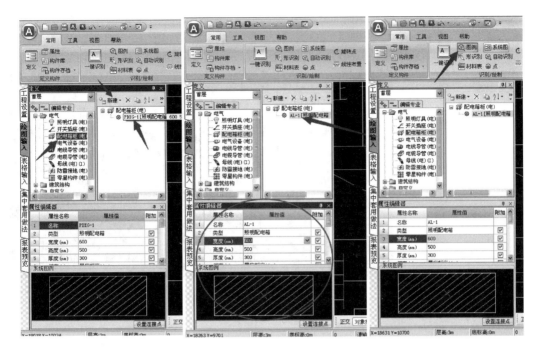

图 8-42　新建、识别配电箱

④在绘图区，移动光标到需要识别的 CAD 图元上，光标变为"回"字形，点击鼠标左键或拉框选择该 CAD 图元，此时，该图元呈蓝色选中状态，如图 8-43 选择要识别的图元。点击右键，弹出"选择要识别成的构件"对话框，如图 8-43 选择要识别成的构件。

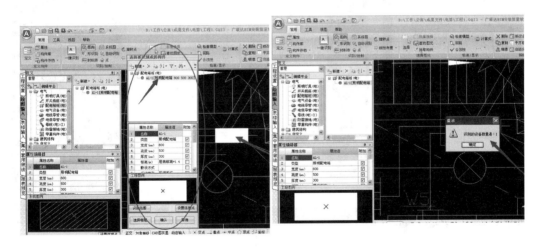

图 8-43　识别配电箱

在弹出的对话框内选择对应构件（第二步中已设置好的配电箱、柜构件），确定无误后，点击"确定"按钮。此时会提示识别的数量，点击"确定"，该图识别完毕。如图 8-43。采用相同的方法，可以将本层所有的配电箱识别完成。

（2）识别开关、灯具、插座等点式构件

①点击工具栏中"一键识别"按钮，如图 8-44。

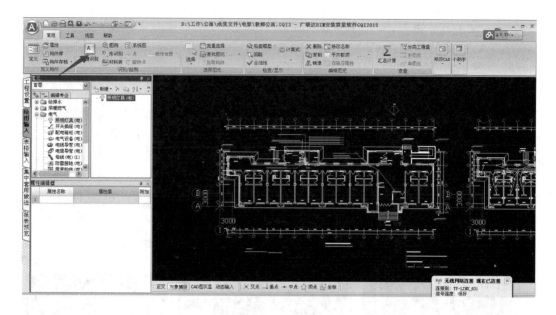

图 8-44　一键识别

此时会出现"构建属性定义"窗口，如图 8-45。

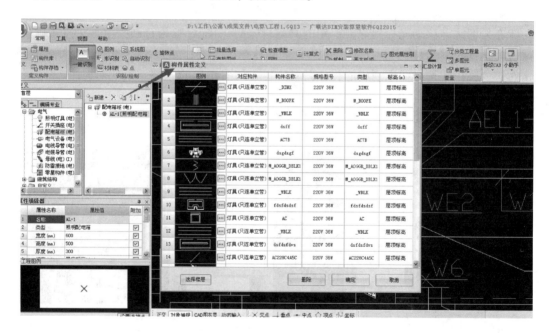

图 8-45　构件属性定义

②将多余构件从"构件属性定义"窗口中删除，只留下本工程中的灯具、开关、插座等有用构件。用鼠标选择无用构件，该构件会变为黄色，然后点击"构件属性定义"窗口下部"删除"按钮即可删除。如图 8-46。

③按照图纸中图例说明信息来修改设备信息（注意单立管、多立管、设备名称、安装高度）。如图 8-47。

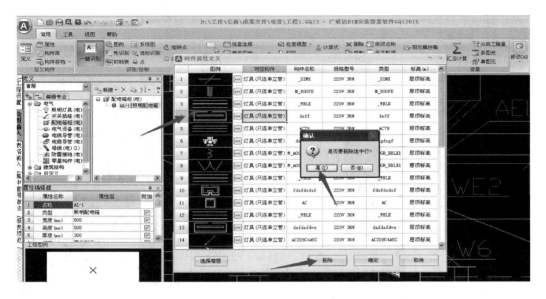

图 8-46　删除多余构件

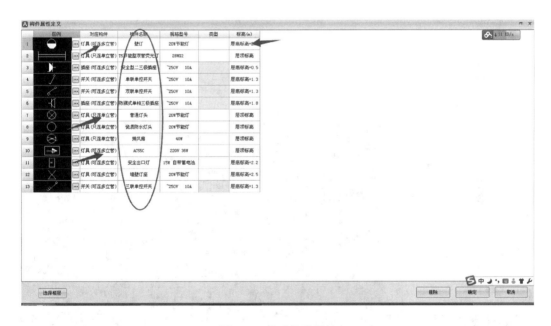

图 8-47　修改构件属性

④将鼠标放到"构件属性定义"窗口下部"选择楼层"按钮，点击按钮选择所有楼层，如图 8-48。

⑤确认无误后点击"确定"按钮，即可将全部楼层的全部点式图例（如灯具、开关、插座等）一次性识别完成。

⑥"一键识别"完后，将鼠标放到工具栏"检查模型"按钮，点击按钮，选择第一个"漏量检查"功能，如图 8-49。

点击"漏量检查"按钮后，会出现窗口，选择"图形类型"→"设备"，点击"检查"

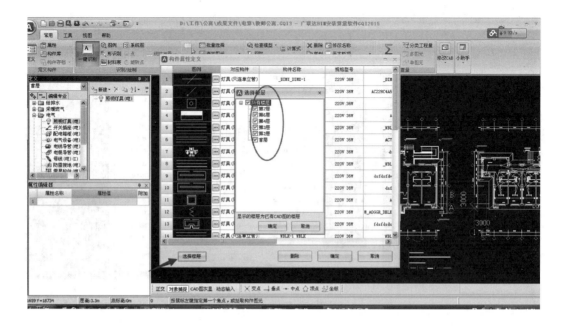

图 8-48　选择楼层

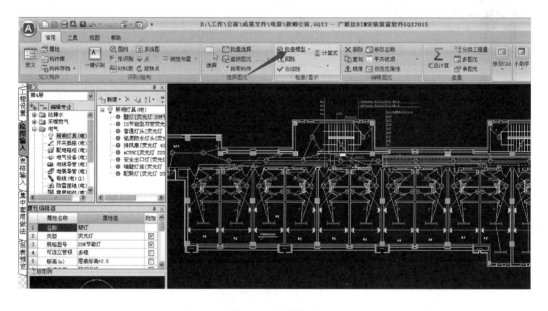

图 8-49　漏量检查

按钮，如图 8-50。

按以上步骤操作便可识别完全部点式图元。

（3）识别管线（本图不涉及桥架内容，以下部分以演示为主）

点击"模块"导航栏"电气"→"电缆导管"将光标停在"电缆导管"构件类型处。

点击工具栏"定义"进入"定义"界面。如图 8-51 桥架定义界面。

点击"新建"→"新建桥架"如图 8-51 新建桥架。

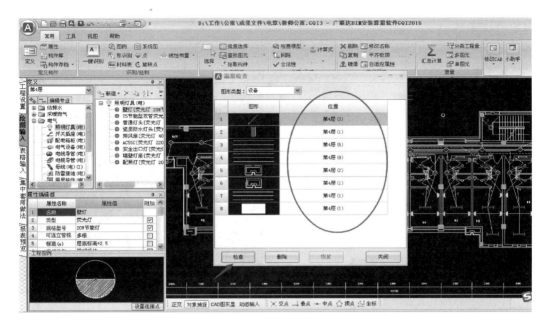

图 8-50　漏量检查选择

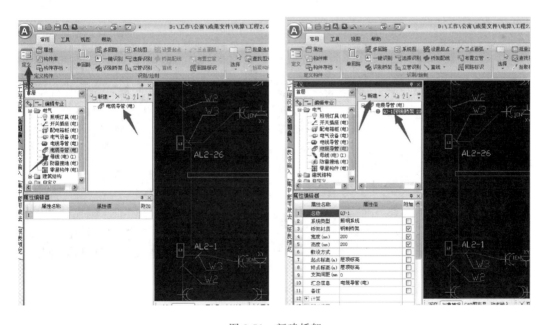

图 8-51　新建桥架

在属性处，按图纸要求输入各属性值，如图 8-52 桥架的属性界面所示，采用相同的方法，按图纸要求新建若干桥架。

点击工具栏"绘图"，回到绘图区。

点击工具栏"直线"按钮，移动光标到绘图区，此时光标显示为"田"字形，光标移动到表示桥架的 CAD 图元处，点击左键，如图 8-53 桥架的绘制所示，拖动光标，直到找到另一点相交为一黄色显示框，确认后点击左键，然后点击右键，该段桥架绘制完毕。

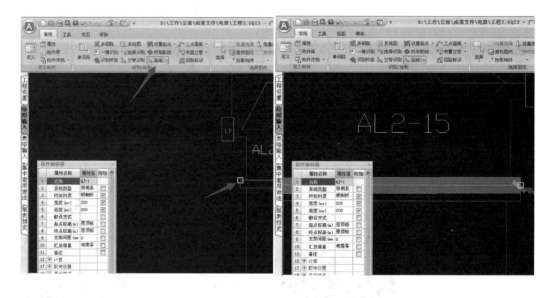

图 8-52 桥架的属性界面

图 8-53 绘制桥架

　　左键点击工具栏"管道编辑"→"布置立管"功能，如图 8-54。移动光标到 CAD 竖向桥架处。弹出"立管标高设置"对话框，在此界面输入标高信息，该桥架立管布置完成。采用相同的方法，可将其他的桥架全部绘制。

　　设置起点。移动光标在工具栏左键点击"设置起点"功能按钮。

　　移动光标到桥架端点处。此时光标形状变为手状。点击左键，弹出"设置起点位置"对话框，在此选择需要设置起点的端点处，点击"确定"按钮，此时在该端点处会有黄色的"×"显示，表示设置成功。如图 8-55 设置起点成功。

　　提示：一段桥架只能设置一个起点，当再点击另一端时，一端的起点撤销。

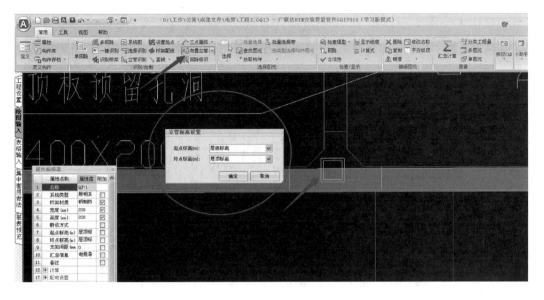

图 8-54　管道编辑

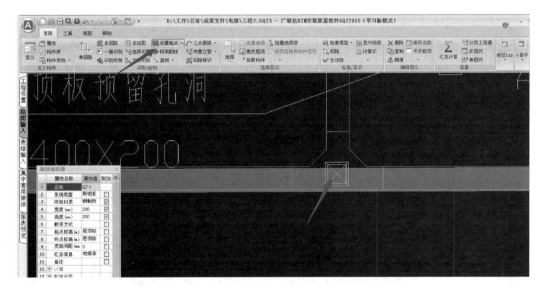

图 8-55　设置起点

（4）回路自动识别

左键选择"模块"导航栏"电气"→"电线导管"构件类型，然后移动光标到工具栏"回路自动识别功能"，左键点击选择，再移动光标在绘图区点选回路中任意一段 CAD 线条回路标识，此时选中的回路为蓝色标识。如图 8-56 回路自动识别。

当所有的回路都选择完成后，再次点击鼠标右键，此时弹出"回路信息"界面。如图 8-57 回路信息界面。

在"回路信息"界面右侧，双击"构件名称列"对应的单元格。弹出"选择要识别的构件"，如图 8-58 构件名称的选择。

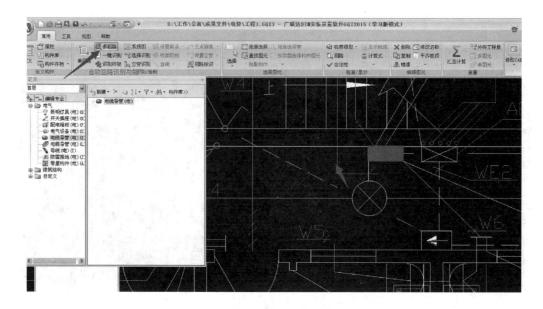

图 8-56　回路自动识别

图 8-57　回路信息界面

　　点击"新建"新建配管，生成软件默认构件，按系统图要求新建照明回路的管线信息。如图 8-59 选择要识别成的构件。

　　点击"确定"按钮，照明回路识别完成。

　　注：为了便于管线入墙的计算，在识别管线之前应先识别墙体。如图 8-60。

　　"选择起点"功能一般与"设置起点"功能配合使用，只有桥架或线缆设置了起点之后，选择起点功能才可使用。

　　(5) 检查线缆计算路径

　　①左键点击工具栏"检查线缆计算路径"功能，如图 8-61 检查线缆计算路径。

图 8-58　构件名称选择

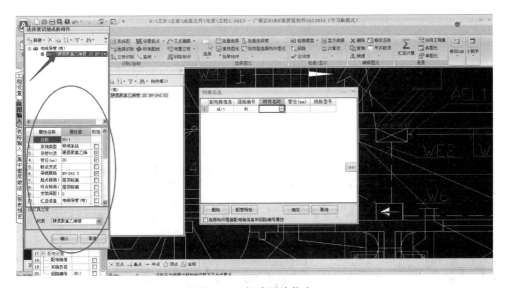

图 8-59　新建回路信息

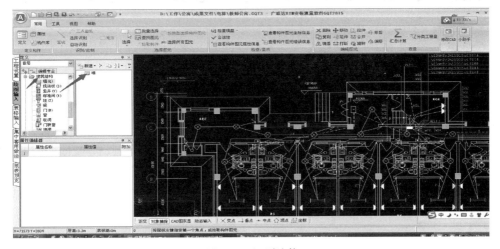

图 8-60　识别墙体

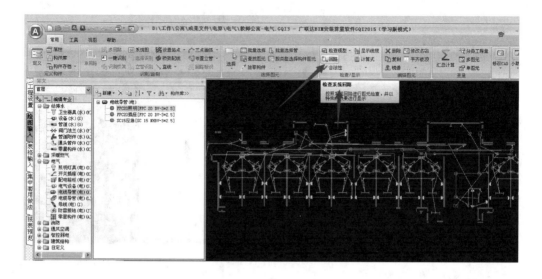

图 8-61　检查线缆路径

②在绘图区移动光标到需要查看路径的管线图上，当光标变为"回"字形时，点击左键，呈绿色通道显示，并且界面下方有工程量结果显示。如图 8-62 检查路径凸显。

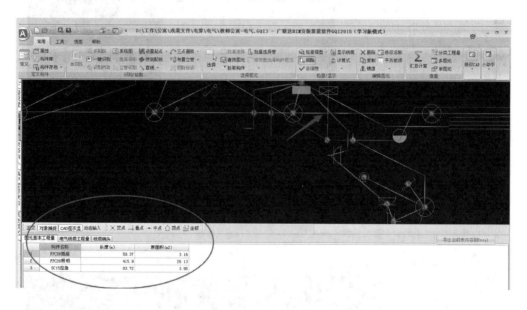

图 8-62　检查路径凸显

（6）生成接线盒

①鼠标点击导航栏"电气设备"构件类型，然后点击"绘图"工具栏"生成接线盒"功能，弹出"定义构件属性"窗口，新建接线盒构件属性，如图 8-63 生成接线盒。

②定义构件后，点击"确定"按钮，弹出选择需要生成接线盒的构件窗口，选择好后点击"确定"，这时，软件会自动根据开关、插座、灯具及管线长度生成接线盒个数。如图 8-64、图 8-65。

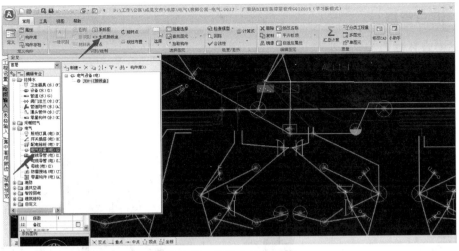

图 8-63　接线盒构件属性

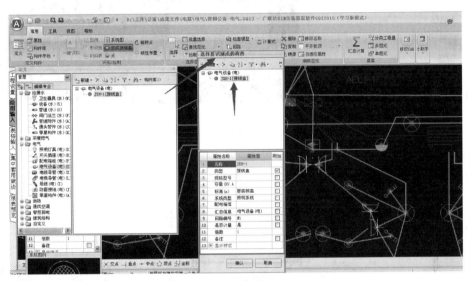

图 8-64　生成接线盒（一）

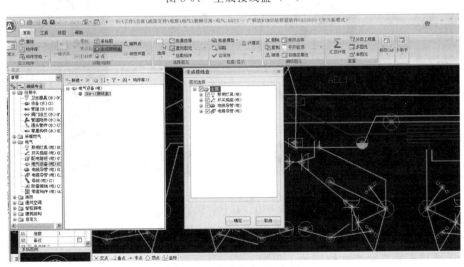

图 8-65　生成接线盒（二）

8.4.3 汇总查量

（1）汇总计算

如图 8-66 计算汇总界面。

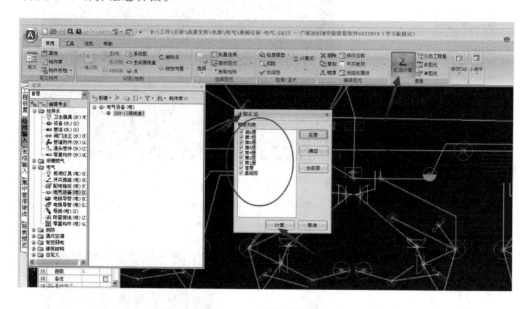

图 8-66 工程量计算汇总

（2）查看工程量

如图 8-67 查看工程量工具栏。

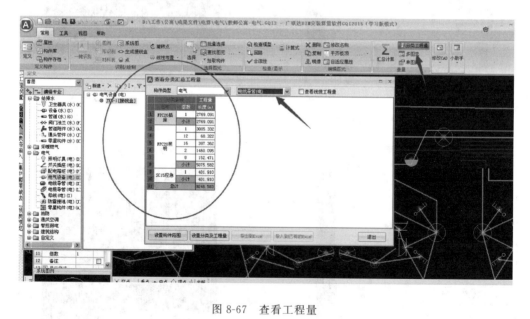

图 8-67 查看工程量

还可以根据需求，分类查看工程量。汇总计算后点击菜单栏"工程量"→"分类查看工程量"，此时显示的是导管在每层的工程量。

（3）集中套用做法

自动套做法如下：点击"模块"导航栏"集中套用做法"，进入"集中套用做法"界面。如图 8-68"集中套用做法"界面。

图 8-68　集中套用做法

鼠标左键点击工具栏"自动套用清单"功能，弹出"自动套用清单"界面。

有部分需要手工套取清单的工程量，先将光标停在该工程量处。这时鼠标左键点击工具栏"选择清单"按钮，这时弹出"选择清单"对话框。选择需要套取的清单项，双击选择，此时该清单项就套取在该工程量下。

如图 8-69 选择清单。

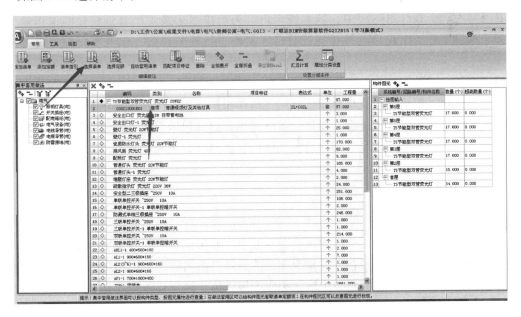

图 8-69　选择清单

点击工具栏"匹配项目特征"功能按钮，此时所有清单项的项目特征匹配完毕。如图8-70项目特征全部匹配完成。

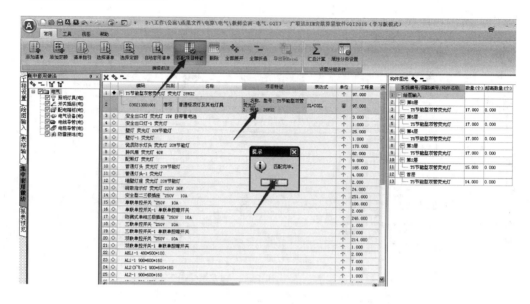

图 8-70 项目特征匹配完成

将所有的工程量全部识别并套取做法后，汇总计算，然后点击"模块"导航栏"报表预览"进入"报表预览"界面。在此界面选择需要输入的报表进行打印即可。

8.5 通风空调工程计量软件应用

在通风空调工程计量工程中，基本操作内容与给排水采暖安装算量软件的操作是一样的，对于新建工程、工程设置等相同部分，本文不进行展开讲解，仅对不同部分进行补充说明。

空调水部分：绘图输入界面中：通风部分，按照"模块"导航栏中的构件类型顺序完成识别，识别顺序一般为：点式构件识别→线式构件识别→依附构件识别→零星构件识别。

通风部分工程量的计取过程：通风设备→通风管道（包括首次风管通头的识别）→风管通头（涉及二次修改等）→风管部件（包括风口、侧风口、风阀）。

8.5.1 通风部分

（1）通风设备识别

点击"绘图输入"界面，单击通风空调专业中"通风设备"构件类型，新建设备，在其类型属性中选择对应的通风设备，并修改相应的通风设备名称，根据图纸设计要求新建案例工程中存在的设备，在属性编辑器中输入相应的属性值，注意修改距地高度，如图8-71。

（2）通风管道识别

点击"绘图输入"界面，单击通风空调专业中"通风管道"构件类型。

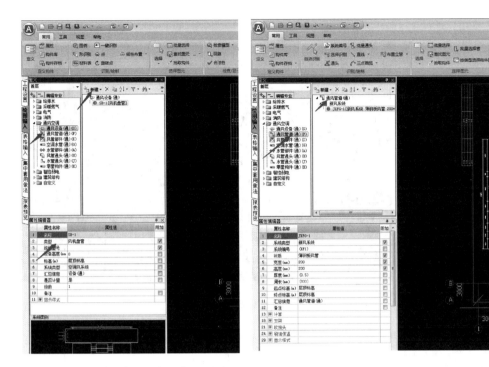

图 8-71　新建通风设备及管道

风管的识别有以下三种方式：

①选择识别　选择需要识别的 CAD 风管两侧的两条边线，或 CAD 风管两侧的两条边线及文字标识，该风管被识别出，带标识的会反建构件并自动匹配属性。

②系统编号识别　选择 CAD 风管两侧的两条边线和一个标注，该系统编号连续的风管会全部识别，并区分风管类型和各种不同规格尺寸，反建构件并自动匹配属性，此功能可以区分系统类型，分别识别风管的系统回路。

③自动识别

a. 选择风管的两侧 CAD 边线和一个标注，整图风管全部识别，并区分风管类型和各种不同规格尺寸，反建构件自动匹配属性。

b. 选择风管的两侧边线，在弹出的构件属性框输入属性值，整图符合输入规格尺寸的风管全部识别，此功能可以快速完成图纸上所有满足识别条件的风管识别，具体识别情况受图纸设计影响。

自动识别完毕后，如果想要验证自动生成风管的属性值是否正确，可以在绘图界面点击工具栏上的"属性"按钮，调出"属性编辑器"窗口，如图 8-72，窗口选中具体某一根识别出的风管图元，属性编辑器窗体中查看自动匹配的属性值是否与案例工程图纸设计要求符合，不符合进行局部修改完成。

（3）风管软接头的生成

软件在"通风管道"属性中添加有"软接头材质""软接头长度"，当识别的风管与已识别出的设备相连接后，会自动生成软接头，以满足业务需求。如图 8-73 风管相连处的接头。

风管通头的识别方式，按照辽宁定额中风管长度测量的要求"风管长度一律以施工图示中心线长度为准"。包括弯头、三通、变径管、天圆地方等管件的长度，但不包括部件所占

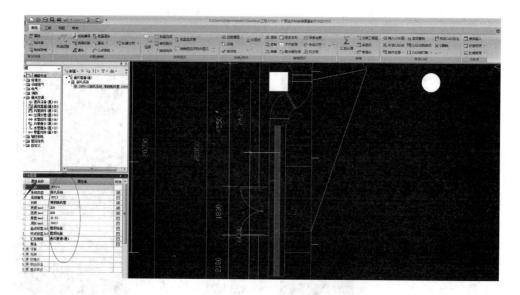

图 8-72 风管属性编辑

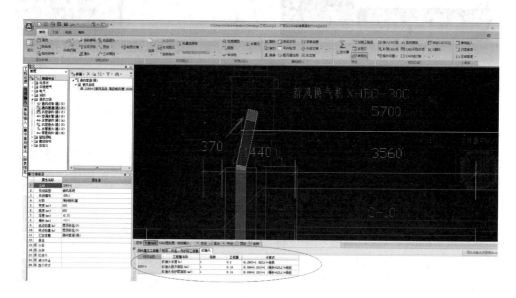

图 8-73 风管接头

长度，亦即风管工程量中含涵盖弯头、三通、变径管、天圆地方的工程量。利用识别通头来识别管件：

①识别通头 只能选择一组要生成通头或天圆地方的风管，局部进行风管通头管件的识别。

②批量识别通头 可以选择整张图纸上要生成通头或天圆地方的风管，大批量地完成风管通头管件的识别。

（4）风管通头生成

当通过识别通头后生成的通头图元错误时，可以删除通头进行二次的通头生成。具体操作：在生成通头错误并执行删除命令后，可以点击工具栏"生成通头"，左键选择要生成通头或天圆地方的风管图元，单击右键弹出"生成新的通头"，将会删除原有位置的通头。

（5）弯头导流叶片的生成

在风管通头的"类型"属性中，新增"带导流叶片的弯头"，针对实际业务中，需要计算导流叶片工程量的情况，在通风空调的"计算设置"中，提供选项"是否计算弯头导流叶片"，如选择为"是"，且风管满足生成导流叶片的规格要求，软件在"识别通头"或"批量识别通头"或是二是修改"生成通头"时，均会自动生成导流叶片。

（6）风管部件识别

点击"绘图输入"界面，单击通风空调专业中"风管部件"构件类型，根据图纸案例要求选择相应的构件子类型（软件在风管构件下设置，有风口，侧风口，风管部件三种构件子类型），执行新建命令，并依照图纸说明对其属性信息进行修改。

注：1. 依附图元关系，对于风管部件（其中包括风口、侧风口、风阀类风管部件）这类依附于风管的图元，需要在识别完所依附的风管图元后，再进行识别，通过"图例识别""标识识别"识别出的风阀，软件会自动匹配出它的规格、型号等属性值，与给排水专业下的阀门法兰类似。

2. 风口与风管间短立管处理方式：对于风口与风管间短立管工程量的计取，可以在"通风管道"构件类型下，找到工具栏上"管道编辑"按钮下的"批量生成单立管"命令，选择要生成立管的设备，此处即选择风口图元，右键确认后，在弹出的"选择识别成的构建"窗体中选择或新建所要连接的短立管即可。

8.5.2　空调水部分

常见计取顺序：通风设备→空调水管→水管部件→水管通头→套管→零星构件中。

空调水管及水管部件的识别和给排水、消防水管的识别方法一致。

8.6　安装工程计价软件应用

8.6.1　软件基本操作

（1）新建招标项目结构

①新建项目。点击"新建项目"，如图8-74所示。

②进入"新建标段工程"，如图8-75，本项的计价方式为"清单计价"，项目名称为"教师公寓"。

③新建单项工程。在教师公寓项目，点击鼠标右键，选择"新建单项工程"，如图8-76。

注：在建设项目下可以新建单项工程，在单项工程下可新建单位工程。

④新建单位工程。在教师公寓，点击鼠标右键，选择"新建单位工程"，如图8-77，完成项目结构。

（2）导入工程文件

①导入工程量清单有两种方式：

a. 进入单位工程界面，点击"导入导出"选择"导入算量工程文件"所示，选择相应

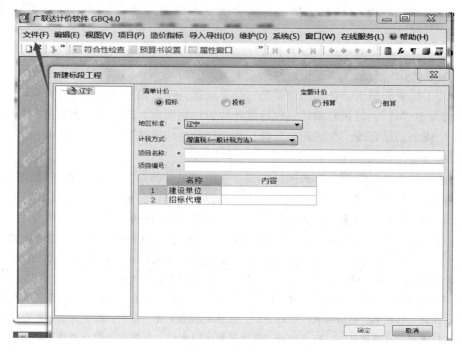

图 8-74　新建项目

图 8-75　新建标段工程

图形算量软件。图 8-78。

　　选择算量文件所在位置，然后检查列是否对应，无误后单击"导入"导入算量文件。

　　b. 进入单位工程界面，点击"导入导出"，选择"导入 Excel 文件"，选择相应的 Excel
文件。

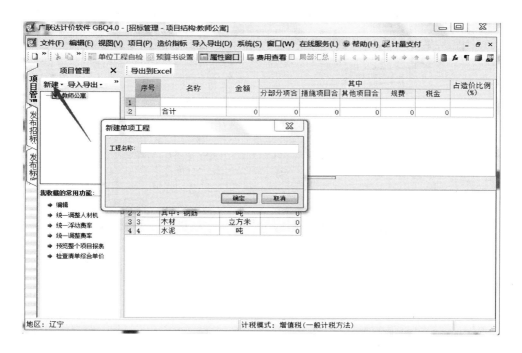

图 8-76 新建单项工程

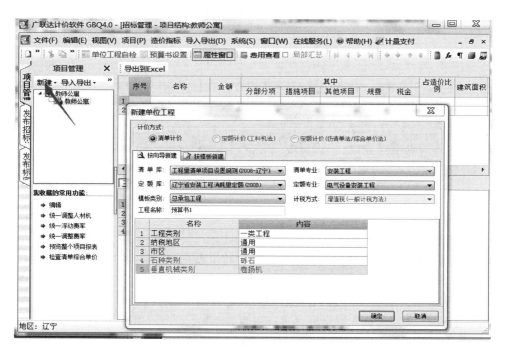

图 8-77 新建单位工程

选择 Excel 文件所在位置，然后检查列是否对应，无误后单击"导入"。如图 8-79。

②在分部分项界面进行分部分项清单排序。单击"整理清单"，选择"清单排序"。如图 8-80。

图 8-78 导入文件

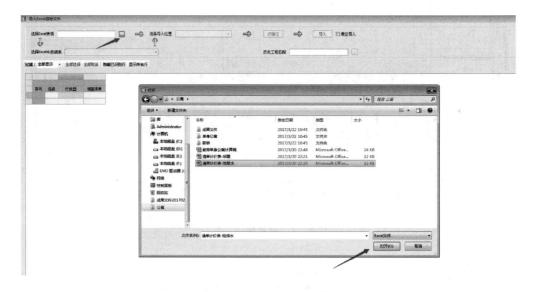

图 8-79 导入 Excel 文件

图 8-80 清单排序

③项目特征主要有三种方法：

a. 图形算量中已包含项目特征描述的，在"特征及内容"界面下，选择"应用规则到全部清单项"即可。

b. 选择清单项，在"特征及内容"界面可以进行添加或修改。

c. 直接点击"项目特征"对话框，进行修改或添加。

④完善分部分项清单，将项目特征补充完整。

a. 点击"添加"选择"添加清单项"和"添加子目"，如图 8-81。

b. 右键单击选择"插入清单项"和"插入子目"。如图 8-82。

c. 补充清单子目，补充清单项如图 8-83。

注：在所有清单补充完整之后，可运用"锁定清单"，对所有清单项进行锁定，锁定之后的清单项，将不能再进行添加和删除等操作，若要进行修改，可先对清单项进行解锁。如图 8-84。

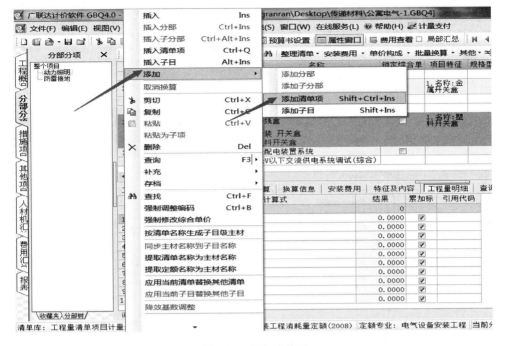

图 8-81　添加清单项

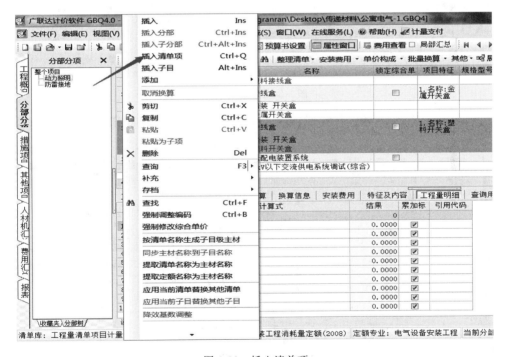

图 8-82　插入清单项

（3）计价中的换算

①根据清单项目特征描述，校核套用定额的一致性，如果套用子目不合适，可点击"查询"选择相应子目进行替换。如图 8-85。

②按清单描述进行子目换算时，主要包括两个方面的换算。

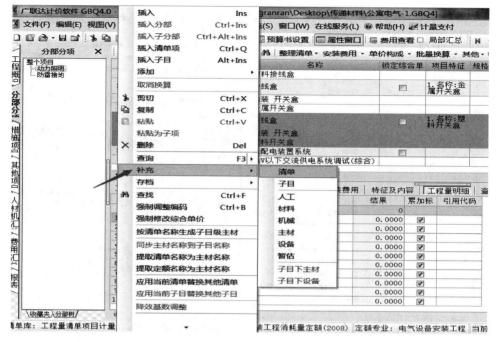

图 8-83　补充清单项

图 8-84　锁定清单项

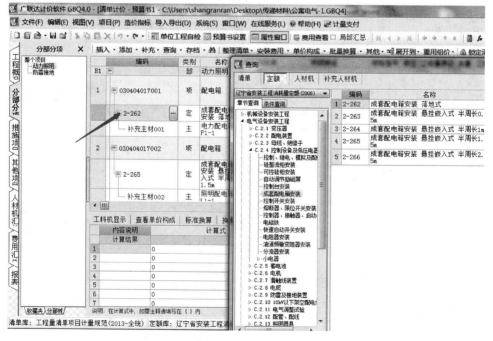

图 8-85　替换子目

a. 调整人材机系数，下面以电力电缆安装介绍调整人才机系数的操作方法，如电缆在山区敷设，人工需要乘以系数 1.3。如图 8-86。

⊟ 2-1226	定	砖、混凝土结构暗配 刚性阻燃管公称口径20mm以内			
└ Z01239@1	主	塑料管			FPC20
14	⊟ 030408001003	项	电力电缆	☐	
	⊟ 2-605 R*1.3 ⋯	换	电力电缆敷设 电缆截面35mm2以下 人工*1.3		
	└ 补充主材009	主	电力电缆敷设 电缆截面35mm2以下		
15	⊟ 030408001001	项	电力电缆	☐	1、规格：WDZ-YJ(F)E-5*16 2、敷设方式：穿管
	⊟ 2-605 *1.3	换	电力电缆敷设 电缆截面35mm2以下 五芯 电力电缆敷设 单价*1.3		
	└ 补充主材001@1	主	WDZ-YJ(F)E-5*16		

工料机显示 | 查看单价构成 | 标准换算 | **换算信息** | 安装费用 | 特征及内容 | 工程量明细 | 查询用户清

	换算串	说明	来源
1	R*1.3	人工*1.3	直接输入
2	Ins 补充主材009 0	插入人材机补充主材009(电力电缆敷设 电缆截面35mm2以下)	工料机显示
3	L补充主材009 1	人材机补充主材009(电力电缆敷设 电缆截面35mm2以下)的含量改为1	工料机显示

图 8-86　调整人材机系数

b. 调整定额子目系数，下面以电力电缆安装介绍调整人才机系数的操作方法，如电缆为五芯，定额子目需要乘以系数 1.3。如图 8-87。

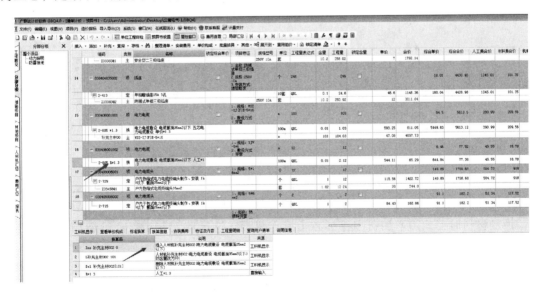

图 8-87　调整定额子目系数

（4）其他项目清单

①添加暂列金额，如招标文件中要求有暂列金额，应添加暂列金额。如图 8-88。

②添加专业工程暂估价。如图 8-89。

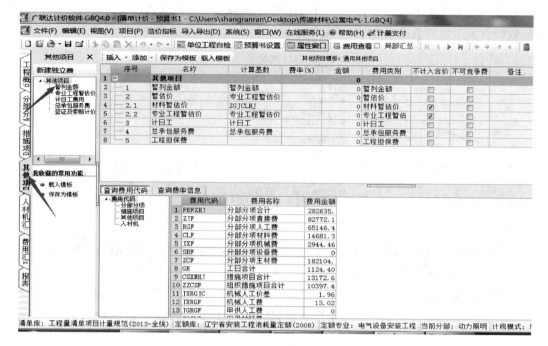

图 8-88 添加暂列金额

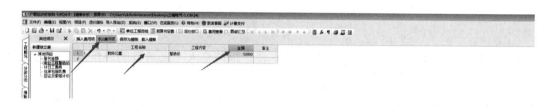

图 8-89 添加专业工程暂估价

③添加计日工。如招标文件要求，本项目如有计日工费，需要添加计日工。如图 8-90。

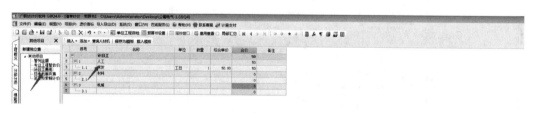

图 8-90 添加计日工

添加材料时，如需增加费用行可右击操作界面，选择插入费用行进行添加，如图 8-91 所示。

（5）调整人材机

①在"人材机汇总"界面下，根据市场价调整人材机价格。如图 8-92 调整市场价。

②如招标文件要求部分材料甲方供应，对于甲方供应材料，可在供货方式处选择"完全甲供"，如图 8-93。

③如招标文件要求部分材料暂估，对于暂估材料表中要求的暂估材料，可以在"人材机汇总"中将暂估材料选中，如图 8-94 选择是否暂估。

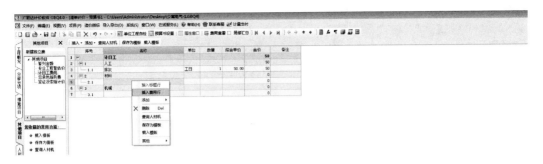

图 8-91　插入费用

图 8-92　调整市场价

图 8-93　选择供货方式

图 8-94　选择是否暂估

④在项目管理界面，可运用常用功能中的"统一调整人材机"进行调整，如图 8-95 项目管理中的统一调整人材机。

⑤统一调整取费，根据招标文件要求可同时调整两个标段的取费，在"项目管理"界面下，运用常用功能中的"统一调整规费"进行调整。如图 8-96 统一调整取费。

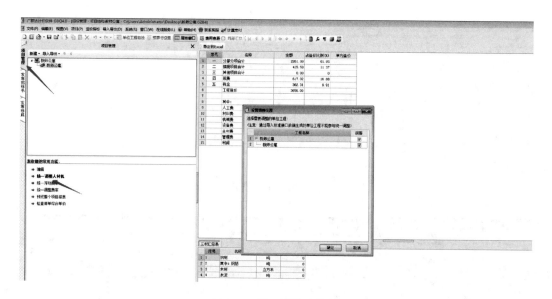

图 8-95 统一调整人材机

图 8-96 统一调整取费

（6）编制措施项目

计取措施费包括技术措施费及施工组织措施费。

①计取技术措施费，点击"安装费用"，出现如图 8-97 所示对话框，将"脚手架搭拆费"选项勾上。

②点击左侧栏目"措施项目"，出现如图 8-98 所示界面，修改安全文明费费率即可。

（7）计取规费和税金

①计取规费，在"费用汇总"界面，由于招标文件要求规费计取社会保障费、住房公积金、意外伤害保险费，按照软件默认即可。如图 8-99 计取规费。

②在"费用汇总"界面，根据招标文件中的项目施工地点，选择正确的模板进行载入，如本工程施工地在大连市。如图 8-100 载入模板税金计取。

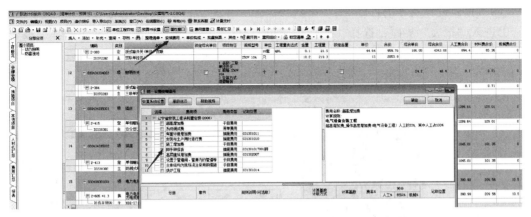

图 8-97　计取脚手架搭拆费

图 8-98　计取安全文明施工措施费

图 8-99　计取规费

图 8-100　税金计取

（8）报表设计及导出打印

①进入"报表"界面，选择"招标控制价"，单击需要输出的报表，右键选择"报表设计"，或直接点击"报表设计器"。进入"报表设计器"，调整列宽及行距。报表设计器如图 8-101 所示。

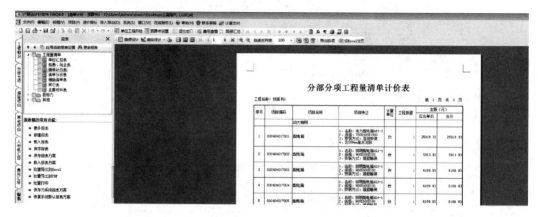

图 8-101　报表设计器

②单击文件，选择"报表预览"，如需修改，关闭预览，重新调整。如图 8-102 所示。

图 8-102　报表预览

③预览及打印整个项目报表

a. 在"项目管理"界面，可运用常用功能中的"预览整个项目报表"，进行报表设计及打印。如图 8-103 预览整个项目报表。

图 8-103　预览整个项目报表

b. 进入"报表"界面，选择"招标控制价"。

c. 单击需要输出的报表，右键选择"报表设计"，或直接点击"报表设计器"，进入"报表设计器"，调整列宽及行距。

d. 报表设计后可应用到其他报表，如图 8-104 报表设计同步到其他表格。

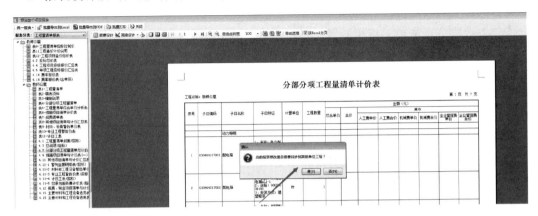

图 8-104　报表设计同步到其他表格

e. 单击文件，选择"报表预览"，如需修改，关闭预览，重新调整。

f. 报表调整后，进行批量打印。

g. 单击"批量打印"按钮，然后选择"打印选中表"，进行打印，如图 8-105 选择需打印报表。

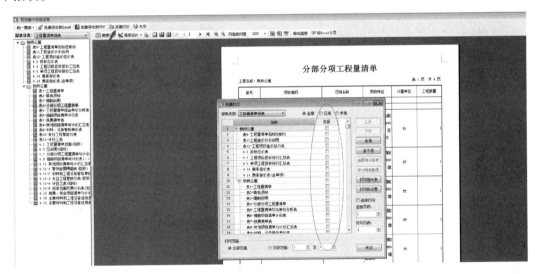

图 8-105　批量打印报表

由于计价软件的操作各专业差异不大，本章选取给排水、电气两个专业举例说明计价软件操作，其中相同部分做一定省略，以电气工程为例附相应截图。

8.6.2　给水排水安装工程计价

①在项目结构中进入单位工程进行编辑时，可直接双击项目结构中的单位工程名称，或者选中需要编辑的单位工程，单击常用功能中的"编辑"。

也可以直接鼠标双击左键"教师公寓给排水"及单位工程进入。

②导入 Excel 文件。进入"单位工程"界面，点击"导入导出"，选择"导入 Excel 文件"，选择相应 Excel 文件。

③在分部分项界面进行分部分项清单排序，单击"整理清单"，选择"清单排序"。

④修改添加项目特征。

⑤完善分部分项清单。将相关特征补充完整，例如给排水专业中增加管道支架。

⑥检查与整理。对分部分项的清单与定额的套用做法进行检查。

⑦锁定清单。在所有清单补充完整之后，可运用"锁定清单"对所有清单项进行锁定，锁定之后的清单项将不能再进行添加和删除等操作，若要进行修改，可先对清单项进行解锁。

⑧调整人材机。在"人材机汇总"界面下，参照招标文件要求的，对市场价进行调整。

⑨计取措施费。包括技术措施费及施工组织措施费。

a. 计取技术措施费，点击"安装费用"，出现以下对话框，将脚手架搭拆费勾上。

b. 计取施工组织措施费，点击左侧栏"措施项目"，出现以下界面，修改安全文明费费率即可。

⑩计取规费。在"费用汇总"界面，由于招标文件要求规费计取社会保障费、住房公积金、意外伤害保险费，按照软件默认即可。

⑪计取税金。在"费用汇总"界面，根据招标文件中的项目施工地点，选择正确的模板进行载入。

⑫进入"报表"界面，选择"招标控制价"，单击需要输出的报表，右键选择"报表设计"，或直接点击"报表设计器"。

⑬单击文件，选择"报表预览"，如需修改，关闭预览，重新调整。

8.6.3 电气安装工程计价

（1）编辑

在项目结构中，进入单位工程进行编辑时，可直接双击项目结构中的单位工程名称，或者选中需要编辑的单位工程，单击常用功能中的"编辑"。如图 8-106。

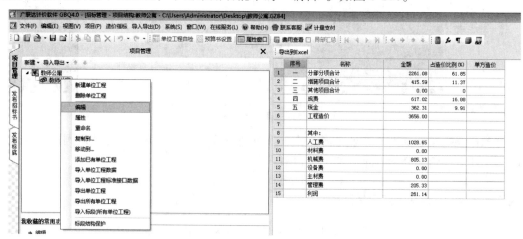

图 8-106　进入单位工程

（2）导入 Excel 文件

①进入"单位工程"界面，点击"导入导出"，选择"导入 Excel 文件"，如图 8-107 所示，选择相应的 Excel 文件。

图 8-107　导入 Excel 文件

②选择 Excel 文件所在位置，然后检查列是否对应，无误后单击"导入"，如图 8-108 所示。

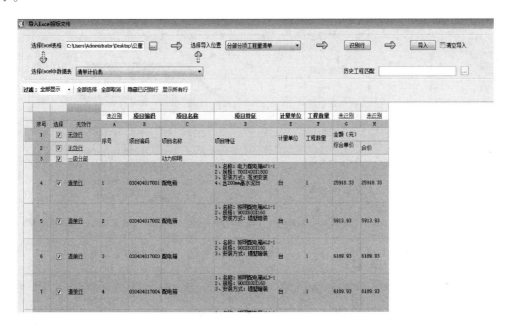

图 8-108　检查列对应

（3）清单排序

在"分部分项"界面进行分部分项清单排序，如图 8-109。

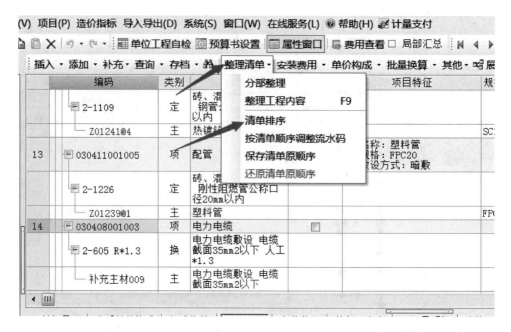

图 8-109　清单排序

（4）完善修改项目特征

如图 8-110 项目特征主要有三种方法：

①Excel 文件中已包含项目特征描述的，导入时即有清单项目特征；

②无清单项目特征时，选择清单项，在特征及内容界面可以进行添加或修改；

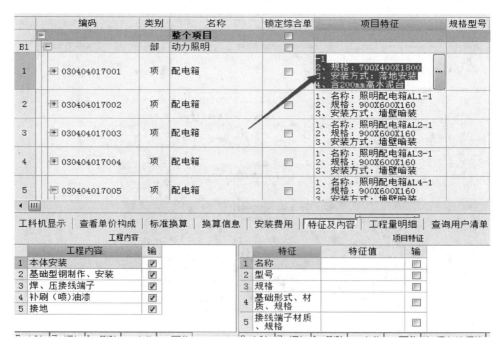

图 8-110　完善项目特征

③清单项目特征不完整时，直接点击"项目特征"对话框，进行修改或添加。

（5）完善分部分项清单

增加接线盒补充系统调试清单项，并填写系统调试工程量，将项目特征补充完整。

①点击"添加"，选择"添加清单项"和"添加子目"，如图 8-111 所示。

	编码	类别	名称	锁定综合单	项目特征	规格
32	⊞ 030404035001	项	插座	☐	1.名称:安全型二三极插座 2.规格:250V 10A 3.安装方式:墙壁暗装	
33	⊞ 030404035002	项	插座	☐	1.名称:防溅式单相三极插座 2.规格:250V 10A 3.安装方式:墙壁暗装	
34	⊞ 030404033001	项	风扇	☐	1.名称:排风扇 2.规格:40w	
35	⊞ 030411006003	项	接线盒	☐	1.名称:塑料接线盒	
36	⊞ 030411006001	项	接线盒	☐	1.名称:金属开关盒	
37	⊞ 030411006002	项	接线盒	☐	1.名称:塑料开关盒	
38	⊟ 030414002001	项	送配电装置系统	☐		
	2-945	定	1kV以下交流供电系统调试(综合)			
B1	⊞	部	防雷接地	☐		

图 8-111　增加系统调试清单项

②右键单击选择"插入清单项"和"插入子目"。

（6）调整人材机系数

按清单描述进行子目换算时，调整人材机系数，下面以电力电缆介绍调整人材机系数的操作方法，如五芯电缆，人工需要乘以系数 1.3，如图 8-112 调整人材机系数。

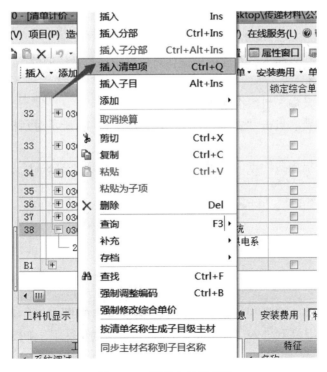

图 8-112　调整人材机系数

（7）检查与整理

①对分部分项的清单与定额的套用做法进行检查，看是否有误；

②查看整个的分部分项中是否有空格，如有需要删除；

③按清单项目特征描述校核套用定额的一致性，并进行修改；

④查看清单工程量与定额工程量的数据的差别是否正确。

（8）锁定清单

在所有清单补充完整之后，可以用"锁定清单"对所有清单项进行锁定，锁定之后的清单项，将不能再进行添加和删除等操作，若要进行修改，可先对清单项进行解锁，如图8-113锁定清单。

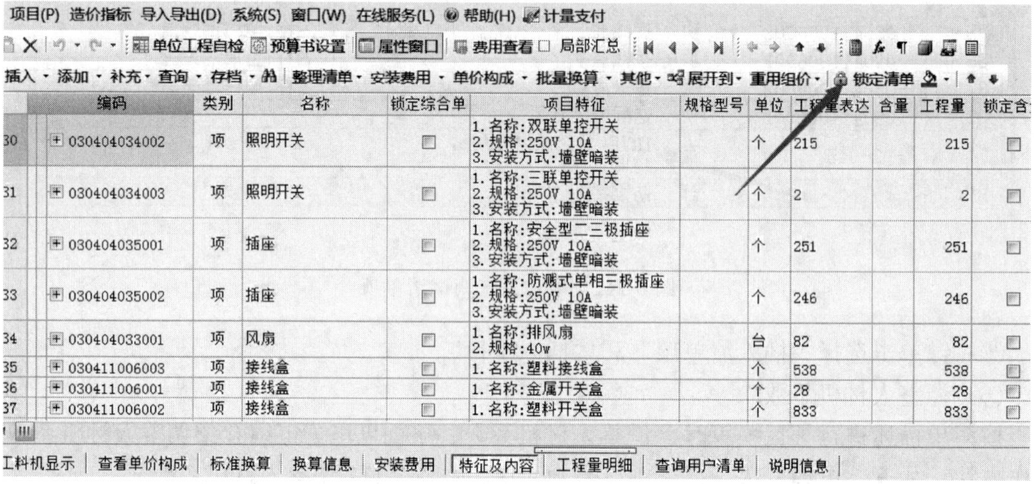

图 8-113　锁定清单

（9）调整人材机

在"人材机汇总"界面下，参照招标文件对材料市场价进行调整。

（10）计取措施费

包括技术措施费及施工组织措施费。

①计取技术措施费　点击"安装费用"，出现如图8-114所示对话框，将"脚手架搭拆费"选项勾上。

②计取施工组织措施费　点击左侧栏"措施项目"出现如图8-115所示界面，修改安全文明费费率即可。

（11）计取规费

如图8-116。

（12）计取税金

如图8-117。

（13）报表设计

进入"报表"界面，选择招标控制价，单击需要输出的报表，右键选择"报表设计"，或直接点击"报表设计器"进入"报表设计器"，调整列宽及行距，如图8-118。

（14）报表预览

单击文件，选择"报表预览"，如需修改，关闭预览重新调整，如图8-119。

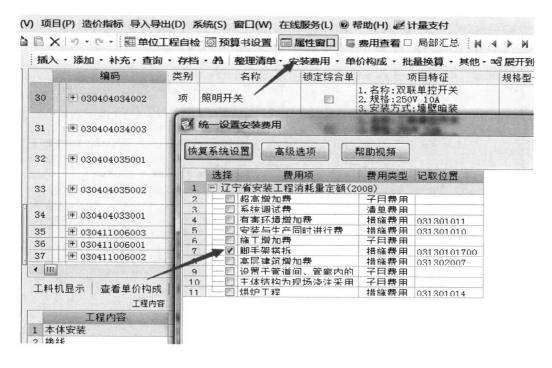

图 8-114　计取脚手架搭拆费

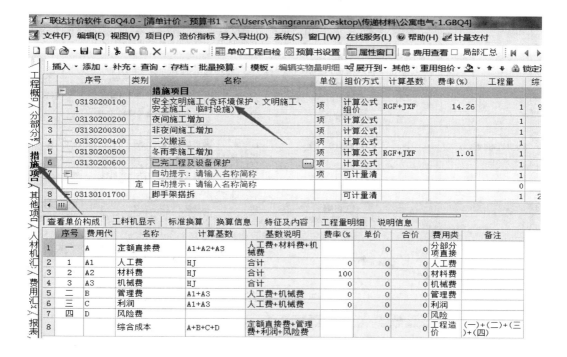

图 8-115　计取安全文明施工措施费

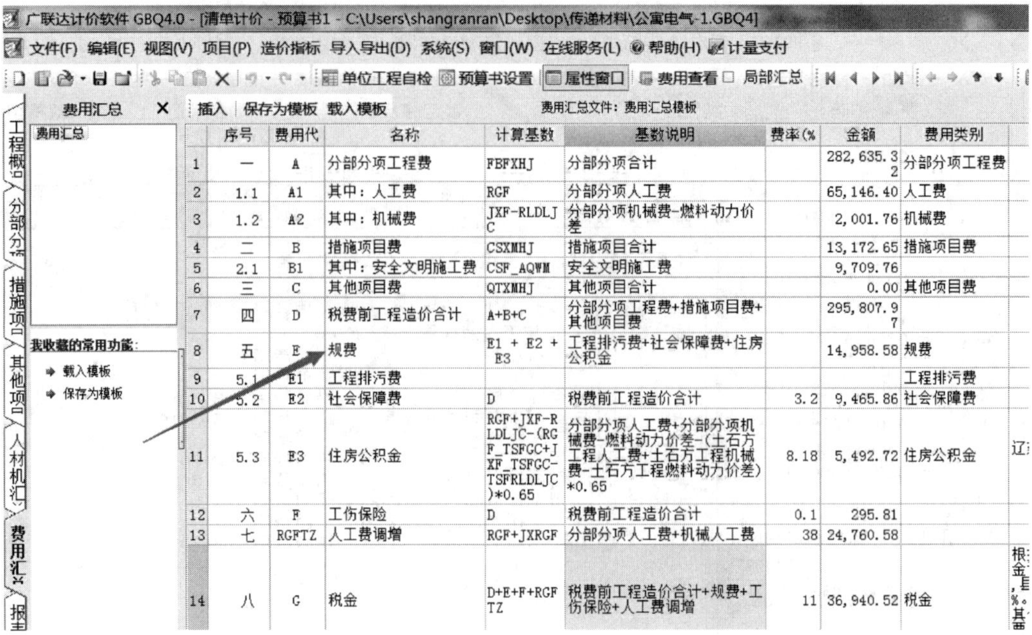

	序号	费用代	名称	计算基数	基数说明	费率(%	金额	费用类别
1	一	A	分部分项工程费	FBFXHJ	分部分项合计		282,635.32	分部分项工程费
2	1.1	A1	其中：人工费	RGF	分部分项人工费		65,146.40	人工费
3	1.2	A2	其中：机械费	JXF-RLDLJC	分部分项机械费-燃料动力价差		2,001.76	机械费
4	二	B	措施项目费	CSXMHJ	措施项目合计		13,172.65	措施项目费
5	2.1	B1	其中：安全文明施工费	CSF_AQWM	安全文明施工费		9,709.76	
6	三	C	其他项目费	QTXMHJ	其他项目合计		0.00	其他项目费
7	四	D	税费前工程造价合计	A+B+C	分部分项工程费+措施项目费+其他项目费		295,807.97	
8	五	E	规费	E1 + E2 + E3	工程排污费+社会保障费+住房公积金		14,958.58	规费
9	5.1	E1	工程排污费					工程排污费
10	5.2	E2	社会保障费	D	税费前工程造价合计	3.2	9,465.86	社会保障费
11	5.3	E3	住房公积金	RGF+JXF-RLDLJC-(RGF_TSFGC+JXF_TSFGC-TSFRLDLJC)*0.65	分部分项人工费+分部分项机械费-燃料动力价差-(土石方工程人工费+土石方工程机械费-土石方工程燃料动力价差)*0.65	8.18	5,492.72	住房公积金
12	六	F	工伤保险	D	税费前工程造价合计	0.1	295.81	
13	七	RGFTZ	人工费调增	RGF+JXRGF	分部分项人工费+机械人工费	38	24,760.58	
14	八	G	税金	D+E+F+RGFTZ	税费前工程造价合计+规费+工伤保险+人工费调增	11	36,940.52	税金

图 8-116 计取规费

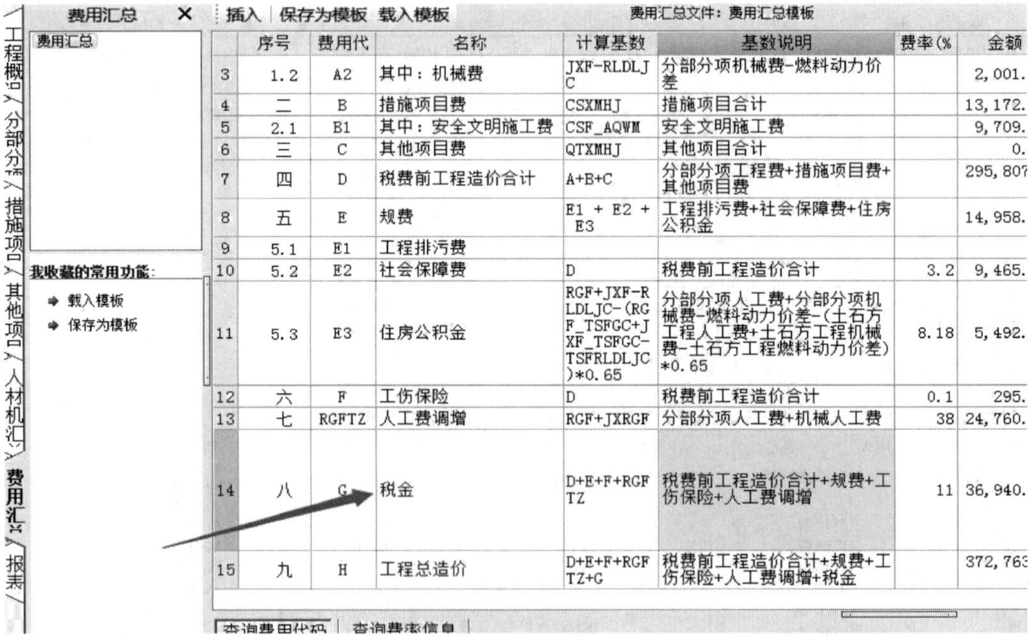

	序号	费用代	名称	计算基数	基数说明	费率(%	金额
3	1.2	A2	其中：机械费	JXF-RLDLJC	分部分项机械费-燃料动力价差		2,001.
4	二	B	措施项目费	CSXMHJ	措施项目合计		13,172.
5	2.1	B1	其中：安全文明施工费	CSF_AQWM	安全文明施工费		9,709.
6	三	C	其他项目费	QTXMHJ	其他项目合计		0.
7	四	D	税费前工程造价合计	A+B+C	分部分项工程费+措施项目费+其他项目费		295,807
8	五	E	规费	E1 + E2 + E3	工程排污费+社会保障费+住房公积金		14,958.
9	5.1	E1	工程排污费				
10	5.2	E2	社会保障费	D	税费前工程造价合计	3.2	9,465.
11	5.3	E3	住房公积金	RGF+JXF-RLDLJC-(RGF_TSFGC+JXF_TSFGC-TSFRLDLJC)*0.65	分部分项人工费+分部分项机械费-燃料动力价差-(土石方工程人工费+土石方工程机械费-土石方工程燃料动力价差)*0.65	8.18	5,492.
12	六	F	工伤保险	D	税费前工程造价合计	0.1	295.
13	七	RGFTZ	人工费调增	RGF+JXRGF	分部分项人工费+机械人工费	38	24,760.
14	八	G	税金	D+E+F+RGFTZ	税费前工程造价合计+规费+工伤保险+人工费调增	11	36,940.
15	九	H	工程总造价	D+E+F+RGFTZ+G	税费前工程造价合计+规费+工伤保险+人工费调增+税金		372,763

图 8-117 计取税金

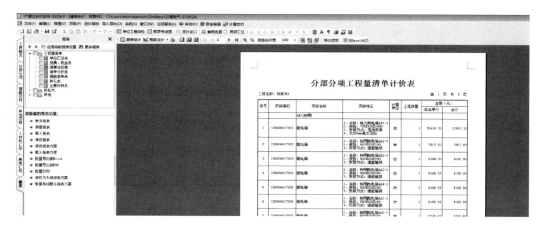

图 8-118　报表设计

图 8-119　报表预览

本 章 小 结

1. 广联达安装算量软件的一般操作过程是：创建工程→建立轴网→导入 CAD 图→识别主要材料表→识别各安装专业的器具、管线→汇总计算并输出工程量。安装算量软件中，软件默认三种计算方式：绘图输入、软件识别图纸、表格输入。在识别图纸时，应注意识别顺序的选取，软件无法识别的图元可进行绘图输入。若新版软件使用一键识别功能应注意检查识别的准确性以及构建属性的修改。

2. 广联达计价软件的一般操作过程是：建立项目→套取定额子目或清单项目→人、材、机汇总→价差调整→汇总打印；再导入清单时注意清单排序、锁定，添加子目等功能的使用。

思考与练习

1. 各专业图纸识别的顺序如何考虑？

2. 工程算量软件的一般操作步骤是什么？

3. 不同专业之间的软件操作有何相同和不同之处？

参 考 文 献

[1] 李海凌，李太富 . 建筑安装工程识图 [M] . 北京：机械工业出版社，2014.

[2] 冯钢，景巧玲 . 安装工程计量与计价 [M] . 第 3 版 . 北京：北京大学出版社，2014.

[3] 丁云飞 . 安装工程预算与工程量清单计价 [M] . 第 2 版 . 北京：化学工业出版社，2013.

[4] 李海凌 . 安装工程计量与计价 [M] . 北京：机械工业出版社，2014.

[5] 中华人民共和国住房和城乡建设部，中华人民共和国国家质量监督检验检疫总局 . 通用安装工程工程量计算规范 GB 50856—2013 [S] . 北京：中国计划出版社，2013.

[6] 全国造价工程师执业资格考试培训教材编审委员会 . 建设工程技术与计量（安装工程）[M] . 北京：中国计划出版社，2013.

[7] 辽宁省建设厅，辽宁省财政厅 . 安装工程计价定额 [S] . 沈阳：辽宁人民出版社，2008.

[8] 温艳芳 . 安装工程计量与计价实务 [M] . 北京：化学工业出版社，2014.

[9] 吴心伦，吴远 . 安装工程造价 [M] . 重庆：重庆大学出版社，2014.

[10] 杜贵成 . 新版安装工程工程量清单计价及实例 [M] . 北京：化学工业出版社，2013.

[11] 王全杰，宋芳，黄丽华 . 安装工程计量与计价实训教程 [M] . 北京：化学工业出版社，2014.

[12] 李艳萍，严景宁，夏晖 . 安装工程计量与计价 [M] . 北京：机械工业出版社，2014.